Boos · Strahlende Schweiz

Susan Boos

Strahlende Schweiz

Handbuch zur Atomwirtschaft

WoZ im Rotpunktverlag

Ohne die langjährige und unermüdliche Arbeit der verschiedenen Umwelt- und Anti-AKW-Organisationen hätte dieses Buch nie entstehen können. Ganz besonders möchte sich die Autorin bei all den Leuten bedanken, die ihr Dokumente überlassen haben, Zeit investierten, um das Manuskript gegenzulesen, und fachkundige Anregungen und wichtige Ergänzungen beisteuerten.
Dieser Dank gilt namentlich Jürg Aerni, Stefan Füglister, Heini Glauser, Hanspeter Gysin, Wendel Hilti, Peter Hug, Lore Lässer, Ueli Müller, Alex Oberholzer, Martin Pestalozzi, Heidi Portmann, Rudolf Rechsteiner, Leo Scherer, Daisy Sommer, Peter Steiner, Inge Tschernitschegg und Martin Walter.
Zudem möchte sich die Autorin bei den Organisationen Aktion Mühleberg stillegen!, ÄrztInnen für soziale Verantwortung PSR/IPPNW Schweiz, Gewaltfreie Aktion Kaiseraugst, Greenpeace, Mühleberg unter der Lupe, Schweizerische Energie-Stiftung sowie UeBA Zürich bedanken, ohne deren finanzielle Unterstützung dieses Buch nicht hätte geschrieben werden können.

Die Deutsche Bibliothek – CIP-Einheitsaufnahme

Boos, Susan:
Strahlende Schweiz : Handbuch zur Atomwirtschaft /
Susan Boos. – Zürich : Rotpunktverl., 1999
(WoZ im Rotpunktverlag)
ISBN 3-85869-167-4

Umschlagfoto: Lisa Schäublin, Bern
Druck und Bindung: Clausen & Bosse, Leck

ISBN 3-85869-167-4

2 4 6 5 3 1

Inhaltsverzeichnis

Zu diesem Buch

Bei der Kernenergie gibt es nur
zwei Gruppen von Leuten:
Kernenergiegegner und Leute,
die nicht genug nachgedacht haben.

Dennis Meadows

Die Schweizer Atomwirtschaft hat ihren Zenit zwar überschritten. Doch das nukleare Zeitalter ist noch lange nicht ausgestanden.

Dieses Buch möchte als leicht lesbares Handbuch einen Überblick über die hiesige Atomwirtschaft geben – von ihren Anfängen, als man in der Schweiz die Atombombe bauen wollte, über die Atomeuphorie der Sechziger- und den aufkeimenden Widerstand in den Siebzigerjahren, bis hin zu den aktuellen Debatten über Leistungserhöhung, gestrandete Investitionen oder die ungelöste Entsorgungsfrage.

Das Buch setzt sich aber auch mit den spezifischen Mängeln und Risiken der fünf Atomkraftwerke auseinander, die heute in der Schweiz am Netz sind. Es erklärt technische Begriffe sowie politische Zusammenhänge und versucht aufzuzeigen, was die Strommarktliberalisierung für die Atomindustrie bedeutet.

Letztlich ist dieses Buch für all jene geschrieben, die es nicht einfach glauben mögen, wenn die Behörden und die AKW-Betreiber nach einem Ereignis – wie zum Beispiel 1998, als der Atommüll-Transportskandal aufflog – einmal mehr behaupten: Es hat für niemanden Gefahr bestanden. Und um all jenen, die den Ausstieg aus der Atomenergie beschleunigen möchten, Argumente zu liefern.

St. Gallen, im März 1999

Atomtest

I

Heimliche Phantasien der Militärs

Atombombenpläne

Um 1200 gründet Bischof Roger de Vico-Pisano das »Château de Lucens«. Die Lausanner Bischöfe verlustieren sich gerne in dem Schloss mit den eleganten, spitzen Türmen. Bischof Wilhelm von Mentonay wird dort von seinem Diener ermordet. Man habe den Mörder gefasst und mit glühenden Zangen gezwickt, sagen die Chronisten. Im 16. Jahrhundert richten die Berner ihren Landvogtsitz im Château ein. Zwei Jahrhunderte später mucken die Waadtländer Untertanen auf und besetzen mit Hilfe französischer Revolutionstruppen das Schloss.

Auch in diesem Jahrhundert hat das kleine Waadtländer Dorf, das nur wenige Kilometer nordwestlich von Morges liegt, Geschichte gemacht. Bloß spricht man nicht gerne davon. Hier versuchte die Schweiz ihren Atomtraum zu verwirklichen. Hier stand der erste größere Reaktor. Und hier passierte der bisher schwerste Atomunfall in der Schweiz:

Man schreibt den 21. Januar 1969. Die Operateure des AKW Lucens fahren den Reaktor an. Die Anlage ist in einer Felskaverne untergebracht. Zum Glück, werden die Operateure später sagen.

Langsam erhöhen sie die Leistung des Reaktors. Als er die Hälfte seiner Maximalleistung erreicht hat, gehen plötzlich alle Alarmsysteme los. Die Operateure messen hohe Radioaktivität, überall ist Wasser, wo keines sein sollte, erst kommt es zu einem Druckanstieg, dann zu einem Druckabfall. Sie begreifen nicht, was los ist.

Drinnen brennt das Magnesium, das zum Kühlsystem gehörte. Ein Teil des Urans hat Feuer gefangen. Ein Brennelement schmilzt durch. Doch das wissen die Operateure nicht. Sie stellen lediglich

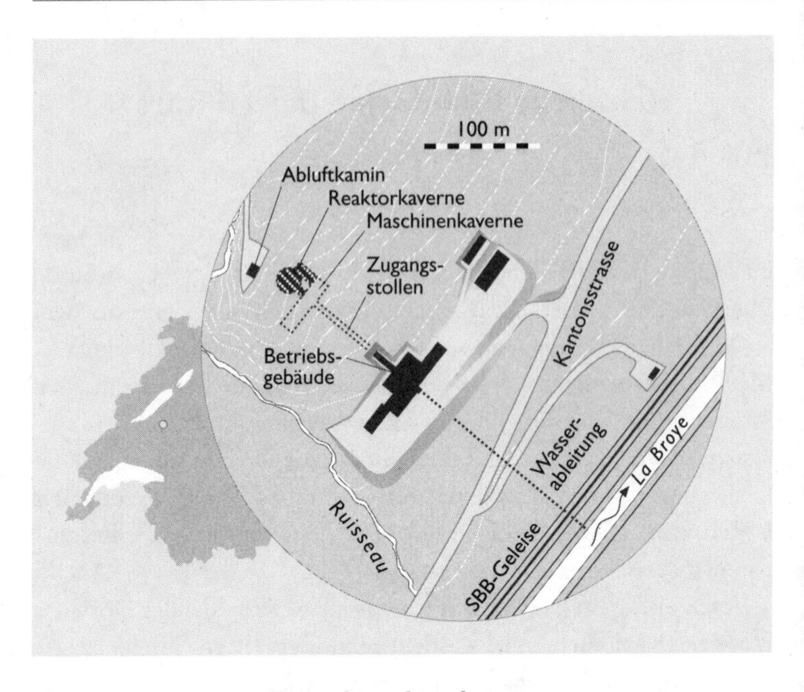

Versuchsreaktor Lucens

Reaktoranlage Lucens: Am 21. Januar 1969 schmilzt eines der Brennelemente durch; die Strahlung in der Reaktorkaverne steigt auf 100 Millisievert pro Stunde – der Grenzwert für einen AKW-Arbeiter liegt heute bei 5 Millisievert pro Jahr (vgl. Kapitel 10).
Obwohl der Reaktor in einer Felskaverne steht und die vorhandenen, angeblich gasdichten Schleusen – die verhindern sollten, dass Strahlung nach draußen gelangt – sich ordnungsgemäß geschlossen haben, kann die Radioaktivität nicht vollständig zurückgehalten werden. In den offiziellen Untersuchungsberichten heißt es zwar, dass die Strahlenbelastung der Bevölkerung gering gewesen sei. Doch musste man Ende der Achtzigerjahre zugeben, dass es außerhalb der Umzäunung von Lucens immer noch Stellen gibt, die mit bis zu 40 Millisievert pro Jahr strahlen – die natürliche Hintergrundstrahlung beträgt im Durchschnitt 0.88 Millisievert.

Quellen: nux Nr. 73-74/Nov. 1991, Jahresbericht der KUeR 1978, Bundesamt für Gesundheitswesen, 1994

fest, dass die Steuerstäbe plötzlich herunterfallen: Der Reaktor hat sich glücklicherweise selbst abgestellt. Sonst wäre es im Reaktorkern zu einer unkontrollierbaren Kettenreaktion, einer vollständigen Kernschmelze und einer verheerenden Katastrophe gekommen.[1]

Obwohl sich die Sicherheitsschleusen korrekt geschlossen haben, wird eine beachtliche Menge Radioaktivität freigesetzt. Der Reaktor – der insgesamt nur wenige Stunden in Betrieb war – verwandelt sich in eine strahlende Ruine. Während Monaten darf man die Felskaverne nicht betreten; nur via ferngesteuerte Kameras und Geräte kann man sich der Reaktorruine nähern. Es folgen langjährige Aufräumarbeiten: Die Versuchsanlage wird entseucht und demontiert, was insgesamt 26 Millionen Franken kostet.[2] Erst 1994 aberkennt der Bund der Felskaverne den Status als Atomanlage; heute dient sie als Schutzraum für Kulturgüter.

Lucens war nicht der erste Kernschmelzunfall der Geschichte. In den USA und in Großbritannien haben sich bereits zuvor mehrere ähnliche Unfälle ereignet.*

Damals nahm man dies nicht besonders ernst. Man wusste nicht viel über diese Technologie und hatte keine Vorstellung, was in einem AKW alles schiefgehen kann. Aus Fehlern lernen hieß die Devise: Die hoch komplexen Sicherheitssysteme, die heute in den AKW eingebaut sind, hat man erst aufgrund derartiger Unfälle installiert. Geholfen hat das aber nur beschränkt. Seit dem Bau des ersten Atomreaktors kam es weltweit pro Jahr durchschnittlich zu mehr als zwei schweren Havarien in der Größenordnung von Lucens.[3]

* Am 29. November 1955 schmilzt fast die Hälfte der Brennstäbe des Schnellen Brüters der amerikanischen National Reactor Testing Station in Idaho; am 3. April 1960 schmilzt ein Brennelement des Versuchsreaktors von Westinghouse bei Waltz Mills in Pennsylvania; am 1. Juli 1963 schmilzt ebenfalls ein Brennelement im Versuchsreaktor in Oak Ridge in Tennessee; am 6. Oktober 1966 schmilzt im Fermi-Reaktor in Detroit gar die Hälfte des Brennstoffs; im Mai 1967 kommt es in einem der vier Magnox-Reaktoren von Chappelcross (GB) zu einer teilweisen Kernschmelze.

Ein angekündigter Unfall

Die Geschichte von Lucens beginnt Anfang der Sechzigerjahre. Man möchte ein Atomkraftwerk »made in Switzerland« konstruieren. Drei verschiedene Projekte stehen zur Debatte: Ein Konsortium unter der Führung von Sulzer (Winterthur) sowie die Brown Boveri (BBC, Baden) und die Westschweizer Firma Energie Nucléaire SA (Enusa, ein Konglomerat von Westschweizer Industriefirmen) arbeiten unabhängig voneinander an Plänen für ein Atomkraftwerk.

Der Bund steht als treibende Kraft dahinter und ist gewillt, den Bau eines Schweizer Reaktors maßgeblich zu finanzieren. Für alle drei Projekte reicht das Geld nicht. Also entscheidet der Bund, dass die Sulzer, BBC und Enusa sich zusammenraufen und gemeinsam einen Reaktor bauen sollen.

Das Parlament bewilligt für dieses Projekt im März 1960 fünfzig Millionen Franken. BBC zieht sich dann aber zurück. Sulzer und Enusa machen weiter. Man gründet die gemeinsame Firma »Nationale Gesellschaft zur Förderung der industriellen Atomtechnik« (NGA).

Sulzer hatte geplant, ihren Reaktor unter der ETH – das heißt vierzig Meter unter der Claudiusstraße – mitten in der Stadt Zürich zu bauen. Die Enusa hatte Lucens als Standort für ihr AKW gewählt. Nun kommt es zum Kompromiss: Die Sulzer darf ihren Reaktortyp bauen, stellt ihn aber am Standort der Enusa in Lucens auf. Sicherheitsüberlegungen spielen dabei keine Rolle. Im Gegenteil: Manche der Atombauer ärgern sich, dass der Reaktor in einer Felskaverne stehen soll. Schließlich wollen sie der Welt beweisen, wie sicher der Swiss-made-Reaktor ist; wenn er nun aber in einer Höhle steht, so meinen sie, signalisiere dies dem Ausland, dass die Schweizer selbst nicht an die Sicherheit ihres Reaktors glauben.

Die StadtzürcherInnen haben es letztlich dem fehlenden Bundesgeld und dem Gerangel zwischen Sulzer und Enusa zu verdanken, dass der Versuchsreaktor 1969 nicht unter ihren Füßen, sondern in einer Westschweizer Höhle durchgeschmolzen ist.

Genau genommen war der Unfall von Lucens gar kein Unfall. Das Desaster kündigt sich schon Monate zuvor an:

Die »Nationale Gesellschaft zur Förderung der industriellen Atomtechnik« will ihr Mini-AKW bauen, ohne vorher Versuche mit den Brennelementen durchzuführen – obwohl man zu jenem Zeitpunkt überhaupt keine experimentellen Erfahrungen mit der komplizierten, neuartigen Konstruktion hat. Schließlich ringt man sich aber doch noch durch und führt im Testreaktor Diorit, der im »Eidgenössischen Institut für Reaktorforschung« (EIR) im aargauischen Würenlingen steht, mit einem Lucens-Brennelement einen Bestrahlungsversuch durch.

Was dabei herauskommt, ist höchst unangenehm. Nach nur sechs Monaten – was für einen derartigen Bestrahlungstest sehr kurz ist – hält das Brennelement nicht mehr stand. Es wird vollständig zerstört und der Diorit massiv verseucht.[4] Die Lucens-Brennelemente weisen offensichtlich gravierende Konstruktionsmängel auf.

Doch zur selben Zeit macht man in Lucens bereits die ersten Testläufe. Die Brennelemente sind ebenfalls schon fast fertig produziert. Man kann gar nicht mehr auf das negative Testergebnis von Würenlingen eingehen und nimmt sich nicht einmal die Zeit herauszufinden, wo die Probleme liegen.

Wider besseres Wissen erteilen die zuständigen Bundesbehörden – die Kommission für die Sicherheit der Atomanlagen (KSA) respektive die Abteilung für die Sicherheit der Kernanlagen (ASK) – Ende 1968 dem Versuchsreaktor die definitive Betriebsbewilligung. Die Behörden tun, als ob nichts gewesen wäre. Die Order lautet lediglich, vorsichtig mit dem Reaktor umzugehen und ihn langsam anzufahren. Diesen grobfahrlässigen Entscheid entschuldigt die KSA später damit, dass der Reaktor ja in einer Felskaverne stand und selbst bei einer vollständigen Kernschmelze die Umwelt kaum gefährdet worden wäre.[5]

Der Untersuchungsbericht über den Unfall lässt allerdings Jahre auf sich warten. Die »Kommission für die sicherheitstechnische Untersuchung des Zwischenfalles im Versuchsatomkraftwerk Lucens« (UKL) veröffentlicht ihren Schlussbericht erst 1979 und kommt darin zum Ergebnis: »Die Magnesiumhüllen eines Brennelementes korrodierten. Korrosionsprodukte setzten sich in der Folge am unteren Ende der Kühlkanäle ab und verstopften diese. Dadurch wurde die Kühlung des Brennelements stark beeinträchtigt. Das Brennelement überhitzte sich mit steigender Reaktorleistung. Die Magnesiumhülle begann zu schmelzen. Der Uranstab wurde freigelegt, überhitzte sich und begann seinerseits zu schmelzen.«[6] Doch sei dabei »weder das Betriebspersonal gemäß den Richtlinien der schweizerischen Strahlenschutzverordnung unzulässig bestrahlt« worden, noch habe »für die Bevölkerung zu irgendwelcher Zeit eine Gefährdung durch Radioaktivität« bestanden.[7]

Die Hintergründe dieses beschönigenden Berichtes: Dieselben Leute, die die Sicherheit des AKW hätten überprüfen müssen, dies aber nicht taten, sondern blindlings die Betriebsbewilligung erteilten, haben nachträglich die Unfallursache eruiert. Es gab in der Lucens-Untersuchungskommission keinen einzigen unabhängigen Experten, der die voraussehbaren Mängel gerügt hätte – weil alle UKL-Vertreter gleichzeitig Mitglieder der »Kommission für die Sicherheit der Atomanlagen« respektive der »Abteilung für die Sicherheit der Kernanlagen« waren.

Bombenträume seit 1945

Das AKW Lucens besaß einen besonderen Reaktor – einen sogenannten Schwerwasserreaktor, den man mit Natururan betrieb. Der Vorteil dieses Reaktortyps: Er kann hochwertiges Plutonium produzieren. Lucens war das Kraftwerk, das man braucht, wenn man eine Atombombe bauen will. Und die Schweizer Militärs liebäugelten innig mit dieser »Wunderwaffe«; schon seit dem Ende des Zweiten Weltkrieges*:

Nur sechs Tage nachdem die Amerikaner mit der Plutoniumbombe »Fat Man« Nagasaki verwüstet haben, schreibt Hans Frick – Oberstkorpskommandant und Chef der Ausbildung der Schweizer Armee – an den freisinnigen EMD-Bundesrat Karl Kobelt. »Wird die schweizerische Wissenschaft und Technik in der Lage sein, das Problem der praktischen Verwendung der Atomzertrümmerung zu Kriegszwecken in absehbarer Zeit zu lösen?«, will Frick wissen. Der rechtsextreme Anwalt Wilhelm Frick, der 1933 die Eidgenössische Front mitbegründet hat und stets enge Beziehungen mit den Nazis pflegte, ist Hans Fricks Bruder. Der Oberstkorpskommandant gilt selbst ebenfalls als »ein Verfechter des autoritären Führerstaates«.[8]

Wenige Tage nach Fricks Anfrage trifft bei Bundesrat Kobelt nochmals ein Brief ein, in dem sich Otto Zipfel, der Bundesdelegierte für Arbeitsbeschaffung, auch nach der Bombe erkundigt; ihm geht es darum, »die Erfindung restlos abzuklären, um sie in den Dienst der Landesverteidigung stellen zu können«.[9]

Bundesrat Kobelt arrangiert aufgrund dieser beiden Briefe einige diskrete Treffen. Geladen werden nur ausgewählte, militärnahe Leute.

Diesen Treffen folgt am 5. November 1945 die Gründungsversammlung der »Studienkommission für Atomenergie« (SKA). Professor Paul Scherrer, Direktor des Physikalischen Instituts der ETH, hält das Hauptreferat: »Ein alter Traum der Menschheit ist in Erfüllung gegangen. [...] Es scheint, als ob ein neues Zeitalter anbrechen wolle, das ›Zeitalter‹ der subatomaren Energie.« Scherrer doziert, es bereite »sehr viel weniger Mühe, die atomare Energie in

* Die nachfolgenden Ausführungen basieren vor allem auf der nicht veröffentlichten Lizenziatsarbeit »Geschichte der Atomtechnologie-Entwicklung in der Schweiz«, in der der Berner Historiker Peter Hug erstmals und umfassend die Atombombenpläne der Schweiz beleuchtet.

Kurze Geschichte der Atombombe

Marie Curie entdeckt im Dezember 1898 das Radium. Sie schafft den Begriff »Radioaktivität« und beschreibt damit das Phänomen von Elementen, die spontan Strahlung abgeben.
Kurz darauf werden weitere strahlende Elemente, so genannte Radionuklide, entdeckt, die von Natur aus instabil sind – wie zum Beispiel Uran –, zerfallen und dabei Strahlung freisetzen.
Mitte der Dreissigerjahre beschießt der Physiker Enrico Fermi an der US-amerikanischen Columbia Universität Uranatome mit Neutronen – und teilt sie. Doch versteht er nicht, was ihm gelungen ist.
Offiziell gelingt es dem deutschen Physiker Otto Hahn in seinem Berliner Labor Ende 1938 das Phänomen als künstliche Kernspaltung zu erklären. Hahn erhält dafür 1944 den Nobelpreis. Die eigentlich wissenschaftliche Arbeit ist allerdings von Lise Meitner geleistet worden, eine brillante österreichische Physikerin, die mehrere Jahre mit Hahn zusammengearbeitet hat. Sie musste jedoch – da sie Jüdin war – aus Deutschland fliehen, lieferte Hahn aber aus dem schwedischen Exil die nötigen theoretischen Erkenntnisse. Ohne ihre Mitarbeit wäre Hahn die Entdeckung nie gelungen, doch er unterschlug ihre Leistung. Eigentlich hätte sie den Nobelpreis erhalten müssen, aber sie machte nie ein Politikum daraus.
Schon bei Ausbruch des Zweiten Weltkrieges ist es klar, dass sich Atombomben konstruieren lassen. Vor allem die Wissenschaftler, die vor den Nazis in die USA geflohen sind, fürchten, es könnte Hitler gelingen, als erster in den Besitz der Bombe zu gelangen. US-Präsident Franklin D. Roosevelt gibt im Oktober 1941 dem »Office of Scientific Research and Development« die Order, eine nukleare Bombe zu entwickeln – und setzt damit eine gigantische Operation in Gang. 40 000 Leute arbeiten daran in 39 Fabriken und Forschungseinrichtungen. 2,2 Milliarden Dollar fliessen in das Projekt, das als »Manhattan Project« in die Geschichte eingeht.
Im Juli 1945 ist es soweit: In der Wüste von New Mexico wird der erste Atomtest durchgeführt. Die Bombe ist nicht größer als eine Autobatterie und reißt einen Krater mit einem Durchmesser von 800 Metern auf.
Ende Juli 1945 will Japan kapitulieren. Am 6. August 1945 wirft ein US-Bomber die Uranbombe »Little Boy« auf Hiroshima ab. Mindestens 122000 Menschen sterben sofort.
Am 9. August 1945 wirft ein US-Bomber die Plutoniumbombe »Fat Man« auf Nagasaki ab; sie tötet 80000 Menschen.
Tausende werden noch Jahre später an den Folgen der radioaktiven Verseuchung sterben.

Quellen: Catherine Caufield: Das strahlende Zeitalter, München 1994; Heinrich Jaenecke: Mein Gott, was haben wir getan! Hamburg 1987; Spektrum der Wissenschaft 5/98

technisch brauchbarer Form zu gewinnen als sie in detonativer Explosion zu entfesseln«. Er behauptet auch: »Der mit Atombomben bombardierte Boden ist nach den vorliegenden Untersuchungen beinahe nicht radioaktiv. [...] Die Gesamtwirkung einer explodierten Atombombe beruht fast ausschließlich auf der Wirkung der Druckwelle.«[10]

Die »Studienkommission für Atomenergie« ist zwar vor allem auf Initiative des Militärdepartementes ins Leben gerufen worden, doch ihr erster Präsident wird Paul Scherrer, der als Atomkoryphäe des Landes gilt.

Die Militärs können auf Scherrer bauen. Den Mann treibt dieselbe missionarische Besessenheit um, von der zu jener Zeit die meisten Atomforscher beseelt sind. Sie arbeiten im Sinn und Geist von Robert Oppenheimer, dem »Vater der Atombombe«, der einmal über die Kernspaltung gesagt hat: »Eine große Entdeckung ist eine Verkörperung des Schönen, und es ist unser Glaube – unser fester, inniger Glaube –, dass Wissen gut ist, und zwar gut an sich.«[11]

Vermutlich hat sich Scherrer tatsächlich eingeredet, Atomforschung könne wertneutral sein und die Folgen der Bomben seien nicht so gravierend. So lautet auch die Propaganda der USA. Die US-Army hat zum Beispiel kurz nach den Bombenabwürfen von Hiroshima und Nagasaki JournalistInnenreisen nach Japan organisiert. Die geladenen ReporterInnen berichten danach getreulich, was die Army-Sprecher ihnen erzählten: Die Geschichten über Strahlenverseuchungen in den bombardierten Städten entbehrten jeder Grundlage.[12]

Scherrer hatte schon während des Zweiten Weltkriegs enge Beziehungen mit den Amerikanern gepflegt und als ihr Vertrauensmann agiert. Er durfte zum Beispiel 1942 ihren ersten Reaktor besuchen und hielt danach in der Schweiz Vorträge darüber. »In Pittsburgh (USA) ist ein Uran-Großkraftwerk mit 600 000 Kilowatt oder mehr in Betrieb. Eine kleine Uran-Kraftmaschine, genannt Argonne-

Maschine, die wenige hundert Kilowatt liefert, läuft seit dem 3. Dezember 1942 Tag und Nacht in Chicago«, schwärmt Scherrer und berechnet, dass man vierhundert Kilogramm Uran benötigen würde, um die gesamte Schweiz während eines Jahres mit Energie zu versorgen.[13]

Als in den Neunzigerjahren die US-Archive geöffnet werden, zeigt sich, dass Scherrer als Agent für verschiedene US-Geheimdienste gearbeitet hat. Er war für die Amerikaner nützlich, weil er mit dem bekannten deutschen Atomforscher Werner Heisenberg befreundet war. Dem brillanten Nuklearphysiker hatte man zugetraut, für die Nazis die Bombe bauen zu können. Scherrer hielt die USA stets auf dem Laufenden über Heisenbergs Tätigkeit. Als Heisenberg 1944 an der ETH in Zürich ein Referat hält, schicken die Amerikaner sofort den Agenten Moe Berg mit dem Auftrag nach Zürich, Heisenberg zu erschießen. Berg trifft Heisenberg zwar, bringt ihn aber nicht um – bis heute ist unklar, weshalb er seinen Auftrag nicht ausgeführt hat.[14]

Dass Scherrer nach dem Krieg »ein Schlüsselmann der weiteren [nuklearen, die Autorin] Entwicklung bei uns wurde, ist, soweit es sich um die zivile Seite handelt, bekannt«, schreibt Jürg Stüssi-Lauterburg in seinem »Historischen Abriss zur Frage einer Schweizer Nuklearbewaffnung«, den er im Auftrag des Militärdepartementes geschrieben hat[15]: Dass der Bund 1987 auch noch das »Eidgenössische Institut für Reaktorforschung« in Würenlingen in »Paul-Scherrer-Institut« (PSI) umbenennt, sei »das Denkmal, das ein praktisch veranlagtes Volk einem bedeutenden Gelehrten gesetzt hat«, meint Stüssi. Er fügt aber noch an: Welche exakte Rolle Scherrer in den militärischen Bemühungen »um die Erschließung der Atomenergie zum Wohle des Landes, das heißt um den Bau einer Bombe als Dissuasionsmittel [Abschreckungsmittel, die Autorin], spielte«, sei angesichts des Mangels an Quellen vorderhand eine offene Frage.

Unbestritten ist, dass das Parlament 1946 der »Studienkommission für Atomenergie« einen Rahmenkredit von 18 Millionen

Franken bewilligt; die ETH verfügt damals über ein jährliches Budget von 4 Millionen Franken.[16]

Was die Studienkommission tatsächlich plant, erfährt das Parlament allerdings nicht. Die Botschaft – die Scherrer verfasst hat – spricht lediglich von der »außerordentlichen Bedeutung, die der Atomenergie für unsere Landesverteidigung und unsere Wirtschaft« zukomme.[17] In der Debatte beteuert der Sprecher der vorberatenden Kommission im Ständerat, der katholisch-konservative Johann Schmuki: »Es handelt sich nicht um die Fabrikation einer Atombombe zum Zweck einer grauenhaften Vernichtung, es handelt sich speziell um die Frage, wie diese Erfindung der Friedenswirtschaft [...] dienstbar gemacht werden kann.«[18] Schmuki hat es einfach nicht besser gewusst.

Parlamentarier, die zu Recht befürchten, die SKA könnte an der Bombe basteln, beschwichtigt Bundesrat Kobelt: »Wir haben weder die Absicht, noch wären wir in der Lage, Atombomben herzustellen.«[19]

Eine Lüge. Denn in den geheimen Richtlinien der Studienkommission steht unter Ziffer 3:

»Die SKA soll überdies die Schaffung einer schweizerischen Bombe oder anderer geeigneter Kriegsmittel, die auf dem Prinzip der Atomenergie beruhen, anstreben.

Es ist zu versuchen, ein Kriegsmittel zu entwickeln, das aus einheimischen Rohstoffquellen erzeugt werden kann.

Der Einsatz dieser Kriegsmittel auf verschiedene Art ist zu prüfen, namentlich:

a. Uranbomben als Zerstörungsmittel ähnlicher Art wie Minen für Zwecke der Defensive und aktiver Sabotage.
b. Uranbomben als Artilleriegeschosse.
c. Uranbomben als Flugzeugbomben.«[20]

Uransuche und schweres Wasser

An Geld mangelt es der »Studienkommission für Atomenergie« nicht. Jetzt fehlt ihr nur noch das spaltbare Material. Seit der Entdeckung der Kernspaltung durch Otto Hahn kann man jedoch auf dem freien Markt kaum mehr Uran kaufen. Zudem versuchen die USA zu verhindern, dass andere Länder eine Atomindustrie aufbauen – und damit in den Besitz von Nuklearwaffen gelangen könnten. Die Vereinigten Staaten verknüpfen deshalb ihre Uranlieferungen mit strengen, politischen Auflagen, damit sie stets kontrollieren können, was mit dem Material geschieht.

Bis Anfang der Fünfzigerjahre lässt sich deshalb auf legale Weise kaum Uran beschaffen. [21]

Scherrer und seine Leute versuchen via Deutschland, Portugal, China, Italien und Chile an Uran heranzukommen. Sogar »ein problematisches Angebot von Uran, welches angeblicherweise aus dem unterirdischen Gewölbe des Bormannhauses in Berchtesgaden stammen sollte, wurde weiterverfolgt«, schreibt der Historiker Peter Hug in seiner Lizenziatsarbeit über die Anfänge der Schweizer Atomtechnologie. [22] Erfolglos.

Man beginnt deshalb in der Schweiz nach Uran zu suchen. Schon Mitte des 19. Jahrhunderts ist man beim Abbau von Kupfer auf der Mürtschenalp im Kanton Glarus auf Uranvorkommen gestoßen. Im Gestein aus dem Gotthard- und dem Lötschbergtunnel fand man ebenfalls Uranpecherz; eine schwarze, glänzende Masse, die deshalb den Namen Pechblende trägt. Auch im Aare- und im Bergeller Granitmassiv kennt man Gebiete, in denen Uranerz zu finden ist.

Ende der Fünfzigerjahre untersucht beispielsweise die eigens dafür gegründete »Uran AG« das Blapach-Gebiet im Oberen Emmental. Der Käsehändler Christian Eicher aus Oberdiessbach war damals dabei und erzählt noch vierzig Jahre später stolz, er sitze seit 35 Jahren auf Radioaktivität. Der 87-Jährige hat auf seinem Estrich ein kleines »Uranmuseum« mit einem »Uranbett« eingerichtet. Eicher beteuert, er lege sich regelmäßig auf sein »Strahlenbett«, es wirke »belebend« und »energiespendend«.[23] Viel mehr ist von dieser Uransuche aber nicht übrig geblieben. Die »Uran AG« hat zwar im Dreieck Trubschachen–Eggiwil–Langnau zwischen den Flüssen Ilfis und Emme ein uranhaltiges Kohlebett gefunden. Rund zweitausend Tonnen Uran sollten sich abbauen lassen. Letztlich lässt man das ganze Projekt aber fallen, weil das Geld für den Abbau fehlt.*

Der »Studienkommission für Atomenergie« gelingt es Ende der Vierzigerjahre immerhin, hundert Kilogramm reines Uranoxid aus Westdeutschland zu beschaffen. Das reicht zwar nicht, um einen Reaktor zu betreiben, doch nutzt man es für Versuche. Man möchte aus Uranoxid Uranmetall gewinnen. Reaktoren kann man mit beidem betreiben, Uranmetall reagiert zwar aggressiver und ist sehr korrosionsanfällig, hat aber einen großen Vorteil: Im Reaktor produziert es reines, metallisches Plutonium – das direkt für die Bombe verwendet werden kann.

Dieses Uranmetall gilt als Natururan. Im Gegensatz zum sogenannt angereicherten Uran, mit dem die heutigen Schweizer AKW – sogenannte Leichtwasserreaktoren – beschickt sind (vgl. folgendes Kapitel). Die Leichtwasserreaktoren sind Ende der Fünfzigerjahre in den Vereinigten Staaten für den Antrieb von Unterseebooten entwickelt worden.[24] Jahrelang verfügt man jedoch nur in den USA über die nötige Technologie, um Uran anzureichern, womit alle Staaten, die mit angereichertem Uran arbeiten, vollständig von den Amerikanern abhängen.

In der Schweiz will man jedoch autark sein. Deshalb entscheidet man sich für ein Modell, das mit Natururan läuft. Dieses Uran verlangt einen speziellen Reaktortyp, der mit schwerem Wasser oder Grafit läuft – Lucens war ein Schwerwasserreaktor.

* Offiziell hörte man erst 1984 endgültig auf, in der Schweiz nach Uran zu suchen.

Unter »leichtem Wasser« versteht man das gewöhnliche Wasser, also H_2O. Beim schweren Wasser, das die chemische Formel D_2O hat, steht anstelle des Wasserstoffs (H) das chemische Element Deuterium (D). Gewinnen lässt sich das schwere Wasser mit einem komplizierten chemischen Verfahren. Man wusste zwar schon vor dem Zweiten Weltkrieg, dass man mit einem Schwerwasserreaktor Plutonium produzieren könnte – aber man wusste nicht, wie man zu schwerem Wasser kommt.

In Europa existierte nur eine Anlage, die in größerem Stil schweres Wasser produzierte: die Norsk Hydro in Norwegen. Die Nazis wollten Anfang 1940 den gesamten Schwerwasservorrat von Norsk Hydro aufkaufen, um ihre Kernspaltexperimente voranzutreiben. Der Direktor der Norsk Hydro lehnte jedoch ab und verkaufte die Vorräte sofort an Frankreich. Als die Deutschen im April 1940 in Norwegen einmarschierten, gab es dort kein schweres Wasser mehr.[25]

Brisant ist, dass Professor Werner Kuhn an der Universität Basel Anfang der vierziger Jahre – als das Atomprogramm der Nazis wegen des fehlenden schweren Wassers lahmgelegt war – intensiv an der industriellen Produktion von D_2O arbeitete. Die Firma Sulzer lieferte Kuhn die notwendigen technischen Geräte.

»Wie weit diese Schwerwasserforschung in Basel und Winterthur auf direktes Interesse der Deutschen stieß oder gar von ihnen angeregt wurde, konnte bisher nicht festgestellt werden. Die spätere Entwicklung nach dem Krieg legt jedoch nahe, dass die Basler Chemie an der Schwerwasserproduktion kein besonders großes Interesse hatte«, konstatiert Peter Hug.[26] Unklar sei jedoch, wie weit die »Basler IG Chemie« involviert war. Die Chemiefirma ist 1928 vom nazi-deutschen IG-Farben-Konzern gegründet worden; während des Krieges war bekannt, dass die »Basler IG Chemie« vorwiegend nationalsozialistischen Interessen diente.[27]

Diorit und Proteus

In den Fünfzigerjahren entspannt sich die Lage auf dem Uranmarkt, nachdem weitere Uranvorkommen entdeckt worden sind. Endlich gelingt es dank Scherrers guten Beziehungen, eine größere Menge des spaltbaren Materials zu besorgen: Großbritannien erklärt sich 1953 bereit, der Schweiz via Belgien zehn Tonnen Uran aus Belgisch-Kongo zu schicken. Die Briten machen keine Auflagen, das Material darf zivil oder militärisch genutzt werden.

Walter Boveri von der BBC – ein guter Freund von Paul Scherrer – nimmt sich nun der Sache an. Unter seiner Federführung entsteht die »Reaktor AG«, der zahlreiche andere Industriefirmen (z.B. Sulzer, Escher-Wyss) beitreten.

Die »Reaktor AG« setzt sich zum Ziel, einen eigenen Reaktortyp zu bauen. Der Bund spielt dabei nur eine Nebenrolle – doch bleiben das Uran und die danach anfallenden Nebenprodukte (z.B. das Plutonium) in seinem Besitz. Dafür subventioniert er schon zu Beginn mit 11,8 Millionen Franken den Bau und den Betrieb der geplanten Anlage. Boveri trägt in der Privatwirtschaft weitere 16,2 Millionen zusammen. Allein die Elektrizitätswirtschaft ziert sich, sie steckt ihr Geld lieber in den Ausbau der Wasserkraft.

Dass heute im Kanton Aargau die meisten Atomanlagen der Schweiz stehen, lässt sich auf Walter Boveri zurückführen. Er legt den Grundstein dafür, indem er in Würenlingen Land kauft. Den Bauern sagt Boveri nicht, was man damit vorhat: Dort sollen die ersten kleinen Testreaktoren und der Hauptsitz der »Reaktor AG« gebaut werden. Weil man Proteste fürchtet, zahlt die »Reaktor AG« den Landverkäufern zusätzlich 1 Franken pro Quadratmeter, womit »wir uns auch die Ruhe im Dorf Würenlingen erkaufen«, wie es in einem Verwaltungsrats-Protokoll heißt.[28]

Die Entwicklung eines Reaktors kostet. Binnen weniger Jahre läuft in Würenlingen ein beachtliches Betriebsdefizit auf. Der Bund hatte bis Ende 1959 45 Millionen Franken nachgeschossen. Die Privatwirtschaft zahlt nur 2 Millionen nach. So kommt es, dass der Bund im Mai 1960 die »Reaktor AG« ganz übernimmt. Fortan heißt die nukleare Forschungsstätte in Würenlingen »Eidgenössisches Institut für Reaktorforschung« (EIR, das heutige PSI) und wird der ETH Zürich angeschlossen. Damals hat das EIR ein Budget, das bereits halb so groß ist wie dasjenige der gesamten ETH.[29]

Der erste selbst entwickelte Forschungsreaktor der Schweiz – der Diorit – geht am 15. August 1960 in Würenlingen in Betrieb. Unterschiedlichste Firmen haben daran mitgebaut: die BBC, Sulzer, Escher-Wyss, Sprecher & Schuh, die Maschinenfabrik Oerlikon, die Ludwig von Roll'schen Werke AG et cetera.[30]

Der Diorit ist ein eigentlicher Testreaktor, den man mit verschiedenen Kühlmitteln und Brennmaterialien fahren kann. Deshalb ist es möglich, die Brennelemente des Versuchsreaktors von Lucens darin probeweise zu bestrahlen.

Die Tests haben aber ihre Tücken. Immer wieder treten Störungen auf, Brennelemente gehen kaputt. Des Öftern muss der Reaktor dekontaminiert werden und steht während Monaten still. Das Personal bekommt mehrmals höhere Strahlendosen ab.

Eine größere Havarie ereignet sich im Mai 1967. Das Uran im Brennstab quillt auf und sprengt die Ummantelung – wodurch Radioaktivität austritt. Im nachfolgenden EIR-Untersuchungsbericht steht, ein Hüllstabdefekt habe die Filter- und Lüftungssysteme stark verseucht: »Die unerwartete Situation verursachte eine gewisse Nervosität innerhalb der Betriebsequipe, und die für den Routinebetrieb gültigen Strahlenschutzvorschriften wurden nicht mehr vollumfänglich beachtet. Dies trug dazu bei, dass am Schluss der Operation einige Equipenangehörige an verschiedenen Körperstellen Kontaminationen aufwiesen, die bis zu einem Faktor 1000 über dem Richtwert für Hautkontamination lagen.«[31]

Der radioaktive Staub wird laut EIR-Bericht zu einem großen Teil in den Abluftfiltern zurückgehalten: »Es kann mit großer Sicherheit gesagt werden, dass die ausgestoßene Aktivitätsmenge keine Gefahr für die Umgebung des EIR darstellte.« Doch wagt man es erst hundert Tage nach der Havarie, die Filter auszuwechseln – weil sie zuvor viel zu stark strahlten.

Das EIR muss wegen der häufigen Störfälle Millionen in Reparaturarbeiten investieren. Die Bevölkerung der umliegenden Dörfer hat man jedoch nie informiert, obwohl immer wieder beachtliche Mengen Radioaktivität in die Umgebung gelangt sind.

Trotz allen Pannen produziert der Diorit schon in den ersten zwei, drei Betriebsjahren mit der Hälfte des Urans* aus Britisch-Kongo genügend Plutonium zur Herstellung einer einfachen, »schmutzigen« Atombombe.

Das Plutonium muss – bevor man damit eine Bombe bauen kann – aus den abgebrannten Brennelementen herausgelöst, sprich mittels chemischem Verfahren isoliert werden. Dies geschieht bei der Eurochemic im belgischen Mol. Direktor dieses Unternehmens ist der Schweizer Rudolf Rometsch. 1945 hat er zusammen mit Werner Kuhn an der Universität Basel Schwerwasserforschung betrieben; später wird er Präsident der Nationalen Genossenschaft für die Lagerung radioaktiver Abfälle (NAGRA).

Ende der Sechzigerjahre liefert Mol 2,114 Kilogramm Plutonium in die Schweiz. Weitere 10,249 Kilogramm hochwertiges Waffenplutonium schreibt die Eurochemic der Schweiz gut. Auf mysteriöse Weise verschwindet dieses waffenfähige Material und bleibt unauf-

* Den Rest des Urans lagern die Militärs als »Kriegsreserve« in einem Stollen der Pulverfabrik Wimmis ein. Dort bleibt es, bis die Pulverfabrik das gefährliche Material nicht länger hüten will. 1991 sucht man einen Käufer, findet aber keinen. Das Uran geht schließlich nach Frankreich, wo es angereichert wird, damit man es als gewöhnliches Brennmaterial im AKW Beznau einsetzen kann.

findbar. Die Schweiz muss sich mit einer wesentlich schlechteren Plutoniumqualität begnügen, die ihr Mol Mitte der Achtzigerjahre noch überstellt, um die leidige Geschichte vom Tisch zu haben.

Seither lagert das Plutonium im Paul-Scherrer-Institut. Man suche einen Weg, um es zu entsorgen, heißt es im PSI.[32]

Den Diorit hat das EIR 1977 stillgelegt. 1994 beginnt man ihn auseinander zu nehmen. Die Schweizerische Energie-Stiftung protestiert dagegen und verlangt, man solle mit dem Abbruch zuwarten. Denn je länger man damit wartet, ein strahlendes Objekt zu demontieren, desto geringer ist das Risiko für die Arbeiter.

Dennoch begann man plangemäß mit dem Diorit-Abbruch – etwa im Jahr 2000 will man damit fertig sein.

Ende der Sechzigerjahre hat das EIR in Würenlingen einen weiteren Testreaktor in Betrieb genommen: den Proteus, den es während Jahren als Brutreaktor betreibt. Dieser Reaktortyp »erbrütet« mehr und reineres spaltbares Material als er zur Energieerzeugung braucht. Die Atommächte, insbesondere die USA, die UdSSR und Frankreich, haben auf die Brütertechnologie gesetzt, weil kein anderer Reaktor so schnell so viel waffenfähiges Plutonium hergibt (vgl. Kapitel 12).

Der Proteus ist immer noch in Betrieb, man benutzt ihn heute allerdings nicht mehr für Plutonium-Experimente.[33]

Geheimpläne bis 1988

Technisch ist man der Bombe in den Siebzigerjahren schon ziemlich nah. Doch wie bringt man dem Volk bei, dass ein so kleines Land wie die Schweiz die Bombe braucht?

Bis Mitte der Fünfzigerjahre spielt sich die gesamte Bombenforschung im Verborgenen, unter dem Deckmantel der zivilen Forschung ab. Doch dann gelangt die Zürcher Offiziersgesellschaft 1957 an die Öffentlichkeit und tritt für die nukleare Bewaffnung der Schweiz ein. Sofort bietet Walter Boveri dem Bundesrat an, die »Reaktor AG« für militärische Zwecke zu nutzen. Die Gesellschaft zur Förderung der schweizerischen Wirtschaft, die Lobbyorganisation der Exportwirtschaft, verlangt ebenfalls die Atombewaffnung.

1957 ist das Jahr des Sputnikschocks. Den Sowjets ist es als Ersten gelungen, einen Satelliten ins All zu schießen. Der Westen ist überrumpelt, die Militärs fühlen sich wissenschaftlich und kriegstechnologisch von der UdSSR überrundet.

Vermutlich trägt dieser »Schock« dazu bei, dass sich der Bundesrat im Juli 1958 in einer Erklärung offen für die Atombewaffnung ausspricht: »In Übereinstimmung mit unserer jahrhundertealten Tradition der Wehrhaftigkeit ist der Bundesrat deshalb der Ansicht, dass der Armee zur Bewahrung unserer Unabhängigkeit und zum Schutze der Neutralität die wirksamsten Waffen gegeben werden müssen. Dazu gehören die Atomwaffen.« [34]

Im Dezember desselben Jahres gibt der Bundesrat dem EMD den Auftrag, die Beschaffung, den Kauf und die Herstellung von Atomwaffen abzuklären.[35]

Zu den damaligen Bombenprotagonisten gehört Rudolf Sontheim, Direktor der Reaktor AG; später mischt er auch als Delegierter des Verwaltungsrates der BBC und als Mitglied der »Eidgenössischen Kommission für Atomenergie« in der Bombenfrage mit. Sontheim rechnet munter vor sich hin: Ein Gramm Plutonium herzustellen, würde hundert Franken kosten. Eine Bombe mit der Zerstörungskraft der Hiroshima-Bombe kostet demnach eine Million Franken. Der Reaktor, der das benötigte Spaltmaterial liefern soll, würde 50 Millionen kosten, die Wiederaufbereitungsanlage, um das Plutonium zu gewinnen, 70 bis 80 Millionen.[36]

»Der im Jahre 1956 in New York ins Leben gerufenen internationalen Atomorganisation mit Sitz in Wien gehören [...] insgesamt

81 Nationen, darunter auch die Schweiz, an. In ihren Statuten verpflichten sich die Signatarstaaten, kein Uran an andere Mitgliedstaaten zur Herstellung von Nuklearwaffen abzugeben. Atomwaffen sind demnach das ausschließliche Privileg derjenigen Nationen, die über eigene Uranvorkommen und das wissenschaftliche und technische Potential verfügen, diese Waffen herzustellen«, schreibt Sontheim in einem Aufsatz: »Für die Schweiz war die Herstellung von Atomwaffen somit gegenstandslos, solange wir nicht über Uranlager im eigenen Land verfügten. Nun wurde aber gerade in letzter Zeit gemeldet, dass gegebenenfalls abbauwürdige Uranvorkommen auch in der Schweiz gefunden wurden. Dass sich heute ein Abbau für energiewirtschaftliche Verwendung des Urans in Kraftreaktoren nicht lohnt, ist kein besonderes Kriterium für die Abbauwürdigkeit dieser Uranerzlagerstätten, da in der ganzen Welt unseres Wissens bis heute noch nie eine Uranförderung mit dem ausschließlichen Zwecke der friedlichen Anwendung eingerichtet wurde.«[37]

Die Regierung müsste pro Jahr durchschnittlich 140 Millionen Franken investieren, dann würde die Schweiz nach Sontheim innert zwanzig Jahren »über total 30 bis 40 Atomsprengköpfe« verfügen.

Gegen die unverblümten Atommachts-Phantasien regt sich früh Widerstand. Die Sozialdemokraten reichen schon im April 1959 die Volksinitiative »für ein Verbot von Atomwaffen« ein – der Parteivorstand und die SP-Parlamentsfraktion unterstützen indes das Volksbegehren nicht. Im Juli reicht die SPS die zweite Initiative »für das Entscheidungsrecht des Volkes über die Ausrüstung der schweizerischen Armee mit Atomwaffen« ein.

Das Volk lehnt die erste Initiative im April 1962 ab, wobei die weltpolitische Lage den Atombefürwortern Argumente liefert: 1961 hat die DDR die Berliner Mauer errichtet. 1962 hält die Welt in Atem – die UdSSR stationiert Raketen auf Kuba, die USA verhängen eine Seeblockade und zwangen Chruschtschow, die Waffen wieder in die Sowjetunion zurückzuführen.

Im Vorfeld der Abstimmung über die Initiative, die ein Volksmitspracherecht verlangt, lässt der Bundesrat verlauten: »Ob unsere Armee einmal mit Atomwaffen auszurüsten sein wird, ist vornehmlich eine militärpolitische und militärischtechnische Frage. Den Entscheid hierüber der leidenschaftlichen Atmosphäre einer Volksabstimmung auszusetzen, ließe sich vom Standpunkt der Landesverteidigung aus nicht verantworten, ganz abgesehen davon, dass Lagen denkbar sind, in denen die Ausrüstung unserer Armee mit Atomwaffen von rigorosen Geheimhaltungsvorschriften abhängig wäre. Hielte man diese ein, so bestünde die Gefahr, dass das Volk in teilweiser Unkenntnis der Sachlage einen Fehlentscheid treffen würde; wollte man sich aber über sie hinwegsetzen, so riskierte man, dass uns die Waffen nicht geliefert würden oder – bestenfalls – dass sie, weil auch einem Gegner in ihren Einzelheiten bekannt, in ihrer Wirkung herabgesetzt wären.«[38]

Das Volk lehnt im Mai 1963 die Initiative ab. In der Folge beschließt der Bundesrat, die Atombombenforschung erneut unter dem Deckmantel der »friedlichen Atomenergienutzung« zu verbergen.

Generalstabschef Jakob Annasohn setzt verschiedene Wissenschaftler darauf an, das Bombenprojekt klandestin voranzutreiben. An der ETH Zürich wollen die Militärs in einem getarnten Institut ein Atomlabor einrichten. Die »Studiengruppe für kernwaffentechnische Entwicklung« mit einem guten Dutzend Physikern, Mathematikern und Ingenieuren soll dort die Konstruktionsprinzipen der Bombe erforschen und gleichzeitig ein unterirdisches Atombombentestgelände ausfindig machen.[39]

Im Auftrag von Annasohn entsteht der geheime Bericht »Möglichkeiten einer eigenen A-Waffen-Produktion«. Geschrieben haben ihn Urs Hochstrasser, damals Delegierter für Fragen der Atomenergie (später war er Direktor des Bundesamtes für Bildung und Wissenschaft), und die beiden Physiker Walter Winkler und Paul Schmid.

Wunschzettel der Schweizer Militärs 1968

»Nur eine atomar und konventionell modern gerüstete Armee vermag auch in Zukunft potentielle Angreifer davon zu überzeugen, dass ihr Einsatz und Risiko bei der Niederwerfung der Schweiz größer sind, als der unter besten Bedingungen zu erzielende Gewinn«, schreiben 1968 einige hohe Militärs in einem geheimen Bericht. Der Bericht enthält einen Wunschzettel – der stufenweise binnen fünfzehn Jahren zu realisieren wäre:

1. Ausbaustufe: 100 Atomsprengköpfe 50 KT für Flugzeug-, d. h. Mirage-Bomben
50 Atomsprengköpfe 10 KT für Lenkrakete

2. Ausbaustufe: 80 Atomsprengköpfe 20 KT für Bomben
25 Atomsprengköpfe 10 KT für Lenkrakete
24 Atomsprengköpfe 1–2 KT für Geschütz 155 mm

3. Ausbaustufe: 50 Atomsprengköpfe 5 KT für Lenkrakete
25 Atomsprengköpfe 20 KT für Lenkrakete
25 Atomsprengköpfe 1–2KT für Geschütz 155 mm
20 Atomsprengköpfe 200 KT für Bomben.

(KT ist die Abkürzung für Kilotonne und umschreibt die Sprengkraft; die Bombe von Hiroshima hatte 12,5 KT.)

Als Waffenträger war neben den vorhandenen Kampfflugzeugen (Mirage) und zu den Geschützen ein Lenkwaffensystem mit einer Reichweite von bis zu 150 Kilometern vorgesehen.

Quelle: Jürg Stüssi-Lauterburgs »Historischer Abriss zur Frage einer Schweizer Nuklearbewaffnung« (veröffentlicht April 1996).

»Wir machten diese Arbeit als treue Diener des Landes«, sagt Winkler 1995 in einem Zeitungsinterview, nachdem der Bundesrat die geheimen Akten freigegeben hat: »Wir wollten nur abklären, ob der Bau einer Atomwaffe für die Schweiz machbar wäre oder nicht.« Er habe diese Arbeit aus Überzeugung gemacht, »weil ich damals eine glaubhafte Landesverteidigung ohne Nuklearwaffen für schwierig hielt«.

Der sozialdemokratische Bundesrat Hans-Peter Tschudi wusste von dem geheimen Bericht und hat – laut Winkler – auch die darin enthaltenen Anträge unterstützt: »Wir schlugen damals eine dreijährige Phase vertiefter Abklärungen vor. Sie sollte rund 20 Millionen Franken kosten. Das war das Budget: 5 Millionen für die Abklärung der Uranvorkommen in der Schweiz; 10 Millionen für die Entwicklung von Ultrazentrifugen; experimentelle Untersuchungen zur Gewinnung des Plutoniums hätten 4 Millionen Franken gekostet; und waffentechnische Grundlagenforschung über die Dynamik des Plasmas im explodierenden Bombenkörper hätte schließlich 1 Million Franken gekostet. Dieser Kredit von 20 Millionen Franken wurde vom Bundesrat am 5. Juni 1964 beschlossen und zwar aus zivilen Mitteln wie Nationalfondsgeldern.«[40]

Gemäß Winkler hätte man »mit einem Aufwand von 2,1 Milliarden Franken lediglich einen funktionierenden atomaren Sprengkopf in der Hand gehabt« – aber noch kein Trägersystem, zum Beispiel Raketen, die die Dinger an ihren Bestimmungsort katapultieren.

Auch wenn Atombombentüftler Winkler beteuert, die Bombenpläne seien mangels Geldes schon 1964 beerdigt worden, stimmt das nur zum Teil. Denn zwei Jahre später gründete der Bundesrat einen »geheimen ›Koordinationsausschuss‹, der darüber zu wachen hatte, dass die als ›zivil‹ deklarierte Atomforschung weiterhin den militärischen Bedürfnissen diente«, wie Peter Hug schreibt.[41] Dieser Ausschuss, der später den Titel »Arbeitsausschuss für Atomfragen« oder kurz AAA trägt, arbeitet fleißig daran, der Schweiz zumindest den Status einer »atomaren Schwellenmacht« zu erhalten.

1969 entscheidet sich der Bundesrat allerdings dafür, den Atomwaffensperrvertrag, der die Weiterverbreitung von Nuklearwaffen verbietet, zu unterzeichnen. Dieses Abkommen, das der Schweiz untersagt, Atomwaffen in ihr Arsenal aufzunehmen, tritt für die Schweiz jedoch erst 1977 in Kraft.

Vertrag hin oder her, der AAA träumt weiterhin von der Atombewaffnung. Noch Mitte der Achtzigerjahre verlangen die AAA-Mitglieder vom EMD-Chef und dem Bundesrat, sie sollten sich »zur Frage der nuklearen Bewaffnung« endlich klar äußern. Der Bundesrat drückt sich von dieser Stellungnahme – wegen der »politischen Brisanz«. Im Juni 1986 organisiert der AAA noch eine »›Brainstorming‹-Diskussion zu wissenschaftlich-technischen Aspekten einer eventuellen schweizerischen Nuklearbewaffnung. Man kommt zum Schluss, dass man für die Plutoniumwaffe wie die Uran-235-Bombe leider nicht das nötige Know-how verfüge respektive nicht an das nötige Material herankomme. Die Schweiz sei deshalb kein Atomwaffen-Schwellenland, könne es aber »im Sinne eines nationalen Efforts« innerhalb von zwei Jahren werden.[42]

Allerdings belügt Bundesrat Arnold Koller, damals noch EMD-Chef, im Dezember 1987 nochmals das Parlament. SP-Nationalrat Paul Rechsteiner wollte wissen, »ob es die vom EMD geleitete verwaltungsinterne Arbeitsgruppe für Atomfragen heute noch gibt«. Koller antwortet: Das Atomwaffenprogramm der Schweiz gehöre der Vergangenheit an, es bestehe kein Anlass, noch irgendwelche Verdächtigungen zu hegen. Koller verschweigt, dass der AAA noch immer existiert. In jenem Jahr hat er sich auch nochmals ernsthaft mit der Bombenbeschaffung auseinander gesetzt: »Einmal mehr wurde vorgeschlagen, diesmal von der GRD [Gruppe für Rüstungsdienste], Nuklearwaffen ›schlüsselfertig‹ im Ausland zu kaufen, weil so der lange und große Entwicklungsaufwand vermieden werden könnte«, steht in den AAA-Sitzungsprotokollen von 1987.[43] Erst im Herbst des folgenden Jahres wird der »Arbeitsausschuss für Atomfragen« definitiv aufgelöst.

Vier Milliarden für die Atomforschung

Insgesamt hat der Bund bis heute fast vier Milliarden Franken in die Atomforschung gesteckt. Die Privatwirtschaft steuerte lediglich 100 Millionen dazu bei. In keinen anderen Forschungszweig investierte der Bund jemals soviel Geld.

Heute stammen zwar vierzig Prozent unseres Stroms aus AKW – doch mit dem Engagement des Bundes hat dies nur indirekt zu tun.

Die Vereinigten Staaten unterlaufen nämlich schon früh die Bemühungen der Schweiz, einen eigenen Reaktortyp zu bauen. Sie bieten bereits Mitte der Fünfzigerjahre ein Leichtwasser-AKW – den Versuchsreaktor Saphir – zu einem Spottpreis feil. Paul Scherrer und Walter Boveri können nicht widerstehen und kaufen ihn. Sie stellen ihn auf dem EIR-Gelände in Würenlingen auf. Der Saphir geht dort schon drei Jahre vor dem Diorit in Betrieb.

Die USA verfolgten damit ein bestimmtes Ziel: Wenn sie schon nicht verhindern konnten, dass andere Länder eine eigene Atomwirtschaft aufbauen, sollten diese zumindest von US-Uran und -Technologie abhängig sein. Deshalb bieten sie später auch ausgewachsene Leichtwasserreaktoren zu Dumpingpreisen an – weil eben dieser Reaktortyp nur mit angereichertem Uran läuft.

Die US-Strategie verfängt: Die Schweizer Elektrizitätswirtschaft beißt an – obwohl sie lange nichts von Atomenergie wissen wollte und sich an den Schweizer Reaktorprojekten finanziell nur unbedeutend beteiligt hat.

Im Februar 1964 gibt die NOK bekannt, dass sie einen Reaktor von der US-Firma Westinghouse kauft. Im selben Jahr präsentieren die Bernische Kraftwerke AG und die Elektrowatt ihre Pläne: Die einen wollen bei Mühleberg, die andern in Leibstadt ein AKW bauen. Die geplanten Reaktoren sind alles Leichtwasserreaktoren – US-Modelle, die nur mit US-Brennstäben betrieben werden können.

Es ist offenkundig, dass es bei den immensen Mitteln, die der Bund in die Atomforschung gesteckt hat, weder um die Energieversorgung noch um Exportinteressen ging, sondern primär um die militärische Option: Man wollte stets in der Lage sein, die Bombe zu bauen. Gleichzeitig machte man damit aber auch ideologisch den Weg frei für die »friedliche« Atomnutzung.

Reaktormodell im Besucher-Pavillon Leibstadt

2
Die gebändigte Kernspaltung

Reaktorphysikalisches

In der Schweiz sind fünf Reaktoren in Betrieb: Beznau I und II sowie Leibstadt im Kanton Aargau, Mühleberg im Kanton Bern und Gösgen im Kanton Solothurn. Grundsätzlich sind alle fünf AKW nach demselben Muster aufgebaut. Herzstück eines jeden bildet der Reaktordruckbehälter, in dem sich die Brennelemente befinden. Ein Brennelement besteht aus einem Bündel von Brennstäben. Das Uran, das in Tablettenform gepresst wurde, befindet sich in diesen Brennstäben.

Uran kommt natürlich vor, zerfällt von selbst und strahlt. Instabile chemische Elemente, die zerfallen und dabei Strahlung aussenden, nennt man Radionuklide. Es gibt eine ganze Reihe von natürlichen Radionukliden, wie zum Beispiel das Radium, das Marie Curie entdeckt hat. Sie schuf auch den Begriff »Radioaktivität«, um das Phänomen spontan abgegebener Strahlung zu umschreiben.

Jahrhundertelang glaubte man, das Atom bilde den kleinsten Teil der Materie; der Begriff »atomos« stammt aus dem Griechischen und bedeutet »unteilbar«. Dass manche Atome trotzdem zerfallen, respektive geteilt werden können, hängt mit dem Aufbau des Atomkerns zusammen: Ein gewöhnliches Helium-Atom hat im Kern zwei Protonen und zwei Neutronen, um diesen Kern sausen zwei Elektronen. Die Protonen weisen eine positive, die Elektronen eine negative elektrische Ladung auf, die Neutronen sind nicht geladen.

Ein Atom, das elektrisch nicht geladen ist, weist dieselbe Anzahl Elektronen und Protonen auf. Aluminium hat zum Beispiel 13 Protonen und Elektronen, Eisen je 26 und Uran je 92. Was variieren kann, ist die Zahl der Neutronen im Kern, ohne dass sich jedoch die

Zerfallsreihe von Uran-234

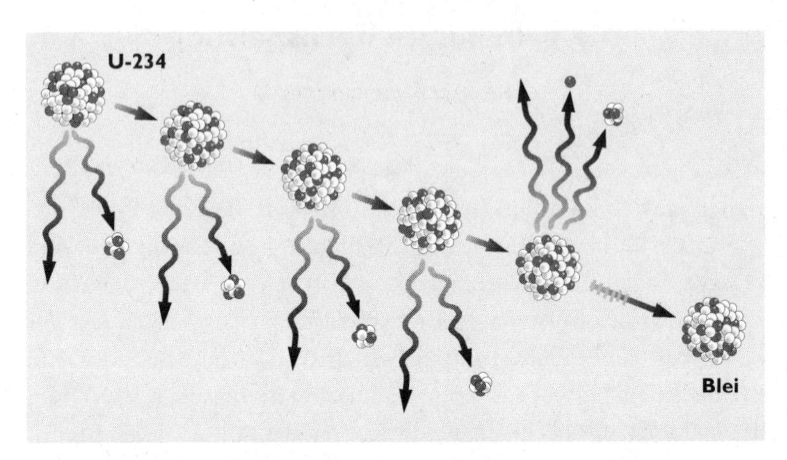

Das Uranisotop-234 kommt natürlich vor und zerfällt ohne äußere Einwirkung in andere Atome (zuerst in Thorium, danach Radium etc.) und sendet dabei radioaktive Strahlung aus. Alle Nachfolgeprodukte von Uran-234 sind ebenfalls radioaktiv – bis letztlich Blei entsteht, das stabil ist und nicht weiter zerfällt.

Künstliche Kernspaltung

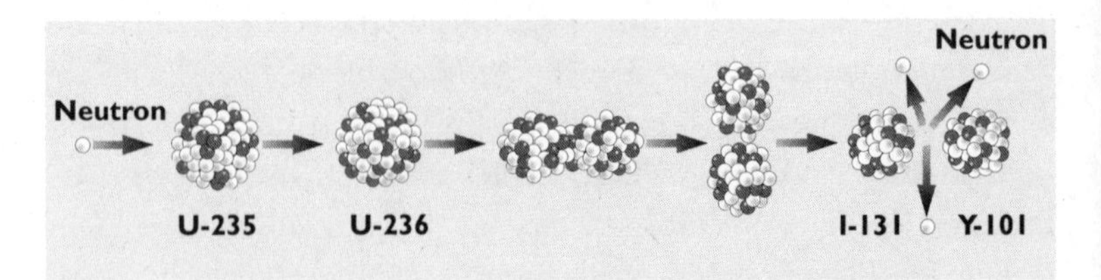

Beschießt man Uran-235 mit einem Neutron, entsteht das Uranisotop-236. Dieses teilt sich in die beiden neuen Atome Iod-131 und Yttrium-101. Durch die Spaltung werden drei Neutronen freigesetzt. Die beiden neuen Atome sind zusammen leichter als das gespaltene Uranatom: Ein Teil seiner Masse wurde in Energie umgesetzt.

chemischen Eigenschaften des Elementes ändern. Bei Atomen, die dieselbe Protonenzahl, aber unterschiedlich viele Neutronen aufweisen, spricht man von Isotopen.

Uran-234, das in geringen Mengen natürlich vorkommt, ist beispielsweise ein Isotop. Es hat je 92 Protonen und Elektronen, aber 142 Neutronen (die Addition von Neutronen und Protonen ergibt die so genannte Massenzahl, in diesem Fall 234). Ein Uran-234-Atom ist nicht stabil, es gerät in Schwingung und zerfällt. Beim Zerfall wird Strahlung ausgesendet und es entsteht ein neues Atom – im konkreten Fall Thorium. Dieser Umwandlungsprozess vom »Mutter«-Kern in einen »Tochter«-Kern läuft weiter, da auch Thorium ein instabiles Atom ist. Thorium zerfällt in Radium, Radium in Radon, Radon in Polonium et cetera, bis letztlich stabiles Blei zurückbleibt (vgl. Abbildung S. 40). Diese Zerfallsreihe sieht jedoch bei jedem Radionuklid anders aus.

Kernspaltung

Man kann Atome künstlich spalten. In den Schweizer AKW benutzt man dafür als Ausgangsmaterial Uran-235. Man beschießt ein derartiges Atom mit einem Neutron. Der Atomkern nimmt dieses Neutron auf und wird zu Uran-236. Doch dieses wird instabil, beginnt zu vibrieren und zerfällt beispielsweise in die beiden Spaltprodukte Iod-131 und Yttrium-101 – gleichzeitig werden Energie sowie drei Neutronen frei. Diese Neutronen treffen die nächsten Uranatome, die sich spalten und ebenfalls drei Neutronen und Energie freisetzen. Die Kernspaltung pflanzt sich lawinenartig fort, es entsteht die sogenannte Kettenreaktion.[1] (vgl. Grafik S. 42)

Diese explosive Reaktion kann man für Bomben brauchen. Für die Stromproduktion muss die Kettenreaktion jedoch gebändigt werden. Das gelingt unter anderem mit Hilfe von Steuerstäben. Es ist Aufgabe der Steuerstäbe, je nach Bedarf Neutronen abzufangen und

Unkontrollierte Kettenreaktion

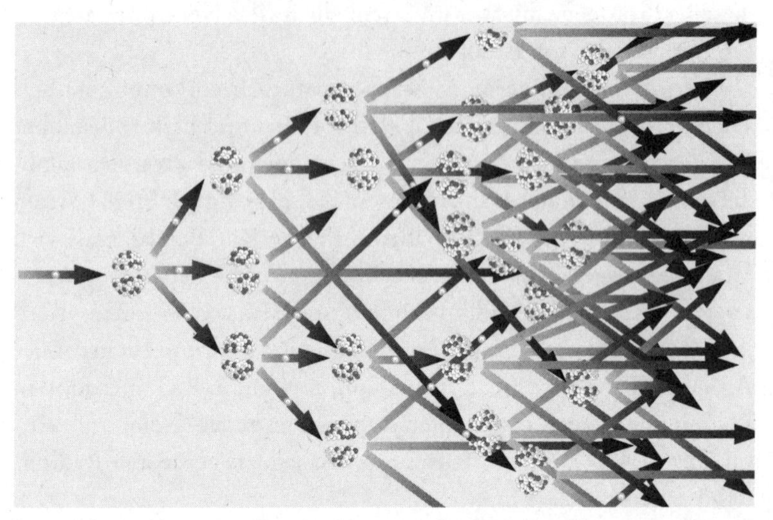

Ein gespaltenes Uranisotop setzt drei Neutronen frei. Diese drei Neutronen treffen erneut auf Uranatome und spalten diese. Es entsteht eine lawinenartige, explosive Kettenreaktion.

Gesteuerte Kettenreaktion

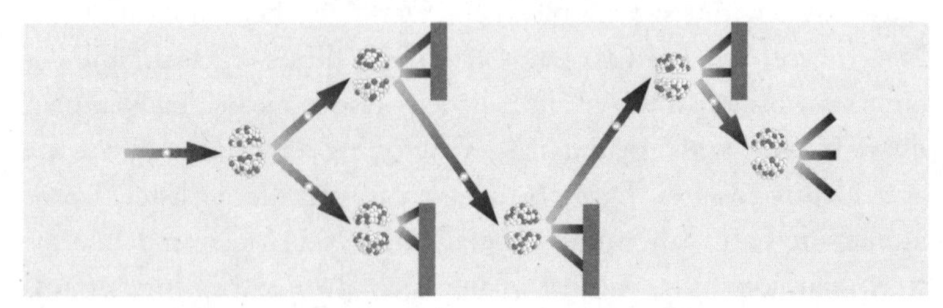

Im Kernreaktor muss man die Kettenreaktion kontrollieren, sonst käme es zu einer gewaltigen Explosion. Das gelingt unter anderem, indem man Steuerstäbe verwendet, die Neutronen »schlucken«. Stecken die Steuerstäbe ganz im Reaktor, ist die Kettenreaktion unterbrochen – weil die meisten Neutronen abgefangen werden. Zieht man sie heraus, beschleunigt sich die Kernspaltung – es wird mehr Energie produziert.

zu neutralisieren, damit nicht zu viele Atome aufs Mal torpediert werden (vgl. Grafik S. 42).

Diese Steuerstäbe sind um die Brennelemente angeordnet und können bewegt werden, wodurch sich die Kettenreaktion regulieren lässt. Sind alle Steuerstäbe im Reaktor drin, fangen sie so viele Neutronen ab, dass es praktisch zu keiner Kettenreaktion kommt. Zieht man die Steuerstäbe raus, beginnt die Kettenreaktion. Je mehr Steuerstäbe man herauszieht, desto mehr Atome werden geteilt und desto mehr Hitze entsteht. Ziel ist es, dass ein gespaltenes Atom nur ein weiteres – und nicht drei – spaltet (vgl. Abbildung S. 42). Dies gilt dann als »gesteuerte Kettenreaktion«. Ein diffiziler, hoch komplexer Vorgang.

Die Reaktoren enthalten zudem einen so genannten Moderator. In den Schweizer AKW verwendet man als Moderator Wasser, in anderen Reaktortypen – wie im RBMK von Tschernobyl – benutzt man dazu zum Beispiel Grafit. Der Moderator wird benötigt, um Neutronen abzubremsen, da nur langsame Neutronen überhaupt in der Lage sind, Uran-235 zu spalten (schnelle Neutronen wandeln hingegen das unspaltbare Uran-238, das ebenfalls in den Brennelementen vorhanden ist, in Plutonium um, vgl. Kapitel 11 und 12).

Das Wasser im Reaktor dient jedoch nicht nur als Moderator, sondern auch als Kühlmittel. Es nimmt die Energie auf, die durch die Kernspaltung freigesetzt wird – das heiße Wasser beziehungsweise den Dampf setzt man in Strom um.

Druckwasserreaktor

In der Schweiz sind zwei verschiedene AKW-Typen im Einsatz: der Druckwasserreaktor (Beznau I/II und Gösgen) sowie der Siedewasserreaktor (Mühleberg und Leibstadt).

Die beiden unterscheiden sich im Aufbau des so genannten Reak-

Druckwasserreaktor

Beznau I/II und Gösgen

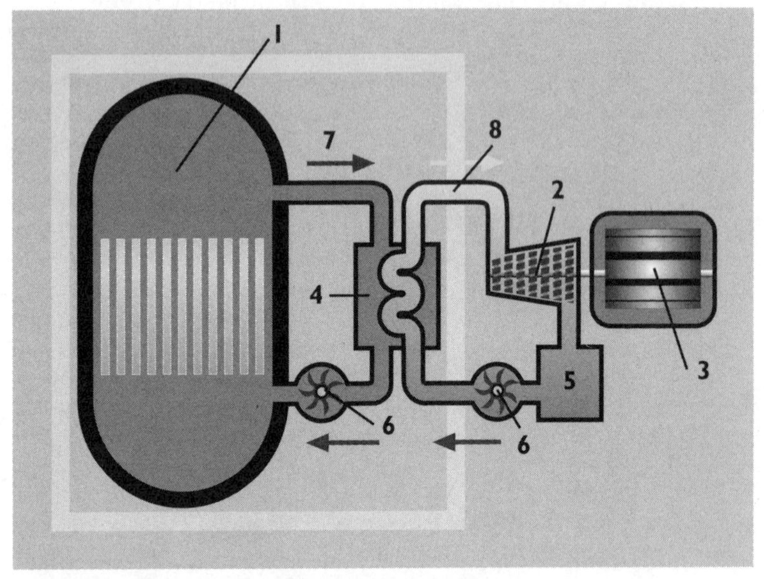

1 Reaktorbehälter, 2 Dampfturbine, 3 Generator, 4 Dampferzeuger, 5 Kondensator, 6 Pumpe, 7 Primärkreislauf, 8 Sekundärkreislauf

Der Reaktorbehälter steht unter hohem Druck (ca. 150 bar), das Wasser weist eine Temperatur von 300 Grad Celsius auf und füllt den Behälter vollständig – es dürfen darin keine Dampfblasen entstehen. Das Wasser zirkuliert aus dem Reaktor in den Dampferzeuger, gibt dort seine Wärme an einen zweiten Wasserkreislauf ab und wird danach durch eine Pumpe wieder in den Reaktor befördert. Dieser Wasserkreislauf ist hochradioaktiv – man nennt ihn Primärkreislauf. Der so genannte Sekundärkreislauf, der im Dampferzeuger die Wärme aufnimmt, kommt mit dem kontaminierten Wasser nicht in Kontakt. Dieser Kreislauf treibt die Turbine an, mit der via Generator Strom erzeugt wird. Im Kondensator kühlt der restliche Dampf ab und gelangt als Wasser wieder in den Dampferzeuger, wo es erneut Wärme aufnimmt und verdampft.

torkerns, dem Behälter, in dem die Brennelemente untergebracht sind.

Beim Druckwasserreaktor (vgl. Grafik S. 44) befinden sich die Brennelemente und die Steuerstäbe in einem Druckgefäß, das vergleichbar ist mit einem überdimensionierten Dampfkochtopf. Der hohe Druck erlaubt es, das Wasser auf dreihundert Grad Celsius zu erhitzen, ohne dass Dampf entsteht. Kühleres Wasser strömt unten in den Druckbehälter, fließt zwischen den Brennelementen hindurch und verlässt hocherhitzt oben wieder den Behälter. Das dreihundert Grad heiße Wasser gelangt in den Dampferzeuger, dort gibt es seine Wärme ab, um wieder zurück in den Druckbehälter zu fließen. Diesen geschlossenen inneren Kreislauf, dessen Wasser hochkontaminiert ist, nennt man Primärkreislauf.

Im Dampferzeuger fließt das kontaminierte Primärwasser durch Hunderte von dünnen Rohren, die von kühlerem, nicht-kontaminiertem Wasser umspült werden. Das Wasser dieses zweiten, ebenfalls in sich geschlossenen Kreislaufs (der so genannte Sekundärkreislauf) nimmt die Hitze auf und verdampft. Mit dem Dampf treibt man eine Turbine an, deren Energie auf einen Generator geleitet wird, der Strom erzeugt.

Der Dampf gelangt danach in den »Kondensator«, darin kondensiert er zu Wasser, das man erneut in den Dampferzeuger schickt. Ein endloser Kreislauf.

Die Kühlung im Kondensator läuft mit einem weiteren, getrennten Wassersystem. Beznau verwendet dazu das Wasser aus der Aare, Gösgen hat einen Kühlturm, der dieselbe Funktion erfüllt.

Siedewasserreaktor

Die Siedewasserreaktoren von Mühleberg und Leibstadt unterscheiden sich vom Druckwasserreaktor vor allem dadurch, dass sie nur

Siedewasserreaktor

Mühleberg und Leibstadt

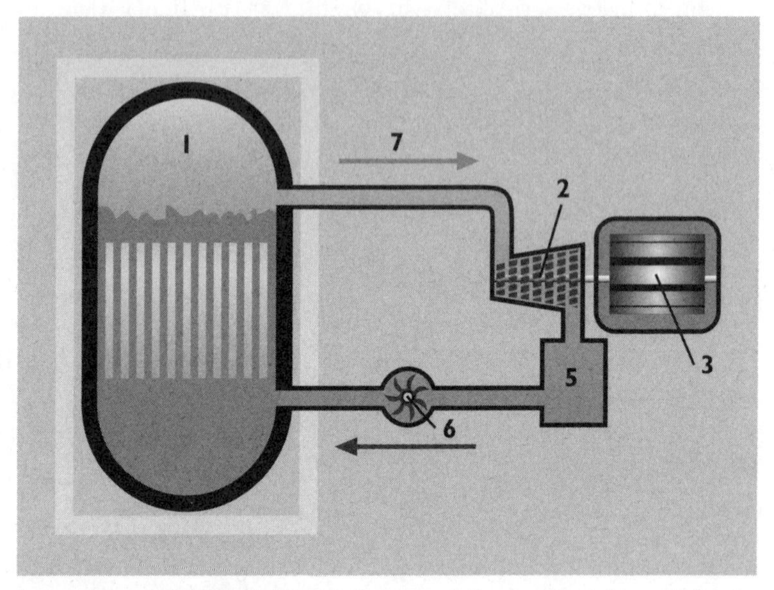

1 Reaktorbehälter, 2 Dampfturbine, 3 Generator, 5 Kondensator, 6 Pumpe, 7 Primärkreislauf

Dieser Reaktor verfügt über nur einen Wasserkreislauf. Der Reaktorbehälter ist zu zwei Dritteln mit Wasser gefüllt und steht unter deutlich geringerem Druck (ca. 75 bar). Oben im Behälter bildet sich Dampf, der direkt die Turbine antreibt. Die Turbine wie der Kondensator – wo ebenfalls der Dampf kondensiert, damit das Wasser wieder unten in den Reaktor eingespeist werden kann – sind hochkontaminiert.

einen Wasserkreislauf aufweisen. Das Kühlwasser strömt ebenfalls von unten in den Reaktorbehälter und zwischen den Brennstäben hindurch. Der Behälter ist aber nur zu zwei Dritteln mit Wasser gefüllt und steht unter wesentlich tieferem Druck als der Druckwasserreaktor. Im oberen Teil des Behälters entsteht deshalb Wasserdampf, der direkt zur Turbine geleitet wird. Von dort geht der übrige Dampf ebenfalls in einen Kondensator, wo es dann gleich läuft wie beim Sekundärkreislauf des Druckwasserreaktors. Mühleberg benützt Wasser aus der Aare zur Kühlung, Leibstadt hat einen Kühlturm.

Ein Problem des Siedewasserreaktors besteht darin, dass der radioaktive Dampf, der aus dem Reaktorkern kommt, direkt die Turbine antreibt und nachher in den Kondensator fließt. Die Turbine wie der Kondensator sind deshalb verseucht. Radioaktive Gase (Stickstoff, Xenon) können über die Turbine in die Umgebung gelangen. Aus dem Turbinenraum dringt allgemein viel mehr Direktstrahlung nach draußen als bei den Druckwasserreaktoren, weil dort der Dampferzeuger eine Art Barriere darstellt. Die Turbine wie der Kondensator des Druckwasserreaktors kommen nur mit sauberem, nicht strahlendem Wasser in Berührung (vgl. »Schmutzige Siedewasserreaktoren«, S. 44).

Allerdings ist die Berstgefahr beim Druckwasserreaktor etwas größer als beim Siedewasserreaktor, da der Reaktorbehälter enormem Druck ausgesetzt ist.[2] Auch darf der Druck im Reaktorbehälter unter keinen Umständen absinken: dann würde das Wasser zu sieden beginnen und verdampfen, womit die Kühlung nicht mehr gewährleistet wäre. Im schlimmsten Fall würden die Brennstäbe freigelegt und schmelzen.

AKW Beznau I/II

3
Nachrüstung ist kaum machbar

Beznau

Die beiden Reaktorblöcke des Kernkraftwerks Beznau (KKB) liegen auf einer Insel in der Aare, etwa zwölf Kilometer nördlich von Baden. Beide Reaktoren haben eine elektrische Leistung von 350 Megawatt, was ausreicht, um 350 000 Haushalte mit Strom zu versorgen. Beznau ist das älteste AKW der Schweiz. »Zum fünfzigjährigen Bestehen der NOK fasste ihr Verwaltungsrat einen denkwürdigen Beschluss: Ziel war der Bau des ersten kommerziellen Kernkraftwerkes in der Schweiz als Übergang ins friedliche Atomzeitalter«, steht in der Jubiläumszeitschrift »75 Jahre NOK«.[1] Der »denkwürdige Entscheid« der Nordostschweizerischen Kraftwerke AG (NOK)* fällt am 18. Dezember 1964.

Breite Atomeuphorie

In den Fünfziger- und Sechzigerjahren existiert kaum Opposition gegen das »friedliche Atom«. Im Gegenteil. Selbst Linke schwärmen von der Atomenergie: »Das Atom« wird »auf lange Sicht die großen Gegensätze in der Verteilung der Produktion und des Reichtums beseitigen«. Und da »die Atomenergie das öffentliche Unternehmen in den Vordergrund stellt, [...] werden die Grundlagen des Industriekapitalismus erschüttert werden, und diese neue Situation wird zur

* Die NOK-Aktien sind in den Händen der Kantone Zürich, Aargau, Schaffhausen, Glarus, Zug und der Aargauischen Elektrizitätswerke, der St. Gallisch-Appenzellischen Kraftwerke AG sowie der Elektrizitätswerke der Kantone Zürich und Thurgau.

Nationalisierung der großen Produktionsmittel und zur Annahme der Planwirtschaft führen«, schreibt 1956 beispielsweise der Genfer Angelos Angelopoulus, der sich selbst als Sozialist und Planwirtschafter vorstellt.[2]

Die Ära der Atomeuphorie beginnt 1953. Der US-amerikanische Präsident Dwight Eisenhower hat damals einen eigentlichen Werbefeldzug für das »friedliche Atom« initiiert, weil die Öffentlichkeit die Kernspaltung primär mit der Bombe, mit Elend und Zerstörung in Verbindung brachte. Eisenhower und seine Berater wollen nun den Atomkraftwerken einen neuen, besseren Ruf verpassen. Denn sie brauchen die AKW, um an Bombenmaterial heranzukommen. Das geht aber nur, wenn das Volk die Atomenergie lieben und bewundern lernt.

In einer berühmt gewordenen Rede setzt sich Eisenhower vor der Uno dafür ein, dass die »Atomenergie in den Dienst der friedlichen Ziele der Menschheit gestellt werden kann«, damit der »wunderbare Erfindergeist des Menschen nicht dem Tode dienstbar gemacht, sondern dem Leben geweiht wird«.[3]

Die Medien reagieren enthusiastisch. Man überbietet sich mit grandiosen Schlagzeilen wie »Forstexperte sagt voraus: Statt Sägen werden Atomstrahlen Bäume fällen« oder »Atomlokomotive entworfen«. Um der Bevölkerung die Angst zu nehmen, produziert man zahlreiche Filme mit Titeln wie »Atom-Zoo«, »Atom-Gewächshaus« oder »Unser Freund Atom«.

AKW-Konstruktionsfirmen wie die General Electric Company und Westinghouse verteilen in hoher Auflage eine Broschüre »Atom an der Arbeit«, über »unseren Freund, Bürger Atom«.

In der Schweiz erscheint 1961 ein SJW-Heftchen über »Die Atomära«. Chocolat Tobler AG Bern publiziert einen Bildband »Zaubermacht Atom«. Und noch 1968 gibt der Christian-Verlag in Zürich ein Buch heraus über »Die atomare Herausforderung. Wir stehen vor der Wahl: Fortschritt oder Untergang«. Die Wahl, schreibt der Autor, »vor der wir heute stehen, DARF gar keine Wahl sein, es DARF einfach keine Alternative geben für die großartigen Möglichkeiten, die die Kernenergie jedem bietet, der auf dieser Erde lebt und arbeitet«.[4]

Mit ihrem »denkwürdigen Entscheid« schließt sich die NOK 1964 der allgemeinen Atomeuphorie an.

Im August 1965 unterzeichnet sie mit der US-amerikanischen Firma Westinghouse Atomic Power Company Ltd. und Brown Boveri in Baden einen Liefervertrag. Das Konsortium liefert schlüsselfertig das eigentliche Kraftwerk. Westinghouse ist zuständig für die sogenannte Primäranlage (der gesamte nukleare Teil inklusive Reaktor), die BBC für die Sekundäranlage (Turbinen und Generatoren). Der Reaktor hat zwar eine elektrische Leistung von 350 Megawatt; seine thermische Leistung ist aber dreimal höher, also 1050 Megawatt: Weil man nur ein Drittel der Wärmeenergie, die im Reaktor durch die Kernspaltung freigesetzt wird, in Strom umsetzen kann. Sämtliche Kernkraftwerke haben einen derart schlechten Wirkungsgrad. Ein Großteil der Wärme geht bei den Turbinen, dem Generator und insbesondere durch die Kühlsysteme verloren – zum Beispiel in Form der Dampffahne über einem Kühlturm – oder sie geht, wie im Fall von Beznau, in die Aare.

Leck im Dampferzeuger

Am 6. September 1965 beginnt der Bau von Beznau I, vier Jahre später startet man einen zwölfwöchigen Probelauf, danach wird kommerziell Strom produziert.

Das AKW macht jedoch von Anfang an Schwierigkeiten: »Am 3. November 70 musste die Anlage abgestellt werden, weil durch defekte Röhren radioaktives Wasser des primären Kreislaufes in den

Three Mile Island

Three Mile Island, eine kleine Insel im Susquehanna River, liegt rund 18 Kilometer von Harrisburg (Pennsylvania, USA) entfernt. Auf der Insel stehen zwei Reaktorblöcke mit einer Leistung von 1000 Megawatt (Gösgen hat 965 Megawatt); es sind wie in Beznau und Gösgen Druckwasserreaktoren.
Am 28. März 1979 ereignet sich in Block II der erste schwere Kernschmelzunfall in einem kommerziellen AKW:
Es ist vier Uhr morgens. Der Reaktor produziert mit hoher Leistung Energie. Plötzlich steigt im Sekundärkreislauf eine Pumpe aus. Der Generator stellt ordnungsgemäß ab. Doch die Kernspaltung im Reaktor läuft weiter. Seine Wärme im Primärkreislauf kann er jedoch nicht mehr an den Sekundärkreislauf abgeben. Die Temperatur im Reaktorkern steigt. Ein Ablassventil öffnet sich, um den Druck im Reaktorbehälter abzubauen. Danach schaltet sich der Reaktor selbst ab. Das dauert nur wenige Sekunden.
Die Operateure wissen jedoch eines nicht: Das Ventil sollte sich von selbst wieder schließen, doch es klemmt und bleibt offen. Der Druck im Reaktor sinkt immer weiter. Zudem arbeitet das Notsystem, das Wasser in den Sekundärkreislauf hätte pumpen sollen, nicht. Es steht wegen Wartungsarbeiten außer Betrieb. Nun passiert ein verrücktes Missgeschick: Eine Warnlampe zeigt zwar an, dass dieses Sicherheitssystem ausgefallen ist – doch die Operateure sehen die Lampe nicht, weil ein Zettel sie verdeckt.
Das wäre vielleicht noch glimpflich abgelaufen, wäre nicht noch eine Fehlleistung hinzugekommen: Automatisch schaltet sich ein weiteres Notsystem ein und pumpt Wasser in den Reaktor, der sich immer stärker erhitzt. Dieses Wasser hätte den Reaktor abkühlen können, die Katastrophe wäre ausgeblieben – doch die Operateure reagieren falsch und schalten diese Pumpe ab.
Im Reaktor bildet sich Dampf. Der Kern wird freigelegt, mehr als die Hälfte aller Brennstäbe schmelzen. Eine Wolke von radioaktiven Gasen entweicht und verseucht die Umgebung von Three Mile Island.
Stunden-, ja tagelang weiß niemand, was wirklich los ist.

Quelle: Greenpeace-Handbuch des Atomzeitalters, München 1989

sekundären Kreislauf einfloss. Nach zehntägigen Reparaturen ergaben die Druckversuche, dass jetzt zwei für die Reparatur geöffnete Deckel leckten. Und als das behoben war, dichteten plötzlich die Pumpen nicht mehr richtig und mussten demontiert werden. [...] Dann wurde eine Undichte beim Regelstabantrieb entdeckt. Mehr als zwei Monate – bis am 6. Januar – stand die Anlage still!«, schreiben die Autoren des »Atombetrugs«.[5]

In den Medien ist höchstens von »Kinderkrankheiten« und »kleineren Mängeln« die Rede. Mehr erfährt die Öffentlichkeit nicht.

In den ersten sechs Jahren steht das Werk während eines Drittels seiner Betriebszeit still. Wer jedoch erfahren will, was da eigentlich los war und weshalb das AKW so oft vom Netz genommen werden musste, bekommt von Kurt Küffer, dem damaligen Leiter des Kraftwerks, keine erhellende Antwort; er verschanzt sich hinter dem Lieblingssatz aller AKW-Betreiber: »Die Betriebsunterlagen geben wir praktisch niemandem heraus.«[6]

Noch bevor man von den »Kinderkrankheiten« des Reaktors weiß, beschließt die NOK im Dezember 1967 »in Ausübung einer vorteilhaften Option« (NOK-Broschüre 1978)[7], beim selben Konsortium ein weiteres, absolut identisches AKW mit derselben Leistung zu bestellen: Beznau II. Dieser Reaktor nimmt Ende 1971 den Betrieb auf.

Drei Jahre später versagt in einem der beiden Blöcke ein Ablassventil; die Öffentlichkeit erfährt dies allerdings erst 1979. Das Ventil ist vergleichbar mit dem Ventil eines Dampfkochtopfs: Wenn der Druck im Reaktor zu hoch wird, kann man ihn damit etwas abbauen, um den Reaktorbehälter zu entlasten.

Glücklicherweise lässt sich das Problem in Beznau binnen zwei, drei Minuten beheben. In Three Mile Island in Harrisburg (USA) – ebenfalls ein Druckwasserreaktor – führt fünf Jahre später ein verklemmtes Ablassventil zum ersten großen Atomunfall in einem kommerziellen Reaktor.

Schon 1971 machen die beiden Dampferzeuger in Block I massiv Probleme. Einige der Röhrchen, durch die das siedend heiße, kontaminierte Wasser fließt, korrodieren und lecken. Der Sekundärkreislauf wird verseucht. Die kaputten Röhrchen verstopft man einfach, damit kein Wasser mehr durchfließen kann. Dasselbe tut man einige Jahre später, als auch bei Block II Lecks auftreten. Später muss die Kraftwerksleitung aus technischen Gründen das Stopfmaterial entfernen und Futterröhrchen einsetzen; eine Arbeit, die für das Personal extrem strahlenbelastend ist.

Man weiß schon lange, dass die Dampferzeuger die Achillesferse dieses Reaktortyps sind. Die US-amerikanische Sicherheitsbehörde »Nuclear Regulatory Commission« (NRC) spricht von einer »ungelösten Sicherheitsfrage«, die »praktisch nicht behebbar« sei, weil keine »einfachen Verbesserungsmöglichkeiten bestehen«.[8] Bei japanischen AKW der Beznau-Bauart waren zum Teil bis zu 25 Prozent aller Röhrchen zugestopft worden. Es kam vor, dass eines dieser Dampferzeugerrohre brach und pro Minute 2650 Liter hoch verseuchtes Wasser ausspie. Bersten gar mehrere Rohre gleichzeitig, wird es höchst ungemütlich. Laut einer Studie des Instituts für Energie- und Umweltforschung Heidelberg könnten – wenn beispielsweise zehn Rohre kaputt gehen – innert dreißig Minuten bis zu 14 000 Curie Iod-131 in die Umgebung gelangen: Dies ist tausendmal mehr, als durch den Kernschmelzunfall in Three Mile Island freigesetzt wurde.[9]

Erst 1993 wechselt die NOK in Block I für 100 Millionen Franken die beiden Dampferzeuger aus. In Block II sind immer noch die alten drin. Sie sollen 1999 ersetzt werden, für 125 Millionen Franken.

Unzureichende Notsysteme

Der Bundesrat weiß bereits 1972, als Block II in Betrieb geht, von Beznaus Mängeln. Deshalb erhält der zweite Reaktor nur eine befristete Betriebsbewilligung. Block I hatte damals schon eine unbefristete Bewilligung, die der Bundesrat aber nicht rückgängig macht.

Im Dezember 1991 reicht die NOK beim Eidgenössischen Verkehrs- und Energiewirtschaftsdepartement ein Gesuch »für eine unbefristete Betriebsbewilligung für das Kernkraftwerk Beznau II« ein. Aufgrund dieses Gesuchs verlangt der Bund, die NOK müsse Beznau nachrüsten und ein neues Notsystem einbauen.

Man hat aus verschiedenen Reaktorunfällen gelernt, dass Atomkraftwerke mehrere, voneinander getrennte Notkühlsysteme brauchen. Denn bei einer Notabschaltung produziert der Reaktorkern weiterhin Wärme. Kann man kein Wasser mehr zuführen, erhitzt er sich binnen kurzer Zeit auf über 2800 Grad und schmilzt.

Ein verhältnismäßig »sicheres« AKW neuer Bauart sollte deshalb über drei voneinander total unabhängige Notkühlsysteme verfügen: weil eines in Revision sein könnte und das andere lecken oder sonstwie versagen könnte. Unter den Notsystemen versteht man unter anderem verschiedene Reservewassertanks, die bei einem Unfall eingesetzt werden können, um den Kern abzukühlen. Dazu gehören Pumpen, die dieses Wasser an seinen Bestimmungsort befördern – die regulären Pumpen könnten ja kaputt sein.

Ferner muss gewährleistet sein, dass das Werk jederzeit mit Strom versorgt wird. Denn ein AKW produziert zwar Strom, aber es braucht auch Strom – um zum Beispiel die Kühlpumpen zu betreiben. Dieser Strom wird von außen, also vom gewöhnlichen Elektrizitätsnetz bezogen. Ist nun aus irgendwelchen Gründen die Stromzufuhr von außen unterbrochen, muss das Werk in der Lage sein, mit Notstromgeneratoren blitzartig Strom zu produzieren.

Alle diese Notsysteme müssen räumlich getrennt sein. Auch die Leitungen dürfen nicht am selben Ort durchlaufen. Bei alten Anlagen ist das aber häufig der Fall. Ein Erdbeben, ein Flugzeugabsturz oder ein

Tote in Beznau

Am 17. Juli 1992 sterben in Beznau zwei Arbeiter: Der 36-jährige Österreicher Hubert Jellen und der 32-jährige Elsässer Gilles Bauer. Die beiden arbeiten für externe Firmen, die sie für Revisionsarbeiten ins AKW geschickt haben.
Die Öffentlichkeit nimmt den Unfall kaum zur Kenntnis. Derweil er höchst merkwürdig ablief. Die beiden begaben sich in den »Reaktorsumpf«, ein Auffangbecken unter dem Reaktor, das im Notfall auslaufendes, radioaktives Wasser auffangen müsste. Im Reaktorsumpf hatte sich Argon angesammelt, ein geruchloses, tödliches Gas. »Die Leichen wurden nach Angaben des Kraftwerkleiters kurze Zeit nach dem Unfall gefunden. Eine Rettungsmöglichkeit hatte es für sie [...] nicht gegeben«, schrieben die Zeitungen lapidar. Die Mutter von Hubert Jellen hat man nie über die Unfallursache informiert. Noch heute fragt sie sich, weshalb ihr Sohn im Reaktorsumpf war und weshalb er von der Gefahr nichts wusste.
Arbeiter, die während jener Revision ebenfalls aushilfsweise in Beznau gearbeitet haben, berichteten: Jemand habe die Pumpe, die das giftige Gas aus dem Reaktorsumpf hätte pumpen sollen, weggenommen und anderswo eingesetzt. Die beiden Unfallopfer hätten dies jedoch nicht wissen können.
Die Kraftwerkleitung behauptete, die beiden hätten gar nicht dort unten sein sollen. Offensichtlich gab es aber keine Sicherheitsvorkehrungen, die verhindert hätten, dass die Arbeiter in den Reaktorsumpf gelangen konnten. Die Atomkontrollbehörde HSK kümmerten diese Fragen nicht. Sie stellt sich auf den Standpunkt, es handle sich um einen »nicht-nuklearen« Unfall und falle somit nicht in ihren Zuständigkeitsbereich.

Quelle: u. a. Tages-Anzeiger, 18.7.92

Feuer könnte den Kommandoraum zerstören: Führen wichtige Leitungen durch diesen Raum, ist der Reaktor nicht mehr zu steuern.

»In all den Kernkraftwerken, die vor 1975 bestellt worden sind, findet man immer einen, zwei oder noch mehr Räume, in denen auf keinen Fall ein Brand ausbrechen darf, da sonst die Anlage außer Kontrolle geraten würde«, konstatiert der AKW-Experte und Physiker Michael Sailer vom Öko-Institut Darmstadt.[11]

Beznau gehört zu dieser Altersklasse.[12] Es ist auch – wie Greenpeace kritisiert – weder erdbebensicher, noch könnte es einen Flugzeugabsturz überstehen.

Die NOK erfüllt die Auflage des Bundes und baut für fünfhundert Millionen Franken 1992 respektive 1993 bei Beznau I und II je ein zusätzliches, unabhängiges Notstandssystem ein, das so genannte Nano. Mit dem Nano soll es möglich sein, »bei Störfällen die Reaktoranlage abzuschalten und während mindestens zehn Stunden ohne Bedienungsmannschaft in einem sicheren Zustand zu halten«, wie die KKB-Werkleitung schreibt.

1994 veröffentlicht die Hauptabteilung für die Sicherheit der Kernanlagen (HSK) einen umfangreichen Bericht, in dem sie Beznau attestiert, das Werk genüge höchsten Sicherheitsanforderungen. Ein HSK-Experte rühmt an einer Pressekonferenz, dass sich ein schwerer Atomunfall »im US-amerikanischen KKW A« wahrscheinlich einmal in tausend Jahren, in Beznau aber nur einmal in hunderttausend Jahren ereigne. Die US-Amerikaner würden halt immer eine Kosten-Nutzen-Rechnung machen: Wenn die Nachrüstung sich finanziell nicht lohne, verzichte man darauf. Das sei in der Schweiz anders. Beznau entspreche von der Sicherheit her dem »Richtwert für Neuanlagen«, zu Deutsch: Es soll so sicher sein wie ein heute gebautes AKW. Die HSK-Leute betonen, es spreche nichts gegen eine unbefristete Betriebsbewilligung.[13]

Fernwärme-Flop

Das AKW Beznau verkauft nicht nur Strom, sondern auch Wärme. Nur ein Drittel der Energie, die ein Reaktor produziert, kann in Strom umgesetzt werden. Der große Rest geht zwischen Dampferzeuger, Generator und Kondensator verloren, zum Beispiel in Form der Dampffahne über einem Kühlturm. Ergo wäre es schlauer – dachten sich die AKW-Betreiber –, direkt Wärme zu verkaufen. Die Refuna (Regionale Fernwärme Unteres Aaretal) tut das seit 1984. In Beznau wird vom nicht kontaminierten, sekundären Kreislauf 127 Grad heißes Wasser abgezweigt. Das wird über ein 130 Kilometer langes Rohrleitungsnetz in die umliegenden Gemeinden verteilt, um dort Häuser zu heizen. Heute sind etwa 15 000 BewohnerInnen in elf Gemeinden an dieses Fernwärmenetz angeschlossen.
Mitte der Achtzigerjahre wollte die NOK das Fernwärmenetz massiv ausbauen. Mit dem Projekt Transwaal (Transport von Wärme ins Aare- und Limmattal) beabsichtigte man, mehrere Dutzend Aargauer und Zürcher Gemeinden inklusive die Stadt Zürich mit Wärme aus den Beznau-Reaktoren zu versorgen. Leibstadt hatte ebenfalls große Pläne und wollte seine Wärme bis nach Basel liefern. Man pries die Fernwärme als umweltfreundlich und ressourcenschonend. Doch selbst Michael Kohn, damals noch Verwaltungsratspräsident der Aare-Tessin AG für Elektrizität (Atel), errechnete, dass die Atomwärme im günstigsten Fall höchstens 2,5 Prozent des Wärmemarktes ausmachen würde. Es ließe sich also nur bescheiden Öl sparen. Doch hätte es – gemäß Berechnungen des WWF – eine Milliarde gekostet, das Atomfernwärmenetz optimal auszubauen. Vor diesen hohen Investitionskosten schreckten die Gemeinden zurück, Transwaal und auch die anderen Fernwärmeprojekte um Leibstadt, Mühleberg und Gösgen kamen nicht zustande. Die Refuna wirtschaftete so schlecht, dass sie im Frühjahr 1998 über 17 Millionen abschreiben musste, damit die AKW-Wärme für ihre KonsumentInnen noch bezahlbar ist – denn verglichen mit den enorm tiefen Öl- und Gaspreisen ist sie viel zu teuer. Für die großen Verluste müssen allerdings vor allem die am Netz angeschlossenen Gemeinden aufkommen, die die Mehrheit der Refuna-Aktien besitzen.
Eines ist der NOK aber gelungen: Die FernwärmebezügerInnen sind vollkomen von Beznau abhängig. Und werden es – aus rein ökonomischen Überlegungen – begrüßen, wenn die Reaktoren möglichst lange Energie produzieren. Denn sonst müssen die meisten von ihnen neue Heizungen installieren.

Quellen: u. a. Aargauer Zeitung, 1.5.98, Tages-Anzeiger 2.11.94, WoZ 14.2.86

Crux mit der Nachrüstung

Einige Monate später kontaktieren einige Beznau-Angestellte Greenpeace und packen aus. Sie berichten, dass während des Einbaus des Nanos unglaublich geschlampt wurde: »Wir waren etwa dreißig Hilfsarbeiter, die Kabel ziehen mussten«, berichtet einer der Angestellten, »fast alle nahmen Drogen. Von Haschisch über LSD bis zu exotischen Pilzen und Heroin wurde alles konsumiert und gedealt.« Manche seiner Kollegen seien mit einem Fünf-Liter-Fass Bier zur Arbeit gekommen. Kabelziehen sei halt ein langweiliger Job, deshalb seien die Arbeiter oft »zugedröhnt« gewesen und hätten die Kabel in einem wilden Wirrwar verlegt: »In einigen Kabelwannen herrscht ein richtiger Salat. Eigentlich müssten die Kabel geordnet neben- und übereinander liegen, doch sieht es mehr nach Spaghetti carbonara aus. Lediglich die oberste Kabelschicht ist sauber verlegt.«

Die Werkleitung dementiert nicht und gibt zu, man habe mehrere Wochen lang schludrig verlegte Kabel wieder herausreißen und neu verlegen müssen. Man behauptet jedoch, das Nano funktioniere jetzt einwandfrei.[14]

Wenig später erhebt auch ein Kadermann, der maßgeblich am Einbau des Nanos beteiligt war, gravierende Vorwürfe. Das Nano könne im Notfall gar nicht funktionieren, sagt er: »Der schwerwiegendste Mangel ist, dass man praktisch alle wichtigen Leitungen dieses Notstandsystems über den Kommandoraum und das darunterliegende Relais führte. Sie müssten jedoch direkt mit dem Reaktor verbunden sein. Dies war aus technischen Gründen aber nicht möglich, weil der gesamte Reaktor völlig veraltet ist.« Das bedeutet: Wenn der Störfall eintritt, für den es eigentlich eingebaut wurde (ein Kabelbrand, der beispielsweise das Relais zerstört), ist das Nano gar nicht einsatzfähig.

Der Kadermann, ein ausgewiesener Kraftwerkexperte, meint: »Beznau ist wie ein altes Auto, für das man keine originalen Ersatzteile mehr findet. Meiner Meinung nach müsste man den alten Koffer sofort abstellen. Denn das einzige Sicherheitssystem, das in diesem Werk wirklich funktioniert, sind die vielen Securitasleute, die das Gelände bewachen.«[15] Der Informant spricht auch von lecken Rohren, aus denen radioaktives Wasser tropfe, und von rostenden Ventilen.

Er kann aber nicht namentlich aussagen, weil er sonst sofort seine Arbeit verlieren würde. Wie man AKW-intern mit Kritikern verfahre, habe er bereits erlebt: »Ich weiß von einem Arbeiter, der im Stress einmal über das ›Scheiß-AKW‹ gewettert hat. Jemand verpfiff ihn. Er wurde sofort auf die schwarze Liste gesetzt, da man ihn für einen AKW-Gegner hielt.«

Die HSK reagiert verhalten auf die Anschuldigungen; sie wiegelt nicht einfach ab, da der Informant zu viele Detailkenntnisse hat. Zu den Vorwürfen könne sie aber nicht viel sagen, sie brauche konkretere Informationen. Der Informant kann diese nicht liefern, ohne seine Identität preiszugeben. Und die KKB-Werkleitung streitet alles ab.

Je älter, desto gefährlicher

Noch im Dezember 1994 erteilt der Bund die Betriebsbewilligung – immerhin nur eine befristete, die bis zum Jahr 2004 gilt. Auf die Vorwürfe geht er nicht ein, weil er voll und ganz auf seine Kontrollbehörde HSK baut. ParlamentarierInnen fordern zwar noch, unabhängige Experten müssten die Anlage unter die Lupe nehmen. Der Antrag wird abgelehnt.

Seither ist sich die NOK ihrer Sache sehr sicher. Da sie angeblich seit 1983 »über eine Milliarde Franken im KKB investiert« hat, will sie die Anlage fünfzig statt wie ursprünglich geplant nur dreißig Jahre betreiben.[16] Die Reaktoren gingen demnach erst 2019 beziehungsweise Ende 2021 vom Netz. Derweil bekannt ist: Je älter ein AKW ist, desto gefährlicher wird es.

Atomkraftwerke, die in die Jahre kommen, bergen neue, massive Sicherheitsprobleme, die jedoch völlig unterschätzt werden. Um die Jahrtausendwende dürften weltweit etwa zweihundert AKW in Betrieb sein, die schon über zwanzig Jahre lang Strom produzieren – darunter sind hundert, die 25-jährig oder noch älter sind. In der Schweiz gehören Beznau I (Betriebsbeginn 1969) und Beznau II sowie Mühleberg (beide 1972) in diese Kategorie.

Das Material aller technischen Anlagen wird mit zunehmendem Alter spröde und schwächer. Bei den Atomkraftwerken beschleunigt jedoch die Strahlung diesen Alterungsprozess. Es sind vor allem die Neutronen, die die molekularen Gitterstrukturen der verschiedenen Materialien stark belasten und langfristig verändern. Stahl zum Beispiel versprödet, deformiert sich und kann letztlich brechen.

Die Druckbehälter alter Reaktoren enthalten oftmals Kupfer. Heute weiß man, dass Kupfer den Versprödungsprozess ebenfalls beschleunigt – in neuen Druckbehältern hat es deshalb kein Kupfer mehr.

Ein Reaktor muss zudem enorme Temperaturunterschiede aushalten: Man spricht vom Thermoschock, wenn zum Beispiel bei einer Notabschaltung in wenigen Minuten große Mengen kaltes Kühlwasser in den heißen Reaktorbehälter strömen. Ist der Reaktorbehälter bereits sehr spröde, könnte das Material wegen dieses Schocks bersten.

Nun ist es aber technisch oftmals unmöglich zu überprüfen, wie spröde das Material ist. Es können kleine, kaum nachweisbare Haarrisse entstehen – die aber fatale Folgen zeitigen, wenn deshalb das Material bricht.

Bislang gebe es kein brauchbares Verfahren, »das das zulässige Alter von Kernkraftwerken bestimmt«, schreiben die AutorInnen der Studie »Alterung in Atomkraftwerken«: »Die Definition der

Lebensdauer eines Kernkraftwerkes wird in der Regel vom Hersteller aus ökonomischen Gründen oder in Anpassung an die ›allgemeine ingenieurtechnische Praxis‹ vollzogen.«[17]

Kommt hinzu, dass die Altreaktoren auch bezüglich der anderen Sicherheitsstandards nicht den Anforderungen genügen, die neue AKW erfüllen müssen (z. B. unzureichende Notkühlsysteme, unzureichendes Containment). Damit man die betagten AKW nicht vom Netz nehmen müsse, habe man die heute geltenden Sicherheitsstandards einfach mit Ausnahmeklauseln ergänzt, stellen die AutorInnen der Alterungsstudie fest.

Die Schweizer Atomsicherheitsbehörde HSK bekennt offen, dass eine neue Anlage mit den Sicherheitsstandards von Beznau heute keine Betriebsbewilligung erhalten würde. Doch hält das die HSK für tolerierbar. Man verschrotte schließlich auch nicht alle alten Flugzeuge, nur weil neue, sicherere auf den Markt kämen, argumentiert auch das Bundesamt für Energiewirtschaft.[18]

»Lücken im Sicherheitsnachweis von älteren Kernkraftwerken führen so lange keineswegs zur Stillegung der Blöcke, wie nicht zweifelsfrei nachgewiesen ist, dass hieraus eine Gefährdung für die Bevölkerung resultiert«, konstatieren die AutorInnen der Alterungsstudie und fügen lakonisch an: »In diesem Sinne ist der beste Beweis offensichtlich die vollzogene Schädigung der Umwelt und der Menschen.«

AKW Mühleberg

4
Die Risse im Kernmantel

Mühleberg

Die Bernische Kraftwerke AG* (BKW) gibt 1965 bekannt, sie plane zehn Kilometer westlich von Bern ein AKW. Bei der US-Firma General Electric bestellt das Energieunternehmen einen Siedewasserreaktor, der mit einer Leistung von 355 Megawatt minim größer ist als ein Beznau-Reaktor; den technischen Teil der Anlage liefert Brown Boveri. Der Bau beginnt 1967. Das Kernkraftwerk Mühleberg (KKM) ist weltweit der älteste Siedewasserreaktor-Typ, der in Betrieb ist.

Wie Beznau macht denn auch Mühleberg von Anbeginn Probleme[1]:

Offiziell geht die Anlage 1972 ans Netz. Doch schon am 28. Juli 1971 ereignet sich der erste Unfall: Im Maschinenhaus bricht während des Probebetriebs ein Brand aus. Das Feuer frisst sich rasch entlang von Kabelschächten weiter, es kommt zu Kurzschlüssen, wodurch verschiedene Sicherheitssysteme lahmgelegt werden.

Während der ersten Betriebsjahre zwingt eine Reihe von »Kinderkrankheiten« die AKW-Betreiber, zahlreiche Umbauten vorzunehmen: Systeme funktionieren nicht wie vorgesehen, es kommt zu unerwarteten Schwingungen im Reaktor, an gewissen Stellen zeigen sich erste Risse.

Die Anlage erhält – weil die Kontrollbehörden ihr sicherheitstechnisch von Anfang an nicht trauen – nur eine befristete Betriebsbewilligung, die bis 1974 jedes halbe Jahr und bis 1980 jährlich ver-

* Die Bernische Kraftwerke AG hat sich inzwischen in BKW FMB Energie AG umbenannt, sie gehört zu 69,8 Prozent dem Kanton Bern, zu 5 Prozent dem Kanton Jura, und zu 10 Prozent der Preußenelektra (BRD) – sowie diversen Gemeinden und Private.

längert werden muss. Im Atomgesetz existiert allerdings der Begriff »befristete Betriebsbewilligung« überhaupt nicht. Da steht lediglich: »Die Bewilligung ist zu verweigern oder von der Erfüllung geeigneter Bedingungen oder Auflagen abhängig zu machen.«[2]

Zweifeln die Atombehörden an der Sicherheit einer Anlage, müssen sie den Betrieb untersagen, bis die Mängel behoben sind. Das haben sie aber weder bei Mühleberg noch bei Beznau II getan, weil dies wohl zu hohe Kosten verursacht hätte. Deshalb erfinden die Behörden die »befristete Betriebsbewilligung«, um zu suggerieren, die Anlagen würden dann strenger kontrolliert. »Letztlich war es mit dieser Vorgehensweise der Atombehörden (und ist es heute noch) möglich, dass AKW in der Schweiz jahrelang am Netz waren, obwohl sie die behördlich geforderten Auflagen nicht erfüllten«, konstatiert die »Aktion Mühleberg stillegen!« in einer Dokumentation zum langwierigen Mühleberg-Bewilligungsverfahren.[3]

Mittlerweile hat der Bund die Bewilligung des Atomkraftwerkes schon 14-mal verlängert.

Defekte Umwälzschlaufen

Anfang der Achtzigerjahre entdeckt man in den Rohren der Umwälzschlaufen Risse. Doch man unternimmt nichts. Diese Umwälzschlaufen lassen das Wasser im Reaktor zirkulieren*; schlägt eines der Umwälzschlaufenrohre leck, kommt es zum »größten anzunehmenden Unfall« und der Reaktor muss über die Notsysteme gekühlt werden. 1985 zeigen neue Messungen, dass die Risse bereits sehr tief sind. Man schweißt sie notdürftig zu. Erst ein Jahr später lässt die Kraftwerkbetreiberin die Umwälzschlaufen ersetzen.

*Bei modernen Reaktoren verzichtet man auf Umwälzschlaufen, das Wasser wird (über von außen angetriebene Pumpen) direkt im Reaktor umgewälzt.

Im Herbst 1986 kommt es zu einem gravierenden Störfall, beträchtliche Mengen Radioaktivität gelangen in die Umgebung. Die Bevölkerung informiert man nicht. Das Ereignis wird trotzdem publik, weil eine Privatperson Messungen vorgenommen hat. Später taucht der Zwischenfall in offiziellen Berichten auf: »Im September 86 führte [...] eine unkontrollierte Emission radioaktiver Harze aus dem Kernkraftwerk Mühleberg lokal zu einer Aktivitätsablagerung und einer weiteren Erhöhung der Ortsdosis um bis 40 Nanosievert pro Stunde«, schreibt das Bundesamt für Gesundheitswesen in seiner Broschüre »Umwelt-Radioaktivität und Kernkraftwerke«; noch heute lassen sich an dieser Stelle erhöhte Strahlenwerte feststellen.[4]

In jener Gegend beträgt die natürliche Hintergrundstrahlung pro Stunde etwa 80 Nanosievert. Dies bedeutet jedoch nicht, dass 40 zusätzliche Nanosievert vernachlässigbar wären, da jede Strahlenbelastung Krebs oder genetische Defekte auslösen kann – mit zunehmender Dosis steigt das Risiko (vgl. Kapitel 10).

Das Personal, das in jenen Jahren in Mühleberg arbeitet, ist ebenfalls ungewöhnlich hohen Strahlendosen ausgesetzt. Die erlaubte Kollektivdosis, die besagt, wie viel Strahlung alle Angestellten inklusive der Temporärangestellten innerhalb eines Jahr höchstens absorbieren dürfen (4 Personen-Sievert), wird 1985 und 1986 überschritten; 1986 beträgt die Kollektivdosis gar fast das Dreifache des erlaubten Grenzwertes (fast 12 Personen-Sievert). WissenschaftlerInnen des Öko-Instituts Darmstadt stellen in einem Gutachten fest, dass in keinem anderen AKW der Schweiz die regulär Beschäftigten so hohe Dosen abbekommen wie in Mühleberg, weshalb sie »einem besonders hohen Risiko durch Krebs ausgesetzt« seien.[5]

Kommt hinzu, dass Mühleberg als Siedewasserreaktor auch im Normalbetrieb wesentlich »schmutziger« ist und mehr Strahlung an die Umwelt abgibt als die Druckwasserreaktoren von Beznau und Gösgen (vgl. Grafik S. 68).

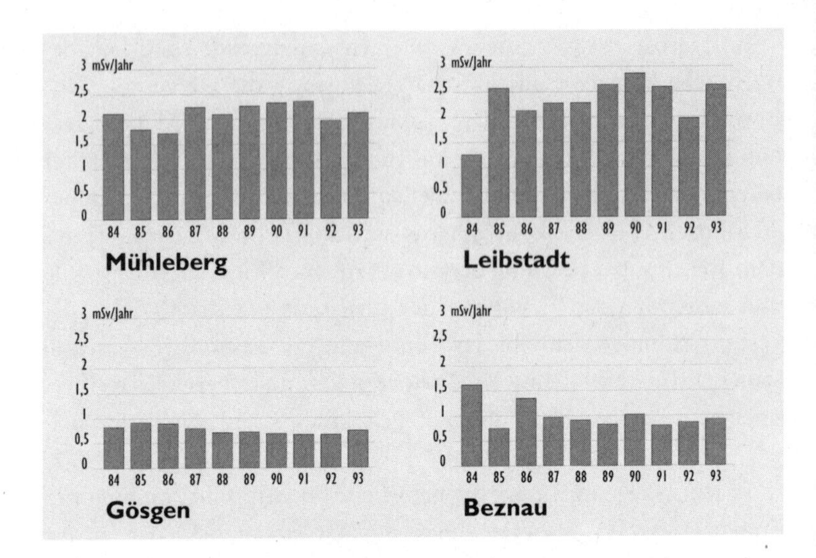

Strahlende Siedewasserreaktoren

Die Grafik zeigt deutlich, dass die beiden Siedewasserreaktoren Mühleberg und Leibstadt im Normalbetrieb markant mehr Strahlung abgeben als Beznau und Gösgen. Gemessen wurde die Direktstrahlung entlang der Umzäunung der Atomkraftwerke (Maximalwerte). Dass diese stärker strahlen als die Druckwasserreaktoren, hängt mit ihrer Konstruktion zusammen. Druckwasserreaktoren haben zwei getrennte Kühlkreisläufe, Siedewasserreaktoren nur einen – weshalb wesentlich mehr Strahlung nach draußen dringt.

Quelle: Bundesamt für Gesundheitswesen: Umwelt-Radioaktivität und Kernkraftwerke, Fribourg, 1994

1989 gelingt es dem Temporärangestellten Maurice Shourot, eine Fotokamera ins Werk zu schmuggeln. Er schießt mehrere Bilder vom Innern des Reaktors – der Deckel des Reaktorbehälters war wegen Revisionsarbeiten geöffnet. Die Fotografien sorgen für Aufregung, denn die Sicherheitsvorkehrungen in einem AKW müssten so streng sein, dass man nichts unkontrolliert hinein- oder hinausbringen kann.

Die AKW-Leitung reagiert mit verschärften Sicherheitsmaßnahmen: »Am Montag morgen um sieben Uhr wollten die Arbeiter ihre persönlichen Arbeitskleider anziehen. In einer heimlichen Aktion waren sämtliche Kleider gefilzt worden«, schrieb ein AKW-Mitarbeiter der WoZ, »Gerüchten zufolge wurde nach Fotoapparaten und Sprengstoff gesucht«, gefunden habe man »Werkzeuge, schmutzige Unterwäsche und Arbeitsmaterialien«.[6]

Zu kleines Containment, veraltete Systeme

Als Mühleberg den Betrieb aufnimmt, hat es bereits »Auslegungsprobleme«. Dennoch erhält das Werk die Betriebsbewilligung, wenn auch nur eine befristete.

Die Atomkontrollbehörden legen so genannte Auslegungskriterien fest: AKW-Betreiber müssen nachweisen können, dass ihre Anlage fähig ist, bestimmte Störfälle unter Kontrolle zu halten. Man nimmt zum Beispiel an, ein Rohr, das Kühlwasser transportiert, bricht. Der Reaktor wird folglich nicht mehr gekühlt. Also muss ein Ersatzsystem in der Lage sein, Wasser in den Reaktor zu pumpen. Mühleberg hätte in den Siebzigerjahren einen derartigen Störfall nicht beherrschen können.

Seither hat die AKW-Betreiberin zwar gewisse Mängel behoben und Systeme nachgerüstet. Unter anderem baute man für über hundert Millionen Franken ein neues Notstandsystem ein: das »Spezielle unabhängige System zur Abfuhr der Nachzerfallswärme« (SUSAN). Das SUSAN soll wie das Nano in Beznau den Reaktor selbständig abschalten und kühlen, wenn beispielsweise die Anlagen im Kontrollraum wegen eines Brandes nicht mehr zu bedienen sind.

Doch letztlich krankt Mühleberg an demselben Problem wie sein Altersgenosse Beznau: »Die ungünstige Grundkonzeption des Werkes ist mit Nachrüstungen nicht wettzumachen. Der technische Stand von Neuanlagen wird nie erreicht«, konstatiert die Gruppe »Mühleberg unter der Lupe« (MuL).[7]

Die Aussage von MuL basiert auf einer Studie des Öko-Instituts Darmstadt. Die AKW-ExpertInnen Michael Sailer, Christian Küppers und Ute Rehm haben Mühleberg 1990 genau angeschaut. Sie listen in ihrer Studie zahlreiche, zum Teil nicht behebbare Sicherheitsmängel auf[8]:

- Das Containment ist zu klein und zu schwach: Der Reaktor ist von einem birnenförmigen Stahlbehälter – dem Containment – umgeben, der bei einem schweren Störfall das kontaminierte Wasser und den Dampf zurückhalten soll, damit die Umgebung nicht verseucht wird. Im Reaktor selbst stehen das Wasser und der Dampf normalerweise unter Druck (ca. 70 bar). Bei einer Kernschmelze würde nun der Druck im Containment ebenfalls rapid steigen – doch ist es zu klein und zu schwach; es hält lediglich einen Druck von 4 bar aus. Bei einer Kernschmelze könnte es förmlich aufplatzen. »Berechnungen bei Anlagen in den USA mit gleichem Containment haben denn auch ergeben, dass bei Kernschmelzen mit großer Wahrscheinlichkeit die Radioaktivität nicht zurückgehalten werden kann.«[9]
- Das Schnellabschaltsystem ist veraltet: Falls der Reaktor droht außer Kontrolle zu geraten – wenn er sich beispielsweise übermäßig erhitzt –, muss es möglich sein, ihn innert Sekunden abzuschalten. Diese Schnellabschaltung passiert, indem automatisch sämtliche Steuerstäbe in den Reaktor geschossen werden; die Steuerstäbe

»schlucken« die Neutronen, die Kernspaltung stoppt. Bei Siedewasserreaktoren wie in Mühleberg sind die Steuerstäbe aus technischen Gründen unten angebracht. Beim Druckwasserreaktor hingegen sind sie oben platziert, was wesentlich sicherer ist, da sie – selbst wenn alle Systeme versagen – dank der Schwerkraft von selbst in den Reaktor fallen und ihn ausschalten. »Die Steuerstäbe in Mühleberg haben für Schnellabschaltungen und langsame Bewegungen das gleiche hydraulische Antriebssystem. Diese Technik wurde erstmals 1959 eingesetzt; insbesondere nach einer ganzen Reihe von Fehlern an Schnellabschaltantrieben bei ähnlichen Reaktoren muss heute davon ausgegangen werden, dass diese Technik veraltet ist.«[10] Neuere Reaktoren machen dieses Manko mit einem zusätzlichen Elektromotor wett, der im Notfall die Steuerstäbe in den Reaktor schiebt.

- Die Notkühlung ist unzureichend: Wenn bei einem Störfall der Reaktor abgeschaltet wird, ist das Risiko noch nicht gebannt. Der Reaktor produziert weiterhin Wärme – die »Nachzerfallswärme«, die unbedingt abgeführt werden muss, weil der Kern sonst trotzdem schmelzen kann.

  Bei einer Schnellabschaltung wird jedoch der Reaktor isoliert. Ventile verschließen alle Rohre, die aus dem Reaktor herausführen. Ein sinnvoller Vorgang, mit dem man vermeidet, dass Radioaktivität nach draußen gelangt. Es bedeutet aber, dass das Wasser nicht mehr wie üblich zirkuliert und kühlt. In diesem Moment treten die Notkühlsysteme in Aktion: Sie müssen garantieren, dass die Nachzerfallswärme aus dem Reaktor abgeführt wird. In neuen Reaktoren sind diese Notkühlsysteme drei- bis vierfach vorhanden: weil eines defekt, das andere in Revision und deshalb nicht betriebsbereit sein könnte – dann ist immer noch mindestens ein Reservesystem vorhanden, welches den Reaktor kühlen kann. Bei Mühleberg – ähnlich wie in Beznau – sind diese Notkühlsysteme jedoch zum Teil nur zweifach vorhanden; fallen beide aus, würde sich der Reaktor im Notfall nicht mehr kühlen lassen.[11]

Aus Unfällen lernen

Die heutigen Sicherheitsanforderungen hat man nicht der Weitsichtigkeit der AKW-Betreiber zu verdanken. Entweder hat man bereits anderweitig bewährte Technologien übernommen, oder man lernte aus Fehlern. Einige Beispiele:

- Das Prinzip der »Redundanz«, wonach ein Sicherheitssystem mehrfach vorhanden sein muss, kennt man seit 1850. Der deutsche Verein der Eisenbahnverwaltungen hat damals festgelegt, dass beispielsweise der Dampfkessel jeder Dampflokomotive mindestens zwei Ventile haben muss.
- Bei konventionellen Kraftwerken (z. B. Kohle) mussten die Pumpen, die Wasser in den Kessel befördern, seit den Zwanzigerjahren mehrfach vorhanden sein – und sie mussten nach dem Prinzip der »Diversität« unterschiedlich betrieben werden. Einige Pumpen elektrisch, andere mit kleinen Dampfturbinen, damit immer noch die Hälfte funktioniert, falls im Stromnetz eine Störung auftritt.
- Im AKW in Windscale (dem heutigen Sellafield, GB) lernte man 1957, dass es mehrere Kühlkreisläufe braucht. Ein Reaktor überhitzte sich aufgrund eines physikalischen Effekts, den man zuvor nicht wahrgenommen hatte. Weil es nur einen Kühlkreislauf gab, gelangten große Mengen Radioaktivität via Kühlmittel in die Umgebung. Das hätte vermieden werden können, hätte es mehrere Kühlkreisläufe gegeben.
- 1975 erlebte man im AKW Browns Ferry (USA), welche Auswirkungen ein Kabelbrand haben kann. Es ging dabei um den legendären Kerzentest: Die Räume eines AKW müssen absolut dicht sein, damit – falls ein Raum radioaktiv verseucht wird – die anderen verschont bleiben. Deshalb prüft man mit einer Kerze, ob bei den Kabelsträngen und Rohren, die aus einem Raum hinausführen, kein Luftzug vorhanden ist. Bei diesem Test strich der Kontrolleur in Browns Ferry mit der Kerze so nahe an einer brennbaren Kabelisolierung entlang, dass diese Feuer fing. Unglücklicherweise brach das Feuer in einem Raum aus, durch den sämtliche wichtigen Steuerkabel führten. Der Reaktor lief bereits – und geriet während Stunden außer Kontrolle. Nur mit viel Glück konnte man ihn wieder »einfangen«. Seither weiß man, dass Sicherheitssysteme nicht nur mehrfach vorhanden sein müssen, sondern deren Kabel auch niemals durch dieselben Räume gehen dürfen.

Quelle: Michael Sailer, CAN-Hearing, Zürich, 1994

- Systeme sind nicht voneinander getrennt: Wichtige Komponenten des neuen Notstandsystems SUSAN sind beispielsweise im Reaktorgebäude unter dem mit Wasser gefüllten Druckabbauring untergebracht. Falls es am Druckabbauring zu einem großen Leck kommt, würde dies »mit großer Wahrscheinlichkeit zu einem Ausfall von SUSAN führen«.[12] Hier gilt, was fürs Nano gilt: Tritt der Notfall ein, für den die Systeme gebaut sind, funktionieren sie womöglich gar nicht.

Die Überwachungsbehörde HSK streitet nicht ab, dass das SUSAN Schwachpunkte hat. Doch unternimmt man nichts. Bezüglich dem »zu kleinen und zu schwachen Containment« argumentieren die HSK wie die Betreiberin, andere Siedewasserreaktoren hätten auch kein größeres. Das trifft zu, »vermag aber diejenigen, die in der Nähe eines solchen Reaktors wohnen, kaum beruhigen«, wie Küppers meint, »weltweit sind die meisten Anlagen vor 1975 in Auftrag gegeben worden, wen wundert's dann, dass die meisten Anlagen ähnlich schlecht wie die schweizerischen Altanlagen sind«.[13]

Risse im Kernmantel

Seit 1990 sieht sich Mühleberg mit einem weiteren ernsthaften Problem konfrontiert: Risse im Kernmantel. Mühleberg ist das erste AKW, bei dem man dieses Phänomen beobachtet hat. Inzwischen sind jedoch zwanzig weitere Reaktoren bekannt, die ebenfalls Risse aufweisen.

Der Kernmantel, ein Stahlzylinder im Innern des Reaktorbehälters, umschließt die Brennelemente; er ist etwa vier Meter hoch, hat einen Umfang von zehn Metern und eine Wandstärke von 31 Millimetern. Seine Aufgabe ist es, die Strömungsbereiche zu trennen: Außen fließt das Kühlwasser nach unten, innen nach oben.

Mindestens fünfzehn Risse hat man im Stahlzylinder und in einer von siebzehn Schweißnähten gefunden; einige der Nähte hat man allerdings noch gar nicht untersucht. Die Risse wachsen und haben inzwischen eine Gesamtlänge von etwa einem Meter erreicht. Sie gehen zwar nicht durch die ganze Wand, aber der tiefste durchdringt sie bereits zu 68 Prozent.

Bereits kleine Durchrisse im Kernmantel könnten – laut Greenpeace – »die Strömungsverhältnisse im Kernbereich verändern und die einwandfreie Kühlung der Brennstäbe gefährden«. Es wäre auch denkbar, dass sich kleine Teilchen lösen und im Reaktorkern herumvagabundieren: Womöglich funktionieren dann die Steuerstäbe nicht mehr richtig.[14]

Die Ursache der Risse konnte bislang weder die BKW noch die HSK zufriedenstellend erklären. Der Materialforscher Markus Speidel, Professor an der ETH Zürich, geht indes davon aus, dass verschiedene Faktoren zu Spannungskorrosion und zu den Rissen führen: Unter anderem, so meint Speidel, sei das Ausgangsmaterial – in diesem Fall ein spezieller, so genannter austenitischer Stahl – der Belastung durch das heiße Kühlwasser (ca. 290 Grad Celsius), von dem es ständig umspült wird, nicht gewachsen. Halten die Kriställchen im Stahl nicht mehr zusammen, reißt er. Leicht verunreinigtes Kühlwasser fördert diesen Prozess ebenfalls.

»Weltweit«, schreibt der ETH-Professor, »ist über Tausende von solchen Rissen, aber nur wenige Leckagen und keine Rohrabrisse berichtet worden. Dennoch erlauben die Überwachungsbehörden in wichtigen Industrieländern den Reaktor-Weiterbetrieb mit angerissenen Rohrleitungen entweder gar nicht oder nur mit starken Einschränkungen und der Auflage zu dauernd wirkenden Abhilfemaßnahmen.« Speidel merkt noch an, dass man in den USA diese Spannungsrisse massiv eindämmen konnte, weil man inzwischen bessere Stahlsorten und sauberes Wasser verwende: »In anderen, auch westlichen Ländern steht diese Verbesserung unter anderem deshalb erst noch bevor, weil Hersteller, Betreiber und Reaktorsicherheitskommissionen zunächst nicht einsehen wollten, dass auch in ihrem Arbeitsbereich Spannungsrisskorrosion auftreten kann und auftreten wird.«[15]

Zusammen mit der HSK und dem Paul-Scherrer-Institut untersuchte Speidel, wie schnell die Risse wachsen. Im Frühling 1995 wurde diese Zusammenarbeit jedoch abgebrochen. Speidels ungewöhnlich deutliche Reaktion darauf: »Das Bundesamt für Energiewirtschaft und die zuständige Überwachungsbehörde schenken dem Rissverhalten nicht genügend Aufmerksamkeit. So lässt sich die Sicherheit der Kernanlagen weder verbessern noch vorhersagen.«[16]

Vermutlich hing der Zwist mit Speidels Forschungsresultaten zusammen: »Unsere Ergebnisse waren nicht erwünscht«, sagt der Materialforscher, »denn wir haben in verschiedenen Werkstoffen hohe Rissgeschwindigkeiten gefunden, zunächst allerdings unter Bedingungen, wie sie nur in Ausnahmefällen im Reaktor vorkommen.« Eduard Kiener, Direktor des Bundesamtes für Energiewirtschaft und bekannt für seine atomfreundliche Haltung, schien nicht unglücklich über den Rauswurf des ETH-Professors. Bissig kommentierte er: »Es gibt eben Professoren, die Ergebnisse nicht rechtzeitig abliefern und mit dem Geld machen wollen, was sie für richtig erachten.«

Delikate Leistungserhöhung

Tatsächlich spielt die Bernische Kraftwerke AG die Risse lange Zeit herunter, weil Mühleberg eine unbefristete Betriebsbewilligung anstrebt.

Im Februar 1992 kommt es im Kanton Bern zu einer konsultativen Abstimmung: Das Volk darf sich zur »unbefristeten Betriebsbewilli-

Gebrochener Energiefrieden

Trotz der aufwändigen Kampagne der Atomlobby nimmt das Volk 1990 die »Moratoriums-Initiative« an, gleichzeitig kommt der Energieartikel in die Verfassung.
Nach dem heftigen Abstimmungskampf und den jahrelangen AKW-Auseinandersetzungen möchte der Bund die Fronten aufweichen. Bundesrat Adolf Ogi initiiert den »Energiedialog«: Er bringt VertreterInnen der Umweltorganisationen und der Energiebranche dazu, in Kommissionen zusammenzusitzen, um gemeinsam – unter anderem über die Atommüllfrage – zu diskutieren. Das Ganze nennt sich »Energiefrieden«.
Gleichzeitig läuft das Programm »Energie 2000« an, das zum Ziel hat, den Verbrauch fossiler Energieträger (Öl, Gas, Kohle) bis ins Jahr 2000 auf dem Niveau von 1990 zu stabilisieren, den Anteil alternativer Energie (auf 3 Prozent des Wärme- und 0,5 Prozent des Strombedarfs) zu erhöhen und die Wasserkraft um 10 Prozent zu steigern.
Doch schon zwei Jahre nach der Abstimmung zerbricht der »Energiefrieden« – wegen des Mühleberg-Entscheids. Die atomkritischen Organisationen steigen aus dem Dialog aus: Ihrer Meinung nach widerspricht die zehnprozentige Leistungserhöhung in Mühleberg der »Moratoriums-Initiative«, die einen zehnjährigen Marschhalt in der Atompolitik festschreibt.
Gleichzeitig reichen die AKW-GegnerInnen beim Europäischen Gerichtshof für Menschenrechte eine Beschwerde gegen den Bundesratsentscheid ein. Sie monieren, dass gemäß Schweizer Recht ein Bundesratsentscheid nicht vor Gericht angefochten werden kann (vgl. Kapitel 9). Die Straßburger Richter weisen die Beschwerde – nachdem die Menschenrechtskommission die Gutheißung empfohlen hat – wider alle Erwartungen im Herbst 1997 ab.
Die Leistungserhöhung bei den AKW ist inzwischen fester Bestandteil von »Energie 2000«. Im Jahresbericht des Programms von 1996 heißt es: »Die Leistung bestehender KKW soll bis 2000 um 10 Prozent ausgebaut werden.« Im Oktober 1998 hat der Bundesrat auch die heftig umstrittene Leistungserhöhung für das AKW Leibstadt bewilligt (vgl. Kapitel 6).

gung« sowie »zur Leistungserhöhung« äußern – und sagt nein: 51,4 Prozent der Stimmenden wollen den Altreaktor vom Netz haben.

Dennoch verlängert der Bund am 14. Dezember 1992 die Betriebsbewilligung von Mühleberg um weitere zehn Jahre. Gleichzeitig erlaubt er eine zehnprozentige Leistungserhöhung.

Die BKW darf fortan mit ihrem Reaktor mehr Strom produzieren. Das ist möglich, wenn man die Kernspaltung beschleunigt und damit im Reaktor mehr Wärme erzeugt – womit aber auch das Gefahrenpotential steigt (vgl. Kapitel 6).

Verschiedene Umweltorganisationen opponieren gegen den bundesrätlichen Entscheid und steigen aus dem Energiedialog aus, den Bundesrat Ogi nach der Atomabstimmung von 1990 initiiert hat (vgl. Gebrochener Energiefrieden). Gleichzeitig reichen zehn AnwohnerInnen, unterstützt von »Mühleberg unter der Lupe«, beim Europäischen Gerichtshof für Menschenrechte in Straßburg Klage dagegen ein, dass in der Schweiz Bundesratsentscheide nicht vor Gericht gezogen werden können. Wider alle Erwartung lehnt der Gerichtshof die Klage ab.

Inzwischen freut man sich in Mühleberg allerdings nicht mehr vorbehaltlos an der Leistungserhöhung. Der Reaktor läuft am Limit. Die neue, höhere Leistung kann in verschiedenen Betriebsphasen nicht genutzt werden: »Das Reaktorverhalten ist komplexer geworden. Dadurch ist der Betrieb komplizierter und anforderungsreicher«, stellte Jürg Branger, Vizedirektor des Kernkraftwerkes, fest.[17] Deutlicher ausgedrückt: Geht man leistungsmäßig an die Grenze der erlaubten wärmespezifischen Grenzwerte, droht der Reaktor außer Kontrolle zu geraten – er könnte sich überhitzen. Atomkritische Experten sind sich einig, dass damit das Unfallrisiko steige, weil der Kern des Reaktors für die erhöhte Leistung zu klein sei.

Zuganker

Im August 1994 entdeckt man auch in Würgassen Risse im Kernmantel. Das AKW liegt in Nordrhein-Westfalen (BRD), ist wie Mühleberg ein Siedewasserreaktor und ging ebenfalls 1972 in Betrieb.

Die Atombehörde in Düsseldorf reagiert prompt: Sie urteilt, die Risse könnten nicht einfach zugeschweißt werden, der gesamte verstrahlte Mantel um den Reaktorkern müsse ausgetauscht werden.[18] Kostenpunkt: rund drei- bis vierhundert Millionen Franken. Damit ist für die Preußenelektra, die Würgassen betreibt, die finanzielle Schmerzgrenze erreicht. So viel mag sie nicht investieren. Zudem fürchtet sie, in ein »Nachrüstungsdebakel« zu rutschen, denn noch nie zuvor hat man bei diesem AKW-Typ einen Reaktormantel ausgetauscht. Die Preußenelektra sah sich auch mit einem Entsorgungsproblem konfrontiert: Der Kernmantel passt in keinen Castorbehälter, man hätte ihn nur schwerlich transportieren und zwischenlagern können.[19]

Im Mai 1995 entscheidet die Preußenelektra, keinen Reparaturplan vorzulegen, womit sie »freiwillig« beschließt, ihr AKW stillzulegen.

Mühleberg will man aber nicht stilllegen. Nach Würgassen muss sich die BKW jedoch etwas einfallen lassen. Sie greift auf ein Reparaturverfahren zurück, das in den USA entwickelt wurde: »Zuganker« – große, von unten nach oben verlaufende Klammern, die den Metallzylinder zusammenhalten sollen. Im Juli 1996 heuert die BKW ein Spezialistenteam von General Electric an, das für sieben Millionen Franken diese Zuganker montiert.

Die HSK beteuert danach: Mit den Zugankern werde ein durchgerissener Kernmantel noch halten, selbst wenn ein starkes Erdbeben auftrete und gleichzeitig große Mengen des Kühlwassers verloren gingen.[20]

Trotz der Klammern wachsen die Risse jedoch weiter.[21]

In den USA hat man inzwischen bereits negative Erfahrungen mit den Zugankern gesammelt. Im US-amerikanischen AKW Nine Mile Point versuchte man ebenfalls, die horizontalen Risse mittels Klammern zu befestigen. Bei den Revisionsarbeiten 1997 stellte man nun aber fest, dass sich neben den horizontalen neu auch vertikale Risse bilden und sich zum Teil die Zuganker verschoben haben.[22]

In Japan ist man hingegen derzeit daran, erstmals einen Kernmantel auszutauschen. Der Reaktor Fukishima I-3 – Japans ältester Siedewasserreaktor – stammt ebenfalls von General Electric, ging 1974 in Betrieb und hat ebenfalls Risse. Im Sommer 1997 hat man nun begonnen, den Kernmantel aus dieser Anlage herauszunehmen. Die ganze Aktion dauert, laut der Fachzeitschrift »Nucleonics week«, dreihundert Tage und kostet mehrere Dutzend Millionen Dollar. Ziel dieser kostspieligen Angelegenheit: Fukishima I-3 soll weit länger als die ursprünglich geplanten vierzig Jahre Strom produzieren.[23]

Unbefristete Betriebsbewilligung?

Trotz der Probleme mit den Rissen reicht die BKW im Mai 1996 beim Bund erneut ein Gesuch für eine unbefristete Betriebsbewilligung ein, orientiert jedoch die Öffentlichkeit nicht darüber, obgleich sie zur selben Zeit eine Pressekonferenz abhält. An dieser Pressekonferenz stellt sie ihren Schlussbericht über die Stromversorgung »nach Mühleberg« vor. Dieser Bericht geht auf eine Auflage des Bundes zurück: 1992 hatte Bundesrat Ogi, als er die befristete Betriebsbewilligung erließ, von der BKW verlangt, sie müsse »Alternativen für die Zeit nach dem Ablauf der jetzigen Betriebsbewilligung aufzeigen«.[24] Der Auftrag war klar: Die BKW sollte »im Hinblick auf den Fristablauf« der Bewilligung im Jahr 2002 darlegen, wie sie ihre

Veredelter Atomstrom

Die Kraftwerke Oberhasli AG (KWO) – die zu fünfzig Prozent der BKW Energie AG gehört* – möchte in den vorhandenen Grimselstausee eine 220 Meter hohe, 800 Meter lange Staumauer hineinbauen, um das Speichervolumen zu vergrößern. Das Projekt »Grimsel-West« soll 2,8 Milliarden Franken kosten und der KWO zusätzlich 1600 Megawatt liefern – rund viermal mehr als Mühleberg.

Die Umweltverbände wehren sich heftig gegen dieses Projekt, weil dadurch eine einmalige Moorlandschaft verloren ginge. Der Bund müsste dies gemäß dem »Rothenthurm«-Artikel, der den Schutz von national bedeutungsvollen Moorlandschaften verlangt, verhindern, indem er das Gebiet schützt. Doch drückt er sich um den Entscheid und hat das Grimsel-Moor im Januar 1998 erst provisorisch unter Schutz gestellt.

Grimsel-West ist ein Pumpspeicherwerk. Ein gewöhnlicher Stausee nimmt das Wasser auf, das von den umliegenden Bergen fließt, und produziert natürliche Wasserkraft. Das Wasser im Grimselgebiet reicht jedoch nicht aus, um einen derart großen Stausee wie ihn die KWO plant zu füllen. Die BKW Energie AG verfügt jedoch über zu viel AKW-Strom, ist sie doch auch noch an Leibstadt, Fessenheim und Cattenom (beide Frankreich) beteiligt. Die AKW liefern Sommer und Winter dieselbe Menge Energie, die so genannte Bandenergie. Gibt es auf dem Strommarkt zu viel Energie – wie zum Beispiel im Sommer –, muss die BKW ihren Überschuss spottbillig an andere Werke oder ins Ausland verkaufen. Ein Verlustgeschäft, das die BKW-KundInnen bezahlen.

Mit Grimsel-West gedenkt nun die BKW, ihre unrentablen sommerlichen Stromüberschüsse in lukrativen Winterstrom umzuwandeln. Sie möchte, wenn der Strom billig ist, Wasser in den Stausee pumpen. Mit dem vollen See will sie dann Strom produzieren, wenn die Nachfrage groß ist – und sie ihn teuer absetzen kann.

Diese »Stromveredelung« geht jedoch weder ökonomisch noch ökologisch auf. Die Produktion einer Grimsel-West-Kilowattstunde würde mindestens 15 bis 20 Rappen kosten, und da zur Zeit in Europa eine enorme Stromschwemme herrscht (vgl. Kapitel 16), macht es keinen Sinn, noch mehr teuren Strom zu produzieren. Umweltfreundlich wäre dieser Strom nicht, weil es sich lediglich um transformierten Billigstrom – aus Kohle- respektive Atomkraftwerken – handelt.

**An der KWO sind ferner beteiligt: die Städte Zürich und Bern sowie der Kanton Basel-Stadt (je 16,66 Prozent).*

Quellen: WoZ, 5.2.98; NZZ, 16.1.98; Tages-Anzeiger, 23.7.96

StromkundInnen zu versorgen gedenkt, wenn Mühleberg einmal stillgelegt ist.

Was die BKW jedoch als »Alternativ«-Szenarien[25] präsentiert, hat damit wenig zu tun: Am liebsten würde sie ihren Altreaktor fünfzig bis sechzig Jahre am Netz behalten und nicht wie einst geplant nur vierzig. Eine »vorzeitige Außerbetriebnahme« im Jahr 2002 schildert das Energieunternehmen als ökonomisches Desaster: Es sei mit einer »schwerwiegenden betriebs- und volkswirtschaftlichen Zusatzbelastung in der Höhe von über einer Milliarde Franken« zu rechnen – für die der Bund aufkommen müsste.[26]

Als mögliche »Ersatzlösung« präsentiert die BKW zwei Varianten: Stromimport gekoppelt mit dem Ausbau des Grimselstausees oder ein Gaskombikraftwerk.

Die Vorschläge lösen heftigen Protest aus, weil sie die Atomenergie verharmlosen und das Risiko Mühleberg massiv unterschätzen.[27] Zudem kämpfen die Umweltorganisationen seit langem gegen das Grimselprojekt (vgl. Veredelter Atomstrom), und ein Gaskombiwerk würde jährlich 540000 Tonnen CO_2 ausstoßen, was klimapolitisch nicht zu verantworten ist.[28]

Mit der zentralen Frage von Stromsparmöglichkeiten habe sich die BKW überhaupt nicht ernsthaft auseinandergesetzt, kritisieren Umweltverbände und Parteien. Denn die BKW stellt sich in ihren Szenarien auf den Standpunkt, mit Sparmaßnahmen könne lediglich die Stromverbrauchszunahme etwas gedrosselt werden.[29]

Die Schweizerische Energie-Stiftung weist indes nach, dass alle Elektroheizungen in der Schweiz etwa so viel Strom verschlingen, wie Mühleberg produziert. Würden die Heizungen durch effiziente elektrische Wärmepumpen ersetzt, könnte man mühelos auf den Mühleberg-Strom verzichten.[30]

Erst im Oktober 1997 wird das BKW-Gesuch öffentlich aufgelegt. Das Energieunternehmen verlangt darin, es wolle gleich behandelt werden wie Gösgen, Leibstadt und Beznau I, und fordert deshalb eine unbefristete Betriebsbewilligung. Im Übrigen, so argumentiert die BKW, stünden »zunehmend Investitionsentscheide an, die für den wirtschaftlichen Erfolg über das Jahr 2002 von Bedeutung sind«.[31] Bei der KKM-Leitung heißt es, damit seien langfristige Brennstofflieferverträge oder Personalfragen gemeint, da Pensionierungen anstünden. Ob allenfalls sicherheitstechnische Nachrüstungen anstehen, will man nicht sagen.[32]

Gegen das Gesuch gehen über tausend Einsprachen von Einzelpersonen und Organisationen ein.

Inzwischen hat sich auch SP-Bundesrat Moritz Leuenberger in die Mühleberg-Diskussion eingeschaltet; er übernahm 1996 vom atomfreundlichen SVP-Bundesrat Adolf Ogi das Verkehrs- und Energiewirtschaftsdepartement, das für Atomfragen zuständig ist. Leuenberger, der früher selbst aktiver Atomgegner war, bestellt im Herbst 1997 beim Technischen Überwachungsverein Energie Consult (TÜV) München eine »Zweitmeinung« zu den Rissen im Kernmantel.[33] Er will von unabhängiger Seite klären lassen, ob das AKW – würde es in Deutschland stehen – wie Würgassen bereits stillgelegt wäre.

Die Schweizerische Vereinigung für Atomenergie (SVA) reagiert verärgert über die unabhängige Begutachtung: Leuenberger hole nicht eine Zweitmeinung ein, sondern mindestens eine »Viertmeinung« – und schließlich sei »die vertiefte Analyse der in diesen Fragen weltweit führenden und anerkannten Spezialisten des Reaktorherstellers General Electric sachlich entscheidend«.[34]

Im Februar 1998 präsentiert der TÜV sein Gutachten – Mühleberg erhält die besten Noten: Die Risse stellten keine Gefahr dar, das Werk könne problemlos zwanzig Jahre weiterbetrieben werden.[35] Nur auf die Frage, was geschehen würde, wenn einer der Risse die ganze Wand durchdringe, wollten die TÜV-Experten nicht antworten. Es sei eine politische Frage, ob das Werk dann stillgelegt werden müsste, dazu könnten sie sich nicht äußern.[36]

Doch schon bevor das Gutachten veröffentlicht war, gibt Bundesrat Leuenberger den Anti-AKW-Organisationen zu verstehen, dass er den Mühleberg-Entscheid ohne Berücksichtigung der technischen Risiken fällen möchte. Er teilt der »Aktion Mühleberg stillegen!« in einem Brief mit: »Die Befristung beziehungsweise die Aufhebung der Befristung der Betriebsbewilligung berührt die Sicherheit des KKW Mühleberg nicht« – da es sich bei dieser Betriebsbewilligung um eine »Verfügung gemäß Verwaltungsverfahrensgesetz« handle.[37] Womit das Departement für Umwelt, Verkehr, Energie und Kommunikation* (UVEK) behauptet, die befristete Bewilligung habe nichts mit der Sicherheit zu tun. Dies ist zumindest historisch betrachtet falsch: Als Beznau II 1972 nur eine befristete Bewilligung erhielt, begründete man dies mit den Sicherheitsmängeln der Anlage (vgl. Kapitel 3). Beim Beznau-Reaktor war immer unbestritten, dass bei einem neuen Betriebsbewilligungsgesuch ein neues atomrechtliches Verfahren startet – welches AnwohnerInnen erlaubt mitzureden, weil Sicherheitsberichte verfasst und öffentlich aufgelegt werden müssen. Wird nun aber die Angelegenheit »verwaltungsintern« abgewickelt, hat die Öffentlichkeit keine Möglichkeit mehr, sich bezüglich sicherheitstechnischer Fragen einzumischen.

Am 22. Oktober 1998 gibt der Bundesrat bekannt, dass er Mühlebergs Betriebsbewilligung um weitere zehn Jahre bis 2012 verlängert hat.[38]

Noch am selben Tag lancieren verschiedene Organisationen zusammen mit den links-grünen Parteien die kantonale Verfassungs-

* Das Eidgenössische Verkehrs- und Energiewirtschaftsdepartement (EVED) hat auf den 1. Januar 1998 den Namen geändert.

initiative »Bern ohne Atom«. Die Initiative verlangt die Stilllegung Mühlebergs bis ins Jahr 2002. Ferner fordert das Volksbegehren, Kanton und Gemeinden müssten sich für den Ausstieg aus der Atomenergie einsetzen und die BKW Energie AG habe darauf hinzuwirken, dass Gesellschaften, an denen sie beteiligt ist, ihre Atomkraftwerke stilllegen. Würde die Initiative angenommen, wäre deshalb indirekt auch Leibstadt (vgl. Kapitel 6) betroffen, weil die BKW Mitbesitzerin dieses AKW ist.[39]

AKW Gösgen

5

Der Atomstaat zeigt sich

Gösgen

Gösgen ist das erste Atomkraftwerk in der Schweiz, das heftigen Widerstand provoziert und trotzdem ans Netz geht. Es hat 2,1 Milliarden Franken gekostet und verfügt über einen Druckwasserreaktor, der vergleichbar konstruiert ist wie die Reaktoren von Beznau, doch ist es ein neueres Modell – gebaut von der deutschen Kraftwerk-Union (KWU), einer Tochtergesellschaft der Siemens, die auf den AKW-Bau spezialisiert ist. Die Anlage liegt auf halber Strecke zwischen Aarau und Olten, direkt an der Aare, auf dem Gemeindegebiet von Däniken und Gretzenbach im Kanton Solothurn. Gösgen weist heute eine elektrische Leistung von 1018 Megawatt auf – etwa so viel wie die drei Reaktoren von Mühleberg und Beznau I/II zusammen.

Da dieses Atomkraftwerk ein so genanntes Partnerwerk ist, gehört die Kernkraftwerk Gösgen-Däniken AG (KKG) mehreren Unternehmen: Den größten Aktienanteil hält mit 35 Prozent die Aare-Tessin-Aktiengesellschaft für Elektrizität (Atel); 25 Prozent gehören der Nordostschweizerischen Kraftwerke AG (NOK), 12,5 Prozent den Centralschweizerischen Kraftwerken (CKW), 15 Prozent der Stadt Zürich, 7,5 Prozent der Einwohnergemeinde der Stadt Bern und 5 Prozent den Schweizerischen Bundesbahnen (SBB).

Partnerwerke haben in der schweizerischen Elektrizitätswirtschaft eine ganz spezifische Bedeutung. Zahlreiche Wasserkraftwerke sind ebenfalls Gemeinschaftswerke, weil sich dadurch die hohen Investitionskosten und das finanzielle Risiko auf mehrere Energieunternehmen verteilen lassen.

Die KKG betreibt zwar das Werk als selbständige Aktiengesellschaft, doch kann sie keine Verluste schreiben und nicht Bankrott gehen, denn sie produziert wohl Elektrizität, aber sie besitzt sie nicht. Der Gösgen-Strom gehört den beteiligten Partnern. Alle Partner sind verpflichtet, entsprechend ihrer Beteiligung am Aktienkapital der KKG Strom abzunehmen. Dafür bezahlen sie eigentlich nichts, doch müssen die Unternehmen die gesamten Betriebskosten des Atomkraftwerkes anteilmäßig unter sich aufteilen. Das unternehmerische Risiko liegt also nicht bei der KKG, sondern allein bei den Partnern. Dasselbe gilt für das AKW Leibstadt, das ebenfalls ein Partnerwerk ist (vgl. Kapitel 6).

Lobbying und Druck der Atel

Bereits Ende der Fünfzigerjahre kauft die Aare-Tessin AG für Elektrizität (Atel) im Gebiet des heutigen AKW-Standortes Land. Man lässt die Bevölkerung im Glauben, die Atel brauche dieses Land, um die Transformatorenanlage des Flusskraftwerkes Gösgen auszubauen.

Ende 1969 lässt die Atel über die Medien verlauten, es sei unter Führung der Atel ein Studienkonsortium gegründet worden, das in absehbarer Zeit beabsichtige, in der Nähe von Gösgen ein Atomkraftwerk zu errichten.[1] Der Kanton Solothurn ist von Anfang an in dieses Projekt involviert, weil er an der Atel beteiligt ist. Von Amtes wegen sitzen jeweils zwei Regierungsräte im Atel-Verwaltungsrat. Ende der Sechzigerjahre amtet SP-Regierungsrat Willi Ritschard als Vizepräsident dieses Verwaltungsrates, bis er 1973 zum Bundesrat gewählt wird.

Kurz nach der ersten Medienmitteilung macht sich erste Skepsis bemerkbar. Ein Auswärtiger gibt den Anstoß dazu: Paul Gisiger, ein Bürger von Schönenwerd, der jahrelang als Ingenieur in der US-amerikanischen Elektrizitätswirtschaft tätig war, danach aber im Tessin lebt, meldet sich beim Schönenwerder Gemeinderat. Er warnt vor den zahlreichen Sicherheitsproblemen der Nuklearwirtschaft und dem ungelösten Abfallproblem.

Da Schönenwerd nur wenige Kilometer vom geplanten AKW entfernt liegt, schreckt Gisigers Intervention den Gemeinderat auf. Er wendet sich sofort an den Solothurner Regierungsrat, mit der Bitte, doch zur Kritik des Ingenieurs Stellung zu nehmen. Der Regierungsrat geht nicht darauf ein und teilt den SchönenwerderInnen mit, für Fragen zur nuklearen Sicherheit und zum Atommüll sei der Bund zuständig. Der Schönenwerder Gemeinderat lässt sich nicht entmutigen und konfrontiert den Bundesrat mit denselben Fragen. Bundesrat Roger Bonvin antwortet ihm lapidar, der Bund sei laut Bundesgesetz von 1959 verpflichtet, alle Maßnahmen für den Schutz gegen radioaktive Strahlung zu treffen. Der Brief endet mit der Bemerkung: Die Bundesfachleute bedürften keiner »Auffrischung ihrer Kenntnisse über die Gefahren auf diesem Gebiet«.[2]

Im Sommer 1970 reicht die Atel im Auftrag des Studienkonsortiums ein Gesuch für eine AKW-Standortbewilligung ein. Die Gemeinde Schönenwerd spricht sich vorbehaltlos dagegen aus. Die anderen Gemeinden stimmen zu, wenn auch mit gewissen Bedenken. Man macht sich vor allem Sorgen um die Aare: Das AKW soll mit einer Flusskühlung betrieben werden, doch sind an der Aare bereits drei Meiler im Bau oder in Betrieb, die ihre Abwärme in den Fluss leiten.

In Deutschland ist man ebenfalls beunruhigt über die aufgeheizte Aare, weil sie auch den Rhein erwärmt und dadurch seinen Sauerstoffgehalt und seine Selbstreinigungskraft mindert.

Die »Schweizer Illustrierte« titelt zum Beispiel im Mai 1970: »Wird der Rhein zum Höllenstrom?«[3] Sie zitiert den Gewässerforscher Martin Eckoldt von der Bundesanstalt für Gewässerkunde in Koblenz, der prophezeiht, »spätestens Ende der siebziger Jahre wälze sich der Rhein als trübe, dampfende Brühe dem Meere zu. [...] Das dann auf 40 bis 50 Grad erhitzte Rheinwasser werde einen üblen Faulschlammgeruch verbreiten. Dampfwolken würden aufsteigen und die Uferzonen in wallende Nebel hüllen. Die letzten Fische würden durch Sauerstoffmangel eingegangen sein. Und daran würden die in Zukunft wie Pilze aus dem Boden schießenden thermonuklearen Kraftwerke schuld sein.«[4]

Im selben Jahr verbietet der Bund, dass neue thermische Anlagen einen Fluss zur Kühlung benutzen dürfen. Die Gösgen-GegnerInnen glauben, gewonnen zu haben. Sie können sich nicht vorstellen, wie das AKW ohne Flusskühlung betrieben werden soll, und hoffen, das Projekt sei begraben. Sie täuschen sich: Im April 1972 veröffentlicht das Studienkonsortium einen Bericht mit einer Fotomontage. Das Bild zeigt die Gösgener Gegend, darin hineinmontiert ein 150 Meter hoher Kühlturm.

»In welcher Art und Weise kann der Kühlturm gebaut werden, um die Landschaft in ihrer Natürlichkeit und Unversehrtheit möglichst zu erhalten?«, will ein Kantonsrat in einer Interpellation von der Solothurner Regierung wissen.

Bevor die Regierung diese Interpellation beantwortet, lädt die Atel Gemeinderäte aus Däniken, Gretzenbach, Nieder- und Obergösgen sowie Regierungsrat Willi Ritschard und mehrere Beamte zu einer Kühlturm-Besichtigungstour ins deutsche Ruhrgebiet ein.

Die Reise trägt Früchte. Im Oktober schreibt der Solothurner Regierungsrat in seiner Interpellationsantwort: Betreffend »Vereinbarkeit der Erstellung eines Kühlturmes mit der Natürlichkeit und Unversehrtheit der Landschaft: Dieses Ziel ist nun kaum zu erreichen«. Doch fügt er an: »Auf einer zweitägigen Besichtigungsreise hatten wir Ende September Gelegenheit, im Ruhrgebiet Naturzugkühltürme, wie sie auch für Gösgen vorgesehen sind, in Augenschein zu nehmen. Dabei haben die Teilnehmer – wohl übereinstimmend –

festgestellt, dass moderne Kühltürme in keiner Weise unelegant sind und für das Schönheitsempfinden nicht störend wirken.«[5]
(Funktionsweise eines Naturzugkühlturms siehe S. 92)

Bevor das Studienkonsortium mit dem Bau beginnen kann, müssen die beiden Standortgemeinden Däniken und Gretzenbach eine Zonenplanänderung vornehmen. Der Dorfkern von Obergösgen liegt jedoch viel näher bei der geplanten Anlage als die beiden Standortgemeinden. Die Einwohnergemeinde Obergösgen erhebt deshalb gegen die Zonenplanänderung Einsprache, weil sie fürchtet, der Kühlturm verändere das Mikroklima und durch Pannen könnten radioaktive Stoffe in die Umwelt und das Grundwasser gelangen.

Merkwürdigerweise entscheidet der Obergösgener Gemeinderat Ende November 1972 plötzlich, die Einsprache wie den Rekurs zurückzuziehen. Der AKW-kritische Verein »Pro Niederamt« mutmaßt, die Atel habe die Gemeinde unter Druck gesetzt. Es kommt zu mehreren politischen Vorstößen, zudem wird eine Strafanzeige gegen Unbekannt wegen Nötigung eingereicht. Monate später gelangt ein Gemeinderatsprotokoll an die Öffentlichkeit, das die Vermutung von »Pro Niederamt« bestätigt. Der Protokollführer notierte: »Der Vorsitzende [der Obergösgener Ammann Josef Kyburz, Anm. der Autorin] erklärte, über dieses heiße Thema hätten sich in letzter Zeit die Aktivitäten wie folgt gesteigert: nach der Sitzung zwischen der Atel und den beteiligten Ammännern hätten bei ihm auch die Solothurner Nationalräte Rippstein und Schürmann interveniert, und er sei auch vor die Direktion der Atel gebeten worden [Dir. Hürzeler], wo man sich wegen unserer Einsprache bzw. wegen dem Rekurs sehr besorgt fühle. Wenn bei uns Steuergelder von ca. Fr. 300 000 auf dem Spiele stünden, so gehe es bei der Bauherrin in der momentanen Phase um Millionen […]. Kyburz meint, wenn Obergösgen den Bau vereiteln würde, dann müsste die Gemeinde, Einzelpersonen und Geschäftsleute in der Folge den Unwillen der Atel und anderer zu

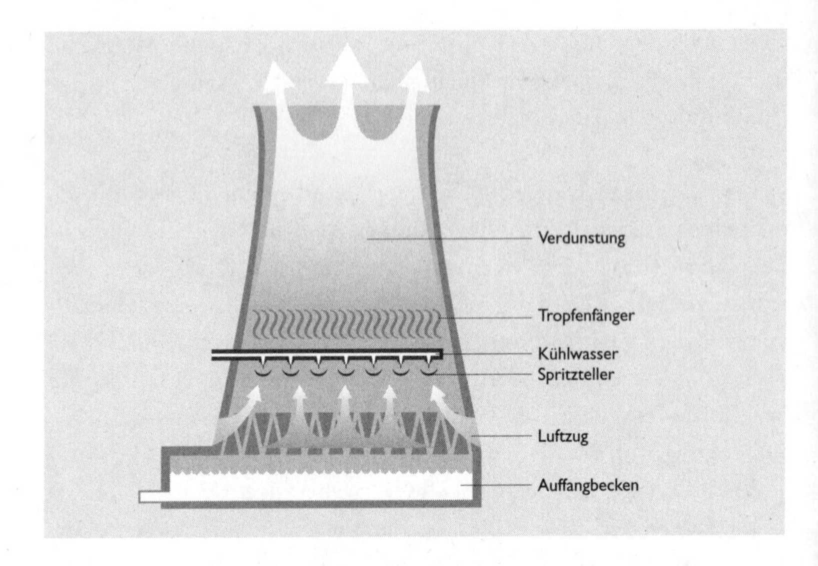

Naturzugkühlturm

Man spricht von nassen Kühltürmen mit Naturzug, weil das warme Wasser aus dem nicht kontaminierten Kühlkreislauf in den Turm hineingeleitet und versprüht wird. Dort rieselt es nach unten. Der Kühlturm steht auf Stelzen und wirkt dadurch wie ein Kamin: Er zieht unten die kühlere Luft an, wodurch im Turm ein Luftzug entsteht. Die Luft entzieht dabei dem herunterrieselnden Wasser Wärme. Etwa drei Prozent des Wassers verdunsten und entweichen als Dampffahne, der Rest wird im Becken aufgefangen und in die Anlage zurückgeleitet.

Der Gösgener Kühlturm löste heftige Proteste aus, weil man ihn mit Eternitplatten auskleidete, die etwa 700 bis 1000 Tonnen Asbest enthalten. Eingeatmete Asbestfasern können Asbestose, Bronchialkrebs oder Brustfellkrebs auslösen. Da die Asbestplatten im Kühlturm ständig berieselt werden, fürchteten die AKW-GegnerInnen, dass dies »mit zunehmendem Alter zur Freisetzung von Asbest in Form von kleinen Fasern« führe, die über die Dampffahne in die Umgebung verteilt würden. Die KKG konterte indes 1979: Asbestzement werde heute für Trinkwasser- und Abwasserleitungen, Blumenkisten und -tröge sowie für Hausdächer verwendet, »die Bedenken sind somit unbegründet und weit hergeholt«. Der Bund ordnete noch eine genauere Untersuchung an, die jedoch Mitte der Achtzigerjahre abgeschlossen wurde und keine Ergebnisse brachte. Die Asbestplatten befinden sich noch immer im Kühlturm.

spüren bekommen. [...] Binder ist überzeugt, dass die Atel den Vorsitzenden geschäftlich und persönlich sehr unter Druck gesetzt hat. [...] Ammann Kyburz muss diesen Druck zugeben, der in der dramatischen Feststellung gipfelt, dass er als Ammann umgehend die Demission einreichen müsste, wenn der Rat beschließen sollte, am Rekurs und der Einsprache festzuhalten, schließlich müsse verstanden werden, dass er sich als Geschäfts- wie auch als Privatmann nicht liquidieren lassen kann.«[6]

Kyburz lässt indes verlauten, man dürfe dieses Gemeinderatsprotokoll nicht falsch auslegen, er sei weder von der Atel noch von anderen Personen unter Druck gesetzt worden. Außerdem habe man ja nur Einsprache erhoben, um Druck auf die Gemeinde Däniken auszuüben, damit diese dem freiwilligen Steuerverteilschlüssel zustimme. Däniken sollten nämlich jährlich über drei Millionen Franken an Steuergeldern zufallen. Und daran wollte – gemäß Kyburz – Obergösgen teilhaben.

Die strafrechtliche Untersuchung wegen Nötigung verläuft im Sand, obwohl unbestritten ist, dass die diversen Treffen tatsächlich stattgefunden haben.

Baubeginn, Ölkrise, Besetzungsversuche

Im November 1972 liegt das Baugesuch auf, zahlreiche Gruppen und Einzelpersonen aus den Nachbargemeinden Schönenwerd, Dulliken, Lostorf und Niedergösgen sprechen dagegen ein. Däniken lehnt jedoch alle Einsprachen ab und erteilt am 12. Januar 1973 die Baubewilligung. Sie ist lediglich mit einer Auflage versehen: Der Kühlturm müsse wieder entfernt werden, wenn andere Kühlmöglichkeiten zur Verfügung stünden. Die AKW-OpponentInnen ziehen ihre Einsprachen weiter. Obwohl das Verfahren noch nicht letztinstanzlich entschieden ist, fahren im Juni 1973 die ersten Baumaschinen auf.

Die »Pro Niederamt« versucht auf allen Ebenen politisch zu intervenieren. Bundesrat Bonvin teilt ihnen jedoch mit: »Wir können das Gesetz nicht ändern; nur die gesetzgebende Gewalt kann das tun. – Ich möchte in Erinnerung rufen, nicht der Bund will bauen, der Kanton und die Gesellschaften wollen bauen. Der Bund muss von Gesetzes wegen zustimmen.«[7] Womit Bonvin rein formal Recht hat: Man kann die Schweizer Atomgesetzgebung so interpretieren, dass sie dem Bund keinerlei politische Mitsprache gewährt – die Behörden müssen ein Projekt bewilligen, sofern es die sicherheitstechnischen Rahmenbedingungen erfüllt. Nach Meinung der AKW-KritikerInnen müsste man jedoch das Atomgesetz anders auslegen: Da es auch den »Schutz von Menschen« festschreibt, wäre der Bund verpflichtet, Atomanlagen grundsätzlich zu verbieten (vgl. Kapitel 9).

Weder die Bundesbehörden noch der Kanton Solothurn lassen sich jedoch auf diese Diskussion ein. Die Solothurner Regierung meint dazu nur lapidar: »Wir wollen nicht dem Druck der Straße nachgeben!«

Die AKW-GegnerInnen lancieren deshalb eine kantonale Initiative, um den Regierungsrat abzusetzen, was nach Solothurner Verfassung möglich ist. Doch Regierungsrat Willi Ritschard, der im Streit um Gösgen als Hauptfigur gilt, wird im Herbst 1973 zum Bundesrat gewählt – womit die Initiative an politischer Kraft verliert.

Zur selben Zeit beherrscht die Ölkrise die Weltpolitik: Als Reaktion auf den Jom-Kippur-Krieg sperren am 17. Oktober die arabischen Mitglieder der Erdöl exportierenden Länder (Opec) dem Westen das Öl; man will erst wieder liefern, wenn Israel die besetzten Gebiete räumt. Das Ölembargo wirkt wie ein Schock. Und der Atomindustrie hilft die Krise, ihre »sichere, saubere, unentbehrliche, unerschöpfliche Kernenergie« als Lösung des Energieproblems zu propagieren.

Die Schweizerische Vereinigung für Atomenergie (SVA) versucht die Solothurner Bevölkerung mit bunten Informationsblättern von der »Kernenergie natürlich« zu überzeugen. Auf einem dieser Blätter steht zum Beispiel: »Wussten Sie, dass die natürliche Strahlung in St. Moritz mehr als doppelt so hoch ist wie in Biel? Es gibt Gebiete auf der Erde, wo die natürliche Strahlung sogar zehnmal höher ist als im schweizerischen Durchschnitt, ohne dass dort Gesundheitsschädigungen beobachtet wurden. Solange die zusätzliche künstliche Strahlung die natürliche nicht übersteigt, ist sie nicht schädlich. Die Natur gibt also den Massstab, was zulässig ist und was nicht.« Eine irreführende Behauptung, stellen doch die hohen Radonkonzentrationen – ein natürliches radioaktives Edelgas, das Krebs* verursacht – in der Schweiz ein großes Probleme dar; der Bund wendet Millionen auf, um radonverseuchte Häuser aufzuspüren und zu sanieren. Die SVA-Schrift endet mit der enthusiastischen Bemerkung: »Wussten Sie, dass die Kernkraftwerke die sauberste und umweltfreundlichste Art sind, um Elektrizität zu erzeugen? Sie geben keine giftigen Schadstoffe an die Umwelt ab und verursachen keinen sauren Regen [...]. Der Bau der Kernkraftwerke war neben dem Bau der Kläranlagen eine der großen Umweltschutztaten der letzten 25 Jahre.«

Das Ölembargo trägt maßgeblich dazu bei, dass der Widerstand gegen Gösgen zusammensackt. Die Leute fürchten um ihren Job und wagen nicht mehr, sich offen gegen das AKW auszusprechen.

Zwei Jahre später kommt neuer Wind auf, und man gründet die »Überparteiliche Bewegung gegen Atomkraftwerke Solothurn« (ÜBA), um die erste Anti-Atominitiative »zur Wahrung der Volksrechte und der Sicherheit beim Bau und Betrieb von Atomanlagen« sowie die »Nationale Petition für einen vierjährigen Baustopp aller AKW in der Schweiz« zu unterstützen.

Ende Mai 1977 findet der erste Pfingstmarsch statt, der auf dem

*Rund 6 Prozent aller Lungenkrebsfälle werden in der Schweiz auf Radon zurückgeführt.[8]

Gösgener AKW-Gelände endet. Rund Zehntausend wandern mit. An jener Veranstaltung diskutiert man darüber, eine Besetzung vorzubereiten.

In der darauf folgenden Woche gründet man das »Schweizerische Aktionskomitee gegen das AKW Gösgen« (SAG), das die Besetzung koordinieren soll. Am Samstag, 25. Juni, versammeln sich vor der Friedenskirche in Olten fast dreitausend AKW-GegnerInnen und marschieren gegen Gösgen. Sie versuchen die Zufahrtsstraßen aufs Baugelände zu besetzen, doch werden sie von rund tausend Polizisten erwartet, die aus der ganzen Schweiz nach Gösgen abbeordert worden waren. Die Polizei beschießt die DemonstrantInnen mit Tränengas und drängt sie zurück. Die Besetzung misslingt.

Zwei Wochen später versuchen die AKW-GegnerInnen erneut die Zufahrtswege friedlich zu blockieren. Diesmal sind über sechstausend Personen dabei, erneut stehen sie tausend Polizisten gegenüber. Diesmal setzt die Polizei neben Tränengas erstmals auch Gummigeschosse und Wasserwerfer ein. Es gibt mehrere Verwundete mit Verbrennungen und Verätzungen.

Der Besetzungsversuch scheitert letztlich. Die Polizei verhaftet einen Aktivisten des Schweizerischen Aktionskomitees gegen das Atomkraftwerk Gösgen, der erst nach fünf Tagen wieder entlassen wird.[9]

Im März 1978 klagt das Richteramt Olten-Gösgen insgesamt sechs Mitglieder des SAG an – »wegen Gewalt und Drohung gegen Behörden und Beamte«. Am 28. September kommt es in Olten zum Prozess. Über vierhundert AKW-KritikerInnen wohnen der Verhandlung bei und funktionieren sie fast zu einer Vollversammlung um.[10] Obwohl das Gericht die Meinung vertritt, die Angeklagten hätten zu Unrecht Gewalt angewendet, fällt das Urteil relativ mild aus: Fünf müssen Bußen zwischen 500 und 800 Franken bezahlen, einer wird freigesprochen. Der Aktivist, der fünf Tage in Haft saß, erhält zudem eine Entschädigung von 700 Franken.[11]

Auf viele, die in Gösgen dabei waren, hat die martialische Reaktion des Staates politisierend gewirkt und ihr Bild vom »Rechtsstaat Schweiz« verändert: Man war in friedlicher Absicht nach Gösgen gegangen, um sein legitimes Widerstandsrecht wahrzunehmen, da schließlich das bisherige Bewilligungsverfahren gravierende Mängel aufwies – und fand sich unvermutet tausend Polizisten gegenüber, welche vor allem die Interessen der Atomindustrie mit Gewalt verteidigten.

In Gösgen wurde in der Schweiz erstmals sichtbar, was mit dem Begriff »Atomstaat« gemeint ist. AKW-Kritiker wie Robert Jungk oder Alexander Rossnagel[12] haben mit ihren Publikationen diesen Begriff geprägt. »Hinter dem wissenschaftlich-technischen Fortschritt«, schreibt beispielsweise Jungk im Buch »Der Atomstaat«, »verbirgt sich etwas, das zur Unterdrückung führt, menschenverachtend ist und in den staatlichen Terrorismus führt.«[13]

Das Gösgen-Hearing

In der Zwischenzeit hat man in Gösgen fertig gebaut. Ende September 1978 erteilt das Verkehrs- und Energiewirtschaftsdepartement (EVED), das inzwischen Bundesrat Willi Ritschard untersteht, Gösgen die Inbetriebnahmebewilligung.[14] Zugleich wird den zu erwartenden Beschwerden vorsorglich die aufschiebende Wirkung entzogen. Das Werk darf mit der Kernspaltung beginnen. Erfolglos rekurrieren die AKW-GegnerInnen dagegen. »Im vorliegenden Fall stehen sich«, so schreibt der Bundesrat in seinem abschlägigen Entscheid, »das öffentliche Interesse am Schutze von Leben und Gesundheit der Bevölkerung und der Schonung der natürlichen Umwelt auf der einen Seite und die Bedenken wegen der aus einer Verzögerung der Betriebsaufnahme entstehenden Kosten andererseits gegenüber. Diese treffen wohl unmittelbar und in erster Linie die KKG AG, doch ist es unvermeidlich, dass sie auch im Energiepreis ihren Niederschlag finden, und so die gesamte Volkswirtschaft belasten würden.«[15] Einige Monate später liefert der Bund eine weitere, gewagte Begründung, weshalb seiner Ansicht nach das AKW ans Netz darf: »Die für die Sicherheit solcher Anlagen in der Schweiz verantwortlichen Behörden haben nie einen Hehl daraus gemacht, dass sich nicht alle Gefahren restlos ausschalten lassen. Es ist deshalb nicht Mangel an Verantwortungsbewusstsein, wenn die rechtanwendenden Behörden ›Restrisiken‹ für Kernkraftwerke hinnehmen. Sie halten sich vielmehr an die Wertung, welche die Allgemeinheit trifft, indem sie entsprechende Gefahren anderer menschlicher Tätigkeiten trotz gleichwertigen Vorschriften in Kauf nimmt (das gilt beispielsweise für den Strassenverkehr mit jährlich weit über 1000 Todesfällen, die chemische Industrie oder die Verwendung der elektrischen Energie, welche erheblich mehr Opfer fordert als ihre Erzeugung).«[16]

Zu jenem Zeitpunkt läuft das Werk im Probebetrieb, am 30. Oktober 1979 nimmt es den kommerziellen Betrieb auf.

Die Rechtsschriften der AKW-Opposition sind inzwischen so professionell, dass das zuständige Justiz- und Polizeidepartement ins Schwitzen gerät. Die Gösgen-GegnerInnen bringen Studien und Publikationen ein, von denen die Bundesjuristen noch nie gehört haben. Überfordert fühlt sich der Beschwerdedienst, als die AKW-GegnerInnen auch noch schwedische, finnische und holländische Literatur anführen; er schreibt ihnen: »Sollten Sie auf deren Beizug bestehen, so wären sie uns in Originalsprache und deutscher (evtl. englischer Übersetzung) einzureichen.« Die AKW-OpponentInnen tun es – mit der Bemerkung: »Die Sicherheit schweizerischer Atomkraftwerke sollte nicht davon abhängen, ob ein paar idealistisch gesinnte Beschwerdeführer Geld und Zeit aufbringen, fremdsprachige wissenschaftliche Literatur zur Sicherheit von AKW zu übersetzen.«

Mit ihrer Kompetenz trotzen sie letztlich dem Bund im Rahmen des Beschwerdeverfahrens gegen die Betriebsbewilligung ein kontradiktorisches Expertengespräch ab: das »Gösgen-Hearing«, das im Januar und Februar 1980 in Bern über die Bühne geht.

Die »Überparteiliche Bewegung gegen Atomkraftwerke« (ÜBA) darf die Hälfte der Experten stellen und lädt aus verschiedenen Ländern Physiker, Mediziner, Chemiker und Biologen ein.

Das Charakteristische an Hearings – wie man sie beispielsweise in den USA oder in Deutschland kennt – ist, dass die Anhörungen öffentlich stattfinden. Beim »Gösgen-Hearing« verlangt der Bund jedoch einen Expertendisput hinter verschlossenen Türen. Zudem schließt er zwei zentrale Themenbereiche von vornherein aus: Sowohl über das Atommüllproblem wie über Fragen zur Stilllegung von Atomkraftwerken dürfen die Experten nicht diskutieren.

Der Bund lässt sich das Hearing auch von den AKW-GegnerInnen bezahlen. Sie müssen einen Vorschuss von 15 000 Franken leisten, damit es überhaupt durchgeführt wird. Das Geld bringen sie mit einem Esel, der zwei Säcke mit 15 000 Einfränklern trägt, nach Bern. »So wie die Bauern früher ihrem Herrn den Zehnten brachten«, sagen die ÜBA-Leute.

Viel gewinnen lässt sich nicht, dessen ist sich die ÜBA schon bei Beginn des Hearings bewusst und konstatiert: »In das AKW Gösgen wurden bis heute rund zwei Milliarden Franken investiert. Dieser Beton gewordene Sachzwang lähmt die Behörden in ihrem Rechtsdenken erheblich.«[17]

Dennoch kommt es im Verlauf der mehrtägigen Gespräche zu interessanten Ergebnissen. Die Medien erfahren davon, obwohl sie von den Gesprächen ausgeschlossen sind, weil die ÜBA an Pressekonferenzen regelmäßig über den Stand des Disputs informiert.

Die wichtigsten Erkenntnisse dieses Hearings:

- Selbst der AKW-freundliche Experte meinte, dass die Grenzwerte für radioaktive Gase, die Gösgen im Normalbetrieb abgeben dürfe, zu hoch seien. Sie müssten mindestens auf einen Fünftel reduziert werden. Nach Meinung des atomkritischen Experten, eines Physikers des Instituts für Energie- und Umweltforschung Heidelberg, ist die erlaubte Strahlenbelastung »unakzeptabel« hoch; die Abgabewerte müssten um den Faktor 1000 reduziert werden.[18]

- Die Reaktorschutzhülle ist nur darauf ausgelegt, einem abstürzenden Verkehrsflugzeug, das mit einer Geschwindigkeit von 370 Kilometern pro Stunde aufprallt, standzuhalten. Die Coronado der Swissair, die 1970 in Würenlingen abstürzte, flog hingegen mit 800 Kilometern pro Stunde. Die atomkritischen Experten verlangten deshalb einen »Vollschutz«. Die KKW Gösgen AG versuchte jedoch die Bevölkerung in einem Communiqué zu beruhigen: Weltweit seien »nur bei sehr wenigen Anlagen Flugzeugabsturz-Sicherungsmassnahmen in dem Mass zu finden, wie sie in Gösgen realisiert wurden«.[19]
- Kritiker wie Befürworter waren sich einig, dass ein schwerer Kernschmelzunfall nicht auszuschließen ist und dass dadurch große Gebiete radioaktiv verseucht würden – und zwar in einem »Ausmass, dass dort Leben nicht mehr möglich sein wird«.[20] Man stritt sich hingegen über die Wahrscheinlichkeit: Die atomfreundlichen Experten meinten, ein solches Ereignis trete einmal in 10 000 oder 1 000 000 Jahren auf – sei also »so gut wie ausgeschlossen«. Die GegnerInnen zerpflückten die Wahrscheinlichkeitsrechnung und konterten, »solche statistische Durchschnittswerte können über den Eintrittszeitpunkt eines Ereignisses nichts aussagen«, da diese schon morgen stattfinden könnten. Was letztlich auch die Experten des Bundes bestätigten. Außerdem war man sich nicht einig, welche Kontur das kontaminierte Gebiet nach einem Super-GAU aufweisen würde: Der eine meinte, es sei länglich, zigarrenförmig, der andere ging von einem gedrungenen,

breiteren Gebiet aus – bezüglich der betroffenen Fläche war man sich aber einig. Sechs Jahre später belehrte allerdings Tschernobyl die Welt eines Besseren: Das durch den Unfall verseuchte Gebiet war um ein Vielfaches größer, als man im Modellfall Gösgen angenommen hatte (vgl. Kapitel 8).

- Der Katastrophenschutz sei völlig unzureichend, monierten die KritikerInnen noch. Alarmeinrichtungen rund um Gösgen seien größtenteils noch nicht erstellt. Katastrophenschutzpläne vor allem für Gebiete, die über zwanzig Kilometer entfernt seien, fehlten.

Beschwerden abgewiesen, Leistung erhöht

Drei Monate nach den Hearings, am 15. Mai 1980, findet in Gösgen die offizielle Einweihungsfeier statt. Michael Kohn, damals Verwaltungsratspräsident der KKG und der Atel, lobt die Anlage als »energiepolitischen Meilenstein«, decke sie doch einen Sechstel des Schweizer Energiebedarfs: »Ohne Gösgen hätte der Stromkonsum in unserem Land in Anbetracht der gegenwärtigen Zuwachsraten im Elektrizitätssektor bei unterdurchschnittlicher oder gar niedriger Wasserführung der Flüsse heute schon durch unsere schweizerischen Werke nicht mehr gedeckt werden können. Und mit Aushilfslieferungen des Auslandes zu rechnen, wäre keine weitsichtige Energiepolitik, die diesen Namen verdient.«[21] Was der KKG dagegen Sorge bereite, sei »die politische Lösung des Entsorgungsproblems«: Gösgen habe die Auflage, bis 1985 ein Projekt vorzulegen, das für die sichere Entsorgung und Endlagerung der radioaktiven Abfälle Gewähr biete.[22] Kohn weiß, dass Gösgen abgeschaltet werden muss, wenn der Nachweis nicht gelingt. Dasselbe gilt für die anderen AKW. Sie erbringen ihn nicht und müssen dank sprachlicher Spitzfindigkeiten trotzdem nicht vom Netz (vgl. Kapitel 13).

Im Mai 1981 lehnt der Bundesrat alle noch hängigen Beschwerden ab, er präzisiert lediglich die Abgabewerte und senkt sie ein wenig. Den Einsprechenden überbürdet er die Verfahrenskosten von insgesamt 17 296 Franken.

Danach wird es ziemlich ruhig um Gösgen. Die ÜBA- und die »Pro Niederamt«-Leute sind nach zehnjährigem Kampf erschöpft und wenden sich anderen Projekten zu.

Im Frühjahr 1985 beantragt Gösgen eine Leistungserhöhung. Was in den Neunzigerjahren in Mühleberg und Leibstadt zu heftigen Kontroversen führen wird, geht damals glatt über die Bühne: Im Dezember desselben Jahres ist das atomrechtliche Verfahren abgeschlossen und die KKG erhält vom Bund die Erlaubnis, die thermische Leistung von 2808 Megawatt auf 3002 Megawatt hinaufzuschrauben – dies entspricht einer elektrischen Leistungserhöhung von etwa sieben Prozent. Später baut die KKG noch effizientere Niederdruckturbinen ein. Die ursprüngliche elektrische Leistung von 920 Megawatt steigt damit um insgesamt 10,8 Prozent auf 1018 Megawatt.[23]

Lob und Mängel

Heute taucht Gösgen nur selten in den Medien auf und macht kaum Negativschlagzeilen. Das hängt unter anderem damit zusammen, dass es vermutlich das »zuverlässigste« Schweizer Atomkraftwerk ist – oder wie es Michael Sailer vom Öko-Institut Darmstadt einmal ausgedrückt hat: »Wenn Sie nach Gösgen gehen, dann stehen Sie, von der Anlagentechnik her gesehen, vor dem sichersten Kernkraftwerk der Schweiz.«[24] Ein Pluspunkt für Gösgen ist bestimmt, dass man die Anlage en bloc bei Siemens gekauft hat. Bei den anderen Werken waren immer zwei verschiedene Firmen beteiligt (Westinghouse oder General Electric zusammen mit BBC). Die einen lieferten den nuklearen Teil, den Reaktor, die BBC den Rest zur Stromerzeugung (Turbinen, Generatoren). Man musste also während der Planung und des Baus stets die Komponenten zweier Firmen aufeinander abstimmen. Dies bringt mehr Probleme, als wenn eine Firma die Gesamtanlage liefert.

Zudem hatte man bereits aus den Mängeln der ersten Reaktorgeneration gelernt und in Gösgen von Anbeginn ein Notstandsystem eingeplant; man musste es nicht wie bei Beznau oder Mühleberg nachträglich aufpfropfen.

Gösgen weist auch weniger Scrams auf als die andern AKW. Das englische Wort »scram« bedeutet »abhauen, Leine ziehen« und umschreibt im AKW-Fachjargon eine ungeplante Reaktorschnellabschaltung. Ein Scram ist vergleichbar mit einer Notbremsung, wenn zum Beispiel eine Turbine oder wichtige Pumpen ausfallen oder Ventile nicht schließen und der Reaktor droht instabil zu werden. Jeder Scram bringt finanzielle Verluste, weil die Anlage über Stunden oder Tage keinen Strom produzieren kann, bis man die Ursache der Schnellabschaltung eruiert und den Fehler behoben hat. Die Sicherheitsbehörde HSK hat die Scrams aller Schweizer AKW zwischen 1987 und 1996 aufgelistet: Beznau II hatte beispielsweise in diesen zehn Jahren 18 Scrams, Leibstadt deren 15, Gösgen 4[25] (vgl. Grafik S. 104).

Das will aber nicht heissen, dass Gösgen nie Probleme macht. Ende der Achtzigerjahre stellte man beispielsweise fest, dass sechs Brennelement-Zentrierstifte abgebrochen sind. Diese Stifte erhalten die Kerngeometrie; wenn sie brechen, kann der Reaktor unter Umständen nicht mehr korrekt gesteuert oder abgeschaltet werden. Offenbar handelte es sich um einen Materialfehler. Man kontrollierte alle Zentrierstifte, fand nichts – dennoch kam es im darauf folgenden Jahr zu weiteren Brüchen. Inzwischen hat man alle Stifte durch neue, anders konstruierte ersetzt.[26]

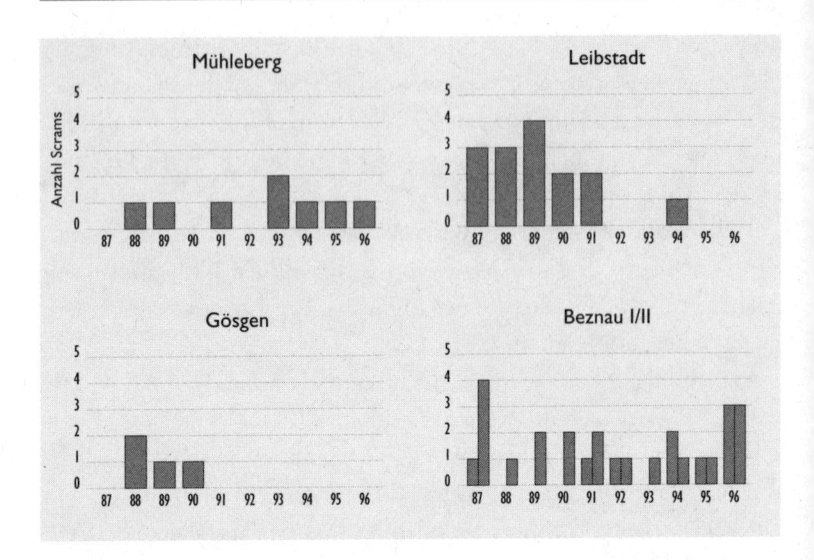

Scrams

Als Scrams bezeichnet man im Fachjargon eine ungeplante Reaktorschnellabschaltung. Ein Scram weist immer auf Probleme im Reaktor hin und muss der Sicherheitsbehörde HSK gemeldet werden. Die Grafik zeigt die Scrams in den Schweizer AKW zwischen 1987 und 1996.

Quelle: HSK-Jahresbericht 1996

Anfang der Neunzigerjahre entdeckte man in zwei der drei Dampferzeuger mehrere Dutzend Nägel, die herumwirbelten. Man hatte nach der Montage vergessen, sie rauszunehmen. Nun musste man sie mittels eines umständlichen Verfahrens herausholen, weil sie drohten, die Dampferzeugerrohre zu beschädigen.[27] In den Dampferzeugern gibt der hochkontaminierte Primärkreislauf seine Wärme an den nicht verseuchten Sekundärkreislauf ab. Lecken die Dampferzeugerrohre, wird auch der Sekundärkreislauf kontaminiert (vgl. Kapitel 3.

Auch der Experte Michael Sailer relativiert sein Lob über das »sicherste Kernkraftwerk der Schweiz«. Er durfte die Anlage zwar selbst nie besichtigen, obwohl er dies zusammen mit seinem Öko-Instituts-Kollegen Christian Küppers gern getan hätte. Die »Gewaltfreie Aktion Kaiseraugst« (GAK) versuchte für die beiden Nuklearspezialisten – die regelmäßig für deutsche Behörden AKW-Gutachten verfassen – eine kompetente Führung durch Gösgen zu organisieren. Das war im Winter 1995/96, als Gösgen in groß angelegten Medienkampagnen die Bevölkerung einlud, doch ihr Werk zu besichtigen. Die KKG schrieb jedoch der GAK zurück: »Sie werden sicher Verständnis dafür aufbringen, dass wir kein Interesse daran haben, Mitarbeiter ausländischer Firmen in unserem Kraftwerk auszubilden, zumal baugleiche Druckwasseranlagen in der BRD stehen, die ebenfalls vom Bereich Energieerzeugung (KWU) der deutschen Siemens AG erstellt worden sind.«[28]

Ergo müssen Sailer und Küppers ihre Gösgen-Kritik auf Siemens-Anlagen in Deutschland abstützen, die ihnen bestens vertraut sind. Unter anderm bemängeln sie, dass ein passives Sicherheitssystem fehlt: Kommt es zum Beispiel zu einer großen Leckage im Primärkühlkreislauf, muss in Gösgen das Wasser aus einem Flutbehälter in den Reaktor gepumpt werden. Diese Pumpen könnten – obgleich sie redundant, das heisst doppelt vorhanden sind – alle ausfallen, wodurch der Reaktor nicht mehr kühlbar wäre. In neueren Anlagen ist deshalb der Flutbehälter örtlich so angebracht, dass das Wasser auch ohne Pumpen, allein aufgrund der Schwerkraft in den Reaktor fließt. Dies bezeichnet man als »passives Sicherheitssystem«, weil es noch funktioniert, wenn alle Pumpen und Notstromaggregate versagen.

Ferner weisen Küppers und Sailer darauf hin, neuere Druckwasserreaktoren vom Typ Gösgen – zum Beispiel der Reaktor Sizewell in Britannien – erfüllten höhere Sicherheitsstandards: Im Gegensatz zu Gösgen verfügt Sizwell über ein zweites unabhängiges Schnellabschaltsystem, das einspringen kann, wenn das erste ausfällt.[29]

Gösgen könnte unter misslichen Umständen einen großen AKW-Unfall verursachen. Jochen Benecke, Professor für Physik an der Universität München, konstatiert in einer mehrseitigen Analyse: »Gösgen kann gefährlicher als Tschernobyl sein.«[30] Der Physiker zerpflückt eines der Hauptargumente der AKW-Betreiber, wonach sich in den Schweizer AKW nie ein Unfall à la Tschernobyl ereignen werde, weil »unsere Reaktoren« mit einem Containment, einem Sicherheitsbehälter, versehen seien. Dies verhindere, so behaupten die Reaktorbetreiber, dass bei einer Kernschmelze Radioaktivität in die Umwelt gelange. Benecke schreibt: »Die offizielle Deutsche Risikostudie Kernkraftwerke (Phase B) für Druckwasserreaktoren – wie Gösgen und Beznau – straft solche Zuversicht Lügen: Auf dem sogenannten Hochdruckpfad, entlang dem 97 Prozent aller Kernschmelzunfälle verlaufen, löst sich der Reaktorbehälter aus seiner Verankerung und durchschlägt das Containment. Folge: mehr als doppelt so hohe Freisetzung wie in Tschernobyl.«

AKW Leibstadt

6
Das neuste, größte, teuerste

Leibstadt

Leibstadt ist das Schweizer AKW der Superlative: Das neuste, das größte, das teuerste. Die Anlage steht nur einige hundert Meter vom Aargauer Dorf Leibstadt entfernt, direkt an der deutsch-schweizerischen Rheingrenze. Fünf Kilometer ennet der Grenze liegt Waldshut.

Leibstadt ist wie Gösgen ein klassisches Partnerwerk und weist deshalb komplizierte Besitzverhältnisse auf: 21,5 Prozent sind im Besitz der Aare-Tessin-Aktiengesellschaft für Elektrizität (Atel); 10 Prozent gehören den Centralschweizerischen Kraftwerken (CKW), 8,5 Prozent der Nordostschweizerischen Kraftwerke AG (NOK) und je 7,5 Prozent der Badenwerke AG (Deutschland) sowie der BKW Energie AG; je 5 Prozent der Aktien halten die Watt AG, die Aargauischen Elektrizitätswerke (AEW), die Kraftübertragungswerke Rheinfelden (Deutschland), das Kraftwerk Laufenburg sowie die S.A. l'Energie de l'Ouest-Suisse (EOS) und die Schweizerischen Bundesbahnen (SBB). Die restlichen 15 Prozent gehörten ursprünglich der Elektrizitäts-Gesellschaft Laufenburg AG (EGL), die sie inzwischen aber an die AG für Kernenergiebeteiligung (AKEB) abgetreten hat, die hinwiederum noch zu 31 Prozent in EGL-Besitz ist.* Die Elektrizitäts-Gesellschaft Laufenburg AG hat aber immer noch die Geschäftsführung des »Kernkraftwerks Leibstadt« (KKL) inne.

*Zu den AKEB-Aktionären gehören außerdem: Stadt Zürich 20,5 %, CKW 15 %, SBB 13,5 %, AET (Kanton Tessin) 7 %, KW Brusio 7 %, KW Sernf-Niederenbach (Hauptaktionärin ist die Stadt St. Gallen) 6 %.

Elektrowatt provoziert Widerstand

Das AKW geht jedoch vor allem auf die Initiative der Elektrowatt AG* zurück. Die Elektrowatt kaufte in den Sechzigerjahren am Rheinufer bei Leibstadt zahlreiche Grundstücke. Sie erstand für über neun Millionen Franken so viel Land, dass sie darauf zwei AKW bauen könnte.[1]

1966 schließen die Elektrowatt AG und die Gemeinde Leibstadt einen Vertrag ab. Darin verpflichtet sich das Unternehmen, dem Dorf bis zum Baubeginn ein »Wartegeld« von anfänglich 30 000 Franken pro Jahr zu bezahlen; später erhöht sich der Betrag auf 50 000 Franken.[2]

Im Dezember 1969 erteilt das Eidgenössische Verkehrs- und Energiewirtschaftsdepartement der »Interessengemeinschaft Kernkraftwerk Leibstadt« die Standortbewilligung; gleichzeitig erhält auch das AKW Kaiseraugst eine Standortbewilligung. Beide Bewilligungsgesuche werden – klar gesetzeswidrig – nie öffentlich aufgelegt und können deshalb nicht angefochten werden.

Ein Jahr später wird das »Studienkonsortium Kernkraftwerk Leibstadt« gegründet. Zur selben Zeit beginnt sich Widerstand zu regen. Einige einflussreiche Leute aus der Gegend gründen im August 1971 das »Aktionskomitee gegen das Atomkraftwerk Leibstadt«. Mit dabei sind die Gemeindeammänner der Leibstadt-Nachbargemeinden Leuggern und Full-Reuenthal, der Gemeindeschreiber von Full-Reuenthal, der Rektor der Bezirksschule Leuggern sowie der Stumpenfabrikant Heinrich Villiger, der Bruder von Bundesrat Kaspar Villiger.

In diesen Gemeinden ärgert man sich vor allem darüber, dass die Elektrowatt sie erst informiert hat, als das Projekt schon ausgereift war.

* Besitzerin der Elektrowatt (früher Elektro-Watt) war die Credit Suisse, bis die Bank Ende 1996 den Energiebereich – als Watt AG – ausgliederte und mehrheitlich an die NOK, das Baden- und das Bayernwerk (beide BRD) verkaufte.

An einer Informationsveranstaltung spielen die zwei anwesenden Elektrowatt-Direktoren die Gefahren für die Umwelt herunter und meinen ausweichend, die Leute der Elektrowatt seien keine Biologen, man wolle deshalb »nicht näher auf die Strahlung eingehen, die Zusammenhänge sind eben zu vielfältig«.[3] Kritische Fragen der Komitee-Vertreter quittieren sie mit einem Lachen. Das bringt die Leugger und die Full-ReuenthalerInnen noch mehr auf.

Die Gemeindeversammlung von Full-Reuenthal bewilligt deshalb einen Kredit, mit dem das Aktionskomitee eine Informationsbroschüre erstellen soll. Das Komitee befragt AKW-Befürworter und -Gegner. Die Ergebnisse dieser Gespräche fassen sie in einer Broschüre unter dem Titel »Atomkraftwerke Nein!« zusammen.

Die Broschüre geht an alle Haushalte der Region. Eine Petition gegen das AKW wird lanciert, und die Gemeindekanzlei Full-Reuenthal sammelt die Unterschriftenbogen. In drei Monaten kommen allein aus der Umgebung von Leibstadt 3600 Unterschriften zusammen. Der Bundesrat geht jedoch auf die Petition nicht ein. An einer Informationsveranstaltung in Leibstadt lässt lediglich Peter Courvoisier – Chef der Abteilung für die Sicherheit von Kernanlagen (ASK, heute HSK) – verlauten: »Was Sie da in der ›Schwarzen Broschüre‹ geschrieben haben«, womit er die Broschüre »Atomkraftwerke Nein!« meint, »ist alles krumm und schief [...]. Und damit, meine Herren, habe ich im Auftrag des Bundesrates auch gleich noch Ihre Petition beantwortet.«[4]

Im Mai 1972 besucht Bundesrat Roger Bonvin – Vorsteher des Energiewirtschaftsdepartementes – den Standort Leibstadt. »Es sterben heute in der Schweiz mehr Leute an Herzinfarkten aus Ärger über die Atomkraftwerkgegner als an der Radioaktivität der Kernkraftwerke«[5], soll Bonvin damals gesagt haben. Gleichzeitig hat er gedroht: »Wenn nicht noch in diesem Jahr mit dem Bau eines Kernkraftwerkes [Leibstadt oder Kaiseraugst, die Autorin] begonnen wird, ist spätestens 1977 mit einer Energiekrise zu rechnen. Bei schlechter Wasserführung der Flüsse schon vorher.«[6]

Schon damals konstatiert das Leibstadt-Aktionskomitee: »Wir brauchen das Kraftwerk gar nicht; wir exportieren ja noch Strom.« Doch der Bund will nicht hören.

Das Gebiet »Eigen«, auf dem das Studienkonsortium die Anlage bauen möchte, muss jedoch erst noch eingezont werden. Die Umzonung verlangt eine Urnenabstimmung; mit einem Nein hätten die LeibstädterInnen das Projekt noch scheitern lassen können. Doch sie stimmen im Herbst 1972 zu.

Das Komitee wehrt sich dagegen und reicht Einsprachen ein. Ein Jahr später, als das Konsortium das Baugesuch auflegt, erheben auch AnwohnerInnen Einsprache. Doch alle blitzen ab. Einen Beschwerdeführer, der einen halben Kilometer vom geplanten AKW entfernt wohnt und der sich um den Lärm des herunterdonnernden Kühlturmwassers sorgt, putzt der Leibstädter Gemeinderat mit der Bemerkung ab: »Dann ziehen Sie doch in ein Hotel!«

Dennoch ist es dem Gemeinderat nicht ganz wohl, als er die Baubewilligung erteilt. Er lässt verlauten, dass er »einige Bedenken der Bevölkerung beim Bau des AKW berücksichtigt haben will«.[7] Zum Beispiel verlangt er, dass die Bauherrin – bevor das Werk in Betrieb geht – eine Lösung für die definitive Beseitigung der radioaktiven Abfälle vorlegen müsse. Der Aargauer Regierungsrat stellt sich jedoch hinter das AKW-Konsortium und schwächt die Forderung der LeibstädterInnen ab: Es entspreche dem beabsichtigten Zweck dieser Auflage besser, wenn man sie dahin gehend präzisiere, dass sich die Bauherrin »über eine Lösung« des Abfallproblems ausweisen müsse. Hätten die LeibstädterInnen ihre Formulierung durchgesetzt – wäre das AKW nie ans Netz gegangen.

Der Drei-Millionen-Deal

Das Aktionskomitee gibt indes nicht auf und zieht seine Beschwerden an den Regierungsrat weiter.

Gleichzeitig überlegt sich die Elektrowatt, wie man den Widerstand bändigen könnte. Es kommt im Sommer 1973 zu ersten Gesprächen zwischen dem Konsortium und dem Komitee. Man kommt sich dabei aber kaum näher, weil die Elektrowatt-Spitze laviert und sich nicht festlegen lässt. Sie reden gar von Leibstadt II und III und meinen, was in dreißig Jahren sei, könne heute noch gar nicht überblickt werden.

Im Herbst 1973 entscheidet der Aargauer Regierungsrat gegen die Beschwerdeführer. Und der Anwalt des Komitees, Markus Meyer, lässt seine Mandanten wissen: »Ihr habt keine Chance!« Gleichzeitig rechnet er ihnen vor, wie teuer es käme, wenn sie den Fall ans Verwaltungsgericht weiterziehen würden. (Später wird Meyer Stadtammann von Aarau und Verwaltungsrat der Atel, der ein Sechstel von Leibstadt gehört.)

Das Komitee resigniert. Am 22. November setzt es sich mit der Elektrowatt-Spitze zusammen. Was dabei ausgehandelt wurde, beschreiben die Autoren des »Leibstadt-Krimis«: »Die Elektrowatt ist bereit, drei Millionen Franken zur Verfügung zu stellen, zahlbar in drei Raten zu je einer Million in den Jahren 74, 76, 78 [...]. Die Auflagen sind: Die Beschwerdeführer dürfen keine Verwaltungsgerichtsbeschwerde führen, die Geldleistung ist kein Geschenk, sondern ein Beitrag an die Infrastruktur, auch die anderen betroffenen Gemeinden sollen davon profitieren, und noch ein wichtiges Detail, das Geld werde dem Kanton Aargau zur treuhänderischen Verwaltung übergeben.«[8] Letztlich baut man mit den Geldern einige Radwege und zwei Unterführungen, die man ohnehin hätte bauen müssen. Doch der lokale Widerstand ist gebrochen.

Im gleichen Monat, im November 1973, wird die Kernkraftwerk Leibstadt AG (KKL) gegründet. Im Dezember erhält dasselbe Konsortium wie in Mühleberg – General Electric/Brown Boveri – den Auftrag, ein schlüsselfertiges AKW zu liefern. Der Siedewasserreaktor hat eine elektrische Leistung von 990 Megawatt, fast so viel wie die drei Reaktoren von Beznau I/II und Mühleberg zusammen.

Im Dezember 1975 erteilt der Bund der Kernkraftwerk Leibstadt AG die erste Teilbaubewilligung. Zahlreiche Beschwerden von verschiedenen Anti-AKW-Organisationen, die sich auch gegen Kaiseraugst engagieren, gehen ein. Zudem erheben über zweihundert EinwohnerInnen aus den Landkreisen Lörrach und Waldshut (Baden-Württemberg) Einsprache. Der Bund verlangt von ihnen einen Vorschuss von 500 Franken, sonst werde er auf ihre Beschwerde nicht eintreten.

Letztlich lehnt der Bundesrat aber sämtliche Beschwerden ab. Die Deutschen belehrt er, sie hätten sich vorwiegend auf deutsches Recht berufen und öffentliches Interesse geltend gemacht, ohne zu zeigen, dass sie von der Baubewilligung mehr als die Allgemeinheit beeinträchtigt würden. Derweil sie heute den Kühlturm groß und mächtig vor der Tür haben.

In den darauf folgenden Jahren kommt es immer wieder zu größeren Kundgebungen auf dem Baugelände. Die Anti-AKW-Organisationen fechten alle Bewilligungen an: ohne Erfolg. Die Bundesbehörden entziehen den Einsprachen die aufschiebende Wirkung, womit die KKL AG – bevor die juristischen Fragen geklärt sind – ungehindert weiterbauen kann.

Exorbitante Baukosten

Im Frühjahr 1984 erhält die KKL AG vom Bundesrat die definitive Betriebsbewilligung. Im Dezember 1984 nimmt das Werk offiziell den Betrieb auf. Ursprünglich hätte es schon sechs Jahre früher Strom produzieren sollen. Bei Baubeginn rechnete man mit Investitionskosten von 1,8 Milliarden Franken. Doch die Ausgaben stiegen exorbitant, der Bau kostet letztlich 5,1 Milliarden Franken.

Dass die Anlage soviel teurer kommt als ursprünglich geplant, hängt vor allem mit Three Mile Island zusammen: In Leibstadt ist man bereits am Bauen, als 1979 der Unfall passiert; aufgrund der sicherheitstechnischen Erkenntnisse, die man daraus gezogen hat, verlangt die Schweizer Atomkontrollbehörde HSK in Leibstadt Anpassungen – was zu Bauverzögerungen führt.

An einer Eröffnungsveranstaltung im Frühjahr 1984 bekennt Alex Niederberger, Direktor der EGL, eine Kilowattstunde Leibstadt-Strom werde 11 Rappen* kosten: »Diese Gestehungskosten sind unbestritten hoch. Sie werden unweigerlich zu Tariferhöhungen führen«, doch da die Partner eine Mischrechnung machen könnten, sei die Tariferhöhung nicht so gravierend. Im übrigen könne die KKL AG – auch wenn die Stromerzeugungskosten von Leibstadt überdurchschnittlich hoch seien – gar keine Verluste machen, weil die Aktiengesellschaft den Strom nicht besitze. Die produzierte Elektrizität gehöre den Partnerwerken; die würden im Gegenzug für die Betriebskosten aufkommen. Wenn also die Anlage nicht rentiert, müssen die beteiligten Energieunternehmen und nicht die KKL AG für die Verluste aufkommen.

Niederberger verkündet auch: »Leibstadt wird bei 6500 Vollastbetriebsstunden 6,1 Milliarden Kilowattstunden pro Jahr erzeugen,

* Laut KKL AG sind inzwischen die Gestehungskosten für eine Kilowattstunde auf rund 7 Rappen gesunken.

das heisst rund 15 Prozent des gegenwärtigen Elektrizitätsverbrauchs in der Schweiz. Der Anteil der nuklearen Elektrizitätsproduktion steigt von heute 28 auf rund 40 Prozent.«[10] Gleichzeitig entwirft er ein düsteres Szenario: »Wenn wir die effektiven Zuwachsraten des Winterhalbjahres in den letzten Jahren auch für die nächste Zukunft gelten lassen, reicht die Produktion von Leibstadt gerade, um den Verbrauchszuwachs in den nächsten fünf Wintern zu decken. Im Winter 1989/90 stehen wir also wieder vor derselben Situation wie heute. Der ständig wachsende Verbrauch macht weitere Kernkraftwerke in der Schweiz notwendig.«

Nichts davon ist eingetreten. Heute gilt Leibstadt als Investitionsruine, die StromkonsumentInnen müssen das Werk täglich mit einer Million Franken subventionieren, weil sein Strom im europäischen Vergleich viel zu teuer ist (vgl. Kapitel 16).

Unsinnige Wahrscheinlichkeit

Als das EVED im Februar 1984 dem KKL die Betriebsbewilligung erteilt, versuchen verschiedene Anti-AKW-Organisationen mit Beschwerden zu verhindern, dass die Anlage ans Netz geht. Der Bundesrat entzieht diesen Beschwerden jedoch erneut die aufschiebende Wirkung, worauf die Organisationen desillusioniert die Beschwerden zurückziehen, »da der Entscheid des Bundesrates vorprogrammiert ist und eine sachliche Auseinandersetzung nicht mehr erwartet werden kann«. Ruedi Bühler – ein Maschineningenieur und ausgewiesener AKW-Experte, der früher im Eidgenössischen Institut für Reaktorforschung tätig war (vgl. Kapitel I) – konstatiert an einer Pressekonferenz, die verschiedene Antiatom-Organisationen anlässlich des Bundesratsentscheides einberufen haben: »Leider ist es so, dass grundsätzliche Fragen ausgeklammert werden und die Behörden sich weigern, allenfalls kostspielige Auflagen oder Änderungen zu verfügen. In solchen Fällen operieren die Behörden nach wie vor mit unbelegten Behauptungen, sie interpretieren ihre eigenen Regelwerke willkürlich oder gehen auf wesentliche Argumente schlicht nicht ein.«

Bühler untermauert seine Kritik mit einem konkreten Beispiel, das Leibstadt betrifft: Transiententstörfälle ohne Reaktorabschaltung.[11]

Dies klingt komplizierter, als es ist: Im AKW-Jargon kennt man drei Kategorien von »Störungen« – die »Betriebsstörung«, die »Zwischenfälle«, die »Unfälle«. Die »Betriebsstörungen« treten am häufigsten auf, gelten aber als »geringfügige Vorkommnisse«. Sie sollen sich – so besagt die mathematische Berechnung – mit einer Wahrscheinlichkeit von 1:100 ereignen, sprich einmal in hundert Jahren. Wann der besagte Tag anbricht, sagt die Wahrscheinlichkeitsrechnung nicht – es kann schon morgen sein.

Die »Zwischenfälle« treten mit einer Wahrscheinlichkeit von 1:100 bis 1:10 000 auf, die »Unfälle« mit einer Wahrscheinlichkeit von 1:10 000 bis 1:1 000 000 – einmal in zehntausend Jahren respektive einmal in einer Million Jahren; ein derartiges Ereignis nennt man GAU, »größter anzunehmender Unfall«. Alles, was noch seltener erwartet wird – also zum Beispiel einmal in fünf Millionen Jahren –, gilt als »hypothetischer Unfall«. Von diesen Unfällen spricht man nicht gerne, das sind die Super-GAUs, die seit 1986 einen Namen haben: Tschernobyl.

Die »hypothetischen Unfälle« sind nach Meinung der nuklearen Wahrscheinlichkeitsrechner so selten, dass man gegen sie nicht gerüstet sein muss. Doch alles, was sich häufiger ereignet, sollte man »beherrschen«, das heißt unter Kontrolle halten können. Dies sind dann die sogenannten Auslegungsstörfälle.

Beim oben erwähnten »Transiententstörfall« geht es um Folgendes: Es schlägt beispielsweise ein Blitz in die Trafostation des Werkes ein, die Anlage ist vom Stromnetz abgeschnitten – der Reaktor kann deshalb seine Energie nicht mehr nach draußen abgeben.* In diesem Fall müsste der Reaktor sofort abgestellt werden. Funktioniert nun aber die automatische Schnellabschaltung nicht, kann sich der Kern überhitzen und schmelzen.

Die Sicherheitsbehörden kümmerte die Frage, was bei einem Transientenstörfall ohne Schnellabschaltung passiert, ursprünglich nicht groß. Erst als die AKW-Kritiker nachbohrten und nachwiesen, dass ein solcher Unfall durchaus eintreten kann, gaben die Experten des Bundes eine Studie[12] in Auftrag. Dabei kam heraus, dass sich der »Transientenstörfall« wahrscheinlich einmal in dreihunderttausend Jahren (1:300 000) ereignet.

Das mag zwar selten sein, aber nicht selten genug. Das AKW müsste also ein entsprechendes Sicherheitssystem besitzen. Die Studie empfahl auch eine Lösung – die automatische Boreinspeisung: Würde binnen acht Minuten nach dem Blitzeinschlag Bor in den Reaktor gepumpt, könnte die Kernspaltung gestoppt werden. Heute weiß man, dass man dafür nicht acht, sondern nur zwei oder drei Minuten Zeit hat, wenn die Schnellabschaltung versagt.

Man verzichtete jedoch in Leibstadt darauf, eine automatische Boreinspeisung einzubauen. Der Bundesrat ließ auch wissen, weshalb: »Die Forderung der Beschwerdeführer, die Boreinspeisung müsse ebenfalls automatisch ausgelöst werden, erübrigt sich jedoch aus folgenden Erwägungen: [...] Ein Versagen aller zur Beherrschung eines Störfalles vorgesehenen Signale aus diesen Systemen ist äusserst unwahrscheinlich.« Im übrigen könne »die Boreinspeisung auch von Hand rechtzeitig erfolgen. Die Einspeisung von Bor ist andererseits für den Reaktorkern nachteilig, da Bor chemisch aggressiv ist. Die ›Borvergiftung‹ sollte daher nur in Notfällen ausgelöst werden.«[13]

* Als Transiente bezeichnet man den Übergang von einem Betriebszustand in einen anderen – also im konkreten Beispiel den Übergang von der normalen Energieproduktion zum Inselbetrieb.

Ausgedeutscht bedeutet dies: Man hat damals aus ökonomischen Gründen auf das automatische Sicherheitssystem verzichtet, weil man fürchtete, die Automatik könnte einmal fälschlicherweise los gehen und eine unnötige »Borvergiftung« verursachen. Das wäre mit hohen Kosten verbunden, weil man danach den Reaktor während Tagen nicht mehr anfahren kann.

Die Deutsch-Schweizerische Kommission für die Sicherheit kerntechnischer Anlagen* (DSK) verlangt jedoch 1996, man solle die »kritische Phase« von zwei auf zehn Minuten erhöhen.[14] Dieser Empfehlung ist man in Leibstadt bis heute nicht nachgekommen. Die Operateure haben immer noch nur zwei Minuten Zeit, um zu entscheiden, ob sie Bor einpumpen sollen, wenn die Schnellabschaltung aussteigt – ein Entscheid, der jeden Menschen überfordert. Denn wenn es brenzlig wird, kämpfen die Operateure – wie die bisherigen schweren AKW-Unfälle belegen – mit einem Problem: Sie wissen nicht genau, was in der Anlage abläuft. Sie können auch nicht einfach schnell hingehen, um nachzuschauen, wos klemmt. Ferner wissen die Operateure, dass es Tausende von Franken kosten wird, wenn sie die Boreinspeisung fälschlicherweise betätigen. Tun sie es deshalb lieber nicht oder warten zu lange – obwohl es nötig wäre –, käme ein unnötig vergifteter Reaktor allerdings wesentlich billiger.

Höhere Leistung, höheres Risiko

Nach der Inbetriebnahme wird es ruhig um Leibstadt. Bis am 31. Juli 1992 das KKL beim Bund ein Gesuch für eine Leistungserhöhung einreicht: Man möchte die Leistung im Reaktor um 14,7 Prozent

* In der DSK sitzen Vertreter des deutschen Bundesministeriums des Innern und der atomrechtlichen Behörden von Baden-Württemberg sowie Vertreter des Bundesamtes für Energiewirtschaft und des Kantons Aargau; die DSK beschäftigt sich vor allem mit grenznahen Atomanlagen und erstellt dazu auch eigene Berichte.

höher schrauben und eine effizientere Dampfturbine einsetzen, womit sich 5 Prozent mehr Strom erzeugen lässt.

Die Turbine zu ersetzen, ist an sich unproblematisch. Außer dass die Kraftwerkleitung den kontaminierten Schrott wieder verwerten will. Das kann sie dank der Schweizer Gesetzgebung tun. Verseuchtes Material lässt sich dekontaminieren. Doch wird es danach immer noch strahlen – einfach nicht mehr so stark. In der Schweiz ist es erlaubt, beispielsweise Metall, das mit 74 000 Becquerel pro Kilo strahlt, zu rezyklieren und irgendwem zu verkaufen. Das Öko-Institut Darmstadt, welches das Projekt »Leistungserhöhung im KKL« genau angeschaut hat, meint dazu: »Dies ist das 740fache des Grenzwertes, der von der bundesdeutschen Strahlenschutzkommission noch maximal für eine Freigabe empfohlen wird. Ebenfalls deutlich niedriger sind entsprechende Empfehlungen auf der Ebene der Europäischen Gemeinschaft.«[15] Die Fachleute von Darmstadt errechneten, dass – wenn das rezyklierte Material tatsächlich verkauft wird – »Strahlenexpositionen von Personen aus der Bevölkerung möglich« seien, »die größer sind als die für den Kernkraftwerksbetrieb zugelassenen maximalen Belastungen«.

Die Turbine hat man in Leibstadt inzwischen ausgetauscht. Die eine Hälfte der alten lagert noch auf dem Gelände des AKW, die andere hat man dekontaminiert und als »hochwertiges Material wieder dem Produktionsprozess zugeführt«, wie der KKL-Pressesprecher sagte.

Liest man die Presseunterlagen der KKL-Leitung, ist die Leistungserhöhung eine banale Angelegenheit: »Der Vorgang im Reaktor lässt sich vergleichen mit einem Kohle-Ofen. Der Ofen wird mit einer bestimmten Menge Kohle gefüllt. Durch Regelung der Luftzufuhr kann die Verbrennung geregelt werden. Durch Öffnen der Zugluftklappe des Ofens (= Analogie zum Herausziehen von Steuerstäben aus dem Reaktor) brennt das Feuer besser, es wird mehr Wärme frei pro Zeiteinheit, es wird mehr Kohle verbraucht. Wie dem Ofen in diesem Fall mehr Kohle zugegeben wird, müssen dem Reaktor beim Nachladen (während der Jahresrevision) mehr neue Brennelemente (mit spaltbaren Uranatomen) zugeladen werden, wenn der Reaktor mit höherer Leistung betrieben werden soll.«[16] Das Werk sei ursprünglich für die höhere thermische Leistung von 3600 Megawatt konzipiert. Das Unfallrisiko sei »kleiner als das ursprüngliche Risiko bei der Inbetriebnahme der Anlage im Jahre 1984«, weil man inzwischen gewisse Sachen nachgerüstet habe.

Die AKW-Experten des Öko-Instituts Darmstadt beurteilen die Lage indes anders. Sie listen mehrere heikle Punkte auf:

- Höheres Unfallrisiko: Das Unfallrisiko wächst überproportional zur gewonnenen Mehrleistung – eine 14,7 Prozent höhere Leistung steigert in Leibstadt das Unfallrisiko um 25 bis 30 Prozent.
- Sinkende Sicherheitsreserven: Holt man mehr aus dem Reaktor heraus, wird es schwieriger, ihn zu steuern (vgl. Mühleberg). Das Personal muss schneller reagieren – dadurch sinken die Sicherheitsreserven. Was auch die Atomkontrollbehörde HSK bestätigt: »Es ist zu erwarten, dass bei erhöhter Leistung gewisse Abläufe in der Anlage schneller erfolgen und damit dem Betriebspersonal weniger Zeit für die Erkennung, Diagnose und Massnahmen lassen.«[17]

  In diesem Kontext wiegt das Urteil der OSART-Mission – eine atomfreundliche Kontrollgruppe der internationalen Atomenergiebehörde in Wien – noch schwerer: Die OSART-Leute besuchten 1994 Leibstadt und kamen zum Schluss, die Belegschaft setze sich nicht ausreichend mit den Sicherheitsfragen des AKW auseinander und ihr Sicherheitsbewusstsein lasse zu wünschen übrig (vgl. Faktor Mensch).

  Dazu passe, so kritisieren die Öko-Instituts-Experten, dass die KKL-Leitung behaupte, dank der Nachrüstungen sei ihr Werk

Faktor Mensch

Eine amerikanische Studie hat untersucht, aus welchem Grund in Atomkraftwerken wichtige Sicherheitssysteme ausfielen; sie kommt zum Schluss, 65 Prozent dieser Fälle seien auf menschliche Fehlleistungen zurückzuführen. In der Schweiz untersuchte man 207 Vorfälle in AKW und kam ebenfalls zum Ergebnis, dass »60 Prozent menschliche Fehler als alleinige Ursache oder als Mitursache haben«. Das große Problem in einem AKW: Die Operateure können der Routine erliegen, oder sie haben von der Anlage ein falsches Bild im Kopf. Sie glauben zum Beispiel, wenn sie A machen, passiere B – doch dann kommt es ganz anders. Wie es in Three Mile Island geschah.

Die Internationale Atomenergiebehörde IAEA in Wien hat nach dem Unfall in Three Mile Island die OSART-Mission ins Leben gerufen, die sich vor allem dem »Risikofaktor Mensch« widmet. OSART ist die Abkürzung für »Operational Safety Review Team«; es gehören ihr jeweils AKW-Mitarbeiter aus der ganzen Welt an.

1994 besuchte eine erste OSART-Delegation das Atomkraftwerk Leibstadt. Das Resultat: Die OSART-Leute verlangten eine »mehr hinterfragende, selbstkritischere Haltung bezüglich der Betriebssicherheit«, und zwar nicht nur für die gewöhnlichen Angestellten, sondern »auf allen Ebenen der Organisation«. Die OSART-Experten monierten ferner: Fast-Ereignisse würden nicht ausgewertet; eine Sicherheitskommission – in welcher auch externe Experten säßen – fehle; zudem habe man – ohne reglementierte Sicherheitsprüfung – an der Anlage Änderungen vorgenommen. Der Bericht ist zwar diplomatisch formuliert, doch birgt er einen regelrechten Verriss: Er enthält 13 »Recommendations« (Empfehlungen) – was die schärfste Kritik ist, die die atomfreundliche Gruppe überhaupt anbringt.

Ein Jahr nach Leibstadt nimmt eine weitere OSART-Mission Beznau unter die Lupe – welches nicht viel besser wegkommt als Leibstadt. Auch hier verlangen die Experten eine »bewusstere selbstkritische Haltung« und eine »vertiefte Überprüfung abnormaler Betriebsereignisse«.

Vermutlich wird die IAEA aber bald auf die OSART-Missionen verzichten, weil sie zu kostspielig sind.

Quelle: u.a. SVA-Tagungsbericht 1996, CAN-Hearing 1996, OSART-Bericht 1995

trotz Leistungserhöhung noch sicherer als 1984: »Die Nachrüstungen im KKL und die damit verbundenen Reduzierungen des Risikos waren das Ergebnis eines partiellen Heranführens der Anlage an den aktuellen Stand von Wissenschaft und Technik und daher notwendig. Solche Nachrüstungen erfolgen auch nicht nur in der Schweiz, sondern – teils in deutlich größerem Umfang – auch in anderen Ländern. Es kann daher nicht hingenommen werden, dass solche Nachrüstungen dann zur Rechtfertigung von späteren Erhöhungen des Risikos durch eine Leistungserhöhung herangezogen werden.«

- Gravierendere Unfallfolgen: Falls ein großer Unfall passiert, sind die Folgeschäden weit schwerwiegender, weil sich – durch den beschleunigten Abbrand der Brennelemente – mehr gefährliche Spaltprodukte im Reaktor befinden. Das Öko-Institut kommt gar zum Schluss, dass ein schwerer Unfall, wie er sich in Tschernobyl ereignet hat, in Leibstadt noch katastrophalere Folgen zeitigen würde (vgl. Kapitel 8). Das AKW müsste auch, würde es lediglich einen halben Kilometer weiter nördlich stehen, schärferen Anforderungen genügen: Die Süddeutschen wären also besser geschützt, wenn die Anlage sich in ihrem Land befände und die deutschen Sicherheitsbestimmungen erfüllen müsste.[18] Ein Kritikpunkt, den die HSK bestätigt.

- Höhere Verseuchung im Normalbetrieb: Selbst wenn das AKW normal funktioniert, nimmt die radioaktive Verseuchung der Umgebung mit der Leistungserhöhung zu, weil mehr Radionuklide entweichen – zum Beispiel Kohlenstoff-14 (ein Betastrahler mit einer Halbwertszeit von fast 6000 Jahren). Auch dies bestätigt die HSK, nur hält sie es für »radiologisch nicht relevant«.

Verletzte in Leibstadt

Am 11. August 1995, morgens um 8.22 Uhr, ereignet sich im AKW Leibstadt während der Revisionsarbeiten eine Explosion. Zwei Angestellte erleiden Verbrennungen dritten Grades. Die Rettungsflugwacht holt die Verletzten ab und informiert die Medien. JournalistInnen schrecken auf und reisen nach Leibstadt. Trocken teilt der KKL-Pressesprecher Leo Erne mit, eigentlich habe man die Medien über den Vorfall gar nicht informieren wollen, es handle sich lediglich um »einen normalen Arbeitsunfall, wie er in jeder technischen Anlage vorkommen kann«.
Zwei auswärtige Monteure wollten im Maschinenhaus einen Teil der Hilfsdampfanlage überprüfen. Sie öffneten bei einem der Behälter einen Deckel; in dem System befand sich aber Wasserstoff, der austrat und sich entzündete. Im Normalbetrieb befindet sich im betroffenen System Frischdampf, der aus dem Reaktor kommt und demnach kontaminiert ist. Die Sicherheitsbehörde HSK wie die KKL-Leitung betonten, der Unfall habe sich im nicht nuklearen Teil der Anlage ereignet, es sei keine Radioaktivität ausgetreten, für die Bevölkerung habe keine Gefahr bestanden.
Dennoch rügte die HSK die Informationspolitik des KKL. Künftig müssten die Kernkraftwerke der Information größeres Gewicht beimessen: Der Vorfall habe gezeigt, wie sensibel die Medien bereits auf einen rein konventionellen Unfall reagierten.
Das war drei Jahre zuvor noch ganz anders: Als im Juli 1992 in Beznau zwei junge Arbeiter während der Revisionsarbeiten im Reaktorsumpf umkommen, nehmen die Medien dies kaum zur Kenntnis (vgl. Tote in Beznau, S. ••).

Durchgerostete Brennstäbe

»Leistungserhöhung vorläufig zurückgestellt«, vermeldet die HSK im Juli 1997. Der Grund: Korrosionsschäden bei den Brennelementen. Das Problem ist schon lange bekannt. Die KKL-Leitung hat es jedoch immer heruntergespielt.

Ein Brennelement besteht aus mehreren Brennstäben, in denen sich das Uran befindet. Die feinen Brennstab-Hüllrohre sind aus dem Edelmetall Zirkonium gefertigt und »rosten« – es bildet sich eine Oxidschicht. Ein üblicher Vorgang, doch läuft er bei den Leibstadt-Brennstäben schneller ab als erwartet. Dadurch entstehen in den Rohren Lecks, und das Wasser im Reaktor wird übermäßig verseucht. »Vergrößert sich der Riss im Hüllrohr, so entweicht neben den [radioaktiven, die Autorin] Edelgasen auch radioaktives Iod. Bei einem breiten Riss im Hüllrohr oder bei einem Bruch wird Brennstoff, also Uranoxid mit den darin enthaltenen Spaltprodukten ausgewaschen«, schreibt die HSK.[19] Die freigesetzten Radionuklide würden »fast vollständig« in der Anlage zurückbehalten, für die Bevölkerung bestehe keine Gefahr – Unterhaltsarbeiten und Reparaturen würden jedoch erschwert, da die verschiedenen Komponenten stärker verseucht seien.

Immerhin war für die HSK die Angelegenheit so delikat, dass sie zum Schluss kam: »Eine Leistungserhöhung bei gleichzeitigem Auftreten von größeren Brennelementschäden oder -problemen« sei nicht zu verantworten, weil eine Leistungserhöung die Brennelementproblematik verschärfen könne und »zu einer radiologisch ungünstigeren Situation in der Anlage und damit für das Unterhaltspersonal führen könne«.

Im Sommer 1997 wechselt die KKL sämtliche defekten Brennelemente aus. Womit sie sich neue Probleme einhandelt. Das Abklingbecken ist fast voll. Entlädt man einen Reaktor, entwickelt der

Brennelement

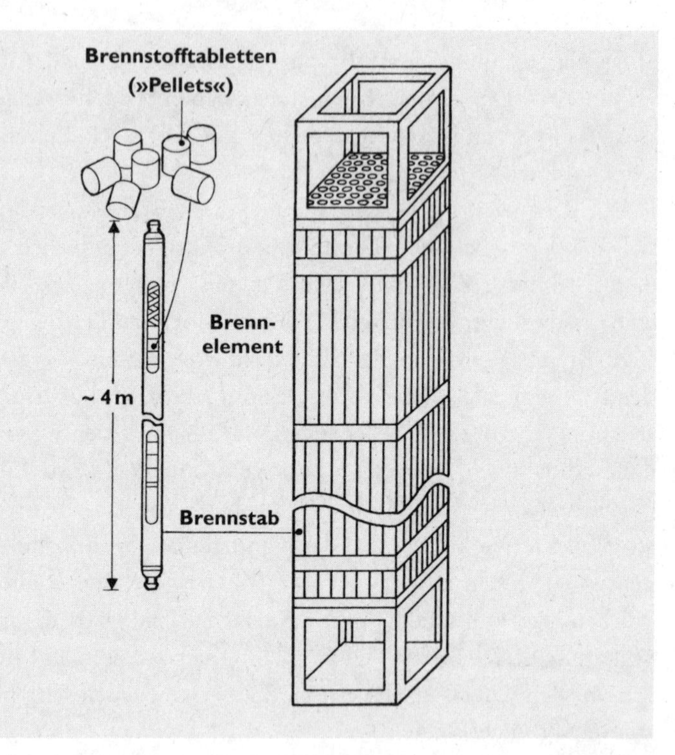

Im Reaktorkern befindet sich – je nach Größe der Anlage – eine unterschiedliche Anzahl von Brennelementen: Leibstadt hat zum Beispiel 648 Brennelemente, Beznau hingegen nur 121. Die beweglichen Steuerstäbe umhüllen, wenn sie eingefahren sind, die viereckigen Brennelemente.

Ein Brennelement besteht aus Bündeln von Brennstäben – feine Metallrohre mit einem Durchmesser von einem Zentimeter und einer Wandstärke von zirka 0,6 Millimetern. In diesen Metallrohren befindet sich der Uran-Brennstoff in Tablettenform (so genannten Pellets). Leibstadt hat rund 60 000 derartige Brennstäbe.

Brennstoff weiterhin Wärme, deshalb muss man die Brennelemente für längere Zeit in einem mit Wasser gefüllten, so genannten Abklingbecken aufbewahren. Laut Bundesrat verfügte Leibstadt 1996 im Abklingbecken noch über Platz für 367 Brennelemente. Bei der Jahresrevision 1997 nahm man 296 (statt wie geplant 112) Brennelemente heraus, ergo hätte man noch Platz für gut siebzig weitere Brennelemente.

Kurz nachdem der Reaktor im Herbst 1997 wieder den Betrieb aufgenommen hat, steigt die Radioaktivität im Reaktorkühlwasser erneut an: Offensichtlich lecken noch mehr Hüllrohre. Greenpeace moniert: »Ein durch neu auftretende Schäden bedingter Brennelementwechsel kann nicht vorgenommen werden« – weil man die Dinger nirgends mehr lagern kann – »und würde die Betreiber zu einer vorübergehenden Stillegung der Anlage unter massiven finanziellen Verlusten zwingen.«[20]

Die KKL hat jedoch einen Ausweg gefunden: Die Wiederaufbereitung. 1997 schickte sie zwei Ladungen abgebrannten Brennstoffs in die Wiederaufbereitungsfabrik La Hague (Frankreich) – und hat sich dadurch im Abklingbecken wieder Platz für 364 Brennelemente verschafft.[21] Derweil die Wiederaufbereitung ökonomisch wie ökologisch unsinnig ist (vgl. Kapitel 12). Und letztlich – wie dieser Fall exemplarisch zeigt – betrieben wird, um das ungelöste Atommüllproblem ins Ausland zu verlagern.

Die HSK geht davon aus, dass es vor allem die Brennstäbe eines bestimmten Herstellers sind, die im Leibstadt-Reaktor zu schnell durchrosten; mit anderen Brennstäben sollte dies nicht passieren. Zudem veränderte man die Wasserchemie (das Konzentrationsverhältnis von Eisen beziehungsweise Zink und Nickel im Kühlwasser), um den Korrosionsprozess zu verlangsamen.

Im Mai 1998 hat die HSK erneut einen Bericht vorgelegt, in dem sie zum Schluss kommt, die ergriffenen Massnahmen würden ausreichen, um die Korrosion einzudämmen. Allerdings konstatiert die HSK selbst: Die Grundmechanismen der erhöhten Korrosion »sind zum jetzigen Zeipunkt nicht geklärt«.[22] Insgesamt hinterlässt der Bericht den Eindruck, dass man nach dem Versuchs-Irrtum-Prinzip einige Maßnahmen angeordnet hat und einfach hofft, dass sie den erwünschten Erfolg bringen. Die HSK weist nämlich in ihrem Bericht mehrmals darauf hin, es werde sich erst mittelfristig zeigen, ob die »Gegenmaßnahmen wirken« – dennoch spricht sie sich dafür aus, dass Leibstadt nun seine Leistung erhöhen könne.

Diese Argumentation findet sich des öftern in HSK-Berichten: Man weiß zwar etwas nicht genau, gibt das auch zu – und hofft, der liebe Gott werde es schon richten, damit man trotz aller Wissenslücken im Sinne der Betreiber entscheiden kann.

»Uns ist schleierhaft, wie die HSK aufgrund dieser selber formulierten Unklarheiten und Wissenslücken zum Schluss kommen konnten, die Voraussetzungen für die Freigabe der Leistungerhöhung seien nun gesamthaft betrachtet erfüllt«, schreiben die Umweltorganisationen in ihrer Stellungnahme zum HSK-Bericht.[23] Sie verlangen, man müsse zumindest einige Betriebszyklen abwarten, um festzustellen, ob die Brennstäbe nicht weiter rosten und lecken.

Trotz der offenen Sicherheitsfragen bewilligt der Bundesrat am 22. Oktober 1998 die Leistungserhöhung.[24]

Baugelände Kaiseraugst, 1994

7
Widerstand hat Erfolg

Kaiseraugst, Graben, Inwil

Am Morgen des Osterdienstags 1975 kleben in der ganzen Region Basel Plakate, auf denen steht: »Kaiseraugst. Der Aushub hat begonnen. Atomkraftwerkgelände besetzt«, unterzeichnet von der »Gewaltfreien Aktion Kaiseraugst«.

An jenem 1. April schneit und regnet es. Um etwa sieben Uhr morgens fahren die Arbeiter der Firma Losinger in Kaiseraugst zum Bauplatz, doch können sie nicht aufs Gelände. Die Zufahrt ist mit Fahrzeugen versperrt, auf den Baumaschinen sitzen Dutzende von AKW-GegnerInnen. Es ist unmöglich, mit dem Aushub für das geplante Atomkraftwerk Kaiseraugst weiterzufahren.

Die Arbeiter ziehen wieder ab, und die Bauherrin, die Motor Columbus, sieht sich gezwungen, noch am selben Morgen auf dem besetzten Gelände eine Pressekonferenz abzuhalten. Die Firmenleitung sagt den MedienvertreterInnen, man wolle nicht auf Konfrontation machen und unterbreche vorläufig die Bauarbeiten – doch für Verhandlungen gebe es keinen Spielraum.[1]

Fast zehn Wochen lang harren die BesetzerInnen aus und verändern mit ihrer Aktion die Schweizer Politlandschaft, aber auch die Schweizer Energiepolitik.

Die Vorgeschichte

Das Dorf Kaiseraugst liegt am Rhein, knapp zwanzig Kilometer östlich von Basel, im äußersten Zipfel des Kantons Aargau. Die Motor Columbus, die damals noch der Schweizerischen Bankgesellschaft

Der geplante Nuklearpark

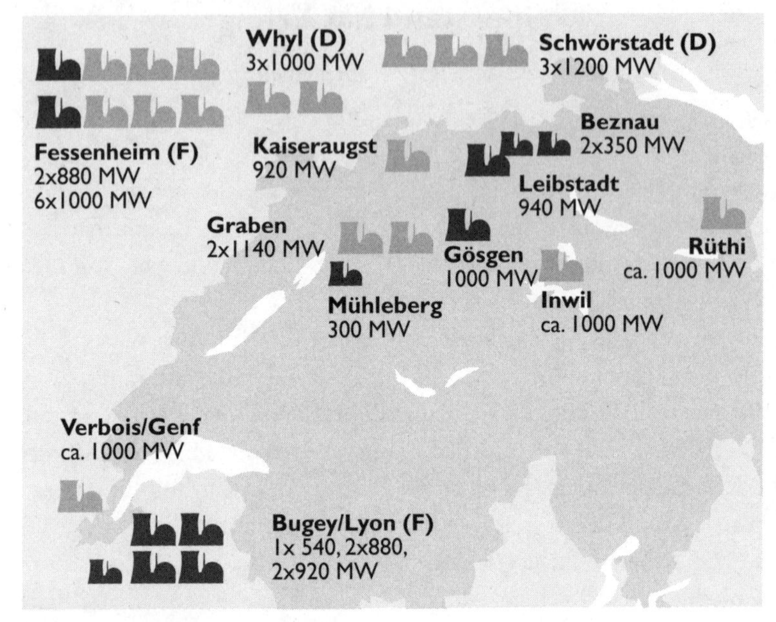

In den Siebzigerjahren behaupteten die großen Schweizer Energieunternehmen, es müssten unbedingt weitere Atomkraftwerke gebaut werden, sonst werde es enorme Lücken in der Elektrizitätsversorgung geben. Es standen damals mehrere Projekte und Standorte zur Debatte: Neben Gösgen und Leibstadt, die dann auch gebaut wurden, noch Kaiseraugst, Graben, Inwil, Rüthi und Verbois.
Auch im angrenzenden Ausland wollte man in jenen Jahren den Atompark massiv ausbauen. Die Projekte in Deutschland (Whyl, Schwörstadt) wurden jedoch – aufgrund des lokalen Widerstandes – nie realisiert. Der massive Ausbau von Fessenheim in Frankreich konnte ebenfalls verhindert werden, Bugey wurde jedoch gebaut, unter anderem mit Schweizer Beteiligung (vgl. Kapitel 16).

gehört hat, gibt schon Anfang der Sechzigerjahre bekannt, dass sie in dem Dorf ein ölthermisches Kraftwerk erstellen will.[2] Das Projekt fällt jedoch Ende 1963 bei einer Gemeindeabstimmung durch, weil die Bevölkerung Schwefeldioxid-Immissionen befürchtet.

Die Motor Columbus gibt nicht auf und präsentiert zwei Jahre später ein neues Projekt: Ein Atomkraftwerk mit Flusswasserkühlung. Da man zu jener Zeit noch nicht viel weiß über AKW, reist der Kaiseraugster Gemeinderat extra nach Mailand, um sich ein Atomkraftwerk anzuschauen. Gleichzeitig beginnt Motor Columbus die Bevölkerung mit verharmlosenden Broschüren auf den Bau des AKW einzustimmen.

Überraschend früh äußert jedoch der Große Rat von Basel-Stadt Bedenken und verabschiedet am 8. Mai 1969 eine Resolution, in der er sich besorgt zeigt, »dass im Einzugsgebiet des Hochrheins der Bau von AKW geplant ist, ohne dass dabei dem Schutz des lebensnotwendigen Wassers und der Luft, sowie der Bewahrung vor der Gefährdung durch radioaktive Abfälle genügend Rechnung getragen wird«.[3] Tatsächlich sind in der Schweiz wie im grenznahen Ausland eine Reihe neuer AKW im Gespräch (vgl. Karte S. 132).

Im Juni 1969 sollen die Kaiseraugster über »eine Zonenplanänderung im Junkholz und die Erweiterung Asphof-Hirsrüti« abstimmen. Worum es bei dem harmlos klingenden Geschäft geht, merken sie erst an der Gemeindeversammlung: Stimmen sie der Zonenplanänderung zu, bewilligen sie implizit den Bau des AKW, das auf diesem Gelände geplant ist. Das geht den Kaiseraugstern zu schnell, und sie lehnen mit 46 zu 45 Stimmen, bei 25 Enthaltungen, die Einzonung ab.

Nach dieser Niederlage gründen die Nuklearpromotoren – mit Unterstützung der Motor Columbus – das »Aktionskomitee Kernkraftwerk Kaiseraugst«, das unter anderem mit Flugblättern versucht, die Bevölkerung von der Notwendigkeit eines neuen AKW zu überzeugen. In einem der Flugblätter heißt es zum Beispiel: »Grundsätzlich ist zu sagen, dass der Standort Kaiseraugst der beste Standort der Schweiz für direkte Flusswasserkühlung und deshalb für die Errichtung eines Kernkraftwerkes geradezu prädestiniert ist. In keiner Gegend der Schweiz gibt es ein größeres Wasserangebot als in Kaiseraugst. Die Errichtung von Kühltürmen in Kaiseraugst wäre deshalb sowohl technisch als auch wirtschaftlich ein Widersinn.«[4]

Schon im August 1969 legt der Gemeinderat eine neue Vorlage vor, in der er nochmals die Einzonung des entsprechenden Gebietes vorschlägt. Allerdings ist die Vorlage mit dem Zusatz versehen, der Einzonungsbeschluss werde »entschädigungslos rückgängig gemacht«, wenn das Kraftwerk nicht innerhalb von fünf Jahren gebaut oder wenn der Bau vom Bund oder vom Kanton nicht bewilligt werde.

Um die Dorfbevölkerung vom Projekt zu überzeugen, lässt die Motor Columbus kurz vor der Abstimmung verlauten, wenn das AKW gebaut werde, könne die Gemeinde jährlich mit zusätzlichen Steuereinnahmen von 546 100 Franken rechnen. Prompt stimmen die Kaiseraugster am 17. August 1969 an der Urne der Einzonung zu – womit sie in dieser Angelegenheit ihre Kompetenzen an den Gemeinderat delegieren.

Noch im Dezember desselben Jahres erhält die Motor Columbus vom Eidgenössischen Verkehrs- und Energiewirtschaftsdepartement – in einem rechtswidrigen Verfahren – eine Standortbewilligung für ein AKW in Kaiseraugst (vgl. Kapitel 9). Und schon am 5. Mai 1970 stellt sie beim Bund ein Konzessionsgesuch für eine Anlage mit Flusswasserkühlung.

Am gleichen Tag wird das »Nordwestschweizerische Aktionskomitee gegen das Atomkraftwerk Kaiseraugst« (NWA) gegründet – womit die Opposition erstmals organisiert auftritt.[5] Das NWA wehrt sich damals nicht prinzipiell gegen die Atomanlage, sondern primär gegen die Flusswasserkühlung. Nach den Plänen der Motor Columbus sollten dem Rhein zur Kühlung des Kraftwerks pro Sekunde vierzig Liter Wasser entnommen werden. Dieses Wasser wäre danach etwa zehn Grad wärmer wieder in den Rhein geleitet worden – wodurch sich der Rhein bei Basel um zwei bis drei Grad erwärmt hätte. Da noch diverse andere flussgekühlte Kraftwerke am Rhein geplant sind, fürchtet man in Basel wie in Deutschland, der Strom könnte zur Kloake verkommen, weil der Sauerstoffgehalt und die Selbstreinigungskraft eines Flusses sinkt, je wärmer er wird (vgl. Kapitel 5).

Der Bundesrat geht auf diese Bedenken ein und verbietet im Frühjahr 1971, dass an der Aare oder am Rhein weitere Kraftwerke mit Flusswasserkühlung erstellt werden dürfen.

Aus diesem Grund reicht die Motor Columbus im Juli 1971 ein Baugesuch für ein AKW mit zwei Kühltürmen ein.[6] Das Gesuch wird öffentlich aufgelegt, mehrere Einsprachen gehen ein; zudem verlangen die KaiseraugsterInnen in einer Petition, dass eine außerordentliche Gemeindeversammlung einberufen wird.

Erst ein Jahr später, im Juni 1972, findet diese Versammlung statt. Man führt eine konsultative Abstimmung durch, die ein erstaunliches Ergebnis zeitigt: 279 Personen lehnen das Atomkraftwerk ab, nur 88 sagen ja dazu. Das Resultat ist aber nicht bindend, weil die Kaiseraugster ja die Kompetenz bei der letzten Abstimmung schon an den Gemeinderat abgegeben hatten. Der Gemeinderat nimmt die Stimmung im Dorf jedoch ernst und lehnt das Baugesuch des Studienkonsortiums Kernkraftwerk Kaiseraugst (SKK), das inzwischen für die Realisierung des Projektes gegründet wurde, ab.

Die Motor Columbus reicht im Namen des Studienkonsortiums bei der Aargauer Regierung eine Beschwerde ein; sie stellt sich auf den Standpunkt, die entsprechende Bewilligung müsse ohnehin durch die Kantonsregierung erteilt werden.

Die atomfreundliche Aargauer Regierung schützt die Beschwerde mit der Begründung: Der Gemeinderat »durfte […] nicht einfach auf den Willen der Stimmbürgerschaft abstellen, sondern war als Baupolizeibehörde verpflichtet, das Gesuch ausschließlich auf seine Bauvorschriften hin zu prüfen«.[7] Sie weist den Gemeinderat an, die Baubewilligung zu erteilen.

Nach Meinung des Kaiseraugster Gemeinderates hält das regierungsrätliche Verdikt juristisch jedoch nicht stand: Schließlich, so argumentiert die Gemeindebehörde, hatten die Kaiseraugster ursprünglich einem Projekt mit Flusswasserkühlung zugestimmt – ein AKW mit zwei Kühltürmen müsse hingegen völlig neu beurteilt werden. Komme noch hinzu, dass die Bau-Richtlinien in Kaiseraugst es zwar zuließen, dass in der Industriezone Kuben von zwanzig bis vierzig Metern gebaut würden, aber nicht Kolosse von fast hundertzwanzig Metern Höhe.

Der Gemeinderat ficht deshalb den Entscheid des Regierungsrates beim kantonalen Verwaltungsgericht an, blitzt dort aber ab. Der geplante Standort des AKW habe die größte Distanz zu den besiedelten Gebieten von Kaiseraugst und Rheinfelden, argumentiert das Gericht: »Wenn ein Kernkraftwerk überhaupt in einer Industriezone einer aargauischen Gemeinde Platz finden soll, dann hier. Daraus ergibt sich, dass die Verweigerung der Baubewilligung aus Gründen der Zonengemäßheit praktisch zur Folge hätte, dass im Aargau überhaupt keine Kernkraftwerke erstellt werden könnten.«[8] Und es fügt noch an: »Das öffentliche Interesse, Atomkraftwerke in dazu geeigneten Industriezonen zu erstellen, ist wegen des Energiebedarfs sehr groß. Andere öffentliche Interessen, wie zum Beispiel die Vermeidung allzu großer Baukuben auch in der Industriezone, haben zurückzutreten.«

Aufgebracht beschließt die Gemeindeversammlung, sich dem Urteil nicht einfach zu beugen und die Beschwerde ans Bundesgericht weiter zu ziehen. Ende Juli 1973 behandelt das Bundesgericht den Fall – und lehnt die Beschwerde ab.[9]

Der Entscheid enttäuscht die KaiseraugsterInnen schwer. Sie hatten die rechtliche Situation lange falsch eingeschätzt, weil nicht klar war, bei wem letztlich die Bewilligungskompetenzen lagen. Als sie begreifen, dass die Gemeinde, aber auch der Kanton bezüglich der nuklearen Fragen überhaupt nicht mitbestimmen dürfen, fühlen sie sich hilflos und resignieren.

Gleichzeitig wächst aber der Widerstand in der Region.

Im Oktober wenden sich zum Beispiel die Regierungen von Basel-Stadt und Baselland direkt mit einem Brief an den Bundesrat, in dem sie kritisieren, dass möglicherweise »durch die gewaltige zusätzliche Wärmeproduktion aller bekannten Kernkraftwerkprojekte«, die heute noch normalen klimatischen Zustände im Hochrheintal »grundlegend verschlechtert würden«.[10]

Im Dezember 1973 gründen dann einige JungsozialistInnen zusammen mit PazifistInnen und Umweltbewegten die »Gewaltfreie Aktion Kaiseraugst« und führen zwischen Weihnachten und Neujahr auf dem Baugelände eine erste »symbolische Besetzung« durch.

Im Februar 1974 lehnen zudem die StimmbürgerInnen Basels eine Beteiligung des Stadtkantons am AKW Gösgen ab. Und am 29. September 1974 nehmen trotz schlechten Wetters über sechstausend Menschen an einer ersten Anti-AKW-Kundgebung auf dem Baugelände des geplanten Kraftwerkes teil.

Ferner reichen die beiden Basler Halbkantone Standesinitiativen ein, in denen sie unter anderem die Mitsprache bei Atomprojekten verlangen. Und Anfang 1975 wird – ebenfalls in beiden Halbkantonen – eine Initiative eingereicht, die von den jeweiligen Regierungen verlangt, dass sie sich mit allen rechtlichen und politischen Mitteln gegen den Bau von Atomkraftwerken und anderen Nuklearanlagen auf Kantonsgebiet und in angrenzenden Regionen einzusetzen haben.*

*Die Initiative wird sowohl in Basel-Stadt wie in Baselland 1979 respektive 1980 angenommen.

Doch das alles beeindruckt die inzwischen gegründete Kernkraftwerk Kaiseraugst AG (KWK) wenig. Sie will ihr neues AKW bis spätestens 1979 am Netz haben. Geplant ist – wie in Leibstadt – ein Siedewasserreaktor mit einer Leistung von 925 Megawatt und zwei Kühltürmen. Damals spricht man davon, dass die Anlage etwa 1,3 Milliarden Franken kosten werde.[11] Die Projektleitung ist bei der Motor Columbus angesiedelt. Da das AKW wie Gösgen und Leibstadt als Partnerwerk konzipiert ist, sind die Aktien weit gestreut: Die Aare-Tessin AG für Elektrizität (Atel) und die Nordostschweizerische Kraftwerke AG (NOK) besitzen je 12,5 Prozent, die Alusuisse 10 Prozent; die Badenwerke, die Electricité de France (EdF) und die Rheinisch-Westfälische Elektrizitätswerke AG (REW) je 7,5 Prozent, die Bernische Kraftwerke AG (BKW), die Elektrizitätsgesellschaft Laufenburg AG (EGL), die S.A. l'Energie de l'Ouest-Suisse (EOS), die Motor Columbus (MC), die Centralschweizerischen Kraftwerke (CKW) sowie die Elektrowatt AG (EW) je 6,25 und die Aargauischen Elektrizitätswerke (AEW) noch 5 Prozent.[12]

Am 24. März 1975 beginnt die KWK AG ohne Ankündigung mit dem Aushub, obwohl sie für den nuklearen Teil der Anlage noch nicht einmal eine Baubewilligung besitzt (vgl. Kapitel 9).

Motiviert durch den Widerstand im deutschen Whyl*, will die Gewaltfreie Aktion Kaiseraugst (GAK) etwas gegen das eigenmächtige Vorgehen der KWK unternehmen. Die Kaiseraugst-GegnerInnen beschließen am Osterwochenende nach einer Kundgebung in Whyl, das Baugelände zu besetzen. Etwa dreihundert Personen finden sich am Osterdienstagmorgen auf dem Bauplatz ein.

* Whyl ist ein 3000-Seelen-Dorf in der Oberrheinebene, dreißig Kilometer nordwestlich von Freiburg, am Fuß des Kaiserstuhls. Winzer, Studentinnen, Bauern und Bürgerinnen haben sich dort erfolgreich gegen zwei geplante Reaktoren in der Größe von Leibstadt gewehrt. Es war eine der ersten großen Anti-AKW-Aktionen Deutschlands.

Die Besetzung

Schon am ersten Tag verlassen viele der BesetzerInnen das Baugelände wieder, weil sie zur Schule oder zur Arbeit müssen; nur wenige bleiben permanent anwesend.

Relativ rasch etabliert sich die Vollversammlung als »oberstes Organ der Aktion«, wie André Froideveaux, einer der Vordenker der Bewegung, in seiner »Kaiseraugst-Bilanz« schreibt.[13] An der Vollversammlung wird jeweils stundenlang diskutiert und letztlich – was für die Schweizer Politlandschaft neu ist – basisdemokratisch entschieden, wie es weitergehen soll.[14]

Am fünften Tag der Besetzung beschließt die Vollversammlung, gegen den Widerstand eines Teils der GAK, dass die Aktion weitergeführt wird. Es kommt zu ersten Spannungen. NWA-Mitglieder und SP-Parlamentarier wollen einige BesetzerInnen überzeugen, sich auf dem Platz dafür einzusetzen, dass die Besetzung möglichst schnell abgebrochen wird.[15]

Es kommt zu heftigen ideologischen Auseinandersetzungen zwischen den »Harten« und den »Weichen«. Die »Harten« sehen den Widerstand gegen Kaiseraugst als Teil eines revolutionären Kampfes gegen das gesamte kapitalistische System und wollen die Besetzung so lange wie möglich aufrecht erhalten. Für sie gehören die NWA, aber auch Teile der GAK, zu den »Weichen«, den »bürgerlich-kleinbürgerlichen Kreisen«, die legalistisch agieren und eine »versöhnlerische Politik« betreiben würden.[16]

Auf jeden Fall solidarisiert sich ein Großteil der Bevölkerung – die vermutlich von den internen Reibereien kaum etwas mitbekommen hat – mit den BesetzerInnen. Am Sonntag, 6. April, pilgern bei regnerischem, kaltem Wetter 16000 Personen aufs Baugelände. Diese Kundgebung bildet sozusagen den Auftakt einer großen, grenzüberschreitenden Volksbewegung; vom südbadischen Raum über Lausanne, Zürich bis an den Bodensee entstehen um die vierzig Bürgerinitiativen, die sich gegen den Bau von Kaiseraugst engagieren.

Die Kantonsparlamente von Basel-Stadt und -land verabschieden zudem eine Resolution, in der sie verlangen, dass ein Baustopp verhängt wird, bis »alle offenen Fragen geklärt sind«.[17] Davon wollen jedoch weder der Bundesrat noch die Regierungen der anderen Nord- und Ostschweizer Kantone etwas wissen. Nach einer gemeinsamen Sitzung verlangen sie am 18. April die bedingungslose Räumung. Doch unterschätzen die Behörden die Stimmung im Land: Nur eine Woche später versammeln sich auf dem Bundesplatz in Bern 18 000 Personen zu einer nationalen Anti-AKW-Kundgebung. Gleichzeitig bieten die BesetzerInnen in Kaiseraugst einen »Waffenstillstand« an, sofern der Bund bereit sei zu verhandeln. Der Bundesrat geht darauf nicht ein und beharrt auf der bedingungslosen Räumung. Am 2. Mai marschiert auf dem Baugelände erstmals Polizei auf.

Langsam wird es heikel. Denn die GAK-Vertreter haben begonnen, im Geheimen bei den Behörden zu sondieren. Konkret soll Helmut Hubacher, SPS-Präsident und Basler Nationalrat, mit einer Delegation »Genosse Ritschard« aufsuchen und mit ihm verhandeln. Die »harten« BesetzerInnen fühlen sich hintergangen und sehen sich in der Delegation nicht repräsentiert. Letztlich kommt beim Gespräch mit Ritschard auch gar nicht viel heraus, weil der Bundesrat wild entschlossen ist, den Bauplatz zu räumen.

Die GAK schlägt noch vor, man solle dem Bundesrat mitteilen, die BesetzerInnen würden freiwillig abziehen – damit ließe sich, so hoffen die GAK-Leute, ein Baustopp erwirken. An der Vollversammlung vom 8. Mai wird heftig über diesen Vorschlag diskutiert, doch kann man sich nicht einigen. Glücklicherweise gibt die Motor Columbus am nächsten Tag bekannt, die Bauarbeiten würden bis Mitte Juni sistiert.

Die Vollversammlung beschließt danach, man werde das Gelände am Pfingstmontag freiwillig räumen. Doch schon eine Woche später widerrufen die »Harten« den Entscheid und verlangen, es müssten zuerst einige Bedingungen erfüllt werden: Die zuständigen Behörden sollten schriftlich Verhandlungen zusichern, es dürfe kein Zaun um den Bauplatz gezogen werden und das Besetzerdorf müsse nach der Räumung stehen bleiben.[18]

Empört über diese Forderungen verlangen bürgerliche Politiker die sofortige polizeiliche Räumung des Geländes. Ritschard hat bereits andere Kantone gebeten, Polizeikräfte für die Zwangsräumung zur Verfügung zu halten, als es unerwartet doch noch zu einer Einigung kommt und der Bund Verhandlungen sowie einen Baustopp anbietet. Zudem garantiert die Motor Columbus, sie werde vorläufig keinen Zaun bauen.

Aufgrund dieser Vereinbarung beginnen die BesetzerInnen am 12. Juni 1975 das Baugelände zu räumen.

Der Zwist zwischen den »Weichen« und den »Harten« hält jedoch an. Die »Harten« wehren sich vor allem gegen die Strategie, über institutionalisierte, parlamentarische Kanäle Einfluss zu gewinnen – eine Strategie, die keine basisdemokratischen Prozesse und Entscheide zulasse und letztlich nur dem kapitalistischen System diene.[19] Folgerichtig kommt es im Sommer 1975 innerhalb der GAK, in der bislang »Weiche« und »Harte« zusammengearbeitet haben, zum Zerwürfnis. Alle POCH-Mitglieder werden aus der GAK ausgeschlossen, andere treten freiwillig aus. Als Reaktion darauf wird die »Gewaltfreie Aktion gegen das A-Werk Kaiseraugst« (GAGAK) gegründet, welche die Vollversammlungskultur weiter aufrecht erhalten möchte.

Die Auseinandersetzungen mögen auch illustrieren, wie unglaublich breit das politische Spektrum in der Kaiseraugst-Bewegung gewesen ist. Und so stark die politischen Kulturen der einzelnen Organisationen differierten, letztlich haben doch alle stets für dasselbe, gemeinsame Ziel gekämpft und sich deshalb auch nach der Spaltung jeweils gegenseitig abgesprochen.

Verhärtete Fronten

Retrospektiv betrachtet hat die Besetzung auf jeden Fall sehr viel ausgelöst. Man beginnt in der ganzen Schweiz über die Atompolitik zu diskutieren, und eine breite Anti-AKW-Bewegung formiert sich. Die erste Atom-Initiative, die ein größeres Mitspracherecht von Parlament und Kantonen bei geplanten Atomanlagen verlangt (vgl. Kapitel 9), ist ebenfalls ein Produkt der Besetzung.

Zudem bringen die »Expertengespräche zur Frage der Atomkraftwerke in der Region Basel«, die im Herbst 1975 zusammen mit dem Bund durchgeführt werden, erstmals eine fundierte Auslegeordnung zum Thema Atomkraft[20]: Man spricht über die Mängel der Atomgesetzgebung, über Strahlenschutz, über die Kühlturmproblematik, über das Entsorgungsproblem sowie über konkrete sicherheitstechnische Fragen.

Die Verhandlungen, die nach den Expertengesprächen zwischen dem Bund und Vertretern der NWA und GAK stattfinden, bringen dann allerdings nicht viel Neues. Die Fronten sind verhärtet.

Zu jenem Zeitpunkt ist klar, dass die Motor Columbus die Bauarbeiten jederzeit wieder aufnehmen kann. Die GAGAK plant deshalb Mitte November 1975 eine symbolische, zweitägige Wiederbesetzung. Die Medien beginnen aber dagegen zu hetzen, und die GAGAK sieht sich gezwungen, die Aktion abzublasen. Langsam zerbröckelt die Aktivistengruppe, es finden auch keine Vollversammlungen mehr statt.

Die Motor Columbus baut auf dem Gelände noch einen luxuriösen Informationspavillon, fährt aber mit dem Aushub nicht fort.

Am 19. Februar 1979 kommt dann die Atom-Initiative an die Urne und wird ganz knapp verworfen. Am selben Tag sprengt die Gruppe »Do it yourself« den Informationspavillon auf dem Kaiseraugst-Gelände.

Immer wieder machen die Saboteure mit ihren Aktionen von sich reden. Sie zünden Autos der Atomlobbyisten an, brennen das Ferienhäuschen des damaligen Nagra-Chefs Rudolf Rometsch nieder oder sprengen Elektrizitätsmasten (vgl. Die Aktionen der Saboteure, S. 144).

Nach eigenem Bekunden geben sich die Saboteure stets Mühe, dass durch ihre Anschläge niemand verletzt wird.[21] Das hat auch meistens geklappt. Nur einmal werden Unbeteiligte gefährdet: Als sie Anfang 1983 bei Pratteln einen Mast sprengen, stürzt noch ein zweiter, kleinerer Mast um, die Kabel reißen und beschädigen die Dächer einiger Häuser.[22]

Innerhalb der AKW-Bewegung sind die Ansichten über Nutzen oder Schaden, welchen die illegalen Aktionen anrichten, stets weit auseinander gegangen. Dennoch hat man die Saboteure immer als Teil der Bewegung betrachtet – als erwünschten oder unerwünschten.

Der Staat hat im Übrigen nie groß unterschieden zwischen dem legitimen Widerstand und den Sabotageaktionen: Während Jahren wurden alle prominenteren AKW-GegnerInnen und ihre Organisationen systematisch überwacht und umfangreiche Fichen über sie angelegt.

Das Ende von Kaiseraugst

Die Stromlobby hat in den Siebzigerjahren stets behauptet, die Schweizer Wirtschaft werde einbrechen, wenn man nicht sofort mit dem Bau weiterer Atomkraftwerke beginne (vgl. Kapitel 16). Die Energieunternehmen planten neben Kaiseraugst noch in Graben zwei Reaktoren à 1140 Megawatt, zudem wollten sie je einen weiteren Reaktor in Inwil bei Luzern, in Rüthi im St. Galler Rheintal sowie einen in Verbois bei Genf (alle mit 1000 Megawatt) bauen – womit die Schweiz über elf Atomkraftwerke verfügt hätte (vgl. Der geplante Nuklearpark, S. 132).[23]

Die Aktionen der Saboteure

6. August 77: Die »Entkommenen von Malville« verüben einen Brandanschlag auf die Empfangshalle der Sulzer AG in Winterthur.

19. August 77: Gefälschte Aushangplakate des »Tages-Anzeigers« melden: »AKW-Unfall bei Lyon – 150 Tote.«

12. Dezember 77: Zwischen Dulliken und Olten werden die Fahrleitungen der SBB kurzgeschlossen. Ein Communiqué macht auf die bevorstehende Anlieferung der Brennstäbe für das AKW Gösgen aufmerksam.

22. Dezember 77: Zweiter Kurzschluss der SBB-Fahrleitung in der Nähe von Olten.

23. Februar 78: Die Basler AKW-GegnerInnen blockieren an der Grenze einen Brennstofftransport aus Hanau (BRD) für das AKW Gösgen.

2. Juli 78: »Do it yourself« zerstört den für das AKW Leibstadt bestimmten Transformer der Séchéron in Genf.

20. Juli 78: Das Modell des AKW Gösgen im Besucherpavillon innerhalb der Sicherheitszone wird durch Brandstiftung zerstört.

19. Februar 79: »Do it yourself« sprengt den Informationspavillon des AKW Kaiseraugst in die Luft, nachdem am gleichen Wochenende die Initiative »Wahrung der Volksrechte und der Sicherheit beim Bau und Betrieb von Atomanlagen« abgelehnt worden ist.

26. Februar 79: Drei Sprengkörper zerstören ein Materiallager innerhalb der Umzäunung des in Bau befindlichen AKW Leibstadt.

19. Mai 79: Der Chevrolet Camaro von Atompapst Michael Kohn brennt in der Garage seines Wohnsitzes aus. Am gleichen Wochenende findet die Abstimmung über das revidierte Atomgesetz statt; die Vorlage wird angenommen.

21. Mai 79: Brandsätze zerstören und beschädigen die Autos von acht weiteren Vertretern der Atomlobby in der Deutschschweiz und im Tessin.

10. Juni 79: Auch in der Westschweiz brennen die Autos zweier Vertreter der Atomlobby.

12. Oktober 79: Die Anti-AKW-Bewegung blockiert den Transport des neuen Séchéron-Transformers für das AKW Leibstadt.

4. November 79: Sprengung des Meteomastes beim AKW Gösgen. Der Mast stürzt in die Transformatorenanlage, und das AKW muss abgeschaltet werden. Die Telefonleitung, über welche die Bevölkerung hätte alarmiert werden sollen, fällt aus.

12. November 79: Der Meteomast des geplanten AKW Graben (BE) fällt um. Die Halteseile sind durchgesägt worden. Sprengung eines Hochspannungsmastes der NOK an der liechtensteinischen Grenze bei Fläsch.

24. Dezember 79: Sprengstoffanschlag auf die Trafo-Unterstation »Sarelli« der NOK bei Bad Ragaz. René Moser und Marco Camenisch werden später als Täter zu siebeneinhalb respektive zehn Jahren Gefängnis verurteilt.

2. November 81: Molotowcocktails gegen die NOK und Motor Columbus in Baden. Ein Brandanschlag auf das Ferienhaus des damaligen Nagra-Chefs Rudolf Rometsch in Grindelwald misslingt.

12. November 81: Der NOK-Mast bei Fläsch wird erneut gesprengt.

14. Dezember 81: Im Jura misslingt die Sprengung eines Mastes der Exportleitung Gösgen–Fessenheim.

24. Februar 82: Ein Mast der Exportleitung Mühleberg–Malville wird in der Nähe von Mühleberg gesprengt.

9. August 82: Ein Mast der Exportleitung der Atel wird im Tessin in der Nähe von Quartino gesprengt.

30. Januar 83: Vor dem Ständeratsentscheid zu Kaiseraugst werden zwei Masten der Exportleitung Fessenheim–Kaiseraugst bei Rheinfelden (AG) und Pratteln (BL) angegriffen. Die Sprengung des ersten Mastes misslingt, bei der Sprengung des Mastes in Pratteln stürzt ein kleinerer Mast um, die Kabel zerreißen und beschädigen die Dächer einiger Häuser.

1. Februar 83: Den 25 Ständeräten des atomfreundlichen Schweizerischen Energieforums wird je eine Sprengstoff-Kerze ins Bundeshaus geschickt. Das Bundeshaus wird wegen Bombenalarms geräumt.

30. März 83: Eine Hochspannungsleitung des AKW Gösgen wird kurzgeschlossen.

24. September 83: Sprengstoffanschlag auf den Richtstrahlmast der Schweizer Elektrizitätswerke in Wölflinswil (AG). Die AKW-Saboteure schlagen ein Stillhalteabkommen »kein AKW – kein Attentat« vor.

12. August 84: Das Ferienhaus des damaligen Nagra-Chefs Rudolf Rometsch in Grindelwald brennt nieder. Die Saboteure dokumentieren den Anschlag in dem als Computerspiel aufgemachten Video »Atomic-Rometsch«.

31. August 84: Mit einem schriftlichen Interview verabschieden sich die AKW-Saboteure: »Es ist an der ›No-Future‹-Generation, ihre Zukunft in die Hand zu nehmen.«

Quelle: WoZ, 6.1.95

Auf Grund des wachsenden öffentlichen Widerstandes gegen neue Atomanlagen sieht sich jedoch der Bund Ende der Siebzigerjahre genötigt, die völlig unzureichende Atomgesetzgebung einer ersten Revision zu unterziehen. Das Parlament treibt die Revision im Schnellzugstempo voran und verabschiedet den Bundesbeschluss zum Atomgesetz bereits im Herbst 1978. Die Vorlage ist speziell auf Kaiseraugst zugeschnitten und trägt den informellen Titel »Lex Kaiseraugst«.

Der Bundesbeschluss schreibt unter anderem vor, dass die eidgenössischen Räte neue Atomkraftwerke nur bewilligen dürfen, wenn sie für die Energieversorgung in der Schweiz nötig sind (vgl. Kapitel 9).[24] Es dürfen also keine Atomanlagen auf Vorrat gebaut werden.

In der Folge entwickelt sich eine heftige Auseinandersetzung zur Frage, ob es »Kaiseraugst« braucht oder nicht. Der Verband Schweizerischer Elektrizitätswerke (VSE) zeichnet düsterste Zukunftsprognosen und behauptet, es würden in wenigen Jahren gravierende Versorgungslücken drohen, wenn »Kaiseraugst« nicht gebaut werde. Die Umweltorganisationen halten jedoch dagegen, die Rechnung des VSE gehe nicht auf, weil die Schweiz bereits über zu viel und zu teuren Atomstrom verfügt.[25] Der Bundesrat hält sich aber an die Prognosen des VSE und entscheidet am 28. Oktober 1981, der Bedarf für das AKW Kaiseraugst sei gegeben.[26]

Am darauf folgenden Wochenende demonstrieren 20000 Personen in Kaiseraugst.

Außerdem gelangt in jenen Tagen ein Papier der Bernischen Kraftwerke AG (BKW), die mit 5 Prozent an Kaiseraugst beteiligt ist, an die Öffentlichkeit. Die BKW-Leitung konstatiert in dem Dokument, der Standort von Kaiseraugst sei umstritten, das Projekt technisch veraltet und politisch kaum zumutbar, weshalb »die Geschäftsleitung beantragt, auf die Realisierung des KKW zu verzichten«.[27]

Doch selbst diese Kritik ändert nicht viel an der politischen Pattsituation – es bleibt bei einem unermüdlichen Seilziehen zwischen BefürworterInnen und GegnerInnen.

Bis sich 1986 in Tschernobyl der Super-GAU ereignet und die öffentliche Stimmung definitiv umschlägt.

Die Energiewirtschaft will es aber nicht glauben. Der VSE droht in der Prognose, die er 1987 publiziert, erneut mit einer bevorstehenden, gravierenden Versorgungslücke – selbst wenn »Kaiseraugst« gebaut werde. »Die Inbetriebnahme des Kernkraftwerks Kaiseraugst, die auf Oktober 1997 angesetzt ist, vermag diese Lücke nur vorübergehend und knapp zu schließen«, schreibt der Verband und orakelt: Spätestens im Jahr 2004/5 sei mit »einem nicht gedeckten Strombedarf von 1000 Megawatt« zu rechnen.[28]

Inzwischen glauben jedoch nicht einmal mehr die bürgerlichen Politiker an die VSE-Szenarien. Im März 1988 gibt der Zürcher SVP-Nationalrat Christoph Blocher an einer kurzfristig einberufenen Pressekonferenz bekannt: Er habe zusammen mit einem »kleinen Kreis von Eingeweihten« eine Kaiseraugst-Verzichts-Motion ausgearbeitet, die mit der Elektrizitätswirtschaft abgesprochen sei. Die Zeitungen titeln »KKW Kaiseraugst tot«.[29]

Die Motive der Verzichtsaktion haben mit Geld zu tun. Laut ihren eigenen Angaben hat nämlich die KWK AG bereits 1,33 Milliarden Franken investiert – und will, dass der Staat diese Vorinvestitionen übernimmt, wenn sie schon nicht bauen darf. Wofür das Geld verwendet worden ist, hat die KWK im Detail jedoch nie dargelegt.

Juristisch war es stets umstritten, ob der Bund überhaupt auf die Entschädigungsforderung eingehen muss. Er tut es aber und zahlt 1989 der Kernkraftwerk Kaiseraugst AG 350 Millionen Franken (Details zur Entschädigungsfrage siehe Kapitel 9).

Graben und Inwil

Mit diesem Entscheid sind auch die anderen AKW-Projekte grundsätzlich vom Tisch.

Die Kernkraftwerk Graben AG, die unter Federführung der Bernischen Kraftwerke AG das AKW Graben bauen wollte, macht allerdings auch Entschädigungsforderungen geltend, weil der Bund diesem Projekt bereits eine Standortbewilligung erteilt hat.

Die KKW Graben AG hat nach ihren eigenen Angaben bis Ende der Achtzigerjahre 661 Millionen Franken in das Projekt investiert. Der Bund will ihr jedoch keine Entschädigung bezahlen, weil die AG gar »nicht mehr bauwillig« sei.[30] Die AG akzeptiert diesen Entscheid nicht, reicht beim Bundesgericht eine Klage ein und erhält Recht.[31] Im Sommer 1995 einigt sich der Bund mit der KKW Graben AG auf eine Zahlung von 225 Millionen Franken.[32]

In Inwil haben die Centralschweizerischen Kraftwerke (CKW) zwar schon Land für den Bau eines AKW erworben; ins Projekt selbst hat die CKW jedoch kein Geld investiert, womit die Entschädigungsfrage hinfällig wurde. Dasselbe gilt für Verbois und Rüthi.

Heute anerkennen selbst bürgerliche Kreise, dass die Schweizer Energieunternehmen nur dank den AKW-GegnerInnen nicht noch mehr Investitionsruinen gebaut haben: Kaiseraugst würde heute wie Leibstadt zu teuren Strom produzieren und ließe sich nicht amortisieren.

Evakuiertes Dorf in der Nähe von Tschernobyl

8
Das Ende der Schweiz

Katastrophenszenarien

»Die WARNUNG wird ausgelöst, wenn sich in einem Kernkraftwerk ein Unfall ereignet, aber noch keine unmittelbare Gefahr für die Umgebung besteht«, steht im »Konzept des Bundes für die Akutphase eines Kernkraftwerkunfalls in der Schweiz«.[1] Vier Stunden nach der Warnung sollen gemäß diesem Konzept die Leute bereits in ihren Kellern oder Schutzräumen sitzen.

Das Charakteristische der wirklich großen AKW-Unfälle scheint der Bund in seiner Notfallschutzplanung allerdings zu ignorieren: In einem Atomkraftwerk müssen die Zuständigen erst begreifen, dass das Unmögliche sie eingeholt hat. Bei allen derartigen Unfällen, die sich bis heute ereignet haben, waren die zuständigen Behörden noch nicht informiert, als schon längst »unmittelbare Gefahr für die Umgebung« bestand. In Biblis dauerte es Stunden, in Three Mile Island und Tschernobyl gar Tage, bis man sich eingestand, dass es um mehr ging als um eine »Betriebsstörung«:

- In Block A von Biblis bei Frankfurt am Main fahren die Operateure am 16. Dezember 1987 den Druckwasserreaktor wieder an. Versehentlich bleibt ein Hauptventil offen. Im Kommandoraum zeigt eine rote Lampe den Fehler an, doch die Bedienungsmannschaft glaubt, mit der Lampe sei etwas nicht in Ordnung. 15 Stunden lang bleibt das Hauptventil offen. Zwei Sicherheitsventile halten den Druck im Reaktor aufrecht; hätte eines versagt, wäre es zur Kernschmelze gekommen. Dann beginnt noch ein anderes Ventil zu lecken. In der Nacht auf den 17. Dezember steigt die Temperatur im Reaktor gefährlich an. Erst jetzt bemerken die Operateure, dass das Hauptventil nicht geschlossen ist. Um 5.18

Uhr morgens ringen sie sich dazu durch, den Reaktor abzuschalten, ändern jedoch zehn Minuten später wieder ihre Meinung und versuchen mit einem heiklen Manöver den Reaktor weiterzubetreiben: Weil sie unbedingt einen Produktionsausfall verhindern möchten. Das Manöver geht schief, es beginnt Kühlwasser auszulaufen – endlich stellen sie den Reaktor ab. Dieser Unfallablauf hätte sich gemäß der »Deutschen Risikostudie Kernkraftwerke« einmal in 33 Millionen Jahren ereignen sollen. Doch der AKW-Betreiber, das Rheinisch-Westfälische Elektrizitätswerk (RWE), stuft den Zwischenfall als harmloses Ereignis ein – die hessischen Behörden erfahren erst fünf Tage später davon und versuchen ihn danach geheim zu halten. Ein Vertreter der US-amerikanischen Atomkontrollbehörde NRC lässt später verlauten, der Biblis-Vorfall wäre in den Vereinigten Staaten ein Ereignis »höchster Priorität« gewesen.[2]

- In der Nacht vom 25. auf den 26. April 1986 will man im Block vier des ukrainischen Atomkraftwerkes Tschernobyl einen Versuch durchführen. Eine Kette ungünstiger Umstände führt dazu, dass der Reaktor droht instabil zu werden. Ein Computer warnt, verlangt eine Schnellabschaltung. Die Operateure ignorieren es. Sie machen weiter, weil sie das Experiment nicht gefährden möchten, und schalten ein weiteres Notkühlsystem ab. Der Reaktor beginnt durchzugehen. Erst jetzt zeigt sich ein Fehler in der Konstruktion, den man zuvor nie bemerkt hat: Während der Notabschaltung schnellt die Leistung in die Höhe, statt zu sinken. Der Kern beginnt zu schmelzen, der Grafitkern des Reaktors explodiert. Die Geräte spielen verrückt. Der Chefingenieur steht daneben und wiederholt stereotyp: »Wir haben alles richtig gemacht ... Das kann nicht sein ... wir haben alles richtig gemacht.« Er schickt zwei junge Operateure in den Zentralsaal, um nachzusehen, was los ist. Sie finden einen brennenden Krater und über ihnen den Sternenhimmel – um die gigantische Strahlung, die ihnen ent-

gegenschlägt, kümmern sie sich nicht. Die beiden kehren in den Kommandoraum zurück und berichten, es sei alles zerstört, der Reaktor brenne. Der Chefingenieur weigert sich, ihnen zu glauben. Er befiehlt, der Kern müsse gekühlt werden: Siebzehn Stunden lang pumpen sie Wasser in den längst nicht mehr existierenden Reaktor.
Die AKW-Experten, die am kommenden Morgen aus Moskau eingeflogen werden, glauben, was man ihnen sagt: Es gebe Schwierigkeiten, aber der Strahlenpegel sei normal. Ein hohes Kader des Zentralkomitees berichtet später: Sie hätten einfach geglaubt, da brenne etwas im Reaktor – aber dass es der Reaktor selbst sein könnte, »ist uns gar nicht in den Sinn gekommen«. Sie treten wütend gegen irgendwelche Brocken, die vor dem AKW herumliegen, weil sie nicht verstehen können, was geschehen war. Die Brocken waren hochradioaktive Bruchstücke von Brennelementen, die durch die Explosion aus dem Reaktor geschleudert worden sind. All die einflussreichen Kader und AKW-Experten, die in den ersten Tagen nach Tschernobyl gekommen sind, bewegen sich völlig ungeschützt – einfach weil sie nicht begriffen oder nicht begreifen wollten, was passiert war. Dass man der Bevölkerung kundtat, alles sei ungefährlich und unter Kontrolle, geschah erst später, als man das wahre Ausmaß der Katastrophe bereits erfasst hatte.[3]

- In Block II von Three Mile Island (Harrisburg, USA) führen am 28. März 1979 ein verklemmtes Ventil, verschiedene menschliche Fehlleistungen und eine Kette unglücklicher Umstände dazu, dass das Wasser im Druckbehälter zu Dampf umschlägt, wodurch Teile des Kerns freigelegt werden (Unfallhergang vgl. Seite 52). Die Temperatur im Reaktorinnern schnellt in die Höhe, Brennstäbe bersten – aber die Operateure erkennen zu jenem Zeitpunkt nicht, dass Block II zu schmelzen beginnt. Große Mengen radioaktiver Gase entweichen. Doch unter den Zuständigen herrscht absolute

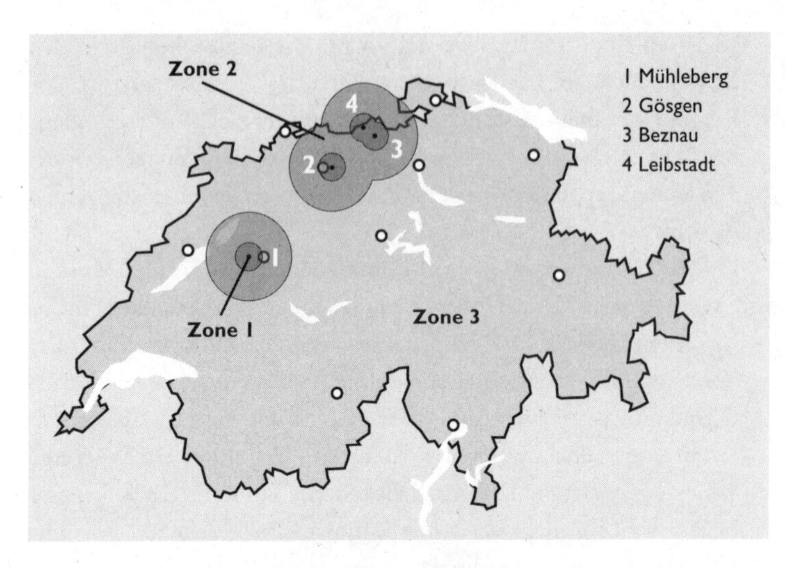

Gefahrenzonen

In der Notfallschutzplanung hat der Bund die Schweiz in drei Gefahrenzonen eingeteilt:
• Zone 1, die einen Umkreis von drei bis fünf Kilometern um das jeweilige AKW umfasst; in allen Zonen 1 leben insgesamt 50 000 Menschen. Falls ein AKW außer Kontrolle gerät, soll die betroffene Zone 1 immer alarmiert werden.
• Zone 2 betrifft das Gebiet in einem Umkreis von 20 Kilometern; in den Zonen 2 leben ungefähr eine Million Menschen. Diese Zone ist in drei Gefahrensektoren unterteilt (vgl. untere Abbildung), da je nach Wetterlage jeweils nur die Bevölkerung in jenem Sektor alarmiert werden soll, der in der Windrichtung liegt.
• Zone 3 umfasst die gesamte restliche Schweiz. Zu dieser Zone schreibt der Bund im Notfallschutzkonzept: »Massnahmen zum Schutze der Bevölkerung während des Durchzugs der radioaktiven Wolke sind aller Voraussicht nach nicht notwendig.«
Die Sicherheitsbehörden gaben indes stets zu, dass es bei einer großen Freisetzung auch in einer Entfernung von bis zu 15 Kilometern zu akuten Todesfällen kommen könne und dass noch in einer Entfernung von 80 Kilometern akute Strahlenschäden – mit Übelkeit, Erbrechen, Durchfall – möglich seien.

Quelle Grafiken: Hauptabteilung für die Sicherheit von Kernanlagen: Notfallschutzplanung für die Umgebung von Kernkraftwerken – Konzept des Bundes für die Akutphase eines Kernkraftwerkunfalls, Würenlingen 1991

Verwirrung. Die Kraftwerkleitung spielt den Unfall herunter. In offiziellen Erklärungen heißt es, Block II habe nur geringe Mengen Radioaktivität freigesetzt. Zwei Tage nach dem Ereignis gesteht Joseph Hendrie, der damalige Präsident der US-Atomkontrollkommission NRC: »Wir [Hendrie und der Gouverneur von Pennsylvania, die Autorin] tappen fast völlig im dunkeln. Sein Informationsstand ist nicht-existent, und meiner ist unzureichend. Es ist so, als ob ein paar blinde Männer herumstolpern und Entscheidungen treffen.« Es dauert zwei Tage, bis man die Kinder und schwangeren Frauen aus dem engsten Umkreis des AKW evakuiert.[4]

Vertikale Evakuation

Das ununterbrochene, an- und abschwellende Heulen der Sirenen bedeutet in der Schweiz »Allgemeiner Alarm« – was ankündigen kann, dass sich ein Reaktorunfall ereignet hat. Nach einer Minute endet das Geheul. Danach muss man Radio DRS1 einschalten. Geht es wirklich um einen Nuklearunfall, wird der Sprecher sagen: »Die Überwachungszentrale des Alarmausschusses teilt mit: Um xx Uhr hat sich im Kernkraftwerk AB ein Zwischenfall ereignet. Bis jetzt sind noch keine erhöhten Mengen radioaktiver Stoffe an die Umgebung abgegeben worden. Da aber eine erhöhte Abgabe radioaktiver Stoffe an die Umgebung nicht ausgeschlossen werden kann, ist eine Alarmierung der Bevölkerung durch einen einminütigen Sirenenheulton in den möglicherweise betroffenen Gebieten im Gange. Wenn Sie den Heulton hören, suchen Sie Ihr oder das nächste Haus auf beziehungsweise bleiben Sie in den Häusern. Schließen Sie Fenster und Türen. Beachten Sie das Merkblatt. Die Ordnungsorgane treffen Verkehrsumleitungen. Bitte beachten Sie diese. Diese Durchsage wird in zehn Minuten wiederholt.«[5]

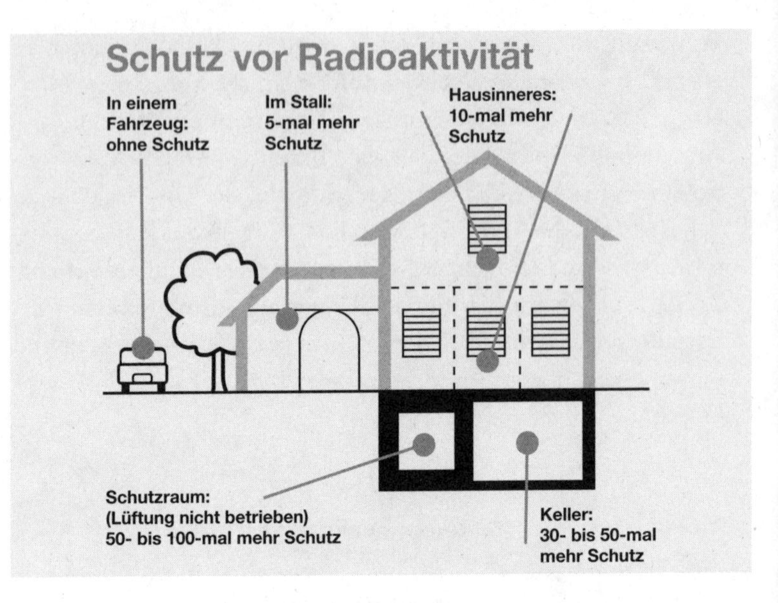

Die fünfte Barriere

Anhand der obigen Grafik erklärt der Kanton Aargau in der Broschüre »Die 5. Barriere – Information für die Bevölkerung in den Zonen 1 und 2 der KKW über Schutzmaßnahmen bei Gefährdung durch Radioaktivität«, wie man sich im Ernstfall vor Strahlung schützen könne: indem man sich für zwei Tage im Luftschutzraum verkriecht.
Die ersten vier Barrieren sind gemäss dieser Broschüre: 1. Umhüllung der Brennstoffstäbe, 2. Reaktordruckgefäß, 3. Sicherheitsbehälter (Containment), 4. Reaktorgebäude. Ein gleichzeitiger Ausfall dieser Sicherheitsbarrieren sei zwar höchst unwahrscheinlich, schreiben die Verfasser der Broschüre: »Sollte dies trotzdem zutreffen, haben die Behörden eine fünfte Barriere in Form von wirksamen Schutzmassnahmen vorgesehen.« Dazu gehört der Ratschlag, dass man die Ventilation im Schutzraum nicht einschalten dürfe, weil die keine Radionuklide zurückhalten kann. Das Bildchen enthält allerdings einen kleinen logischen Fehler: Wenn im Freien der Schutz gleich 0 ist, nützt es wenig, wenn er im Schutzraum 100-mal höher sein soll – denn 0 mal 100 ergibt immer noch 0. Der Kanton Aargau verteilte die Broschüre 1990 an die BewohnerInnen der Zonen I und II; fast identische Broschüren haben auch die Kantone Bern, Solothurn und Baselland herausgegeben.

Quelle: http://www.hsk.psi.ch/Info

Die AKW-Kantone Aargau, Solothurn und Bern haben für die AnwohnerInnen der Anlagen eine Broschüre »über Schutzmassnahmen bei der Gefährdung durch Radioaktivität« herausgegeben.[6] Die Broschüre richtet sich allerdings nur an Personen, die in »Zone 1« oder »Zone 2« leben. Zone 1 betrifft das Gebiet in einem Umkreis von drei bis fünf Kilometern um das AKW; Zone 2 umfasst den Bereich in einem Radius von zwanzig Kilometern. Diese Zone ist »in sechs je nach Windrichtung möglicherweise gefährdete Sektoren eingeteilt« (vgl. Abb.); die Nationale Alarmzentrale (NAZ) legt im Ernstfall die gefährdeten Sektoren fest.

In der Broschüre wird den Leuten dargelegt, wie sie sich im »Ereignisfall« zu verhalten haben. Die Ereignisse sind abgestuft. Die letzte Stufe: »Ein Entweichen radioaktiver Stoffe steht unmittelbar bevor.« Die Sirene heult während zweier Minuten, doch mit Unterbrüchen, was Strahlenalarm bedeutet. Den Leuten wird geraten: »Ruhe bewahren, Nachbarn informieren, DRS1 hören und Weisungen der Behörden befolgen.«

Es folgt eine Liste von Verhaltensregeln: »Türen, Fenster und Fensterläden schließen, [...] Klimaanlage ausschalten; Apparate und Herdplatten ausschalten, offene Feuer löschen, Gas- und Wasserhahnen schließen; nächstgelegenen Schutzraum oder Keller aufsuchen, zur Belüftung nur Türe ins Hausinnere offenlassen; Transistorradio und Ersatzbatterien mitnehmen [...]; Katzen und Hunde im Haus behalten; Landwirtschaft: Vieh in Ställe treiben, rechtzeitig eingebrachtes Frischfutter verwenden, danach auf Vorräte umstellen [...].«

Die Liste endet mit der Bemerkung: »Der Aufenthalt im Keller oder Schutzraum kann max. 1–2 Tage dauern.« Danach folgt »Entwarnung (Was ist zu tun?): Schutzräume und Keller verlassen, zur Alltagsarbeit zurückkehren, Anweisungen der Behörden beachten.«

Die Schweiz setzt auf die »vertikale Evakuation« – runter in den Keller oder Schutzraum. Die Behörden versichern: »Die radioaktive

Akute Strahlenkrankheit und Langzeitschäden

Nach einem schweren Nuklearunfall können bei Personen, die in kurzer Zeit eine hohe Strahlendosis absorbiert haben, Symptome der akuten Strahlenkrankheit auftreten.

<table>
<tr><th>Zeit nach Bestrahlung</th><th>Gruppe I
6 Gy (600 rad) und mehr</th><th>Gruppe II
ca. 4 Gy
(400 rad)</th><th>Gruppe III
bis ca. 2 Gy
(200 rad)</th></tr>
<tr><td>erste
48 Std.</td><td>Schwindel und Erbrechen nach Min. oder wenigen Std., Krämpfe, Bewusstlosigkeit, Hirntod, bei milderem Verlauf Apathie, Durchfall, Fieber</td><td>Schwindel, Erbrechen am 1. Tag, evtl. am 2. Tag in leichterer Form</td><td>evtl. leichter Schwindel oder keine Krankheitszeichen</td></tr>
<tr><td rowspan="2">1. Woche</td><td>evtl. kurze Phase ohne Krankheitszeichen</td><td rowspan="2">keine Krankheitszeichen</td><td rowspan="3">keine Krankheitszeichen</td></tr>
<tr><td>Erbrechen, Durchfall, blutender Schleimhautzerfall in Rachen, Kehlkopf und Darm, hohes Fieber, Appetitlosigkeit, völliger Kräftezerfall</td></tr>
<tr><td>2. Woche</td><td>Todesrate 90 bis 100 %
Hauptkrankheitszeichen: schwere Magen-Darm-Störungen</td><td rowspan="2">Haarausfall, Appetitverlust, Durchfall (oft blutig), blutender Schleimhautzerfall in Mund und Rachen. Verlust der weißen Blutkörperchen, Fieber</td></tr>
<tr><td>3. Woche</td><td></td><td rowspan="2">teilw. Haarausfall Appetitverlust, Müdigkeit, Schluckbeschwerden, leichter Durchfall, Verminderung der Blutzellen, punktförmige Hautblutungen
Todesrate 0–5 %</td></tr>
<tr><td>4. Woche</td><td></td><td>Todesrate 50 %
Hauptkrankheitszeichen: schwere Blutvergiftung, Gewebezerfall, fehlende Abwehr</td></tr>
</table>

Neben den sofort auftretenden akuten Schäden darf man die Langzeitfolgen von niedrigeren Dosen nicht unterschätzen. Ist zum Beispiel eine Gruppe von Menschen nach einem Nuklearunfall Strahlendosen ausgesetzt, die unter einem halben Sievert liegen, sollten bei Erwachsenen keine akuten Reaktionen auftreten. Doch ist nachgewiesen, dass nach jeder Strahlenexposition Jahre später stochastische, das heißt zufallsbedingte Folgeschäden – wie Krebs oder Genmutationen – gehäuft auftreten (vgl. Kapitel 10).
Laut Schweizer Strahlenschutzverordnung dürfen nach einem Nuklearunfall Personen, welche mit der Eindämmung des Unfalls betraut sind, im ersten Jahr nicht mehr als 50 Millisievert (~50 Milligray, abhängig von der Strahlenart) absorbieren – in Ausnahmefällen, insbesondere um Menschen zu retten, höchstens 250 Millisievert.

Quelle: u. a. PSR-Schweiz: Atom-Ordner, Basel 1988

Strahlung wird reduziert, je mehr abschirmendes Material zwischen Strahlenquelle und Mensch oder Tier ist. Daher kann mit einem Aufenthalt im Gebäudeinnern, am besten im Keller oder Schutzraum, eine Gefährdung durch radioaktive Strahlung auf ein Miniumum beziehungsweise ganz reduziert werden.«[7] Alles dicht machen – und während den »ein bis maximal zwei Tagen« bangen Wartens die Ventilation im Schutzraum nicht einschalten, denn die kann keine Radionuklide herausfiltern.

Iodtabletten für die ganze Schweiz

Das Notfallschutzkonzept des Bundes basiert auf einem Modell, das davon ausgeht, dass zwar die radioaktiven Edelgase vollständig, vom restlichen Kerninventar jedoch nur ein Prozent entweichen. Das heißt konkret 3 mal 10^4 Tera Becquerel (Tbq) Iod, 10^3 Tbq Cäsium und 10^4 Tbq der restlichen radioaktiven Gase.[8] Ein Becquerel steht für einen Atomzerfall pro Sekunde. Ein Tera Becquerel entspricht 10^{12} Becquerel oder 27 Curie – die alte Maßeinheit. Das macht über eine Million Curie respektive 41 000 Billionen Zerfälle pro Sekunde (eine Billion hat zwölf Nullen). Wäre jeder Zerfall von einem leisen Klicken begleitet, wäre es ziemlich lärmig.

Bei »ungünstiger Wetterlage« litten fast alle, die sich in der Zone 1 aufhalten, so errechnete die HSK, an akuter Strahlenkrankheit, und nicht wenige stürben daran. Bei »günstiger Wetterlage« gäbe es markant weniger Strahlenkranke und Tote. Als »ungünstig« gilt »stabiles Wetter« mit wenig Wind, als »günstig« »unstabiles Wetter« mit mehr Wind.[9] Die Rechnung ist allerdings verwegen. Die Radionuklide verschwinden nicht einfach – sie gehen bei »günstiger Witterung« einfach in größerer Entfernung nieder, werden weiträumiger verteilt. Wie damals bei Tschernobyl.

Kurzfristig ist nach einem schweren Reaktorunfall vor allem das radioaktive Iod, das Iod-131, gefährlich. Die Schilddrüse benötigt Iod, um die lebensnotwendigen Schilddrüsenhormone zu produzieren. Nimmt der Körper Iod auf, geht es direkt in die Schilddrüse. Der Organismus behandelt radioaktives Iod jedoch wie gewöhnliches Iod. Füllt sich die Schilddrüse mit Iod-131, ist die Gefahr groß, dass sich im Gewebe binnen weniger Jahre Krebs entwickelt. Nach Tschernobyl sind denn auch in Weißrussland und in der Ukraine markant viele Schilddrüsenkrebsfälle aufgetreten – vor allem bei Kindern, die normalerweise selten bis nie ein derartiges Karzinom entwickeln.

Im Sommer 1992 setzte deshalb der Bund – als direkte Reaktion auf den Tschernobyl-Unfall – die »Iodtabletten-Verordnung« in Kraft: »Gestützt auf diese Verordnung haben Bund und Kantone für ein flächendeckendes Angebot an Iodtabletten zu sorgen.« 50000 BewohnerInnen der Zone 1 haben inzwischen eine Packung Iodtabletten zu Hause. In der Zone 2 – die eine Million Menschen umfasst – werden die Tabletten dezentral gelagert, aber »erst im Ereignisfall an die Bevölkerung abgegeben«. Außerhalb dieser beiden Gefahrenzonen bewahren die Kantone die Iodtabletten zentral auf. Die Iodversorgung hat bis anhin etwa acht Millionen Franken gekostet.[10]

Wirklichkeitsfremder Notfallschutz

Vergleicht man die Schweizer Schutzmaßnahmen mit der Realität von Tschernobyl, scheint einiges gut gemeint, aber wirklichkeitsfremd:

- Die Zonen: Um Tschernobyl musste man eine Sperrzone mit einem Radius von etwa dreißig Kilometern einrichten. Die Zone besteht heute noch, wird militärisch bewacht und darf nur mit einer speziellen Bewilligung und besonderen Autos befahren werden. Käme es in Beznau zu einem vergleichbaren Unfall und müsste man ebenfalls eine Dreißig-Kilometer-Zone einrichten, würde diese Zone in Zürich auf dem Escher-Wyss-Platz beginnen.

- Die Wolke: Der Fallout – der radioaktive Niederschlag – kann irgendwo niedergehen. Und er verteilt sich auch nicht gleichmäßig. Die Ukraine und Weißrussland sind topografisch flach, doch schon minimste Erhebungen reichten aus, um die Strahlung »abzufangen«. Im Dorf Naroditschi – das etwa achtzig Kilometer westlich von Tschernobyl auf einem winzigen Hügel liegt – ist der eine, Tschernobyl zugewandte Dorfteil hoch kontaminiert, während die andere Dorfhälfte im Windschatten fast verschont blieb. Zudem gingen die Radionuklide fleckenweise nieder. Die Radioaktivitätskarten, die von den kontaminierten Gebieten erstellt wurden, zeigen eine Art Leopardenmuster: Einige Hektaren sind hoch kontaminiert, daneben liegt fast unverseuchtes Gebiet – und das auch in Regionen, die zweihundert, dreihundert Kilometer vom Reaktor entfernt liegen.
- Vertikale Evakuation: Nuklearalarm bedeutet Chaos. Nur die wenigsten Menschen werden sich rational verhalten und sofort einen Schutzraum aufsuchen. Die meisten dürften versuchen, mit ihren Privatautos in verschontes Gebiet zu gelangen. In Pripjat klappte die Evakuation – auch wenn man sie viel zu spät angeordnet hat – erstaunlich reibungslos. Die Stadt liegt nur drei Kilometer vom geborstenen Reaktor entfernt und war eigens für die Angestellten des AKW Tschernobyl gebaut worden. Deshalb ist diese Stadt nicht mit irgendeiner Schweizer Stadt zu vergleichen. Pripjat war militärisches Sperrgebiet – die Leute waren sich gewohnt, Anordnungen unhinterfragt auszuführen. Zudem verfügten auch nur die wenigsten über ein eigenes Auto. Im Übrigen hat man sie beruhigt und versprochen, sie seien nach zwei Wochen wieder zuhause – doch durften sie nie zurück und mussten ihre ganze persönliche Habe dort lassen.

- Iodprophylaxe: Bei einer Reaktorkatastrophe Iod einzunehmen nützt – aber nur bevor Iod-131 in die Luft gelangt ist. In Tschernobyl hat man auch Iod verteilt, das geschah allerdings erst etwa am zweiten oder dritten Tag. Wenn niemand weiß, was los ist, denkt auch niemand daran, Iod zu schlucken. Der Wind kann die Iodwolke zudem innerhalb kürzester Zeit über weite Strecken transportieren. In der Schweiz wären die Kantonsbehörden wohl kaum in der Lage, in wenigen Stunden Tausende mitten in der größten Aufregung mit Iod zu beliefern.

Gravierender als Tschernobyl

Vonseiten der Behörden und der AKW-Betreiber heißt es immer wieder, Tschernobyl sei nicht vergleichbar mit unseren Reaktoren: Unsere seien sicherer, besser gewartet und das Personal perfekt ausgebildet. Das mag einerseits zutreffen, andererseits haben das bislang alle AKW-Betreiber der Welt behauptet. Auch diejenigen von Three Mile Island waren überzeugt, bei ihnen könnte sich nie ein schwerer Unfall ereignen. Sonst hätten sie kaum zugelassen, dass wenige Monate vor dem Unfall der US-Film »The China Syndrom« auf Three Mile Island fertig gedreht wurde.[11] Der Film schildert, wie in einem AKW der Reaktor durchzuschmelzen droht; mit »Chinasyndrom« bezeichnen Insider scherzhaft eine Kernschmelze, bei der sich ein tonnenschwerer Urankern in die Erde Richtung Asien frisst. Im Film gibt es ein Happyend. Er lief in den US-Kinos, als man in der Umgebung von Three Miles Island Schwangere und Kinder evakuierte.

Dass technisch betrachtet ein Unfall wie in Tschernobyl in unseren Reaktoren nicht passieren kann, stimmt insofern, als es sich um einen ganz anderen Reaktortyp handelt. Tschernobyl hatte aber auch »Vorteile«, die die Schweiz nicht präsentieren kann. Die Anlage steht zum

Beispiel in schwach besiedeltem Gebiet. Ein weiterer »Vorteil« war, dass der Reaktor buchstäblich explodierte, wodurch ein großer Teil der Spaltprodukte in die Atmosphäre geschleudert und über den ganzen Erdball verteilt wurde. Dies wäre – wie das Öko-Institut Darmstadt errechnete – bei den Schweizer Reaktoren anders: Weil sie eine andere Konstruktion aufweisen, käme es zu »niedrigeren Freisetzungshöhen – bis zu einigen hundert Metern«, die »zu höheren Belastungen in kleinen und mittleren Entfernungen (damit sind Entfernungen von bis zu einigen hundert Kilometern gemeint)« führen. Die Radionuklide gingen also in der Schweiz und dem angrenzenden Ausland nieder.

In den USA hat man bei einem Reaktor desselben Typs wie Leibstadt ausgerechnet, dass eine größere Menge des gefährlichen Spaltmaterials als in Tschernobyl in die Umgebung gelangen würde: Beim Tschernobyl-GAU waren es 40 bis 68 Prozent des radioaktiven Iods, 10 bis 43 Prozent des Cäsiums und etwa 0,4 bis 6 Prozent des Strontiums, das sich im Reaktor befand; bei einem Leibstadt-Reaktor könnten es etwa 60 Prozent des Iods, 35 Prozent des Cäsiums und etwa 13 Prozent des Strontiums sein.[12]

Da Iod eine Halbwertszeit von nur acht Tagen hat, belastet es die Umwelt vor allem in den ersten Wochen. Cäsium und Strontium haben hingegen Halbwertszeiten von 30 respektive 29 Jahren. Strontium gilt als besonders gefährlich, weil es ein so genannter Knochensucher ist: Hat man das Radionuklid zum Beispiel über die Nahrung aufgenommen, baut es sich in den Knochen und Zähnen ein, verweilt dort ein Leben lang und bestrahlt den Körper von innen.

Nach dem Super-GAU

Hans-Peter Meier und Rolf Nef haben in ihrer Studie »Großkatastrophe im Kleinstaat« analysiert, was mit der Schweiz geschehen

Folgen einer Kernschmelze

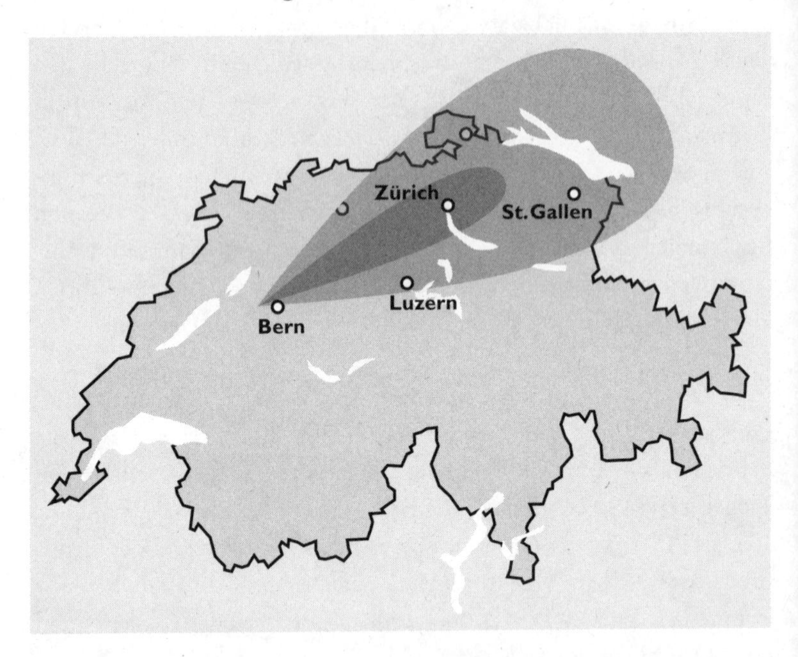

Über zweieinhalb Millionen Menschen zwischen Bern und dem Bodensee müssten langfristig umgesiedelt werden, wenn es im AKW Mühleberg zu einem großen Nuklearunfall kommen würde. Die dunkle Fläche umfasst die Gebiete, welche die BewohnerInnen sofort oder innerhalb weniger Tage zu verlassen hätten. Die schraffierte Fläche zwischen Bodensee–St. Galler Rheintal–Schaffhausen–Bern müsste nach einigen Wochen oder Monate nach dem Unfall ebenfalls evakuiert werden, weil die Menschen eine zu hohe Strahlendosis erhalten würden, wenn sie ihr gesamtes Leben dort blieben. Die Darstellung basiert auf der Annahme, dass während und kurz nach dem Unfall Westwind herrscht und Regen fällt – das heißt relativ viele Radionuklide auf Schweizer Gebiet niedergehen würden.

(Quelle: Hans-Peter Meier-Dallach, Rolf Nef: Großkatastrophe im Kleinstaat, Zürich 1990)

würde, wenn in Mühleberg die Schnellabschaltung versagen, der Kern schmelzen und das Containment nicht standhalten würde: Falls es regnet und der Westwind bläst – was häufig vorkommt –, treibt die radioaktive Wolke in niedriger Höhe Richtung Osten, Nordosten. »In 113 Minuten erreicht die radioaktive Wolke Burgdorf, in 286 Minuten Olten, in 493 Minuten Zürich, in 646 Minuten Frauenfeld und in 779 Minuten Güttingen am Bodensee.«[13] (vgl. Abb. S. 164)

Die Autoren gehen von der – wohl realistischen – Annahme aus, dass die Bevölkerung ungeschützt ist. Deshalb bekommen die BewohnerInnen der inneren Gefahrenzone A sofort Strahlendosen ab, die den offiziellen Grenzwert überschreiten. Tausende müssten »kurzfristig in nicht verseuchte Gebiete« ausgesiedelt werden – was sich dann »horizontale« Evakuation nennt.

Es wird allerdings nicht bei einer einmaligen Evakuationsaktion bleiben. Andere Gebiete – die Autoren nennen sie Zone B und D – sind vielleicht nicht dermaßen hoch kontaminiert, dennoch dürfen sich die Leute nicht allzu lange dort aufhalten, da sich die Strahlung im Körper akkumuliert.

Die beiden Autoren schildern im Detail, wie sich die Schweiz in wenigen Monaten vollständig verändern würde:

Innerhalb von sieben Tagen sind Burgdorf, Zollikofen, Münchenbuchsee und Wohlen bei Bern zu räumen, der Kanton Bern wird insgesamt 57 Gemeinden, 33 000 Wohnungen, 31 000 Arbeitsplätze verlieren.

In den darauf folgenden dreiundzwanzig Tagen muss Zone B evakuiert werden: Zum Beispiel Muri, Zofingen, Bremgarten, die Stadt Zürich sowie viele westlich von Zürich liegende Gemeinden. Es gehen eine halbe Million Arbeitsplätze und 315 000 Wohnungen verloren.

»Selbst bei larger Interpretation der geltenden Schutznormen sind damit innerhalb 30 Tagen nach einem Reaktorunfall 900 000 Menschen umzusiedeln – ohne Hoffnung auf baldige Rückkehr und in einer aufs Äußerste angespannten Situation«, schreiben Meier und Nef.[14]

Die Autobahn A1 Bern–Zürich Richtung Osten kann nicht mehr benutzt werden. Zwischen den einzelnen Zonen müssen – wie um Tschernobyl – Kontrollposten eingerichtet werden, wo man alle, die die Zone verlassen, dekontaminieren muss, um zu vermeiden, dass Radionuklide verschleppt werden.

Mittel- und langfristig müssen jedoch noch weitere Gebiete entsiedelt werden, da die darin lebenden Menschen aufs ganze Leben gesehen eine zu hohe Strahlendosis abbekommen würden. Winterthur, Uster, Dietikon, Kloten, Thalwil, Lenzburg, Suhr und Aadorf gäbe es nicht mehr, ebensowenig St. Gallen, Schaffhausen, Olten, Frauenfeld, Wettingen, Wil, Kreuzlingen, Aarau, Herisau, Baden, Arbon, Bülach und Meilen. »Die Kantone Zürich, Thurgau, Appenzell-Außerrhoden, St.Gallen und Aargau verschwinden [...] fast vollständig aus der politisch-kulturellen Landschaft der Schweiz«, konstatieren die Autoren. Insgesamt müssten nach ihrer Hochrechnung 2,6 Millionen Menschen ein neues Zuhause finden.

Aber wo? Soll man sie in den nicht kontaminierten Gebieten unterbringen? Meier und Nef spielen zwei Modelle durch. Man könnte die Atomflüchtlinge wie die Asylsuchenden in den intakt gebliebenen Gemeinden verteilen, und zwar im Verhältnis zur bereits ansässigen Bevölkerung. Genf würde prozentual etwa gleich wachsen wie die kleine Gemeinde Eptingen, dennoch würde in Genf die Wohnbevölkerung auf einen Schlag von rund 157000 auf 269000 anschnellen, Eptingen nur von 499 auf 857. Man könnte sich aber auch an die Siedlungsdichte halten. Dicht besiedelte Gemeinden müssten weniger Binnenflüchtlinge aufnehmen als eng bewohnte. Genf würde somit lediglich um einige hundert EinwohnerInnen anwachsen, das 500-Seelen-Dorf Eptingen bekäme rund 1800 neue EinwohnerInnen.

»Jede Umsiedlung dieser Größenordnung wäre eine massive Kolonisierung der lateinischen Schweiz durch die katastrophenvertriebenen Deutschschweizer«, stellen die beiden Autoren fest, »die Schweiz wäre schon Monate nach der Katastrophe nicht nur ökologisch und ökonomisch, sondern auch politisch-kulturell kaum mehr wiederzuerkennen; Jahrzehnte später wohl überhaupt nicht mehr.«

Dieses Szenario betrifft die »ungünstigste Wetterlage«. Würde aus Osten eine Bise wehen, wäre vor allem die Westschweiz betroffen. Überhaupt ginge bei schönem Wetter, gekoppelt mit Wind, weniger Strahlung in der Schweiz nieder. Wir hätten Glück und müssten im besten Fall, so errechneten Meier und Nef, nur für 134 000 Menschen eine neue Bleibe finden.

Egal wie günstig die Witterung ist, nach einem Super-GAU muss man sich ans Aufräumen machen. In Tschernobyl benötigte man dazu 600 000 so genannte Liquidatoren, die sich in der Zone darum bemühten, die Katastrophe einzudämmen, damit sich das freigesetzte radioaktive Material nicht ungehindert ausbreiten konnte. Viele dieser 600 000 Mann erhielten Dosen, die weit über den Grenzwerten lagen, die in der Schweiz für solche Aufräumarbeiten erlaubt wären (250 mSv; vgl. Kapitel 10). Nimmt man die Grenzwerte wirklich ernst, müsste man die Strahlung auf noch mehr Leute verteilen. Auf 800 000 oder gar eine Million Personen – womit jeder zweite oder dritte erwerbstätige Mann zu den Aufräumarbeiten abkommandiert werden müsste.[15]

Anti-AKW-Demonstration, Bern, 1987

9
Allmächtiger Bundesrat

Atomgesetz

Eines der elementarsten Grundrechte, das uns zustehe, sei der Schutz unseres Lebens und unserer Gesundheit, sagen die Rechtsgelehrten. Ein Staat, der dieses »Rechtsgut« nicht respektiere, sei kein Rechtsstaat, lernen angehende JuristInnen. Das Schweizer Bundesgericht hat sogar entschieden, dass unter Gesundheit nicht nur die »körperliche Integrität«, sondern auch »körperliches und seelisches Wohlbefinden« zu verstehen sei. »Es gehört dazu auch, ohne Angst vor Verletzung dieses Rechts zu leben«, führt der Umweltjurist Martin Pestalozzi in seinem Aufsatz »Der demokratische Rechtsstaat in der Risikogesellschaft« aus.[1]

Doch wenn es um Technologie geht, ist alles ein bisschen anders: Da herrscht die »normative Kraft des Faktischen«. Der Ausdruck stammt vom Zivilrechtler Karl Oftringer, der schon Anfang der Sechzigerjahre warnte, die Wirtschaft mache, was technisch machbar sei – und wenn es vollbracht sei, lieferten JuristInnen und Gesetzgeber die »rechtsstaatliche« Legitimation nach.[2] Ein heikler Kotau des Rechts vor der Technik, wie Pestalozzi konstatiert: »Der Zweck diktiert und legitimiert das Mittel [...]. Statt an der ethischen Richtigkeit wird ein Vorhaben an der technischen Zweckmäßigkeit und Machbarkeit gemessen. Der Zweck dürfte aber gerade nicht das Mittel legitimieren: Ist das Mittel unstatthaft, muss auf das Ziel verzichtet werden oder es sind andere Mittel einzusetzen.«[3]

Wie dieser Kotau zustande kommt und was mit der »normativen Kraft des Faktischen« gemeint ist, lässt sich an der Schweizer Atomgesetzgebung exemplarisch illustrieren:

Die Schweizer Militärs wollen nach dem Zweiten Weltkrieg unbedingt die Atombombe bauen und brauchen dazu Geld. Sie belügen 1946 das Parlament und behaupten, sie würden sich nur mit ziviler Nukleartechnologie beschäftigen, um den Räten den Bundesbeschluss zur »Förderung der Forschung auf dem Gebiete der Atomenergie« abzuringen (vgl. Kapitel 1). Aufgrund dieses Beschlusses bewilligt das Parlament später einen Rahmenkredit in der Höhe von mehreren Millionen Franken. Kleiner Makel dieser Atomsubvention: Der Bundesbeschluss ist verfassungswidrig, weil die damalige Bundesverfassung keine entsprechende Kompetenzgrundlage enthält.[4] Dasselbe gilt für den zweiten Bundesbeschluss, den das Parlament 1954 absegnet, um den Versuchsreaktor in Lucens mit 11,8 Millionen Franken mitzufinanzieren (Lucens-Debakel vgl. Kapitel 1).

Insgesamt unterbreitet der Bund dem Parlament dreizehn Atomvorlagen, bis er sich bemüßigt fühlt, sein nukleares Engagement verfassungskonform zu gestalten. Am 24. November 1957 unterbreitet er dem Volk eine Vorlage, die in der Verfassung (Art. 24^{quinquies}) festschreibt: »Die Gesetzgebung auf dem Gebiet der Atomenergie ist Bundessache. Der Bund erlässt Vorschriften über den Schutz vor den Gefahren ionisierender Strahlen.« Die Verfassungsänderung ist unumstritten, fast achtzig Prozent der Stimmbürger stimmen dem Atomartikel zu.

Schon damals weiß man jedoch, dass der Atommüll dereinst Probleme bereiten könnte; in der Botschaft zur Vorlage heißt es: »Möglicherweise wird die Beantwortung der Frage, ob die Atomasche in technisch einwandfreier Weise unschädlich gemacht oder gar nutzbringend verwertet werden kann, über die Art der künftigen Anwendung der Atomenergie entscheiden.«[5]

Erstes Atomgesetz

Danach eilt es dem Bundesrat, innerhalb von zwei Jahren arbeitet er das erste Atomgesetz aus: Das »Bundesgesetz über die friedliche Verwendung der Atomenergie und den Strahlenschutz«.

Das Atomgesetz regelt zum Beispiel, welche Stellung die Nuklearwirtschaft wirtschaftsrechtlich hat. Vier Varianten standen zur Diskussion:

- Das Staatsmonopol, das festschreiben würde, dass allein der Staat befugt ist, Atomanlagen zu betreiben – wie es zum Beispiel Frankreich kennt.
- Ein Konzessionssystem, mit dem der Staat grundsätzlich immer noch das alleinige Recht besäße, Nuklearanlagen zu betreiben, doch könnte er »geeigneten Konzessionären« erlauben, ein entsprechendes Werk zu unterhalten.
- Eine wirtschaftspolitische Bewilligungspflicht, wonach es allen offen stehen würde, ein AKW zu bauen; der Bund hätte allerdings die Möglichkeit, eine Bewilligung zu verweigern, wenn ein weiteres AKW aus volkswirtschaftlicher Sicht nicht sinnvoll wäre. Dieser wirtschaftspolitische Ansatz ist vergleichbar mit der Bedürfnisklausel im Gastronomiebereich: Die Behörden legten jeweils fest, wie viele Restaurants in einer Gemeinde Alkohol ausschenken durften; war die Gasthausdichte zu hoch, konnte man erst ein neues Restaurant eröffnen, wenn ein anderes den Betrieb eingestellt hatte.
- Ein polizeiliches Aufsichtsrecht, das es jedem Unternehmen uneingeschränkt erlauben würde, ein Atomkraftwerk zu bauen; der Bund könnte nur noch »polizeirechtlich« einschreiten – wenn zum Beispiel eine Anlage sicherheitstechnische Mängel aufweist. Das Polizeirecht lässt sich ebenfalls am Beispiel der Gastronomie veranschaulichen: Die meisten Kantone haben inzwischen die Bedürfnisklausel aufgehoben, seither darf jeder und jede eine Gast-

stätte eröffnen und Alkohol ausschenken; die Behörden können es nicht verhindern, solange der Betrieb den bau- und feuerpolizeilichen sowie hygienischen Anforderungen genügt.

Der Bundesrat entscheidet sich 1959 für die polizeirechtliche Variante, weil damit das »Prinzip der Handels- und Gewerbefreiheit« vollumfänglich gewährleistet sei.[6] So wie er das »polizeiliche Aufsichtsrecht« jedoch interpretiert, beraubt er sich sämtlicher Möglichkeiten, beim Ausbau der Schweizer Atomindustrie politisch mitzuwirken. Fortan kann er sich stets hinter der Behauptung verschanzen, er müsse einem Projekt zustimmen, wenn es nicht gravierende technische Mängel aufweist. Dies gilt in gewissen Bereichen noch heute: Immer wieder beteuert der Bundesrat, er müsse zum Beispiel einer beantragten Leistungserhöhung (z.B. bei Leibstadt) zustimmen; weil es um Polizeirecht gehe, dürfe er sie nicht aus politischen Gründen verweigern, es sei denn, das Werk weise gravierende technische Probleme auf.

Dabei führt der Bund jedoch nach Meinung kritischer Juristen eine rechtliche Scheindebatte, da das Atomgesetz nämlich auch explizit den Schutz der Menschen festschreibt. In Artikel 5 steht: Die Bewilligung »ist zu verweigern [...], wenn dies notwendig ist [...] zum Schutz von Menschen, fremden Sachen oder wichtigen Rechtsgütern«. Würde der Bundesrat den »Schutz der Menschen« wirklich ernst nehmen, hätte er stets die Möglichkeit, wenn nicht gar die Pflicht gehabt, die Bewilligungen nicht zu erteilen respektive wieder zu entziehen: Denn vor einem Super-GAU – der sich immer ereignen kann, auch wenn das statistische Risiko noch so gering ist – kann man die Menschen nicht schützen (vgl. Kapitel 8). Auch die ungelöste Atommüllfrage hätte den Bund eigentlich zwingen müssen, den Betrieb von AKW zu unterbinden (vgl. Kapitel 14).

Zudem setzen die Anlagen auch im Normalbetrieb Radioaktivität frei und verursachen dadurch Krebs sowie genetische Mutationen (vgl. Kapitel 10 und 12). Würden die Bundesbehörden die AKW gleich behandeln wie die Chemieindustrie, hätten sie die Produktion von Atomstrom deshalb längst verbieten müssen. Bei Medikamenten oder Pestiziden ist es nämlich seit der Contergan-Affäre* weltweit selbstverständlich, dass keine Produkte auf den Markt gelangen dürfen, die krebserzeugend wirken oder die Erbsubstanz schädigen. Oder wie es der Basler Medizinprofessor Michel Fernex einmal ausdrückte: »Würden dieselben Regeln, die für die chemische Industrie gelten, auch auf die Atomindustrie angewendet, liesse dies nur einen Schluss zu: Alle Atomanlagen müssten sofort stillgelegt werden – da alle Stadien von der Uranextraktion, über die Energieproduktion, bis hin zur Atommülldeponie mit der Freisetzung von mutagenen Radioisotopen verbunden sind.«[7]

Neben der wirtschaftsrechtlichen Debatte sorgt Ende der Fünfzigerjahre vor allem die Haftpflichtfrage für Diskussionen. Gemäß dem Gesetzesentwurf war nämlich der Inhaber einer Atomanlage für jeden Schaden vollumfänglich haftpflichtig. Doch die Atomlobby macht dagegen mobil, weil sie offensichtlich schon damals ahnt, dass der angeblich unmögliche Super-GAU doch eintreten könnte: »Die interessierten Wirtschaftskreise haben [...] in unmissverständlicher Weise zu verstehen gegeben, dass sie sich nicht an den Reaktorbau und -betrieb heranwagen können, wenn die Fragen der Haftpflicht

* Nach der Einführung von Thalidomid – ein Schlafmittel und Tranquilizer (bekannt als »Contergan«) – trat Anfang der Sechzigerjahre eine Epidemie von Missbildungen bei Neugeborenen auf. Ihre Mütter hatten das Medikament während der Schwangerschaft eingenommen. Die Firma wurde zwar mangels Beweisen freigesprochen, doch war allgemein anerkannt, dass Thalidomid bei Tieren Missbildungen (insbesondere fehlende Gliedmaßen) verursacht. Trotz des Freispruchs veranlasste die US-amerikanische Food and Drug Administration (FDA), dass künftig alle neuen chemischen Substanzen klinisch getestet werden müssen, um zu überprüfen, ob sie nicht krebserzeugend wirken oder Genmutationen respektive Missbildungen verursachen. Neue Medikamente, aber auch Pestizide, die bei den Tests durchfallen, werden sofort eliminiert. Diese Regelung hat sich inzwischen weltweit durchgesetzt.

nicht geklärt sind und diese die Grenzen des Tragbaren überschreitet«, fasst das Bundesblatt die Reaktionen zusammen: »Es wurde erklärt, dass eine solche Gesetzesvorlage die Entwicklung der Atomwirtschaft in der Schweiz ernsthaft gefährde [...]. Von seiten der Elektrizitätswerke wurde betont, dass es diesen bei unbeschränkter Haftung ganz unmöglich wäre, mit dem Bau von Atomanlagen zu beginnen.«[8]

Der Bundesrat schwenkt danach um und fordert plötzlich nur noch eine beschränkte Haftung, weil die Privatversicherer höchstens eine Schadenssumme von 30 Millionen Franken decken würden.[9] Im Parlament hält man die 30 Millionen für gar bescheiden und verankert letztlich im Gesetz eine beschränkte Haftung über 40 Millionen Franken.

In der Bevölkerung nimmt man das neue Gesetz kaum zur Kenntnis. Die Referendumsfrist verstreicht ungenutzt, das Gesetz tritt am 1. Juli 1960 in Kraft.

Unkontrollierte Verwaltung

Anfang der Siebzigerjahre beginnt sich jedoch Widerstand zu regen. Die Elektrizitätswirtschaft plant bis ins Jahr 2000 in der Schweiz mindestens zehn Meiler zu betreiben. Die Projekte Gösgen, Leibstadt, Kaiseraugst, Graben, Verbois verfügen damals bereits über so genannte Standortbewilligungen.

Die Bewilligungspraxis des Bundes ist bis dahin völlig unsystematisch und undurchsichtig verlaufen. Zuerst erhielten die Unternehmen, die ein AKW bauen wollten, eine »Standortbewilligung«, danach kam die »Baubewilligung«, zum Teil aufgesplittet in diverse »Teilbaubewilligungen«, am Ende stand die »Inbetriebnahmebewilligung« und die »Betriebsbewilligung«. Das Bewilligungsprozedere sah allerdings bei jedem Werk etwas anders aus. Gravierender war indes, dass der Bund diese Bewilligungen oftmals im Geheimen abgewickelt hat. Die Öffentlichkeit erfuhr meistens nur inoffiziell, wer wo welche Baupläne hegte. Dieses Vorgehen war eindeutig rechtswidrig, müssen doch derartige Gesuche nach Verwaltungsverfahrensgesetz – das schon 1968 in Kraft trat – immer öffentlich aufliegen, damit Betroffene dagegen einsprechen können.

Der Jurist Heribert Rausch listet in seinem Buch »Schweizerisches Atomenergierecht« eine Reihe von Bewilligungen auf, die der Bund nach 1968 erteilt hat, ohne die Bevölkerung zu informieren: »Standortbewilligung AKW Kaiseraugst, Standortbewilligung AKW Leibstadt, Inbetriebnahmebewilligung AKW Mühleberg, Inbetriebnahmebewilligung AKW Beznau II, Gesuch um Standortbewilligung AKW Rüthi, Ausweitung Standortbewilligung AKW Kaiseraugst auf Anlage mit Kühlturmbetrieb, Standortbewilligung AKW Gösgen, Standortbewilligung AKW Graben, Ausweitung Standortbewilligung AKW Leibstadt auf Anlage mit Kühlturmbetrieb, Standortbewilligung AKW Verbois, Gesuch um Standortbewilligung AKW Inwil.«[10]

Erst nachdem Gösgen die letzte, ebenfalls nicht publizierte Teilbaubewilligung bekommen hat, hält sich der Bund erstmals ans Verwaltungsverfahrensgesetz und publiziert im Dezember 1975 die erste Teilbaubewilligung für Leibstadt im Bundesblatt.

Diese acht Jahre dauernde Heimlichtuerei hat es den AKW-GegnerInnen verunmöglicht, alle juristischen Mittel gegen die Projekte auszuschöpfen. Als sie endlich begreifen, was abläuft, versuchen sie sich dagegen zu wehren.

Der Bundesrat entscheidet, dass die Bewilligungen trotz des »Verfahrensmangels« nicht ungültig seien, man könne sie lediglich im Nachhinein anfechten. Die GegnerInnen von Kaiseraugst und Leibstadt reichen entsprechende Beschwerden nach und gehen davon aus, der Bund werde sie nun nachträglich überprüfen. Doch der Bundesrat belehrt die Beschwerdeführer, sie hätten schon früher von den erteilten Bewilligungen gewusst – auch wenn sie nicht publiziert worden waren – und hätten sofort reagieren müssen; nun brauche man nicht mehr auf ihre Einwände einzutreten.

Dagegen vermögen die AKW-GegnerInnen nichts auszurichten, weil der Bund in Atomfragen keine unabhängige, juristische Kontrolle zulässt: Der Bundesrat amtiert als oberste Beschwerdeinstanz und hat damit das letzte Wort. Kein Gericht darf überprüfen, ob die Bundesbehörden respektive ihre Chefs – die Bundesräte – wirklich gesetzeskonform entscheiden. Womit sich die Verwaltung selbst kontrolliert oder eben auch nicht.

An diesem Prinzip hat sich bis heute nichts geändert. Die GegnerInnen von Mühleberg gelangten deshalb 1992 an den Europäischen Gerichtshof für Menschenrechte in Straßburg, nachdem der Bundesrat die Betriebsbewilligung für Mühleberg verlängert und eine zehnprozentige Leistungserhöhung bewilligt hat. Sie begründeten ihre Klage damit, es verstoße gegen die Europäische Menschenrechtskonvention (EMRK), wenn der bundesrätliche Entscheid nicht vor einem Gericht, zum Beispiel dem Bundesgericht, anfechtbar sei. Die europäische Menschenrechtskommission hat diese Auffassung geteilt und die Klage an den Gerichtshof überwiesen. Die Mehrheit des Straßburger Richtergremiums entschied jedoch im August 1997 gegen die Klage und urteilte, die Schweizer Atomenergiegesetzgebung verstoße nicht gegen die EMRK.

Eine Minderheit von acht Richtern war indes anderer Ansicht. In ihrer Stellungnahme schreiben sie: Stets habe sich der Gerichtshof dafür ausgesprochen, dass behördliche Bewilligungen für Steinbrüche, Autobahnen oder Abfalldeponien bei einem Gericht anfechtbar sein sollten. Was für Steinbrüche oder Autobahnen gelte, sollte noch mehr für die Atomwirtschaft gelten, die besondere Sicherheitsanforderungen erfüllen müsse. »Wenn es ein Gebiet gibt, wo man der Exekutive nicht blindes Vertrauen entgegenbringen kann, ist es bestimmt das Gebiet der Atomkraft«, weil sich dort die Staatsräson und der Druck der Lobby besonders stark manifestierten, stellen die Richter fest. Mit einem Hinweis auf die Nazizeit erinnern sie daran, weshalb die EMRK überhaupt ins Leben gerufen wurde: »Heute wie in der Vergangenheit (1939–45) kennt man das Versagen der Verwaltungen, die die Rechte der Menschen verachtet haben, nur allzugut« – deshalb habe man in der EMRK die Kontrolle von administrativen Entscheiden verankern wollen. Die trockene Schlussfolgerung der unterlegenen Richter: Die Schweiz hat Artikel 6 der EMRK verletzt.[11]

Bundesrat Moritz Leuenberger, der dem Departement Umwelt, Verkehr, Energie und Kommunikation (UVEK) vorsteht, hat den AKW-GegnerInnen nach dem Straßburger-Entscheid immerhin versprochen, er werde sich bei der bevorstehenden Atomgesetzrevision dafür einsetzen, dass nuklearrechtliche Belange inskünftig vor Gericht einklagbar seien.

Standortbewilligung, ein Unding

Zurück in die Siebzigerjahre. Die Standortbewilligungen, die der Bundesrat damals erteilt hat, sind nicht nur umstritten, weil sie niemals auflagen – sie stellen auch ein rechtliches Unding dar. Der Bundesrat umriss den Sinn und Zweck einer Standortbewilligung wie folgt: Sie enthalte »die Feststellung, dass an dem vom Gesuchsteller vorgesehenen Ort ein Kernkraftwerk des in Aussicht genommenen Typs gebaut werden kann, sofern die gesetzlichen Voraussetzungen erfüllt sind«, aber »ob die [...] Sicherheitsvorschriften im Einzelnen eingehalten werden können, wird sich erst in den zur Baubewilligung und später zur Betriebsbewilligung führenden Verfahren herausstellen«.[12] Eine nutzlose Definition – da es für ein AKW ohnehin nur

Polizeibewilligungen braucht, »trifft ja immer zu, dass sie zu erteilen sind, wenn die gesetzlichen Voraussetzungen erfüllt sind«, wie Rausch festhält.[13]

Man hätte also auf die Standortbewilligungen verzichten können. Insbesondere, weil sie meist derart vage waren, dass sie alles offen ließen. Kaiseraugst erhielt beispielsweise im Dezember 1969 eine Standortbewilligung für einen »Reaktor vom Druckwasser- oder Siedewassertyp« mit einer elektrischen Leistung von 600 Megawatt. 1972 wurde eine zweite Standortbewilligung erteilt für einen Siedewasserreaktor mit einer Leistung von 850 Megawatt mit Kühlturm. Später entscheidet man sich, einen noch größeren Reaktor mit 925 Megawatt zu bauen. Dafür gibt es jedoch keine dritte Standortbewilligung. Dasselbe passiert auch bei Leibstadt.

Zudem hatte der Bundesrat versichert, mit einer bloßen Standortbewilligung dürfe noch nicht mit dem Bau begonnen werden. Das tut man im Frühjahr 1975 in Kaiseraugst aber trotzdem – weshalb es denn auch zur Besetzung des Baugeländes kommt. Der Bundesrat weiß dies erneut juristisch zu drehen, und er definiert den Aushub als »Vorbereitungsarbeiten«, die mit dem nuklearen Teil nichts zu tun hätten. Eine merkwürdige Begründung, da bei keinem anderen Bauvorhaben, das ebenfalls eine Bundesbewilligung benötigt – zum Beispiel bei einem Flugplatz –, jemand behaupten würde, mit dem Aushub dürfe begonnen werden, bevor die Baubewilligung erteilt ist.[14]

Für die Projektanten ist die unsinnige Standortbewilligung später jedoch bares Geld wert: Der Bund zahlt ihnen deswegen hohe Entschädigungen, nachdem Ende der Achtzigerjahre klar wurde, dass die AKW-Projekte definitiv begraben sind.

Erste Atominitiative

Aus dem Gefühl heraus, dem Bund ausgeliefert und sämtlicher demokratischer Rechte beraubt zu sein, lanciert die Anti-AKW-Bewegung 1975 die »Volksinitiative zur Wahrung der Volksrechte und der Sicherheit beim Bau und Betrieb von Atomanlagen« (vgl. Kasten Volksinitiative von 1975). Im Kern will die Initiative das »Konzessionssystem« einführen. Das Parlament hätte demnach darüber befinden können, wem es erlauben will, ein AKW zu betreiben – was eine gewisse demokratische Mitsprache erlaubt hätte. Zudem hätten die BewohnerInnen des Standortkantons und der Nachbarkantone dem Atomprojekt zustimmen müssen.

Auch die Haftungsfrage möchte die Initiative neu regeln: Der AKW-Betreiber hätte unbeschränkt gehaftet, und Spätschäden wären neunzig Jahre lang einklagbar gewesen.

Die Atombefürworter titulieren die Initiative als »Verbotsinitiative«, weil sie fürchten, eine erteilte Konzession werde stets am Veto des Standort- oder eines Nachbarkantones scheitern.

Am 18. Februar 1979 findet die Abstimmung statt: Mit einem Ja-Stimmen-Anteil von 48,8 Prozent wird die Initiative abgelehnt; eine nachträgliche Befragung ergibt aber, dass über zehn Prozent der Nein-StimmerInnen irrtümlich geglaubt haben, mit ihrem Nein gegen die Atomenergie zu votieren.

Bundesbeschluss von 1978

Noch bevor die nationale Initiative zur Abstimmung gelangt, geben die beiden Basler Halbkantone deutlich zu verstehen, was sie von der Atomenergie halten. In Baselland und Basel-Stadt nimmt das Volk 1977 respektive 1978 mit einer deutlichen Mehrheit eine Initiative an, die verlangt, die Kantonsregierungen müssten alle Mittel ausschöp-

Atominitiative von 1975

Eidgenössische Verfassungsinitiative zur Wahrung der Volksrechte und der Sicherheit beim Bau und Betrieb von Atomanlagen

Die Initiative verlangte folgende Ergänzungen des Art. 24quinquies der Bundesverfassung:

3 Atomkraftwerke und Anlagen zur Gewinnung, Aufbereitung oder Lagerung von radioaktiven Kernbrennstoffen und Rückständen, nachstehend Atomanlagen genannt, bedürfen einer Konzession, ebenso Erweiterungen bestehender Anlagen. Für Atomkraftwerke beträgt die Konzessionsdauer höchstens 25 Jahre; eine Verlängerung ist mit einem neuen Verfahren möglich.

4 Zuständig für die Erteilung der Konzession ist die Bundesversammlung. Voraussetzung für eine Erteilung ist die Zustimmung der Stimmberechtigten von Standortgemeinde und angrenzenden Gemeinden zusammen, sowie der Stimmberechtigten jedes einzelnen Kantons, dessen Gebiet nicht mehr als 30 km von der Atomanlage entfernt liegt.

5 Eine Atomanlage darf nur konzessioniert werden, wenn der Schutz von Menschen und Umwelt und die Bewachung des Standortes bis zur Beseitigung aller Gefahrenquellen gewährleistet sind. Massnahmen zum Schutz der Bevölkerung, insbesondere für den Katastrophenfall, müssen mindestens sechs Monate vor der ersten Abstimmung öffentlich bekanntgemacht werden.

6 Wenn der Schutz von Mensch und Umwelt es verlangt, muss die Bundesversammlung die einstweilige oder endgültige Stillegung oder Aufhebung der Atomanlage ohne Entschädigungsfolge verfügen.

7 Der Inhaber der Konzession haftet für jeden Schaden, der seine Ursache in Betrieb oder Beseitigung der Anlage, in dafür bestimmten Kernbrennstoffen oder daraus stammenden radioaktiven Abfällen hat. Ebenso haftet derjenige, der Kernbrennstoffe oder radioaktive Abfälle transportiert, für jeden dabei entstehenden Schaden. Die Forderungen der Geschädigten gegenüber dem Haftpflichtigen und der Versicherung verjähren nicht früher als neunzig Jahre nach Eintritt des schädigenden Ereignisses. Der Gesetzgeber sorgt mit Vorschriften über die obligatorische Haftpflichtversicherung für genügende Deckung der Ansprüche aller Geschädigten. Ebenso errichtet er einen Fonds, an welchen die Versicherungspflichtigen Beiträge zur Abgeltung allenfalls nicht gedeckter Kosten entrichten.

Die Abstimmung fand am 18. Februar 1979 statt und wurde relativ knapp mit 51,2 Prozent Nein-Stimmen abgelehnt. Eine nachträglich durchgeführte Befragung ergab, dass rund 11 Prozent der Nein-Stimmenden eigentlich die Initiative unterstützen wollten, doch irrtümlich meinten, mit ihrem Nein gegen die Atomenergie zu votieren.

fen, um zu verhindern, dass im Kanton oder in seiner Nähe ein AKW oder eine Atommüll-Lagerstätte gebaut werde.

Angesichts des breiten Widerstands unterzieht der Bund das Atomgesetz einer ersten Teilrevision, die er so schnell vorantreibt, dass er sie als eine Art Gegenvorschlag zur Atominitiative präsentieren kann. Diese Teilrevision wird schon im Oktober 1978 vom Parlament als Bundesbeschluss verabschiedet. Die Bundesbehörden verhehlen nicht, dass der Bundesbeschluss auf Kaiseraugst zugeschnitten ist – weshalb man von der »Lex Kaiseraugst« spricht.

Die Revision enthält tatsächlich einige Neuerungen, die den reinen Polizeirechtscharakter des AKW-freundlichen Atomgesetzes brechen und dem Parlament erlauben, bei Nuklearprojekten mitzureden. Die Umweltorganisationen ergreifen dagegen das Referendum, weil der Bundesbeschluss nebenbei auch eine Enteignungsklausel enthält. Diese Enteignungsklausel zielt vor allem darauf, den lokalen Widerstand gegen geplante Atommülllagerstätten und Sondierbohrungen zu brechen (ausführlich in Kapitel 14).

Im Abstimmungsbüchlein streicht der Bundesrat jedoch primär die positiven Neuerungen, die der Bundesbeschluss bringe, heraus:

- Neue Atomkraftwerke und Lager für radioaktive Abfälle dürfen nur mit Zustimmung der eidgenössischen Räte gebaut werden.
- Die eidgenössischen Räte dürfen neue Atomkraftwerke nur bewilligen, wenn sie für die Energieversorgung in der Schweiz wirklich nötig sind.
- Die sichere Lagerung radioaktiver Abfälle muss bereits bei der Bewilligung von Atomkraftwerken auf lange Frist gewährleistet werden. Dafür hat derjenige zu sorgen, der die radioaktiven Abfälle erzeugt, und er hat auch die Kosten dafür zu tragen.
- Die Bewilligung zur Errichtung eines Atomkraftwerkes wird nur erteilt, wenn gleichzeitig ein konkretes Projekt für die spätere Stilllegung und den Abbruch vorliegt. Zudem müssen die Inhaber eines Atomkraftwerkes schon während der Betriebszeit die für den Abbruch erforderlichen finanziellen Mittel bereitstellen.

- Jedermann in der ganzen Schweiz kann in zwei Phasen des Bewilligungsverfahrens gegen den Bau eines Atomkraftwerkes oder gegen die Errichtung eines Lagers für radioaktive Abfälle Einsprache erheben: Zuerst gegen das Gesuch selbst, dann aber auch gegen alle Gutachten, die für Bundesrat und Parlament Entscheidungsgrundlagen bilden.[15]

Am 20. Mai 1979 – drei Monate nach der Abstimmung über die Atominitiative – kommt die Vorlage vors Volk, wird mit einem Mehr von 68,8 Prozent angenommen und tritt am 1. Juli 1979 in Kraft.

Der Bundesbeschluss ist noch heute in Kraft, obgleich er ursprünglich Mitte der Achtzigerjahre durch ein vollständig revidiertes Atomgesetz hätte ersetzt werden sollen. In seinem »Programm 1998« verspricht nun der Bundesrat: »Über die Revision der Atomgesetzgebung soll 1998 die Vernehmlassung durchgeführt werden.«[16] Ein Gesetzesentwurf liegt aber bislang nicht vor.

Entschädigung

Im Kampf gegen Kaiseraugst und Graben (vgl. Kapitel 7) war vor allem der neue »Bedarfsnachweis« von größter Bedeutung. Denn brauchte die Schweiz den zusätzlichen AKW-Strom nicht, durften die AKW-Projektanten auch keine Rahmenbewilligung erhalten, sprich nicht bauen. Nur hatten sie bereits eine Standortbewilligung, womit die Entschädigungsfrage aufkam. Gemäß Bundesbeschluss hat der »Inhaber einer Standortbewilligung, dem die Rahmenbewilligung aus Gründen, für die er nicht einzustehen hat, verweigert wird« und der bereits Vorinvestitionen tätigte, Anspruch auf eine gewisse Entschädigung.

Heribert Rausch nimmt diese Regelung in einer komplizierten juristischen Abhandlung auseinander und kommt zum Schluss: »Aus der Standortbewilligung können keinerlei Rechtsansprüche hinsichtlich der Erteilung der Rahmenbewilligung abgeleitet werden. Entsprechend kann die Rahmenbewilligung aus jedem sich aus dem Bundesbeschluss ergebenden Grund verweigert werden, ohne dass der Bund deswegen den Inhaber der Standortbewilligung zu entschädigen hätte.«[17]

Dennoch tut es der Bund und zahlt 1989 der Kaiseraugst AG eine Entschädigung von 350 Millionen Franken. Die Kernkraftwerk Graben AG will ebenfalls Geld und reicht deshalb beim Bundesgericht eine Klage ein.[18] Das Bundesgericht gibt ihr Recht, man einigt sich im Sommer 1995 auf eine Entschädigungszahlung von 225 Franken.[19]

Endlagerung

Drei weitere atomrechtliche Bereiche erhalten heute virulente Bedeutung: Der Atommüll, die Haftpflicht und die Stilllegung.

Anfänglich hat man das Endlagerproblem bewusst bagatellisiert. Man hoffte, den strahlenden Abfall dem Schah von Persien, den USA, China oder sonst wem im Ausland überlassen zu können.

Mit der Betriebsbewilligung von Gösgen kommt jedoch das »Projekt Gewähr« auf – das die AKW existenziell betrifft. Erstmals schreibt das Eidgenössische Verkehrs- und Energiewirtschaftsdepartement in der Betriebsbewilligung: »Die Bewilligung fällt dahin«, wenn bis 1985 kein Projekt vorliege, das für die »Entsorgung Gewähr« biete. Später führt Peter Pfund, Vizedirektor des Bundesamtes für Energiewirtschaft, diese Bedingung konkreter aus und sagt, »wir müssten die bestehenden Werke abstellen«, wenn bis zu jenem Zeitpunkt kein realisierbares Endlagerkonzept vorliege.

Bis heute ist das Endlagerproblem nicht gelöst, doch die AKW laufen noch. Dies ist dem Bund gelungen, indem er das Projekt Gewähr umgedeutet hat und sich heute auf den Standpunkt stellt, solange nicht bewiesen sei, dass ein Endlager in der Schweiz nicht möglich sei, dürften die AKW am Netz bleiben (ausführlich in Kapitel 14).

Stilllegung und Entsorgung

Die Stilllegungsfrage hängt indirekt ebenfalls mit dem Abfallproblem zusammen: Hat ein AKW dreißig oder vierzig Jahre lang Strom produziert, muss man es stilllegen, demontieren und entsorgen. Eine aufwändige, kostspielige und gefährliche Arbeit, die Jahre in Anspruch nimmt. Als man 1959 das Atomgesetz schuf, hat man daran überhaupt nicht gedacht. Der Bundesbeschluss bringt dann aber einen Passus ein, wonach die Rahmenbewilligung für ein Atomkraftwerk nur erteilt werden darf, »wenn die Stilllegung sowie der allfällige Abbruch ausgedienter Anlagen geregelt ist«. Ferner hält er fest: »Zur Sicherstellung der Kosten für die Stilllegung und einen allfälligen Abbruch ausgedienter Anlagen leisten deren Inhaber Beiträge an einen gemeinsamen Fonds. Die Beiträge sind so zu bemessen, dass die Kosten gedeckt werden können.« Dem Fonds soll eine »Art Versicherungsfunktion« zukommen, erklärt Peter Pfund vom Bundesamt für Energiewirtschaft (BEW) an einem SES-Hearing: »Das ist so zu verstehen, dass die von einem Werk einbezahlten Beträge grundsätzlich für die Stilllegung und den Abbruch dieses Werkes zur Verfügung stehen sollen, dass aber das Fondsvermögen als ganzes zur Verfügung steht, wenn die von einem Werk einbezahlten Beiträge nicht ausreichen sollten, um dieses Werk stillzulegen oder abzubrechen.« Der Fonds könne aber nicht die Verantwortung für die Stilllegung oder den Abbruch übernehmen: »Diese Verantwortung bleibt bei den Werken«, der Fonds komme lediglich für die anfallenden Kosten auf.[20]

Damals geht man davon aus, dass der Abbruch eines AKW 10 bis 15 Prozent der Erstellungskosten ausmachen werde. Ende 1997 befinden sich – laut Bundesamt für Energiewirtschaft, das den Fonds verwaltet – darin 688 Millionen Franken.[21] Die AKW-Betreiber bezahlen pro Jahr für die beiden Beznau-Reaktoren 9,6 Millionen, für Gösgen 7,5 Millionen, für Leibstadt 6 Millionen und für Mühleberg 5,1 Millionen Franken in den Fonds ein.[22] Diese Summen basieren auf der Annahme, die AKW seien mindestens vierzig Jahre am Netz. Überschlagsmäßig geht man heute davon aus, dass es einmal rund 2,5 Milliarden Franken kosten wird, die fünf Schweizer Reaktoren stillzulegen und zu verschrotten. Allerdings hat man bis heute weltweit erst wenige Atomanlagen stillgelegt und abgebrochen, die Erfahrungen sind also noch bescheiden – die Kosten könnten wesentlich höher ausfallen und gar die Hälfte der Baukosten ausmachen.[23] In den USA spricht man gar davon, dass der Rückbau eines Reaktors eine Milliarde Dollar verschlingen könnte.[24]

Die »Stilllegungskosten« sind aber mindestens in der »Verordnung über den Stilllegungsfonds für Kernanlagen« von 1983 sowie im »Reglement EVED für den Stilllegungsfonds für Kernanlagen« von 1985 gesetzlich klar geregelt. Bei den »Entsorgungskosten« sieht es diesbezüglich hingegen düsterer aus: Zur Zeit würden »keine auf die Atomgesetzgebung gestützten Verpflichtungen für die Sicherstellung der Entsorgungskosten« bestehen, stellt der Bundesrat im Mai 1997 nüchtern fest.[25] Die Stilllegungskosten decken nämlich nur den Abbruch einer Anlage sowie die Entsorgung des dabei anfallenden Atommülls, nicht aber die Entsorgung der abgebrannten Brennelemente und des heute schon anfallenden Betriebsabfalls. Und diese Kosten sind exorbitant höher: Es ist die Rede von 13,7 Milliarden Franken.[26]

Die Treuhandfirma STG Coopers & Lybrand hat im Auftrag des Bundes die »freiwilligen« Entsorgungs-Rückstellungen der AKW-Betreiber unter die Lupe genommen und festgestellt: In den ersten zwanzig Jahren benutzen die AKW-Betreiber diese Rückstellungen, um Fremdkapital zurückzubezahlen.[27]

»Die Schweizer AKW verfügen heute nicht über ausreichende Mittel, um die Entsorgungskosten zu decken. Ihre Rückstellungen sind nämlich keine echten Reserven, sondern lediglich solche auf dem Papier«, kritisiert der Basler SP-Nationalrat Rudolf Rechsteiner, der der nationalrätlichen Kommission für Umwelt, Raumplanung und Energie (UREK) angehört. Um trotzdem Rückstellungen nachzuweisen, führt Rechsteiner aus, würde einfach das unverkäufliche AKW buchhalterisch aktiviert: »Eine echte Reservebildung mit kapitalmarktfähigem Vermögen findet bisher nicht statt.«[28]

Ein weiterer Kritikpunkt von Coopers & Lybrand: Die Entsorgungskosten sind überhaupt nicht gedeckt, wenn ein Werk vorzeitig abgeschaltet werden muss – sei es aufgrund eines politischen Entscheides, aufgrund eines Unfalls oder weil es nicht mehr rentiert. Bei den älteren Anlagen Mühleberg und Beznau I/II könnte man in diesem Fall zumindest auf die beiden »reichen« Muttergesellschaften BKW und NOK zurückgreifen, die für die Kosten aufkommen müssten. Fehlen ihnen die liquiden Mittel, ließen sich immer noch ihre Wasserkraftwerke pfänden. Anders ist es jedoch bei den neueren AKW Gösgen und Leibstadt. Rechtlich sind diese Werke unabhängige Aktiengesellschaften, die kaum über liquide Mittel verfügen; die Aktiengesellschaft würde Konkurs gehen, die beteiligten Energieunternehmen wären fein raus, da sie nicht für die Werke haften – und der Bund müsste die fehlenden Milliarden für die Entsorgung aufbringen.[29]

Aufgrund der ernüchternden Ergebnisse der Coopers-&-Lybrand-Studie verlangt die UREK, dass die Entsorgungkosten gesetzlich ebenso klar wie die Stilllegungskosten geregelt werden müssten. Am 5. November 1997 beschließt der Bundesrat, zur Finanzierung der Entsorgungskosten einen eigenen Fonds einzurichten. Bis heute hat sich diesbezüglich aber nichts getan. Was sicher im Sinn und Geist der AKW-Betreiber ist: Denn falls der Entsorgungsfonds kommt, müssen sie je nach Berechnungsart 2 bis 4 oder gar 10 Milliarden

Franken einschießen. Das dürfte ihnen Probleme bereiten, weil sie diese Aufwendungen nicht mehr so einfach wie früher auf die StromkundInnen abwälzen können, da die bevorstehende Strommarktliberalisierung die Preise drückt (vgl. Kapitel 16).

Haftpflicht

Ein großer Atomunfall in der Schweiz könnte das halbe Land entvölkern (vgl. Kapitel 8). Es könnten Schäden in der Höhe von acht Billionen Franken entstehen, wie das Basler Wirtschaftsforschungsinstitut Prognos in einer Studie berechnet hat. Eine Billion hat zwölf Nullen, acht Billionen entsprechen etwa dem Budget der Eigenossenschaft von zweihundert Jahren.[30]

Gemäß dem Atomgesetz von 1959 muss die Nuklearindustrie nur beschränkt für einen Schaden von 40 Millionen Franken haften. 1977 erhöht der Bundesrat diesen Betrag auf 200 Millionen. Dennoch ergibt sich die merkwürdige Situation, dass die Versicherungsprämien für die jeweiligen Anlagen wesentlich höher sind als die Haftpflichtprämien. Die Betreiber von Gösgen bezahlten beispielsweise 1980 eine Prämie von rund 4,6 Million Franken, um die Anlage zu versichern, aber nur 0,778 Millionen für die Haftpflichtprämie.[31]

Mit dem Unfall von Three Miles Island begreift man jedoch langsam, dass das »Haftpflichtrisiko« nicht nur eine rein hypothetische Frage ist. Der Bund erlässt deshalb im März 1983 das »Kernenergiehaftpflichtgesetz« (KHG), das eine grundsätzliche Änderung bringt: Es hebt die beschränkte Haftung auf. Die Energieunternehmen haften fortan mit ihrem gesamten Vermögen. Spätschäden verjähren dreißig Jahre nach dem Ereignis.

Gemäß KHG müssen sich die AKW-Betreiber für eine Schadenssumme von insgesamt einer Milliarde Franken versichern. Die Privatversicherer decken 700 Millionen ab, die restlichen 300 Millionen versichert der Bund.* Die Versicherungsprämien für den Bund belaufen sich pro Jahr für Beznau I/II auf 2,5 Millionen, für Mühleberg auf 1,47 Millionen und für Gösgen und Leibstadt auf je 1,88 Millionen Franken.[32] Das Geld fließt in einen speziellen »Nuklearschadensfonds«, den das Bundesamt für Energiewirtschaft verwaltet. Ende Dezember 1997 befanden sich darin 227 Millionen.

Letztlich ist die »unbeschränkte Haftung« aber doch sehr beschränkt. Oder wie es der Wirtschaftstheoretiker Jean-Robert Tyran von der Universität Zürich ausdrückt: »Mit der zur Verfügung stehenden Deckung von nur einer Milliarde ergibt sich also eine Lücke zwischen möglichem Schaden und vorhandener Deckung. Diese Lücke – faktisch handelt es sich um eine Begrenzung der Haftung – hat ökonomische Konsequenzen: Sie wirkt wie eine Subvention zugunsten der Nuklearenergie und zu Lasten der Opfer. Oder, verkürzt ausgedrückt: Die Opfer von morgen subventionieren den Nuklearstrom von heute.«

Tyran verlangt, dass man wegkommt vom sozialisierten Risiko und es endlich kapitalisiert. Sein Vorschlag: Die Einführung des »ERICAM«-Systems. Das Kürzel steht für »Environmental Risk Internalization through Capital Markets« (Internalisierung von Umweltrisiken durch die Kapitalmärkte). Per Gesetz würden die Anlagebetreiber gezwungen, ihre Risiken auf den Kapitalmärkten zu decken. Dies würde wie folgt ablaufen: Die Kapitalmärkte geben standardisierte Risikoanteilscheine ab. Investoren können solche Scheine zeichnen, erhalten dafür eine Prämie, müssen sich aber gleichzeitig verpflichten zu bezahlen, wenn etwas passiert: Der Kapitalmarkt würde dadurch das nukleare Risiko bewerten.

* Als das KHG 1984 in Kraft tritt, sind die Privatversicherer erst bereit, eine Schadenssumme von 500 Millionen zu decken, der Bundesanteil hat damals ebenfalls 500 Millionen betragen; seit 1996 decken die Privatversicherer 700 Millionen.

Für die Betreiber brächte dies einschneidende Auswirkungen. Geheimnistuerei um allfällige Sicherheitsprobleme würde nicht mehr toleriert – die Investoren werden wissen wollen, in welche Risiken sie investieren, also müssen die AKW-Besitzer mit offenen Karten spielen. Tun sie es nicht, ist niemand gewillt, ihr Risiko zu decken. Für alte Reaktoren wären die Prämien zudem wesentlich höher als für topmoderne Anlagen. Die Betreiber müssten sich deshalb ernsthaft überlegen, ob sie ihre Anlage nachrüsten wollen, um sie sicherer zu machen und eine tieferere Prämie zu bezahlen – oder ob es nicht ökonomischer wäre, die Anlage vom Netz zu nehmen.

Ganz allgemein schätzt Tyran: »Diese Prämien erhöhen die Produktionskosten. Diese Produktionskostensteigerung führt zur Verteuerung von Nuklearstrom. Dadurch würde die erwähnte Subventionierung aufgehoben. Wenn aber der nuklear produzierte Strom teurer wird, dann geht auch die Nachfrage nach ihm zurück – und dadurch auch die Produktion.«[33]

Müsste sich die Nuklearwirtschaft mit ERICAM dem freien Markt stellen, könnte ihr tatsächlich ein rauer Wind entgegenschlagen. Denn schon heute fürchten Privatversicherungen Nuklearunfälle: Weil sie die enormen Kosten scheuen, schließen sie Atom- und Strahlenschäden – wie Naturkatastrophen und kriegerische Ereignisse – von der Hausrats- bis hin zur Autoinsassenpolice konsequent aus. Im Krankenkassenbereich sind zwar Strahlenschäden in der Grundversicherung abgedeckt; bei »Krankheiten und Unfällen infolge ionisierender Strahlung und Schäden aus Atomenergie« haben die Kassen private oder halbprivate Spitalbehandlungen jedoch meistens ausgeschlossen.[34]

Atominitiative von 1980

Volksinitiative für eine Zukunft ohne weitere Atomkraftwerke

Die Bundesverfassung sollte wie folgt ergänzt werden:
Art. 24^{quinquies} Abs. 3–6 (neue)

3 In der Schweiz dürfen keine weiteren Atomkraftwerke mehr neu in Betrieb genommen werden.

4 Die bereits bestehenden Atomkraftwerke dürfen nicht mehr ersetzt werden. Fristen und nähere Bestimmungen für die nukleare Außerbetriebnahme regelt das Gesetz. Frühere Stillegungen aus Gründen der Sicherheit von Mensch und Umwelt bleiben vorbehalten.

5 Bau und Betrieb industrieller Atomanlagen zur Gewinnung, Anreicherung und Wiederaufbereitung von atomarem Brennstoff sind auf schweizerischem Gebiet verboten.

6 In Atomanlagen, die der Zwischen- und Endlagerung von Atommüll dienen, darf nur in der Schweiz erzeugter radioaktiver Abfall gelagert werden. Vorbehalten bleiben staatsvertragliche Verpflichtungen zur Rücknahme von in der Schweiz erzeugten und im Ausland wiederaufbereiteten radioaktiven Abfällen. Solche Anlagen bedürfen einer Rahmenbewilligung der Bundesversammlung, welche nur erteilt werden darf, wenn der Schutz von Mensch und Umwelt gewährleistet ist. Diese Rahmenbewilligung unterliegt dem fakultativen Referendum gemäß Artikel 89 Absatz 2 der Bundesverfassung.

Übergangsbestimmung
Artikel 24^{quinquies} Absatz 3 findet keine Anwendung auf alle Atomkraftwerke, die am 1. Januar 1980 bereits im Besitz einer nuklearen Baubewilligung der zuständigen Bundesbehörden waren.

Die Abstimmung fand am 23. September 1984 statt. Das Volk lehnte die Initiative mit einem Nein-Stimmen-Anteil von 55 Prozent ab.

Ausstiegs- und Moratoriums-Initiative von 1986

Volksinitiative für den Ausstieg aus der Atomenergie (Ausstiegs-Initiative)

Die Bundesverfassung sollte wie folgt ergänzt werden:
Art. $24^{quinquies}$ Abs. 3–5

3 In der Schweiz dürfen keine weiteren Anlagen zur Erzeugung von Atomenergie und keine Anlagen zur Bearbeitung von Kernbrennstoffen in Betrieb genommen werden. Die bestehenden Anlagen dürfen nicht erneuert werden. Sie sind so rasch als möglich stillzulegen.

4 Um eine ausreichende Stromversorgung sicherzustellen, sorgen Bund und Kantone dafür, dass elektrische Energie gespart, besser genutzt und umweltverträglich erzeugt wird. Natürliche Gewässer und schutzwürdige Landschaften dürfen durch neue Kraftwerkbauten nicht beeinträchtigt werden.

5 Zum gleichen Zweck fördert der Bund die Erforschung, Entwicklung und Nutzung von dezentralen umweltverträglichen Energieanlagen.

Volksinitiative Stopp dem Atomkraftwerkbau (Moratoriums-Initiative)

Die Bundesverfassung sollte wie folgt ergänzt werden:
Übergangsbestimmung Art. 19 (neu)
Für die Dauer von zehn Jahren seit Annahme dieser Übergangsbestimmung durch Volk und Stände werden keine Rahmen-, Bau-, Inbetriebnahme- oder Betriebsbewilligungen gemäss Bundesrecht für neue Einrichtungen zur Erzeugung von Atomenergie (Atomkraftwerke oder Atomreaktoren zu Heizzwecken) erteilt. Als neu gelten derartige Einrichtungen, für die bis zum 30. September 1986 die bundesrechtliche Baubewilligung nicht erteilt worden ist.

Die Abstimmung fand am 25. September 1990 statt. Die Ausstiegs-Initiative wurde mit 52,9 Prozent Nein-Stimmen abgelehnt, die Moratoriums-Initiative hingegen mit 54,6 Prozent Ja-Stimmen angenommen.

Atominitiativen

Bereits dreimal konnte das Volk zu Atominitiativen Stellung nehmen – 1979, 1984 und 1990. Die erste Initiative von 1975 verlangt ein größeres Mitspracherecht von Parlament und Bund bei geplanten Atomanlagen; sie wird im Februar 1979 verworfen (vgl. Seite 180).

Die »Volksinitiative für eine Zukunft ohne weitere Atomkraftwerke« wird 1980 lanciert und wendet sich gegen Kaiseraugst, Inwil sowie gegen die Erneuerung der bereits bestehenden Atomkraftwerke. Gleichzeitig wollen die InitiantInnen verhindern, dass in der Schweiz eine Wiederaufbereitungsanlage gebaut oder ausländischer Atommüll gelagert wird (vgl. Initiativtext Seite 190). Zusammen mit dieser Initiative kommt am 23. September 1984 auch die »Volksinitiative für eine sichere, sparsame und umweltgerechte Energieversorgung«. Beide Initiativen werden mit 55 respektive 54,2 Prozent Nein-Stimmen abgelehnt. In der nachträglichen Vox-Analyse zeigt sich, dass vor allem Frauen und Jüngere für die Initiativen votiert haben.[35]

Kurz nach Tschernobyl werden die Ausstiegs- und die Moratoriums-Initiative lanciert (Initiativtexte S. 191). Die Energiewirtschaft steckt immense Mittel in den Abstimmungskampf. Das Abstimmungskomitee »Strom ohne Atom« hat errechnet, dass die Elektrizitätswirtschaft zwischen 60 und 80 Millionen Franken ausgegeben hat, um die Initiativen zu bodigen.[36] Ein umstrittenes Engagement, da ein demokratischer Grundsatz in der Schweiz besagt, dass öffentliche Institutionen sich nicht finanziell an Abstimmungskämpfen beteiligen dürfen. Die Elektrizitätswirtschaft gehört jedoch zu drei Vierteln den Kantonen und den Gemeinden – womit diese indirekt 40 bis 60 Millionen Franken zur Kampagne der Atombefürworter beigesteuert haben.

Die Abstimmung findet am 25. September 1990 statt. Beim gleichen Urnengang entscheiden die StimmbürgerInnen auch über den

Energieartikel, der eine Art abgespeckte Version der Energieinitiative von 1984 ist und den Bund verpflichtet, »Massnahmen für einen sparsamen und rationellen Energieverbrauch« zu ergreifen.

Trotz des millionenschweren Abstimmungskampfs nimmt das Stimmvolk die Moratoriums-Initiative mit 54,6 Prozent Ja-Stimmen an; der Energieartikel schafft gar 71 Prozent. Die Ausstiegs-Initiative wird mit 52,9 Prozent Nein-Stimmen abgelehnt. Die nachträgliche Vox-Analyse zeigt, dass man den Energieartikel vor allem als »Energie- und Stromspargesetz« verstanden hatte und deswegen zustimmte. Ansonsten ergibt sich dasselbe Bild wie sechs Jahre zuvor: Frauen und Jüngere stimmten den Vorlagen zu.

Obwohl die AKW-Bewegung zweieinhalb Niederlagen einstecken musste, haben die Anti-Atominitiativen einiges bewirkt. Die meisten Forderungen, die die AKW-GegnerInnen in ihren ersten Initiativen gestellt haben, sind inzwischen in irgendeiner Form verankert: Das Mitspracherecht von Bund und Parlament wurde für neue Atomanlagen verbessert, für neue AKW-Projekte gilt der Bedarfsnachweis, die Stilllegung ist gesetzlich geregelt, die AKW-Betreiber haften unbeschränkt. Und im Übrigen glaubt niemand, dass in den kommenden zwanzig Jahren in der Schweiz ein neuer Meiler gebaut wird.

Dennoch gedenkt man noch lange nicht, sich definitiv von der Atomenergie zu verabschieden. Der Bundesrat warnte zwar drohend im Abstimmungsbüchlein von 1990: »Die Moratoriums-Initiative ist ein erster Schritt zum Ausstieg aus der Kernenergie.« Doch bereits am Tag der Abstimmung hat Bundesrat Adolf Ogi die eigene Prophezeiung vergessen und erklärt, die Annahme der Moratoriums-Initiative bedeute »keinen Einstieg in den Ausstieg«.[37]

Fünf Reaktoren sind noch am Netz. Vor allem die drei älteren Semester Beznau I/II und Mühleberg werden von Jahr zu Jahr gefährlicher, weil einem Atomkraftwerk wegen der permanenten Strahlenbelastung das Altern arg zusetzt. Doch die AKW-Betreiber, die Nordostschweizerische Kraftwerke AG (NOK) und die BKW Energie AG, sagen, sie wollten ihre Anlagen fünfzig bis sechzig Jahre in Betrieb lassen. Denn wenn sie schon keine neuen AKW bauen können, möchten sie mindestens die alten solange wie möglich laufen lassen.

Um dies zu verhindern, hat der Verein »Strom ohne Atom« (SoA) im April 1998 die Initiativen »MoratoriumPlus« und »Strom ohne Atom« lanciert (Initiativtexte Seite 196 f.). »MoratoriumPlus« verlangt: »Soll ein Atomkraftwerk länger als vierzig Jahre in Betrieb bleiben, ist hiefür ein referendumspflichtiger Bundesbeschluss erforderlich.« Zudem müssten die Betreiber Rechenschaft darüber ablegen, ob ihre »Anlage dem neusten internationalen Stand der Sicherheit« genüge. Ferner schreibt die Initiative das Moratorium fort: Nach 2000 dürften während weiteren zehn Jahren keine neuen Atomenergieanlagen, keine Forschungsreaktoren (außer im Bereich der medizinischen Forschung) und bei AKW keine Leistungserhöhungen bewilligt werden.

»Strom ohne Atom« fordert die schrittweise Stilllegung der AKW: Gösgen müsste demnach spätestens 2009, Leibstadt 2014 vom Netz, Beznau I/II sowie Mühleberg spätestens zwei Jahre nachdem der Verfassungsartikel in Kraft ist. Außerdem untersagt die Initiative die unökologische und unökonomische Wiederaufbereitung von abgebrannten Brennelementen und verlangt, dass bei der Suche nach geeigneten Endlagerstätten der betroffenen Bevölkerung ein umfassendes Mitspracherecht eingeräumt wird.

Allerdings machen die beiden Initiativen wenig Sinn, wenn aus den Steckdosen weiterhin AKW-Strom aus Frankreich oder aus Umwelt verseuchenden Kohlekraftwerken kommt. Deshalb enthält «MoratoriumPlus» folgenden Passus: »Der Bund erlässt Vorschriften über die Deklaration der Herkunft und der Art der Produktion von Elektrizität.« Wie es Biolabels für Lebensmittel gibt, könnte damit auch umweltfreundlich produzierter Strom ein Label erhalten.

In Anbetracht der bevorstehenden Strommarktliberalisierung erhielten die lokalen Elektrizitätsverteiler dadurch die Möglichkeit, Umweltpolitik zu betreiben und vielleicht etwas teureren, dafür aber ökologisch produzierten Strom einzukaufen.

Rückzug aus der Kernenergie?

Am 22. Oktober 1998 gibt der Bundesrat bekannt, dass er den »geordneten Rückzug aus der Kernenergie« anstrebe. Die Medien feiern die Mitteilung bereits als »Ausstieg aus der Atomenergie«. Konkret will der Bundesrat jedoch, dass die bestehenden Atomkraftwerke »nach einer noch festzulegenden Frist stillgelegt werden«. Ein konkretes Datum nennt er nicht. Immerhin hält er fest, im revidierten Kernenergiegesetz solle das »fakultative Referendum für allfällige neue Werke eingeführt« werden.[38]

Gleichentags gibt er auch bekannt, dass er die Leistungserhöhung von Leibstadt bewilligt und die Betriebsbewilligung von Mühleberg um weitere zehn Jahre verlängert hat (vgl. Kapitel 4 und 6). Mehrere AKW-kritische Organisationen lancieren deshalb die kantonale Verfassungsinitiative »Bern ohne Atom«, welche die Stilllegung Mühlebergs bis ins Jahr 2002 fordert und von der BKW Energie AG verlangt, dass sie sich für den Atomausstieg einsetzen müsse (vgl. Kapitel 4). Würde die Initiative angenommen, hätte dies indirekt Auswirkungen auf Leibstadt, da die BKW auch an diesem AKW beteiligt ist (vgl. Kapitel 6).[39]

Atominitiativen MoratoriumPlus und Strom ohne Atom von 1998

Der Verein Strom ohne Atom (SoA) hat Mitte April 1998 die beiden neuen Volksinitiativen »Strom ohne Atom« und »MoratoriumPlus« lanciert.

Eidgenössische Volksinitiative MoratoriumPlus – Für die Verlängerung des Atomkraftwerk-Baustopps und die Begrenzung des Atomrisikos (MoratoriumPlus)

Die Bundesverfassung wird wie folgt ergänzt:

Art. 24^{quinquies} Abs. 3 (neu)

3 Soll ein Atomkraftwerk länger als vierzig Jahre in Betrieb bleiben und wird dies nicht durch eine andere Verfassungsvorschrift ausgeschlossen, ist hiefür ein referendumspflichtiger Bundesbeschluss erforderlich. Die Betriebszeit darf um jeweils höchstens zehn Jahre verlängert werden. Das Verlängerungsgesuch des Betreibers hat insbesondere Aufschluss zu geben über

a. den Alterungszustand der Anlage und die damit zusammenhängenden Sicherheitsprobleme;

b. die Massnahmen und Aufwendungen, um die Anlage dem neuesten internationalen Stand der Sicherheit anzupassen.

Art. 24^{octies} Abs. 3 Bst. c (neu)

3 Der Bund:

c. erlässt Vorschriften über die Deklaration der Herkunft und der Art der Produktion von Elektrizität.

Die Übergangsbestimmungen der Bundesverfassung werden wie folgt ergänzt:

Art. 25 (neu)

Für die Dauer von zehn Jahren seit Annahme dieser Übergangsbestimmung werden keine bundesrechtlichen Bewilligungen erteilt für

a. neue Atomenergieanlagen;

b. die Erhöhung der nuklearen Wärmeleistung bei bestehenden Atomkraftwerken;

c. Reaktoren der nukleartechnischen Forschung und Entwicklung, soweit sie nicht der Medizin dienen.

Eidgenössische Volksinitiative Strom ohne Atom – Für eine Energiewende und die schrittweise Stillegung der Atomkraftwerke (Strom ohne Atom)

Die Bundesverfassung wird wie folgt ergänzt:

Art. 24^{decies} (neu)

1 Die Atomkraftwerke werden schrittweise stillgelegt.

2 Die Wiederaufarbeitung von abgebrannten Kernbrennstoffen wird eingestellt.

3 Der Bund erlässt die erforderlichen gesetzlichen Vorschriften, insbesondere auch betreffend

a. die Umstellung der Stromversorgung auf nicht-nukleare Energiequellen unter Vermeidung der Substitution durch Strom aus fossil betriebenen Anlagen ohne Abwärmenutzung;

b. die dauerhafte Lagerung der in der Schweiz produzierten radioaktiven Abfälle, die diesbezüglichen Sicherheitsanforderungen und den Mindestumfang der Mitentscheidungsrechte der davon betroffenen Gemeinwesen;

c. die Tragung aller mit dem Betrieb und der Stillegung der Atomkraftwerke zusammenhängenden Kosten durch die Betreiber sowie ihre Anteilseigner und Partnerwerke.

Die Übergangsbestimmungen der Bundesverfassung werden wie folgt ergänzt:

Art. 24 (neu)

1 Die Atomkraftwerke Beznau 1, Beznau 2 und Mühleberg sind spätestens zwei Jahre nach der Annahme dieser Übergangsbestimmung außer Betrieb zu nehmen, die Atomkraftwerke Gösgen und Leibstadt spätestens nach jeweils dreissig Betriebsjahren.

2 Nach der Annahme dieser Übergangsbestimmung ist es nicht mehr gestattet, abgebrannte Kernbrennstoffe zum Zweck der Wiederaufarbeitung auszuführen. Früher ausgeführte, bis zur Annahme dieser Übergangsbestimmung noch nicht wiederaufgearbeitete Kernbrennstoffe sind soweit als möglich unbehandelt zurückzunehmen. Abweichende staatsvertragliche Regelungen bleiben vorbehalten.

3 Der Bundesrat erlässt innert einem Jahr nach der Annahme dieser Übergangsbestimmung die erforderlichen Ausführungsbestimmungen.

Sammlung von missgebildeten Tieren aus Naroditschi, westlich von Tschernobyl;

10
Jede Dosis kann Krebs verursachen
Strahlenschutz

Ein kleines Mädchen kommt mit einem Muttermal am linken Arm zur Welt. Die Ärzte des Basler Kantonsspitals wollen das Mal wegmachen und beschließen, den Säugling lokal mit einer hohen Dosis Radium zu behandeln. Drei Jahre später stirbt das Kind: Das Radium hat den Knochen, die Muskeln und die Haut seines linken Arms vollständig zerstört. Das Mädchen hat keinen Namen, es taucht lediglich in der Dissertation des Arztes Adolf L. Meier auf, der über »Klinische Erfahrungen über Strahlenschäden am Knochen« schrieb. [1]

Das war in den Fünfzigerjahren. Dutzende, wenn nicht hunderte von PatientInnen sterben in jenem Jahrzehnt an Strahlenüberdosen, die man ihnen an den Röntgeninstituten von Schweizer Universitätsspitälern verabreicht hat.

In Bern wollen zum Beispiel die Mediziner die »Lungenveränderung nach hohen Dosen von Röntgenstrahlen« untersuchen. Sie arbeiten mit neun ProbandInnen, die an einem bösartigen Tumor im Kehlkopf, in der Brust, der Speise- oder Luftröhre erkrankt sind. Die KrebspatientInnen glauben, man wolle ihre Tumore heilen. Aber eigentlich dienen sie als Versuchskaninchen. Alle sterben wenige Monate nach der Behandlung, doch nicht am Krebs: Sie ersticken, die tödlichen Strahlendosen haben ihr Lungengewebe zerstört.

Das Zürcher Universitätsspital schafft sich Anfang der Fünfzigerjahre ein Betatron an – ein kleiner Teilchenbeschleuniger, auch Elektronenschleuder genannt –, mit dem man bösartig wucherndes Gewebe bestrahlt und zerstört. Die Ärzte sind stolz auf ihre Anschaffung, weil es das erste Betatron Europas ist. Auch hier macht man wissenschaftliche Experimente, verabreicht probehalber und willkürlich die unterschiedlichsten Strahlendosen, selbst bei Krebserkrankungen, bei denen man aufgrund der bereits vorliegenden Literatur wissen müsste, dass eine Bestrahlung nicht hilft. Umberto Cocci, ein Mitarbeiter des Instituts, publiziert 1958 einen Bericht, aus dem hervorgeht, dass zahlreiche PatientInnen an den Folgen der Betatron-Behandlung gestorben sind. Er führt eine Liste von Todesursachen an: »Tod durch Strahlenfibrose, Tod durch Strahlenpneumonie, Tod durch Platzen einer bestrahlten Blase, Tod durch Verkleben der bestrahlten Harnleiter [...].«[2]

Es ist nicht nur reine wissenschaftliche Neugier gewesen, die die Mediziner in jener Zeit motiviert hat, diese Versuche durchzuführen. Insbesondere die Koryphäen, die die Versuche maßgeblich vorangetrieben haben, sind offensiv für die Atombombenbewaffnung der Schweiz eingetreten. Einer der Protagonisten war Hans R. Schinz, damals Direktor der Radiotherapeutischen Klinik und der Poliklinik der Universität Zürich. Er schreibt im Argumentarium »Probleme der Schweizer Atombewaffung«, das der Schweizerische Aufklärungsdienst Ende der Fünfzigerjahre herausgegeben hat: »Die Gefährdung der Menschheit infolge der zunehmenden Radioaktivität ist unvergleichlich viel geringer als jene infolge der politischen Unterjochung, der persönlichen Entrechtung und der kommunistischen Sklaverei.« Die medizinischen Strahlenversuche rechtfertigt Schinz strategisch: »Wir müssen vorläufig diese Opfer für die Freiheit bringen, solange das Gleichgewicht der Abschreckung notwendig ist.«[3]

Die Versuche wären nicht nötig gewesen, denn schon Jahre zuvor hat man ausreichend erfahren, was ein grobfahrlässiger Umgang mit Strahlung bewirkt.

Die ersten Strahlentoten

Der erste Mensch, der an Strahlenexperimenten stirbt, heißt Clarence Dally, ein Mitarbeiter von Thomas Edison, dem Erfinder der Glühbirne. Edison will 1896 eine mit Röntgenstrahlen betriebene Lichtröhre bauen. Der Gesundheitszustand von Edisons Mitarbeiter Dally verschlechtert sich jedoch rapide. Seine Haare fallen aus, an seinen Händen bilden sich Geschwüre. Edison kommt zum Schluss, dies müsse mit den Röntgenstrahlen zusammenhängen, und beendet sein Experiment. Dally versucht sich kurieren zu lassen und forscht weiter. Die Ärzte bestrahlen ihn noch zusätzlich, weil sie glauben, ihn damit heilen zu können. Doch er bekommt Krebs, man muss ihm die eine Hand ganz und die andere teilweise amputieren. Dally stirbt 1904 im Alter von 39 Jahren.[4]

Damals dichtet man den Röntgenstrahlen allmächtige Kräfte an. Auf den Rummelplätzen stehen Röntgenapparate. Man will damit wertloses Metall zu Gold oder Kriminelle und Trinker in sittsame Bürger verwandeln. Ohne sich zu schützen, experimentieren Ärzte, Physiker, Chemiker mit den Strahlen. Viele von ihnen sterben an den Spätfolgen, doch hat man noch keine Ahnung davon und hält irgendeine andere Todesursache fest.

Marie Curie ist wohl das prominenteste Strahlenopfer. Sie stirbt am 4. Juli 1934. Die Ärzte diagnostizieren eine »sehr rasch verlaufende perniziöse Anämie« – eine strahlenbedingte Leukämie, wie man heute weiß – und stellen nach ihrem Tod fest: »Man muss Frau Curie zu den Opfern der radioaktiven Elemente rechnen, die sie selbst gemeinsam mit ihrem Mann entdeckt hat [...]. Da das Knochenmark nicht mehr reagierte, ist anzunehmen, dass es durch die langanhaltende Einwirkung von Radiumstrahlen angegriffen war.«[5]

Doch schon vor Curies Tod hat das Radium mehrere Frauen umgebracht. Radium bringt ein fluoreszierendes, grünliches Licht hervor. Man träumt davon, Wohnräume mit Radiumfarbe zu streichen und mit seinem »sanften Mondlicht« ganze Häuser zu beleuchten. Die Firma US Radium Corporation in New Jersey (USA) nutzt den Modetrend und lässt in ihrer Fabrik mit der Radiumfarbe »Undark« – zu Deutsch »Undunkel« – Zifferblätter, Armbanduhren, Kruzifixe oder Türgriffe bemalen.

Die Firma floriert und beschäftigt etwa 250 Angestellte. Manchmal streichen sich die Arbeiterinnen zum Jux ihre Fingernägel oder Zähne mit Undark an.

Mitte der Zwanzigerjahre sterben jedoch binnen drei Jahren neun der jungen Malerinnen. In den Totenscheinen stehen die unterschiedlichsten Todesursachen von Syphilis über Magengeschwür bis hin zu Blutarmut und Kiefernekrose. Mit der Farbe könne es nichts zu tun haben, beteuert die US Radium. Die Todesfälle sorgen dennoch für Unruhe. Ein Zahnarzt stellt die These auf, dass der Kiefer einer seiner Patientinnen, die als Zifferblattmalerin gearbeitet hat, »von Radioaktivität befallen, ja verseucht sein« müsse. Das Zifferblattmalen sei, so begründet der Zahnarzt seinen Verdacht, eine diffizile Arbeit, die Angestellten müssten den Pinsel jeweils in den Mund nehmen, um ihn zuzuspitzen, wobei sie jedesmal winzige Mengen der radioaktiven Farbe schluckten.

Heimlich gibt die US Radium Corporation eine Studie in Auftrag, um die These des Zahnarztes zu widerlegen. Doch das Ergebnis der Studie entspricht nicht den Erwartungen der Firma: Die Wissenschaftler stellen fest, dass die »Haare, Gesichter, Hände, Arme, Beine, Hälse, die Kleider, die Unterwäsche, sogar die Korsette« der Arbeiterinnen im Dunkeln leuchten.[6] Von 22 getesteten Arbeiterinnen hat keine einzige ein normales Blutbild. Die Wissenschaftler kommen zum Schluss, die Malerinnen seien durch äußere oder hinuntergeschluckte radioaktive Partikel übermäßiger Strahlenbelastung ausgesetzt: »Es drängt sich unausweichlich die Annahme auf, dass die beschriebenen Fälle auf Radium zurückzuführen sind.«[7] Die

Firma erschrickt und droht den Wissenschaftlern mit rechtlichen Schritten, falls sie ihre Ergebnisse veröffentlichen.

Der Amtsarzt der Gegend, Harrison Martland, dem die zahlreichen Todesfälle nicht geheuer sind, lässt indes nicht locker. Martland gelingt es, obwohl man stets versucht, seine Untersuchungen zu behindern, zwei verstorbene Zifferblattmalerinnen zu autopsieren. Dabei macht er eine bahnbrechende Entdeckung. Er findet heraus, »dass eingeatmete oder mit der Nahrung aufgenommene Stoffe nicht geradewegs den Körper durchqueren, wie man gedacht hatte. Stattdessen sammeln sie sich in verschiedenen Organen an und bestrahlen kontinuierlich die umliegenden Zellen. Wie Kalzium, das ähnliche chemische Eigenschaften hat, neigt Radium dazu, sich in den Knochen anzureichern. Dort kann es Knochentumore verursachen und das Knochenmark schädigen, in dem die Blutkörperchen gebildet werden.«[8]

Martland kommt noch zu einer weiteren, befremdenden Erkenntnis: Eine scheinbar ausgezeichnete Gesundheit kann ein Frühsymptom von Strahlenvergiftung sein: »Anfangs setzt sich der Körper gegen die Belastung durch Radium zur Wehr, indem er viel mehr rote Blutkörperchen produziert als gewöhnlich. Eine Zeitlang sieht das Opfer besonders gesund aus und fühlt sich auch so. Aber der Körper kann die Verteidigungsanstrengung auf die Dauer nicht fortsetzen, früher oder später nehmen die strahlengeschädigten Zellen überhand.«[9]

Damit widerlegt Martland früh einen Mythos, der allerdings bis heute überlebt hat: Den Mythos, geringe Strahlendosen wirkten gesundheitsfördernd.

Überall in Europa gab und gibt es noch Kurorte mit Radiumbehandlungen: Zum Beispiel in Bad Gastein in Österreich, im tschechischen Joachimsthal oder im ukrainischen Mironowka. Die Kurgäste setzen sich zwei, drei Wochen lang täglich für mehrere Stunden in Höhlen, die überdurchschnittlich hohe Radium- und Radonkonzentration aufweisen. Weil sie sich danach besser fühlen, interpretieren sie die Abwehrreaktion des Körpers als Heilungsprozess.

In den kontaminierten Gebieten von Tschernobyl lebt der Mythos ebenfalls fort. Männer, die in der hoch verseuchten Zehn-Kilometer-Sperrzone arbeiten, behaupten voller Überzeugung, niedrige Dosen wirkten gesundheits- und potenzfördernd.[10]

Es gibt aber auch WissenschaftlerInnen, die die gefährliche Theorie in neueren Publikationen kolportieren. Reinhold und Tatjana Koepp zitieren in ihrem Buch »Tschernobyl – Katastrophe und Langzeitfolgen« Studien, die den positiven Effekt von kleinsten Strahlendosen propagieren: »Durch langandauernde tägliche Behandlung mit sehr kleinen Dosen wurde die Blutbildung angeregt, die Wundheilung verbessert und die Empfindlichkeit gegen hohe Strahlendosen deutlich herabgesetzt.«[11] Das Buch ist 1996 herausgekommen, publiziert von der Hochschulverlags AG an der ETH Zürich.

Martland hat schon in den Zwanzigerjahren erfahren, dass es nicht einfach sein wird, diesen Mythos zu unterminieren: Der Faktor »trügerische Gesundheit« und die natürliche Verzögerung strahleninduzierter Krankheiten machten es schwierig, Radiumvergiftungen in einem frühen Zeitpunkt zu diagnostizieren. Es gelang ihm jedoch, bei einer Zifferblattmalerin – die sich »anscheinend bester Gesundheit« erfreute – nachzuweisen, dass sie bereits selbst strahlte, weil sich so viel Radium in ihrem Körper angesammelt hatte. Drei Jahre später war sie »ein Opfer verkrüppelnder Knochenläsionen«.[12]

Alpha-, Beta-, Gammastrahlung

Radioaktive Strahlung bezeichnet man im Fachjargon als ionisierende Strahlung, weil sie aus jedem Atom, das sie trifft, ein Elektron herausbrechen kann. Verliert ein Atom ein oder mehrere Elektronen, wird es elektrisch geladen. Dieser Vorgang heißt Ionisierung. Ein ionisiertes Atom ist sehr instabil und geht leicht mit anderen Atomen oder Molekülen neue Verbindungen ein. In lebenden Geweben ruft Ionisierung eine Kette von physikalischen, chemischen und biologischen Veränderungen hervor, die zu schweren Erkrankungen, genetischen Schäden und zum Tod führen können. Noch versteht man die komplizierten Wechselbeziehungen nicht, die auf die Atome in den Sekundenbruchteilen einwirken, nachdem sie ionisiert worden sind, aber es ist klar, dass dadurch Veränderungen in den Molekülen von menschlichen Zellen entstehen können.[13]

Alle Radioisotope geben ionisierende Strahlung ab (vgl. Kapitel 2), doch sind nicht alle Strahlenarten gleich beschaffen:

- Alphastrahlen entstehen, wenn ein Radionuklid zerfällt und dabei je zwei Protonen und Neutronen – ein so genanntes Alphateilchen – aussendet. Diese Strahlung hat nur eine geringe Reichweite respektive Durchschlagskraft, sie kann lediglich 0,05 Millimeter tief ins Körpergewebe eindringen.
- Setzt ein Radioisotop beim Zerfall Elektronen – auch Betateilchen genannt – frei, spricht man von Betastrahlung. Diese Elektronen können bis zu einem Zentimeter tief ins Gewebe eindringen. Ein einziges Betateilchen, das sich annähernd mit Lichtgeschwindigkeit bewegt, hat genügend Energie, um im Gewebe Tausende von chemischen Bindungen zu sprengen und unzählige biochemische Reaktionen hervorzurufen.
- Bei der Gammastrahlung zerfällt das Atom nicht, doch sendet der Kern Photonen aus und verliert an Energie. Die Gammastrahlen verhalten sich wie die extrem kurzwelligen, energiereichen elektromagnetischen Röntgenstrahlen und vermögen den Körper ganz zu durchdringen.
- Ferner gibt es Atome, die beim Zerfall auch Neutronen abgeben; Neutronenstrahlung kann etwa zwanzig Zentimeter tief ins Gewebe eindringen.

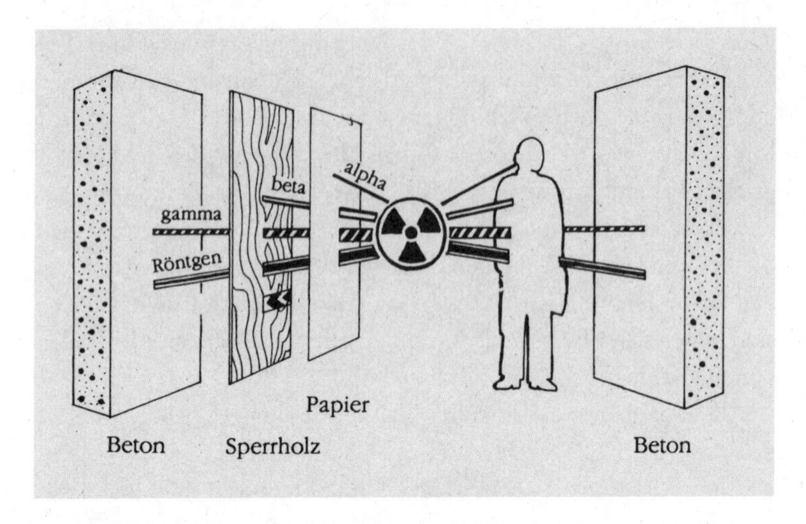

Strahlenarten

Alpha: Beim Alphazerfall gibt ein Radionuklid je zwei Protonen und Neutronen ab. Dieses sogenannte Alphateilchen kann nur 0,05 Millimeter tief ins Gewebe eindringen. Schon ein Blatt Papier reicht, um sie abzuschirmen. Auf der Haut richten Alphateilchen kaum Schaden an. Nimmt man sie aber über die Atemwege oder die Nahrung auf, haben sie verheerende Auswirkungen, weil sie sehr energiereich sind. Plutonium ist ein Alphastrahler, ein Milligramm davon reicht, um zum Beispiel Lungenkrebs zu verursachen.
Beta: Beim Betazerfall setzt das Radionuklid Elektronen frei – auch Betateilchen genannt. Diese Betastrahlen vermögen bis zu einem Zentimeter tief ins Gewebe vorzustossen; eine Sperrholzplatte genügt indes, um sie aufzuhalten. Die Teilchen bewegen sich fast mit Lichtgeschwindigkeit und vermögen im Gewebe Tausende von chemischen Bindungen zu sprengen und unzählige biochemische Reaktionen hervorzurufen.
Gamma: Man spricht zwar von einem Gammazerfall, doch zerfällt das Radionuklid, wenn es Gammastrahlen aussendet, nicht – vielmehr gibt der Atomkern in Form von Photonen Energie ab. Die Gammastrahlen wirken wie die extrem kurzwelligen, energiereichen elektromagnetischen Röntgenstrahlen, vermögen den Körper zu durchdringen und lassen sich nur durch dicke Betonmauern abschirmen.

Quelle: u.a. PSR-Schweiz: Atom-Ordner, Basel 1988

Die Reichweite der verschiedenen Strahlenarten lässt sich anhand einer Bibliothek veranschaulichen: Um Alphastrahlen abzuschirmen, reicht die Seite eines Buches; für Betastrahlen braucht es ein Buch; Gammastrahlen durchqueren die gesamte Bibliothek, vor ihnen kann man sich eigentlich nur mit einer Blei- oder einer dicken Betonwand schützen.

Plutonium ist ein klassischer Alphastrahler, Strontium-90 gehört hingegen zu den Betastrahlern. Cäsium-137 gibt beim Zerfall ebenfalls Betateilchen ab, sendet aber auch Gammastrahlen aus; zahlreiche Alphastrahler wie zum Beispiel Radon, Radium oder Uran geben ebenfalls Gammastrahlung ab. Dies stiftet manchmal Verwirrung, weil in der einen Quelle ein Radioisotop als Alpha- und in einer anderen als Gammastrahler bezeichnet wird, doch trifft beides zu.*

Nach der Reaktorkatastrophe in Tschernobyl ließen sich dank der Gammastrahlung des Cäsiums relativ schnell und einfach Kontaminierungskarten erstellen, die aufzeigten, welche Gebiete verseucht sind, da man die Gammastrahlung mit Messgeräten vom Flugzeug aus weiträumig erfassen kann. Alpha- oder Betastrahlung zu messen, ist hingegen schwieriger und zeitaufwendig.

Am Beispiel Tschernobyl lässt sich aufzeigen, welche Bedeutung die unterschiedlichen Strahlenarten für die betroffene Bevölkerung haben:

In den ersten Tagen bedrohte vor allem das radioaktive Iod-131, das der Reaktor ausgespien hatte, die Bevölkerung. Eine Iod-Wolke zog von Kiew über Weißrussland, Skandinavien und Mitteleuropa um den ganzen Erdball. Der Körper behandelt radioaktives Iod wie gewöhnliches Iod: Die Schilddrüsen füllen sich sofort damit. Iod-131

*Die exakten Daten über Strahlenart und Halbwertszeit eines spezifischen Isotops lassen sich in Nuklidkarten nachlesen. Eine umfassende Auflistung findet sich in der schweizerischen Strahlenschutzverordnung (StSV 814.501) oder auf dem Internet: http://hpngp01.kaeri.re.kr/CoN/index.html.

Radioaktive Stoffe im Körper

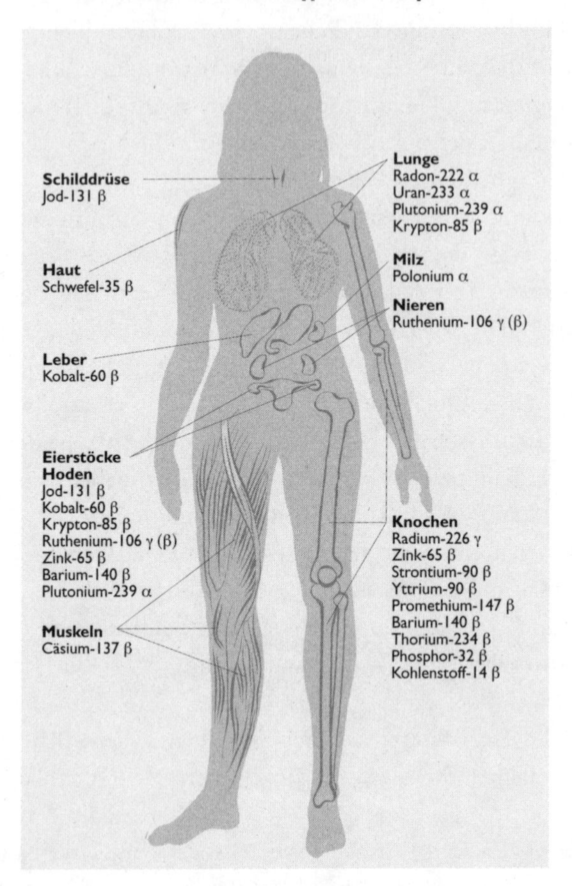

Atmet ein Mensch radioaktive Stoffe ein oder nimmt sie über Nahrungsmittel zu sich – man bezeichnet dies als inkorporieren –, lagern sich die Radionuklide an verschiedenen Orten im Körper ab. Nicht alle Radionuklide verweilen gleich lang im Körper; dabei spricht man von der »biologischen Halbwertszeit«, von der Zeitspanne, die der Organismus benötigt, um die Hälfte eines inkorporierten Stoffes über Stuhl, Schweiß oder Harn wieder auszuscheiden. Cäsium-137 verweilt etwa drei Monate im Körper, Strontium-90 hingegen ein Leben lang, weil die Substanz in den Knochen und den Zähnen eingebaut wird.

zerfällt zwar relativ schnell, da es eine Halbwertszeit von knapp acht Tagen hat, dabei werden jedoch die Schilddrüsen unablässig mit Gammastrahlung bombardiert.

Schon vier, fünf Jahre nach dem Super-GAU sind in den verseuchten Gebieten bei Kindern die ersten Schilddrüsentumore aufgetreten. In Weißrussland und in der Ukraine hat man 1996 insgesamt über 1200 Schilddrüsenkrebsfälle gezählt.[14,15]

Wochen und Monate nach dem GAU bedrohte zudem die hohe externe Gammastrahlung des Cäsiums die Menschen in den verseuchten Gebieten. Es war, als ob sie in einem Röntgenapparat leben würden. Zahlreiche missgebildete Säuglinge und Tiere kamen zur Welt. Es handelte sich dabei nicht um genetische Mutationen, sondern um Fehlentwicklungen, die – da der Fötus besonders strahlenempfindlich ist – im Mutterleib entstanden. Die externe Strahlenbelastung ist an den meisten Orten in den vergangenen Jahren markant gesunken, weil die radioaktiven Stoffe im Erdboden versickerten.

Langfristig weit gefährlicher wirken Radionuklide wie das Iod-131, welche die Leute eingeatmet oder über die Nahrung aufgenommen haben – man spricht dabei von interner oder inkorporierter Strahlung. Die Radioisotope können Monate bis Jahrzehnte im Organismus verweilen und bestrahlen das Gewebe von innen.

Die Reaktorexplosion hat zum Beispiel große Gebiete mit Strontium-90 verseucht. Auch wenn das kontaminierte Land verhältnismäßig wenig Strontium enthält, ist dieses Radionuklid aufgrund seiner besonderen Eigenschaften hoch gefährlich. Es reichert sich in der Milch, aber auch in Beeren, Pilzen, im Fleisch wilder Tiere oder in Fischen an. Die Bevölkerung in Weißrussland und der Ukraine konsumiert diese Produkte regelmäßig, ihr innerer Strahlungspegel steigt allmählich. Hat der Mensch das Strontium aber einmal aufgenommen, kann es der Organismus nicht mehr ausscheiden. Denn Strontium verhält sich wie der »Knochensucher« Radium und baut sich im Knochengewebe oder in den Zähnen ein. Die Betateilchen

Kontaminierte Lebensmittel

Im Tschernobyl-Jahr misst ein Bauer in Bayern, nachdem er seine Kühe mit Heu vom ersten Schnitt gefüttert hat, in seinem Stall eine Strahlung von 25 000 Becquerel pro Quadratmeter. In der Schweiz ist der Tschernobyl-Fallout vor allem im Tessin, aber auch in die Ostschweiz niedergegangen. Das Bundesamt für Gesundheitswesen (BAG) meint 1986, lediglich die Milch aus dem Tessin weise problematisch hohe Iod- und Cäsiumwerte auf. Rund ein Dutzend Proben überschreiten den damaligen Toleranzwert von 370 Bq deutlich. Doch vermischte man einfach die verseuchte Tessiner Milch mit sauberer Milch, um die Dosis pro Liter zu senken. Ein irreführendes Vorgehen, weil es das Krebsrisiko nicht vermindert, sondern lediglich auf eine größere Personengruppe verteilt: Ob 100 Personen 1000 Millisievert oder 100 000 Menschen 1 Millisievert abbekommen, macht keinen Unterschied – bei beiden Gruppen dürfte mit 25 Krebstoten zu rechnen sein.
Nach Tschernobyl hat man die Toleranzwerte für Lebensmittel reduziert. Heute darf zum Beispiel Milch nur noch 10 Bq Cäsium pro Kilogramm aufweisen. Wildfleisch oder Wildpilze dürfen hingegen 600 Bq enthalten. Der Grenzwert liegt hingegen sehr viel höher: Bei 400 Bq für Säuglingsnahrung, bei 1250 Bq für die gewöhnlichen Nahrungsmittel (der EU-Grenzwert beträgt 600 Bq). Wird dieser Wert überschritten, darf man ein Produkt nicht mehr verkaufen. Der Toleranzwert besagt lediglich, dass ein Produkt zu beanstanden ist, es »kann aber unter gewissen Voraussetzungen im Handel bleiben«, wie das Bundesamt für Gesundheit schreibt.
Bei den Pilzen in den einheimischen Wäldern neigen bestimmte Pilzarten besonders dazu, Radionuklide, aber auch Schwermetalle aufzunehmen. Am höchsten verseucht sind die Maronenröhrlinge (bis zu 600 Bq). Auffallend ist, dass der Strahlungspegel bei den Pilzen in den vergangenen Jahren nicht gesunken ist, weil der Waldboden die Radionuklide in der obersten Schicht festhält, sie versickern also nicht im Boden. Die Kontamination der Böden stammt nicht nur von Tschernobyl, sondern auch von den atmosphärischen Atombombentest.
In München fand man im Herbst 1997 auf einem Markt hoch verseuchte Pfifferlinge; eine Probe enthielt 10 000 Bq Cäsium pro Kilogramm Frischgewicht. Vermutlich sind die Pilze illegal via Ungarn und Österreich aus der Ukraine importiert worden. In der Schweiz hat man bislang noch keine so stark verseuchten Importpilze gefunden.

Quellen: WoZ, 27.2.87, Zürichsee-Zeitung, 27.5.95; Bundesamt für Gesundheit »Strahlendosen in der Schweiz«; Verordnung über Fremd- und Inhaltsstoffe in Lebensmitteln vom 26.6.95.

attackieren jahrzehntelang das Knochenmark, was zu Krebs, insbesondere zu Leukämie, führt.

Cäsium sammelt sich hingegen vor allem im Muskelgewebe an, der Körper scheidet es nach rund drei Monaten wieder aus.

Am allergefährlichsten sind jedoch die Alphapartikel, die nicht einmal ein Blatt Papier durchdringen können und wenig anrichten, solange sie nur auf die Haut treffen. Inkorporiert entfalten sie jedoch ein enormes Zerstörungspotenzial: Atmet man zum Beispiel ein Milligramm Plutonium ein, reicht dies, um Lungenkrebs zu verursachen. Über der Ukraine sind nach Tschernobyl etwa achtzig Kilogramm Plutonium niedergegangen. Der hoch giftige Stoff hat sich wie ein feiner Film über das ganze Land verteilt. PlutoniumStaub findet sich in den Strassen von Kiew, am Ufer des Dnjeprs und auf den Feldern.[16] Schutzmaßnahmen existieren kaum.

Man hat lediglich entschieden, Gebiete, die mit mehr als 15 Curie Cäsium pro Quadratkilometer verseucht sind, zu evakuieren.

Curie (Ci) ist die veraltete Einheit, um die Aktivität eines Stoffes zu messen; sie umschreibt die Menge Radioaktivität, die in einem Gramm Radium-226 vorhanden ist. Die neue Messeinheit heißt Becquerel, die inhaltlich dasselbe aussagt wie Curie, nur dass Becquerel die Anzahl Atomzerfälle pro Zeiteinheit angibt. Ein Becquerel (Bq) steht für einen Zerfall pro Sekunde. In einem Gramm Radium zerfallen in einer Sekunde 37 Milliarden Atome; 1 Curie entspricht demnach $3{,}7 \times 10^{10}$ Bq.

Die Evakuierungsgrenze liegt bei 15 Curie pro Quadratkilometer, weil man hochrechnete, dass ein Mensch, verbringt er sein Leben in einem so hoch kontaminierten Gebiet, insgesamt eine Lebensdosis von über 250 Millisievert Gammastrahlung akkumuliert. Mehr als 250 Millisievert sollen für die Gesundheit nicht zuträglich sein, befand man. Ein relativ willkürlicher Entscheid.

Rem und rad, Sievert und Gray

Um 1900 hält man 2500 Röntgen – was zirka 25 000 Millisievert entspricht – pro Jahr für ungefährlich.[17] Heute weiss man, dass ein Fünftel dieser Dosis ausreicht, um jemanden innert Kürze zu töten. Röntgen (r) ist die erste Messeinheit, die es erlaubte, Radioaktivität zu messen – man hat dabei die Fähigkeit der Strahlung gemessen, eine gegebene Menge Luft zu ionisieren. Heute verwendet man Sievert; 1 Röntgen entspricht etwa 10 Millisievert.

Ende der Zwanzigerjahre erlässt das »US Advisory Committee on X-Ray and Radium Protection«, das US-amerikanische Röntgen- und Radium-Schutzkomitee, einen Grenzwert für Röntgenstrahlen, der besagt, eine Person dürfe pro Tag höchstens 0,1 Röntgen abbekommen, pro Jahr macht das rund 30 Röntgen.[18]

Mit dem Bau der Atombombe stellt sich die Frage des Strahlenschutzes völlig neu. Hunderte von Wissenschaftlern, die am Manhattan-Project beteiligt sind, hantieren plötzlich mit hoch gefährlichen Radionukliden, die vorher nicht existiert haben. Robert Stone, ein Ordinarius der Universität San Francisco, der beim Manhattan-Project den Strahlenschutz zu überwachen hat, ist der Überzeugung, der damals gängige Grenzwert von 25 Röntgen pro Jahr sei eigentlich zu hoch.[19]

Er muss sich jedoch damit begnügen, die Bombenbauer minimstens vor dem allgegenwärtigen Plutoniumstaub und dessen hoch gefährlichen Spaltprodukten zu schützen. Selbst ein neuer Grenzwert hätte niemandem genützt, denn es existiert noch kein Gerät, das hätte messen können, wie viel Plutonium ein Manhattan-Wissenschaftler bereits absorbiert hat.*

*Das war beim Radium anders, weil Radium zwar wie Plutonium ein Alphastrahler ist, gleichzeitig aber – im Gegensatz zu Plutonium – noch Gammastrahlen abgibt, die sich messen lassen.

Immerhin schafft man damals eine präzisere Messeinheit: Das rad, das für »radiation absorbed dose« (absorbierte Strahlendosis) steht. Die Einheit gibt an, wie viel eine Person abbekommen hat, und definiert die Energiemenge, die die Strahlung im menschlichen Gewebe deponiert. Ein rad entspricht einem Hundertstel Joule auf ein Kilogramm Gewebe.

Die verschiedenen Strahlen schädigen das Gewebe jedoch unterschiedlich. Alphastrahlung überträgt ihre Energie viel schneller auf ein Ziel als Gammastrahlung und wirkt deshalb wesentlich konzentrierter. Wie sich die Strahlenarten in ihrer biologischen Wirksamkeit genau unterscheiden, weiß man allerdings bis heute nicht. Über den Daumen gepeilt nimmt man an, Alphastrahlung sei zehn- bis zwanzigmal schädlicher als Gammastrahlung.

Um dies zu berücksichtigen, wurde das rad mit dem rem ergänzt. Rem steht für »Radiation equivalent for man«, die so genannte Äquivalentdosis oder effektive Dosis. Sie ist eine reine Rechengröße, die festlegt: 1 rad Gammastrahlung entspricht 1 rem, 1 rad Alphastrahlung entspricht hingegen 20 rem. Man multipliziert also das reine Messergebnis mit einem Faktor, der angeben soll, welche »relative biologische Wirksamkeit« die Strahlung im Körper entfaltet. Bei Alphastrahlen beträgt der Faktor 20, bei Beta- und Neutronenstrahlung variiert er zwischen 5 und 20 – je nachdem wie viel Energie ein Radionuklid beim Zerfall freisetzt.[20]

Das Rechenverfahren ist jedoch umstritten, weil es auf einer fiktiven Referenzperson von durchschnittlichem Alter, durchschnittlicher Größe und durchschnittlichem Gewicht ausgeht. Ein Kleinkind, das einer bestimmten Strahlendosis ausgesetzt wird, ist jedoch wesentlich stärker davon betroffen als ein erwachsener Mann.

Strahlenbiologische Experimente weisen außerdem darauf hin, dass die Neutronenstrahlung bislang massiv unterschätzt wurde. Der deutsche Professor Horst Kuni kam bei seinen Untersuchungen zum Schluss, die biologische Wirksamkeit der Neutronenstrahlung sei um ein 60- bis 75-Faches höher als bisher angenommen: Eine bestrahlte Zelle würde mindestens 300-mal mehr geschädigt, als wenn sie derselben Dosis Gammastrahlung ausgesetzt sei.[21] Dabei geht es vor allem darum, die Leute, die Atommülltransporte begleiten, zu schützen, weil die beladenen Castorbehälter Neutronenstrahlung abgeben (vgl. Kapitel 13).

Inzwischen sind die Einheiten rad und rem durch Gray (Gy) und Sievert (Sv) abgelöst worden. Inhaltlich hat sich an den Messeinheiten nichts geändert, nur die Kommastelle wurde verschoben: 1 rad gleich 0,01 Gray, 1 rem gleich 0,01 Sievert respektive 10 Millisievert (mSv).

Grenzwerte und Risikoabschätzungen

Die Maßeinheiten bleiben allerdings leere Formeln, solange man sie nicht interpretiert, da sie lediglich aussagen, wie viel ein Mensch abbekommen hat respektive wie stark ein Gebiet verseucht ist – sie sagen aber nichts darüber, was dies für die Gesundheit bedeutet.

Die Definitionsgewalt, welche Grenzwerte den Menschen zuträglich sein sollen, hat seit Jahrzehnten die »International Commission on Radiological Protection« (ICRP). Es ist eine sich selbst konstituierende Gruppe, die in den Zwanzigerjahren gegründet worden ist (früher hieß die ICRP »International Committee on X-Ray and Radium Protection«) und der Wissenschaftler aus verschiedenen Ländern angehören.

Bislang ist es nur der ICRP gelungen, weltweit Grenzwerte durchzusetzen:

- 1934 empfiehlt die ICRP im Einklang mit dem »US Advisory Committee« für Leute, die beruflich mit Strahlung zu tun haben, 0,1 Röntgen pro Tag (ca. 300 mSv pro Jahr).

- In den Fünfzigerjahren senkt das Komitee den Wert auf 50 mSv pro Jahr.
- 1977 ergänzt sie ihn mit dem ALARA-Prinzip; ALARA ist die Abkürzung von »As Low As Reasonably Achievable« und besagt: So wenig Strahlung wie vernünftig realisierbar. Das ALARA-Prinzip verbirgt die Erkenntnis, dass die erlaubten Grenzwerte eigentlich zu hoch sind, aus ökonomischen Gründen jedoch nicht tiefer angesetzt werden können. Denn jedes vermiedene Sievert kostet die Nuklearindustrie Geld, sei es, dass man mehr ArbeiterInnen einsetzen muss, um bei einer gefährlichen Arbeit die Strahlung auf mehr Körper zu verteilen, oder weil technische Investitionen erforderlich sind, um mehr Radioaktivität zurückzuhalten.
- 1990 senkt die ICRP den Grenzwert auf 50 mSv pro Jahr, wobei innerhalb von 5 Jahren nicht mehr als 100 mSv akkumuliert werden dürfen, das macht pro Jahr im Durchschnitt 20 mSv.

Für die normale Bevölkerung hat die ICRP ebenfalls Empfehlungen herausgegeben:

- 1949 erlässt sie einen ersten Grenzwert von 3 mSv pro Jahr, was einem Prozent des damaligen Grenzwertes für Beschäftigte entspricht.
- 1953, im Zeichen der atmosphärischen Atombombentests, mutet das Komitee den gewöhnlichen Leuten mehr zu, der Grenzwert steigt auf 15 mSv.
- Danach sinkt er auf 5 und schließlich auf 1 mSv, die heute noch gelten.[22]

Landläufig herrscht die Meinung, Grenzwerte sollten jegliche gesundheitliche Schäden verhindern. Dies ist jedoch nicht möglich. Inzwischen sind sich alle StrahlenschützerInnen einig, dass jede Dosis Krebs oder genetische Defekte auslösen kann.

Die Strahlenschutzgesetze, auch das schweizerische, definieren demnach, wie viele Krebstote man gewillt ist der Nuklearindustrie zu opfern. Und die Zahl der akzeptierten Toten ermittelt man aufgrund einer abstrakten Risikoabschätzung, die auf Untersuchungen in Japan basiert.

Denn Daten, die heute über die Langzeitfolgen von ionisierender Strahlung zur Verfügung stehen, verdankt man vor allem den Opfern von Hiroshima und Nagasaki. Sieben Jahre nach dem Abwurf der Bomben hat die »Radiation Effect Research Foundation« (RERF) begonnen, Hunderttausende von Überlebenden in Langzeitstudien zu untersuchen. Finanziert wird die Foundation vom japanischen Gesundheitsministerium und dem US-amerikanischen Energiedepartement.

Die RERF versucht herauszufinden, wie viele Menschen zusätzlich an Krebs sterben, wenn eine bestimmte Gruppe von Menschen einer definierten Strahlendosis ausgesetzt war. Direkt lässt sich nicht nachweisen, ob Strahlung oder Nikotin oder eine andere Ursache eine Krebserkrankung ausgelöst hat. Man nimmt deshalb eine möglichst große Gruppe, von der man weiß, wie viel Strahlung die Betroffenen abbekommen haben, und vergleicht sie mit einer Gruppe, die ähnlich lebt, aber nicht exponiert war. Die zusätzlichen Krebsfälle, die in der ersten Gruppe auftreten, muss man dann der Strahlung zuordnen.

In Hiroshima und Nagasaki ermittelte man bei den Bombenüberlebenden – je nachdem wie weit sie von der Explosionsstelle entfernt waren –, wie hoch ihre Strahlendosen waren, und stellte fest, dass das Krebsrisiko mit zunehmender Strahlung steigt.

Die ICRP übernahm die Daten der Atombombenopfer und errechnete 1977, dass 1,25 Menschen an Krebs sterben, wenn man 100 Personen mit einem Sievert bestrahlt.

Die RERF musste jedoch ihre Zahlen in den Achtzigerjahren massiv nach oben korrigieren, weil man feststellte, dass die ursprünglichen

Annahmen nicht korrekt gewesen waren: Man hatte die Strahlenexponierten mit Menschen verglichen, die in einer japanischen Stadt lebten, welche nicht direkt von den Bomben betroffen war, und glaubte, sie seien nicht bestrahlt worden. Diese Leute hatten jedoch über den Bombenfallout – die strahlenden Staubpartikel, die sich kilometerweit verbreiteten – ebenfalls ihre Dosen abbekommen. Das Krebsrisiko der Vergleichsgruppe war demnach ebenfalls erhöht. Ferner überlebten in Hiroshima und Nagasaki vor allem Menschen mit einer überdurchschnittlich starken Konstitution; Anfälligere starben in den ersten sieben Jahren, bevor man mit der Studie begonnen hatte, weshalb sie in der Auswertung gar nicht auftauchten.[23]

Man stellte zudem fest, dass die Dosisberechnungen falsch waren: Die Bombenopfer waren geringerer Strahlung ausgesetzt als ursprünglich angenommen – die Erkrankungen und Todesfälle mussten daher auf eine geringere Dosis zurückgeführt werden. Es zeigte sich auch, dass das Krebsrisiko nach einer Bestrahlung proportional mit dem »normalen« Krebsrisiko wächst.[24] Da das normale Risiko mit dem Alter steigt, nimmt nach einer Bestrahlung auch das Risiko einer zusätzlichen Krebserkrankung mit jedem Jahr zu. Das gewöhnliche Krebsrisiko und das Strahlenrisiko multiplizieren sich; die Gefahr, dass eine betroffene Person an Krebs erkrankt, schnellt – je älter sie wird – in die Höhe.

1987 publizierte die RERF ihre revidierten Daten, die besagen, dass 18 von 100 Personen (bestrahlt mit 1 Sv) an Krebs sterben; man spricht dabei von einem Risiko von 18 Prozent pro Sievert.

Andere offizielle Gremien haben die Hiroshima-Nagasaki-Daten ebenfalls interpretiert: Das Committee on Biological Effects of Ionizing Radiations (BEIR) – ein Strahlenschutzkomitee, das der US-amerikanischen Akademie der Wissenschaften untersteht – kommt auf 12,4 Krebstote. Die Unscear – das Strahlenschutzkomitee der Uno – spricht von 11 Toten. Die beiden unabhängigen deutschen

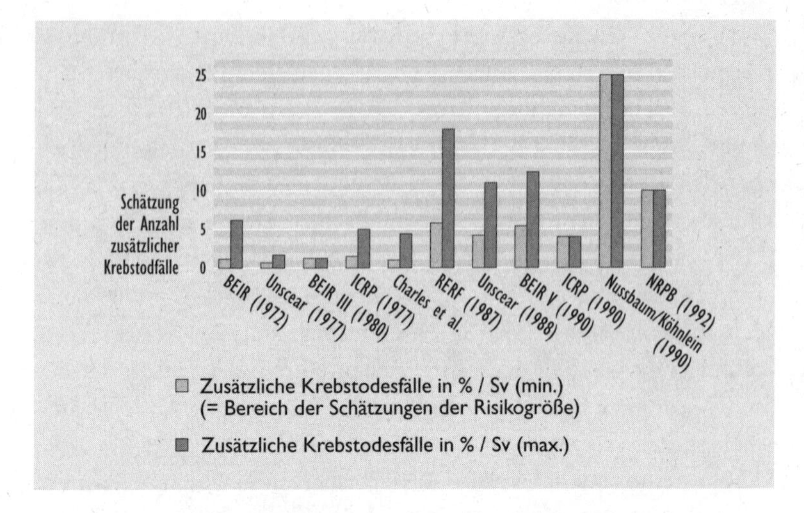

Wie viele Tote fordert die Strahlung?

Die unterschiedlichen Strahlenschutzgremien streiten sich seit Jahren über die Frage, wieviele Menschen zusätzlich an Krebs sterben, wenn theoretisch 100 Personen mit 1 Sievert (Sv) bestrahlt werden. Man nennt dies Risikoabschätzung. Die Grafik zeigt, dass selbst die atomfreundlichen Gremien in den vergangenen Jahren ihre Daten markant nach oben revidieren mussten. Die ICRP, die weltweit Strahlenschutzempfehlungen erlässt, rechnet mit lediglich 4 Toten. Die RERF, die die Daten der japanischen Atombomben-Überlebenden ausgewertet hat, spricht hingegen von 18. Noch höher ist das Risiko nach Berechnungen der beiden deutschen Professoren Nussbaum/Köhnlein – sie gehen davon aus, dass rund ein Viertel der entsprechenden Gruppe an einer Krebserkrankung sterben wird. Die unterschiedlich hohen Säulenpaare kommen aufgrund statistischer Unsicherheiten und verschiedener Berechnungsmodelle der Gremien zustande. BEIR V geht also davon aus, dass mindestens 5,4 Personen (dunkle Säule) und höchstens 12,4 Personen an Krebs sterben.

Die Gremien:
BEIR: (Committee on) Biological Effects of Ionizing Radiations, Strahlenschutzkommission der US-amerikanischen Akademie der Wissenschaften; UNSCEAR: United Nations Scientific Committee on the Effects of Atomic Radiation, Strahlenschutzkomitee der UNO; ICRP: International Commission on Radiological Protection, die einflussreichste internationale Strahlenschutzkommission; NRPB: National Radiation Protection Board, Strahlenschutzgremium Britanniens; Nussbaum und Köhnlein: Quelle: Risk estimates of Low-Level Ionizing Radiation. http://www.foe.arc.net.au/kohnpaper.htm

Quelle: Grafik von Dr. Martin Walter, in »Atomstrom und Strahlenrisiko«, PSR-News 1/98

Professoren Nussbaum/Köhnlein gehen sogar von 25 zusätzlichen Toten aus (vgl. Grafik auf Seite 218).

Beachtenswert sind die Risikoabschätzungen des britischen Strahlenschutzausschusses »National Radiation Protection Board« (NRPB), der in seinem Bericht von 1992 auf 10 Tote kommt. Das NRPB-Ergebnis ist besonders interessant, weil es erstmals nicht auf den japanischen Daten basiert, sondern die Krebshäufigkeit unter den britischen NuklearabeiterInnen untersucht hat.[25]

Die ICRP hat 1990 ihre Zahlen ebenfalls revidiert, kommt aber immer noch erst auf ein bescheidenes Risiko von 4 Toten.

Nimmt man die ICRP-Zahl, sterben in der Schweiz als Folge von Tschernobyl 60 Personen an einem strahleninduzierten Krebs, da die radioaktive Wolke im Durchschnitt jede Person im Land mit 0,21 Millisievert belastet hat.[26] Nimmt man hingegen die Zahl von Nussbaum/Köhnlein, werden es 360 Todesopfer sein.

Schweizer Strahlenschutzgesetz

Die hochgerechneten Krebstode bestimmen auch direkt die Grenzwerte. Da die ICRP am einflussreichsten ist, gilt ihre Zahl – auch für das Schweizer Strahlenschutzgesetz vom 22. März 1991 und die dazugehörige Strahlenschutzverordnung vom 22. Juni 1994, die die Grenzwerte regeln: Beruflich Strahlenexponierte dürfen im Normalfall nicht mehr als 20 mSv pro Jahr absorbieren; mit Sonderbewilligung kann der Grenzwert jedoch auf 50 mSv erhöht werden, sofern die betreffende Person in den letzten fünf Jahren nicht mehr als 100 mSv abbekommen hat. Für die Normalbevölkerung gilt 1 mSv pro Jahr.

Diese Grenzwerte basieren auf einer makaber anmutenden Kosten-Nutzen-Analyse. Dies betrifft insbesondere den Grenzwert für beruflich Strahlenexponierte, der für AKW-Arbeiter und Temporärangestellte, welche bei der jährlichen AKW-Revision mithelfen, sowie für das medizinische Personal gilt. Eine Kosten-Nutzen-Analyse, die sich auch als »einkalkulierte Menschenopfer« bezeichnen lässt, wie Martin Walter, Mediziner und Vorstandsmitglied der »ÄrztInnen für soziale Verantwortung« (PSR/IPPNW Schweiz), schreibt: »Die ICRP – wie auch die Schweizer Behörden – geht davon aus, dass von 100 ArbeiterInnen während eines Berufslebens von 40 Jahren 3 bei einem Berufsunfall und/oder an einer Berufskrankheit sterben dürfen. Die Strahlenschutzverantwortlichen legten dabei ein Risiko (an einer zusätzlichen Krebserkrankung zu sterben) von 4 Prozent pro Sievert zugrunde. Dies bedeutet: Werden 100 Arbeiter verteilt über 40 Jahre mit insgesamt einem Sievert bestrahlt, sterben 4 von ihnen an einem berufsbedingten Strahlenkrebs. Um lediglich auf 3 zusätzliche Strahlenkrebs-Todesfälle zu kommen, darf man als Arbeiter – gemäß der Risikoabschätzung der ICRP – während eines Berufslebens mit 750 Millisievert bestrahlt werden; was bei einem 40-jährigen Berufsleben pro Jahr 18,4 mSv ergibt.«[27]

Walter fügt an, gemäß der Internationalen Arbeitsorganisation ILO müssten aber an jedem Arbeitsplatz sämtliche Gefahrenpfade berücksichtigt werden: »Ein Arbeiter kann in einem AKW auch von der Leiter fallen und tot sein – das haben aber die Strahlenschützer vergessen. Sie tun so, als ob in einer Nuklearanlage keine normalen Unfälle geschehen würden.« Dass dem nicht so ist, beweist der Unfall im Reaktorsumpf von Beznau, bei dem 1993 zwei junge Männer starben (vgl. S. 56).

Bundesrätin Ruth Dreifuss wurde – als ihr Departement 1993 die 20-Millisievert-Regelung in die Vernehmlassung schickte, auf die fragwürdige und ILO-widrige Berechnung aufmerksam gemacht. Doch gelangte die Regelung unhinterfragt und diskussionslos in die Strahlenschutzverordnung.

Im Zentrum der Strahlenschutzdebatte steht die Frage: Wie gefährlich sind kleine Strahlendosen? Die heutigen Kenntnisse über Krebs und genetische Defekte stammen vor allem aus »höheren Strahlenbelastungen in kurzer Zeit« – wie bei den japanischen Atombombenopfern. Im Alltag gestaltet sich die Belastung aber anders: Die Menschen sind über lange Zeit kleinen Dosen ausgesetzt. Um trotzdem etwas dazu sagen zu können, extrapoliert man die Daten von der »hohen, kurzfristigen« auf die »niedrige, langandauernde« Strahlenexposition. Daher stammt auch der Leitsatz der Strahlenschützer, dass jegliche Strahlendosis Gesundheitsschäden verursachen kann.

Völlig willkürlich macht nun aber die ICRP einen »Niedrigdosisabzug«: »Da man nichts weiß über langandauernde Niedrigstrahlung«, schreibt der Nuklearexperte Christian Küppers, »nimmt die ICRP die Wirkungsdaten, die man von der ›höheren Kurzzeitbestrahlung‹ hat, und ›korrigiert‹ sie: Sie halbiert ihre Wirkung auf die Hälfte, um sie dann auf die langandauernde Niedrigbestrahlung anzuwenden.« Es existiere aber, so Küppers, kein »ausreichendes wissenschaftliches Verständnis der Strahlenwirkung«, um diese Korrektur zu rechtfertigen. Zudem belegen immer mehr Untersuchungen, dass niedrige Strahlendosen gefährlicher sind als hohe (vgl. Petkau-Effekt, S. 222). Der Niedrigdosisabzug bedeutet nichts anderes, als dass die Schweizer Strahlenschutzverordnung – würde man auf die »Korrektur« verzichten – 6 statt nur 3 Strahlentote akzeptiert.

Die mathematischen Tricks waren nötig, weil die ICRP lange behauptet hat, mit ihren Empfehlungen sei die Arbeit in der Nuklearindustrie nicht gefährlicher als in einer anderen, als sicher geltenden Branche.

Würde hingegen die ICRP alle neuen Erkenntnisse berücksichtigen und auf mathematische Winkelzüge verzichten, dürften beruflich Strahlenexponierte – so stellt Küppers fest – in ihrem gesamten Berufsleben nicht einmal 40 mSv akkumulieren: »Kernkraftwerke könnten dann nicht mehr betrieben werden.«[28]

Petkau-Effekt

Absorbiert ein Mensch in kurzer Zeit eine hohe Strahlendosis, treten Symptome der Strahlenkrankheit auf, wie Verbrennungen, Erbrechen und Haarausfall. Mehr als 5 Sievert führen unmittelbar zum Tod, doch können nach Wochen oder einigen Monaten auch Menschen an der Strahlenkrankheit sterben, die rund 1 Sievert ausgesetzt waren. Hohe Strahlendosen schädigen im Organismus die Zellkerne, was zum Tod führen kann.

Anders ist es hingegen bei der Niedrigstrahlung. Dosen, die keine Symptome der Strahlenkrankheit hervorrufen, gelten als Niedrigstrahlung. Lange ging man davon aus, dass niedrige Dosen, über einen langen Zeitraum verabreicht, weniger gefährlich sind, als wenn dieselbe Dosis in kurzer Zeit absorbiert wird, weil die Zellkerne nicht beschädigt werden.

Der kanadische Wissenschaftler Abram Petkau machte jedoch 1972 eine überraschende Entdeckung. Er bestrahlte eine Zellmembran – die Hülle einer Zelle – mit 2,6 Gray pro Minute. Es brauchte 350 Gray, um die Membran zu zerstören. Er wiederholte das Experiment, verwendete aber nur 0,0001 Gray pro Minute. Bei dieser extrem niedrigen Dosis brauchte es nur 0,07 Gray, bis die Membran aufplatzte. Petkau wiederholte das Experiment und stellte fest: Je länger die Strahlung andauert, desto geringer ist die Gesamtdosis, die es braucht, um die Membran zu brechen.

Die Zellen werden dadurch indirekt zerstört – ein Vorgang, den man lange übersehen hat. Dieser »Petkau-Effekt« gilt als Erklärung, weshalb kleine chronische Strahlendosen verhältnismäßig gefährlicher wirken können als hohe. Es wird angenommen, dass durch die Strahlung im Zellsaft negativ geladene Sauerstoffmoleküle – so genannte freie Radikale – entstehen, die sich sehr aggressiv verhalten, die Zellmembran attackieren und perforieren, bis sie bricht. Heute weiß man, dass die freien Radikalen auch beim Alterungsprozess eine wichtige Rolle spielen, doch steckt die Radikalen-Forschung noch in den Anfängen.

Quelle: Ralph Graeub: Der Petkau-Effekt – Katastrophale Folgen niedriger Radioaktivität, Bern 1990

Unterlassungssünden der ICRP

Karl Z. Morgan hat 1993 eine Liste von »ICRP-Unterlassungssünden« publiziert, aus der hervorgeht, dass sich die obersten Strahlenschützer der Welt immer nach den Bedürfnissen der Kriegsministerien und der Atomindustrie richteten.[29] Morgan gehörte von 1950 bis 1971 selbst der einflussreichen Kommission an. Er war jedoch ein Wissenschaftler der alten Garde und war ernsthaft bemüht, die Bevölkerung zu schützen.

Morgan kämpfte vehement gegen die Röntgenapparate in den Schuhgeschäften; man hat diese Geräte benutzt, um die Schuhe optimal anzupassen. Die Kinder liebten es, damit zu spielen, und absorbierten dabei relativ hohe Strahlendosen. Morgan engagierte sich auch gegen die Schirmbildreihenuntersuchungen, weil die Schüler pro Lungenaufnahme 20 bis 30 mSv abbekommen haben. Die USA unterbinden dieses Massenscreening gegen Tuberkulose dank Morgan schon in den Sechzigerjahren; in der Schweiz hat man die Schulkinder noch zwanzig Jahre länger serienweise in Schirmbildwagen geröntgt.

Morgan gesteht sich mit der Zeit ein, dass sich die ICRP hat korrumpieren lassen, und schweigt, wo deutliche Richtlinien gefragt wären. Das hat bereits nach dem Zweiten Weltkrieg begonnen, als man weltweit den Uranabbau vorantreibt, um beim Wettrüsten mithalten zu können. »Die meisten Untertage-Uranminen waren sehr staubig und schlecht bewettert. Als Folge der Inhalation von Radon und den Folgeprodukten war die Lungenkrebsrate unter den Bergarbeitern stark erhöht. [...] Man hätte erwarten müssen«, so Morgan, dass die ICRP »auf die Gefahren hingewiesen hätte und für Verbesserungen in den Bergwerken eingetreten wären. Aber nichts dergleichen geschah«, die Organisation sei stumm geblieben.

Alle offiziellen Strahlenschutzgremien, nicht nur die ICRP, hätten versucht, die kleinen Strahlendosen zu verharmlosen, stellt Morgan fest und schildert, wie er zusammen mit anderen WissenschaftlerInnen versucht hat, die »Zehn-Tage-Regel« einzuführen: Die renommierte britische Präventivmedizinerin Alice Stewart hatte herausgefunden, dass Kinder von Müttern, die während der Schwangerschaft im Beckenbereich geröntgt wurden, mit fast doppelt so hoher Wahrscheinlichkeit an Leukämie oder an einem anderen Krebsleiden erkranken wie Kinder von Müttern, die nicht bestrahlt wurden. Die »Zehn-Tage-Regel«, die Morgan anstrebt, sollte festlegen, dass Frauen im gebärfähigen Alter nur in den zehn Tagen nach Beginn der Menstruation in der Beckenregion geröntgt werden dürfen.

Morgan bringt diese Regel in der ICRP durch, die Kommission höhlt sie jedoch kurz danach wieder vollständig aus. Morgans Kommentar: »Eine große Anzahl der ICRP-Mitglieder, mich eingeschlossen, waren mit der Atomwaffenindustrie verbunden. Wir wagten nicht, den Wettlauf mit der UdSSR um den Aufbau von waffenfähigen Uranvorräten zu verlangsamen. […] Ich glaube, dass viele Mitglieder der ICRP ehrlich sind, aber sie sind der Auffassung, sie müssten unbedingt der angeschlagenen Nuklearindustrie das Überleben sichern.«

Folgerichtig hat sich die ICRP auch nie zu Tschernobyl geäußert. »Die Bewertung der Tschernobyl-Katastrophe durch die Internationale Atomenergieorganisation IAEO war«, schreibt Morgan, »ein Schandfleck größten Ausmaßes. Niemand mit nur einem bisschen wissenschaftlichen Verstand und einem Funken Integrität kann diese pervertierten Schlussfolgerungen [wonach die Katastrophe kaum Auswirkungen auf die Gesundheit der Betroffenen hat, Anm. d. Autorin] akzeptieren. Aufgrund ihres Schweigens kann ich nur annehmen, dass die ICRP es nicht wagt, den Bericht eines verlängerten Arms der Uno in Frage zu stellen.«

Genetische Schäden

Die »International Atomic Energy Organisation« (IAEO, manchmal auch IAEA genannt) spielt in Strahlenschutzfragen eine besondere Rolle. Die IAEO ist 1956 unter Schirmherrschaft der Uno in Wien gegründet worden und soll als internationale Kontrollbehörde der Atomindustrie wirken. Die Organisation verhält sich durchwegs atomfreundlich, da ihre Statuten festschreiben, sie müsse sich für »die Förderung der Atomindustrie für den Frieden, für die Gesundheit und für das Wohlbefinden in der ganzen Welt« einsetzen.

Innerhalb der Uno wäre hingegen die Weltgesundheitsorganisation (WHO) für Gesundheitsfragen zuständig. In den Fünfzigerjahren setzt sich die WHO auch noch kritisch mit dem Strahlenrisiko auseinander. Sie organisiert 1956 eine Konferenz, an der sich namhafte Genetiker beteiligen. Die anwesenden Wissenschaftler sind sich einig: Ionisierende Strahlen lösen bei Bakterien wie bei Menschen Mutationen aus, und kleine Strahlendosen sind überproportional gefährlich. In einer gemeinsamen Stellungnahme warnen die Genetiker: »Das Erbgut ist das wertvollste Eigentum der Menschen. Es bestimmt das Leben ihrer Nachkommenschaft, die gesunde und harmonische Entwicklung der künftigen Generationen. Wir als Gruppe behaupten, dass die Gesundheit der künftigen Generationen durch die zunehmende Entwicklung der Atomindustrie und Strahlungsquellen gefährdet ist. […] Wir sind auch der Meinung, dass neue Mutationen, die bei Menschen auftreten, für sie selbst wie für ihre Nachkommen schädlich sein werden.«[30]

Der neu gegründeten IAEO passen diese deutlichen Worte nicht. Sie interveniert bei der WHO. Es kommt zu Verhandlungen und 1959 zu einem gemeinsamen Vertrag, der die WHO zum Schweigen verurteilt. »Das Abkommen verfügt implizit, dass Forschungsprojekte – deren Resultate potentiell die Förderung der Atomindustrie behindern könnten – entweder gar nicht oder nur noch von der

IAEO gemeinsam mit der WHO durchgeführt werden«, schreibt der emeritierte Basler Medizin-Professor Michel Fernex. Die IAEO fürchte zu Recht, fährt Fernex fort, »dass sich ein aufgeklärtes Publikum der Atomenergie entgegenstellen könnte, und legt deshalb im erwähnten Abkommen fest: ›Die IAEO und die WHO sind sich bewusst, dass es notwendig sein könnte, restriktive Massnahmen zu treffen, um den vertraulichen Charakter gewisser ausgetauschter Informationen zu wahren.‹ Dabei geht es vor allem darum, dass als vertraulich deklarierte Daten, die zwischen den beiden Organisationen ausgetauscht werden, auch wirklich geheim bleiben.«[31]

Dies erklärt, weshalb weder die IAEO noch die WHO betreffend Tschernobyl brauchbare Daten geliefert hat.

Die WHO veranstaltet zwar im November 1995 in Genf eine große Tschernobyl-Konferenz. Quintessenz der Großveranstaltung: Die Schilddrüsenkrebsepidemie in Weißrussland und der Ukraine sei auf den GAU zurückzuführen, andere Folgeschäden ließen sich aber noch nicht belegen.[32]

Das ukrainische Gesundheitsministerium sprach zum selben Zeitpunkt bereits von hundert- bis zweihunderttausend Todesopfern, die der GAU gefordert habe. Genau wird sich dies nie bestimmen lassen, weil man es versäumt hat, die Katastrophe seriös wissenschaftlich aufzuarbeiten. Eine umfassende Langzeitforschung, wie sie die RERF in Japan betreibt, existiert weder in der Ukraine noch in Weißrussland.

Dank der beharrlichen Arbeit einzelner WissenschaftlerInnen verfügt man heute dennoch über einige erschreckende Daten. Professor Michel Fernex hat Anfang 1998 in »Tschernobyl wütet im Erbgut«[33] neueste Ergebnisse zusammengetragen:

- Schon Jahre vor der Reaktorkatastrophe begann man in Weißrussland, die Missbildungen bei Neugeborenen systematisch in einem Register zu erfassen. Vergleicht man heute die Missbildungszahlen mit den Daten von vor dem Super-GAU, zeigt sich, dass die Miss-

bildungen bei Säuglingen proportional zur Kontamination steigen. In den hoch verseuchten Gebieten ist sie um 79 Prozent angestiegen.
Diese Missbildungen sind zumeist teratogen, sie entstehen im Mutterleib durch die Strahlenbelastung und sind nicht vererbt. Genetische Mutationen brauchen mehrere Generationen, bis sie manifest werden.

- Bei Kindern, die 280 Kilometer von Tschernobyl entfernt in kontaminierten Gebieten leben, hat man in einem bestimmten Bereich ihrer Erbsubstanz – den so genannten Minisatelliten – bereits doppelt so viele Mutationen festgestellt wie bei Kindern aus nicht verseuchten Gebieten. Noch haben diese Mutationen keine erkennbaren Auswirkungen, aber sie werden vererbt. Irgendwann dürften schwere genetische Krankheiten entstehen.
- Bei Tieren, die eine kürzere Generationenabfolge aufweisen, treten diese mutagenen Schädigungen schon sichtbar auf. In einer Fischzucht 200 Kilometer von Tschernobyl entfernt entstehen nur noch aus dreißig Prozent der befruchteten Karpfeneier lebensfähige Larven – der große Rest stirbt wegen der zahlreichen genetischen Defekte ab. Die Zucht liegt in mäßig verseuchtem Gebiet, das Wasser ist weder mit Schwermetall noch mit Pestiziden verunreinigt. Von den überlebenden Larven weist ein Großteil die unterschiedlichsten vererbten Missbildungen auf.
- Bei Mäusen, die in der Nähe des geborstenen Reaktors leben, haben Wissenschaftler eine so hohe Mutationsrate entdeckt, wie man sie sonst höchstens bei gewissen Viren antrifft.
- Der Bestand der Rauchschwalben in der Nähe des Reaktors ist massiv geschrumpft. Die Vögel entwickeln einen Teilalbinismus; aufgrund einer genetischen Anomalie wachsen ihnen auf der Brust, am Kopf oder Schwanz weiße Federn. Die Halbalbinos sind nicht lange überlebensfähig, es gibt zu wenig Nachwuchs, die Population stirbt langsam aus.

Schädigt Strahlung das Gehirn?

Nach weltweiter Lehrmeinung ist das Gehirn strahlenresistent, es sei denn, eine Person ist sehr hohen Strahlendosen ausgesetzt und leidet unter der Strahlenkrankheit. Die Begründung dieser Theorie: Zellen, die sich besonders schnell teilen – wie zum Beispiel die Zellen der Blut bildenden Organe – sind besonders strahlenempfindlich. Zellen, die sich nicht mehr teilen, soll die Strahlung hingegen nichts anhaben können. Die Gehirnzellen von Erwachsenen sind ausgewachsen und teilen sich nicht mehr – daher kann, so die Schlussfolgerung, die Strahlung im Gehirn keine Schäden anrichten.
In der Ukraine hat man jedoch bei Tausenden von Liquidatoren, die an den Tschernobyl-Aufräumarbeiten beteiligt waren, merkwürdige neurologische Störungen festgestellt: Ihr Kurzzeitgedächtnis versagt, ihr Tag-Nacht-Rhythmus ist gestört, sie sind emotional höchst labil, klagen über Schwindel, ertragen keine Temperaturschwankungen und so weiter. Die Selbstmordrate unter den Liquidatoren ist zudem außerordentlich hoch.
Anfänglich hat man all diese Störungen als Spätreaktion auf den psychischen Stress erklärt. Die Männer erlebten jedoch nur beschränkt Stress, weil die wenigsten von ihnen wussten, wie gefährlich ihre Arbeit war.
Heute sind sich zahlreiche, renommierte WissenschaftlerInnen in der Ukraine einig, dass die neurologischen – nicht therapierbaren – Störungen auf organische Schäden im Gehirn zurückzuführen sind, die durch die inkorporierte Strahlung verursacht wurden (vgl. Petkau-Effekt, S. 222). Sie gaben dem auffälligen Syndrom den Namen »aktinische Enzephalopathie«, was so viel bedeutet wie »nichtentzündliche Schädigung des Gehirns, verursacht durch Strahleneinwirkung«.
Wie allerdings die Strahlung das Gehirn schädigt, müsste jedoch noch mit weiteren, aufwändigen wissenschaftlichen Untersuchungen erforscht werden. Den ukrainischen WissenschaftlerInnen fehlt dazu das Geld – und Unterstützung aus dem Westen blieb bislang aus, weil man nach wie vor an der Theorie des strahlenresistenten Hirns festhält.

Quelle: Susan Boos: Beherrschtes Entsetzen – das Leben in der Ukraine zehn Jahre nach Tschernobyl, Zürich 1996

Hinzu kommen noch zahlreiche Krankheiten, die als Folge der stetigen Strahlenbelastung zu werten sind. Die Zahl der Autoimmunerkrankungen steigt markant, ebenso Zuckerkrankheit bei Kindern sowie schwerwiegende neurologische Störungen (vgl. S. 228).

Leukämie um Nuklearanlagen

Zahlreiche Krebserkrankungen, die heute in den westlichen Ländern zu verzeichnen sind, dürften auf Strahlung zurückzuführen sein. Sie sind unter anderem eine Spätfolge der Atombombentests. Die dabei freigesetzten Radionuklide verteilten sich über den ganzen Erdball.

Der US-amerikanische Physiker Ernest Sternglass, der an der Universität Pittsburgh lehrte, hat 1968 errechnet, dass am Fallout der Atombombentests zwischen 1951 und 1961 allein in den USA 400 000 Kinder im ersten Lebensjahr gestorben seien.[34] John W. Gofman und dessen Mitarbeiter Tamplin rechnen nach und kommen zum Schluss, es seien lediglich 4000 und nicht 400 000 gewesen, weil Sternglass wichtige soziale Faktoren übersehen habe. Grundsätzlich sind sich jedoch Sternglass und Gofman einig: Die Bombentests haben Tausende das Leben gekostet. Der US-Regierung passt dieses Ergebnis nicht, insbesondere nicht, weil Gofman ursprünglich ein Mann der Nuklearindustrie war. Er entwickelte als Erster eine Methode, um Plutonium sauber aus abgebranntem Uran herauszutrennen. Er war es auch, der Robert Oppenheimer für das Manhattan-Project das erste Milligramm Plutonium überreicht hatte, als der gesamte Weltvorrat an Plutonium gerade mal 0,06 Milligramm betrug.[35]

Danach beschäftigte sich Gofman vor allem mit der biologischen Wirksamkeit von Strahlung. Bald stellte er fest, dass die Behörden das Krebsrisiko massiv unterschätzten, und forderte strengere Grenzwerte. Die US-Behörden sahen durch Gofmans Aktivitäten ihr Rüstungsprogramm bedroht. Da Gofmann im Lawrence Livermore Laboratory arbeitete, das sich vor allem mit Staatsgeldern finanzierte, drohte man die Gelder zu kürzen. Gofman musste das Labor verlassen. Er forscht seither an der Universität von Berkeley.

Anfang der Neunzigerjahre hat Gofman seine neuesten Untersuchungsergebnisse publiziert: In »Preventing Breast cancer« (Brustkrebs vermeiden) weist er nach, dass in den USA 75 Prozent der Brustkrebserkrankungen strahlenbedingt sind – als Folge der Bombentests, aber auch weil Frauen bei der medizinischen Diagnostik häufig unnötig hohen Strahlendosen ausgesetzt waren oder noch sind. Gofman folgert daraus, ein hoher Prozentsatz von Brustkrebsfällen ließe sich vermeiden, wenn man die Strahlenbelastung der Frauen reduzieren würde.[36]

Dazu passt die Hochrechnung der deutschen Vereinigung »Gesellschaft für Strahlenschutz«, die 1995 monierte: »Etwa 20000 bis 40000 Krebstote werden jährlich in Deutschland durch Röntgenuntersuchungen verursacht. Damit wird das Krebsrisiko durch medizinisch-diagnostische Strahlenbelastungen um 10 bis 20 Prozent erhöht«, weil zu oft unnütz und mit zu hohen Dosen geröntgt werde.[37]

Seit geraumer Zeit geben auch die angeblich störungsfrei funktionierenden Atomanlagen zu reden. In der Umgebung der Wiederaufbereitungsanlage Sellafield wurde eine ungewöhnliche Häufung von Leukämiefällen – ein so genanntes Leukämiecluster – entdeckt. Ähnliches gilt für die französische Wiederaufbereitungsanlage in La Hague: Im Frühjahr 1997 veröffentlichten Jean-François Viel und Daniel Pobel im »British Medical Journal« eine Studie, in der sie darlegten, dass Kinder, die sich regelmäßig am Strand von La Hague aufhalten, signifikant häufiger an Leukämie erkranken (siehe auch Kapitel 12).[38]

Seit 1989 häufen sich in der Umgebung des Kernkraftwerkes Krümmel die Leukämiefälle. Der Meiler – wie Mühleberg und Leibstadt ein Siedewasserreaktor – liegt an der Elbe, südöstlich von Hamburg. Bis 1996 hat ein Hausarzt der Elbmarsch-Gemeinde im Umkreis von fünf Kilometern um das AKW neun Leukämiefälle diagnostiziert, alles Kinder unter 15 Jahren. Leukämie tritt bei Kindern jedoch relativ selten auf.

Einige WissenschaftlerInnen haben das Krümmel-Leukämiecluster genauer untersucht, ihr Ergebnis: »In den alten Bundesländern der BRD erkranken nach dem Mainzer Kinderkrebsregister im Mittel 4,3 auf 100 000 Kinder (unter 15 J.) pro Jahr an Leukämie. In der Gemeinde Elbmarsch – die größer ist als der erfasste Fünf-Kilometer-Radius – leben zirka 1350 Kinder; danach wäre statistisch etwa alle 17 Jahre ein kindlicher Leukämiefall zu erwarten. Die beobachtete Erhöhung beträgt demnach über 700 Prozent. Das ist der weitaus höchste jemals bekanntgewordene Leukämieanstieg in einer angeblich unbestrahlten Bevölkerung.«[39] Die WissenschaftlerInnen sind überzeugt, »dass das Kernkraftwerk Krümmel aufgrund der Indizienlage der einzige in Frage kommende Verursacher ist«. Sie fordern die sofortige Stilllegung des Werkes. Das Energieministerium von Schleswig-Holstein, das zuständig ist für die Anlage, stellt sich hingegen auf den Standpunkt, es gebe keine Handhabe für die Stilllegung, da es an »justiziablen Fakten« fehle und ein »Kausalitätsnachweis gegenwärtig nicht zu erbringen« sei.[40]

In der Schweiz bahnt sich ein ähnlicher Fall an. Eltern aus der deutschen Grenzgemeinde Waldshut bemerkten, dass in ihrer Gegend auffallend viele kindliche Leukämiefälle auftreten. Dies könnte, so fürchten sie, auf das AKW Leibstadt zurückzuführen sein, welches vis-à-vis von Waldshut steht. Sie machten Druck bei den Behörden und verlangten eine Untersuchung. Das Mainzer Krebsregister konnte jedoch nur beschränkt Auskunft geben, weil ihm die Daten aus der Schweiz fehlen.

Die Hauptabteilung für die Sicherheit der Kernanlagen (HSK) beauftragte 1995 einige Wissenschaftler der Universität Zürich, die

Schweizer Mortalitätsstatistik zu durchforsten und zu untersuchen, ob bei den Todesursachen in der Nähe von Kernkraftwerken Besonderheiten auffallen. Man fand nichts. Lediglich in der Umgebung von Mühleberg traten mehr Gebärmutterkrebsfälle auf – was aber zu Recht nicht auf den Betrieb von Mühleberg zurückgeführt wird.

»Dies besagt jedoch nichts über die gesundheitliche Gefährdung, die wirklich von Nuklearanlagen ausgeht«, kommentiert der Mediziner Martin Walter das Ergebnis, »der Ansatz, den die HSK wählte, ist wissenschaftlich betrachtet höchst fragwürdig: Die Folgen von Strahlenimmissionen lassen sich nicht mittels Mortalitätsstatistiken untersuchen. Dass ein Sterberegister nichts zeigen würde, hätte den Auftraggebern und den Wissenschaftlern von Anbeginn klar sein müssen.«[41]

Die Emissionen der AKW könnten aus zeitlichen Gründen noch gar nicht in der Mortalitätsstatistik ersichtlich sein, weil die Anlagen zu wenig lang in Betrieb stehen: »Mit dem Sterblichkeitsregister kann man vielleicht in fünfzig Jahren statistisch relevante Befunde aufzeigen – etwa dann, wenn in der Schweiz kein AKW mehr läuft und unsere Kindeskinder mit dem Abbruch unserer Atomruinen beschäftigt sind«, konstatiert Walter.

Die Wissenschaftler hätten eine Morbiditätsstatistik, eine Erkrankungsstatistik auswerten müssen. Denn in einer Sterblichkeitsstatistik fehlen ja die Krebskranken, die nicht am Tumor gestorben sind. Wäre man in Weißrussland und der Ukraine nach der Mortalitätsmethode vorgegangen, hätte man nach dem GAU sämtliche kindlichen Schilddrüsentumore übersehen – sie hätten nicht existiert, weil Schilddrüsenkrebs zu einem hohen Prozentsatz heilbar ist.

In der Schweiz fehlt sowohl ein flächendeckendes Krebsregister wie ein Missbildungsregister. Ohne derartige Daten sind keine Aussagen möglich – niemand kann nachweisen, ob Leibstadt verantwortlich ist für die Leukämiefälle in Waldshut. Deshalb fordern Umweltorganisationen wie Greenpeace oder die »ÄrztInnen für soziale

Verantwortung«, dass endlich auch in der Schweiz ein Krebsregister eingerichtet wird.

Derartige Forderungen sind im Übrigen nicht neu. Noch bevor Leibstadt die Betriebsbewilligung erhalten hatte, verlangten die AKW-KritikerInnen, es müsse für die Umgebung der Anlage eine Gesundheitsstatistik erstellt werden, »die die wesentlichen Wirkungen radioaktiver Niedrigstrahlung erfassen kann (Spontanaborte, Säuglingsmissbildungen und Säuglingssterblichkeiten)«.[42] Doch der Bundesrat wollte schon damals nichts davon wissen.[43]

Heute existiert in der Schweiz nicht einmal mehr eine wissenschaftliche Institution, die im Bereich der Niedrigstrahlung Grundlagenforschung betreibt. Das einzige Institut, das sich in diesem Feld betätigte, das Strahlenbiologische Institut an der Universität Zürich, hat man 1997 weggespart.[44]

Uranbergwerk

II
Uran

Ein Reaktor von der Größe Leibstadts, der zirka 1000 Megawatt Strom erzeugt, verbraucht pro Jahr 33 Tonnen Uranbrennstoff – das entspricht etwa dem Gewicht von fünfeinhalb Elefanten. Das silberglänzende, weiche Schwermetall will aber erst gewonnen werden: Um Leibstadt während eines Jahres zu betreiben, muss man irgendwo auf der Welt 440 000 Tonnen radioaktives Gestein abbauen – das entspräche einer Herde von über siebzigtausend Elefanten.

Die Menge selbst besagt allerdings wenig. Was zählt, ist die Strahlung, die dabei aus der Erde geholt wird: Der 440 000-Tonnen-Berg enthält eine Radioaktivität von 10 Peta-Becquerel.*

Einen großen Teil des Gesteins schüttet man jedoch auf Halden, weil es zuviel »taubes«, nicht verwertbares Material enthält. Aber das taube Gestein strahlt: Es enthält zahlreiche Radionuklide wie Thorium oder Radium – so genannte Urantöchter, die sich in den vergangenen Jahrmillionen durch den natürlichen Zerfall des Urans im Erdinnern angesammelt haben.

Das Uranerz durchläuft danach einen aufwändigen Verarbeitungsprozess, bis es in einen Reaktor geladen werden kann. Der Jahresbedarf an Brennelementen eines 1000-Megawatt-Kraftwerks strahlt noch mit knapp einem halben Peta-Becquerel (0,43 PBq): Nur ein Zwanzigstel der ursprünglich aus dem Boden geholten Aktivität kann man also effektiv zur Energieerzeugung einsetzen – 95 Prozent bleiben irgendwo als strahlender Müll zurück.

*Ein Becquerel steht für einen Atomzerfall pro Sekunde, 10 Peta-Becquerel sind 1016 Zerfälle pro Sekunde.

Die Zahlen stammen vom Physiker Peter Bossew und der von Elektronikerin und Messtechnikerin Antonia Wenisch. Die beiden WissenschaftlerInnen haben auch ausgerechnet, welche gesundheitlichen Folgen der Uranabbau mit sich bringt. Basierend auf Daten der Internationalen Atomenergieorganisation (IAEO) kommen Bossew und Menisch zum Ergebnis, »dass der einjährige Betrieb eines 1000-Megawatt-Reaktors 76 Todesfälle produziert – nur durch das Radon«, das aus den Abraumhalden entweicht.[1] Das Radium, das aus dem Abraummüll ins Grundwasser sickert, fordert nochmals 20 Tote. »Wir addieren also die 20 zu den vorher genannten 76: Das ergibt fast 100 pro Betriebsjahr eines Kraftwerks«, schreiben die beiden AutorInnen: »Auf der ganzen Welt sind etwa 400 Kernkraftwerke in Betrieb. Das heißt, ein Jahr Atomstrom erzeugt allein im Bereich des Uranbergbaus auf lange Sicht bis zu 40 000 Todesfälle.«

Oder auf die Schweiz umgerechnet: Die fünf Reaktoren bringen es zusammen auf rund 3000 Megawatt, das macht pro Betriebsjahr 300 Tote und auf ihre gesamte Betriebsdauer von rund vierzig Jahren berechnet 12 000 Tote – bei reibungslosem Normalbetrieb. Allerdings sterben die Menschen nicht in der Schweiz, sondern in Namibia oder Nigeria, in Südafrika oder Sibirien, in den USA oder Kanada, wo das Uran gewonnen und verarbeitet wird.

Vom Erz zum Yellowcake

Die Erdkruste enthält pro Tonne zwischen 2,8 und 4 Gramm natürliches Uran.[2] Vor allem das Urgestein weist eine hohe Urankonzentration auf, doch lässt es sich nur dort wirtschaftlich abbauen, wo die alten Erdplatten Falten werfen und das uranhaltige Gestein an die Oberfläche drücken. Heute wird Uran auf drei verschiedene Arten gewonnen: Im Untertagebergbau, im Tagebau sowie durch Lösungsbergbau, auch In-Situ-Laugung oder -Ausschwemmung genannt.

- Der Tagebau kommt zur Anwendung, wenn die Vorkommen nicht tiefer als hundert Meter unter der Oberfläche liegen. Das Oberflächengestein wird abgetragen, das Erz herausgesprengt. Durch den Abbau entsteht feiner, radioaktiver Gesteinsstaub, der durch den Wind weitherum verteilt wird.
- Untertageminen legt man bei tiefer liegenden Vorkommen an. Damit sich die Schächte nicht mit Grundwasser füllen, werden sie kontinuierlich trockengepumpt. Diese Abwässer sind radioaktiv verseucht.
- Beim In-Situ-Lösungsbergbau treibt man Löcher in die Erde, in die man Chemikalien (z.B. Schwefelsäure) pumpt, welche das Uran herauslösen. Die uranhaltige Flüssigkeit saugt man danach wieder ab. Dabei entsteht zwar kein Abraum, doch ist die Flüssigkeit – die man in oberirdischen Teichen lagert – hoch giftig und kann das Grundwasser kontaminieren.[3]

Bis 1990 kam über die Hälfte des Urans aus unterirdischen Minen. Inzwischen hat sich das Bild markant verändert: 54 Prozent stammen heute aus offenen Minen, 27 Prozent aus dem Untertagebau und 13 Prozent aus In-Situ-Laugung. Der Tagebau und die In-Situ-Laugung sind bezüglich Infrastruktur weniger aufwändig als der Untertagebergbau.[4]

Das gewonnene Uranerz kommt in eine so genannte Uranmühle, wo man die groben Gesteinsbrocken zu feinem Kies verarbeitet. Der Begriff »Mühle« klingt allerdings beschönigend, es handelt sich vielmehr um eine Uranerzaufbereitungsanlage. Der Erzkies – der lediglich 0,2 Prozent reines Uran enthält – wird mit Wasser und verschiedenen Chemikalien (insbesondere Schwefelsäure, Salpetersäure, Ammoniumnitrat, Ammoniakgas) vermengt, um das Uran herauszulösen; pro Tonne Uranerz benötigt man zwischen 25 und 90 Kilogramm Schwefelsäure. Als Endprodukt entsteht ein gelbliches, gepresstes Urankonzentrat – der »Yellowcake«, der »Gelbe Kuchen«.

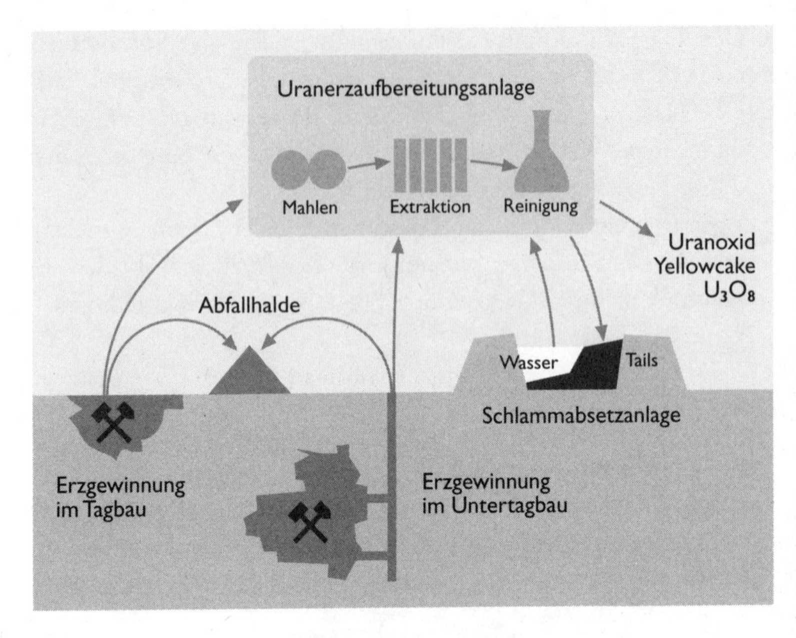

Uranerzgewinnung

Das gewonnene Erz kommt in die Uranerzaufbereitungsanlage, auch Uranmühle genannt, wo es chemisch gereinigt wird. Die Schlämme (tailings), die dabei anfallen, lagert man in offenen, künstlich angelegten Becken, den Schlammabsetzanlagen, die über Jahrmillionen strahlen.

(Quelle: Öko-Institut Darmstadt)

Im Chemikaliengemisch bleiben die »nutzlosen« Urantöchter zurück, wie Radium-226 (Halbwertszeit 1660 Jahre) oder Thorium-230 (75 000 Jahre). Wie bei allen chemischen Trennungsverfahren von Radionukliden vervielfacht sich die Menge radioaktiv verseuchten Materials: Aus einer Tonne Uranerz entstehen rund eine Tonne feste und zwei Tonnen flüssige Abfälle. Den flüssigen Müll dickt man meist mit Kalk ein und pumpt ihn als Schlamm in künstlich angelegte Absetzbecken, im Fachjargon »tailing ponds« genannt.[5] Der Schlamm bleibt dort für alle Zeiten liegen, weil niemand weiß, wie man ihn sonst entsorgen könnte. Rund zehn Prozent des Uran-238, das im Erz drin war, landet aus technischen Gründen ebenfalls in diesen Becken.

Die Gammastrahlung der tailing ponds liegt zwanzig- bis hundertmal über der natürlichen Hintergrundstrahlung.[6] Auch in den nächsten Jahrtausenden dürften die Becken weiter so stark strahlen, da die meisten darin enthaltenen Radionuklide immens lange Halbwertszeiten aufweisen; Uran-238 hat beispielsweise eine Halbwertszeit von 4,46 Milliarden Jahren. Trocknet die Oberfläche der Becken aus, trägt der Wind die radioaktiven Staubpartikel kilometerweit. Regnet es, droht das kontaminierte Wasser zu versickern und das Grundwasser zu verseuchen.

Kommt hinzu, dass die Dämme der Becken oftmals nicht stabil gebaut sind und jederzeit einreißen können. Was bereits mehrmals geschehen ist: 1977 bricht in Grants (New Mexico/USA) der Damm eines tailing ponds, 50 000 Tonnen Schlamm und mehrere Millionen Liter verseuchtes Wasser fließen aus; zwei Jahre später bricht in Church Rock (ebenfalls New Mexico) erneut ein Damm, es fließen 1000 Tonnen Schlamm und rund 400 Millionen Liter giftige Flüssigkeit aus.[7]

Bis in die Achtzigerjahre hat man den Schlämmen kaum Beachtung geschenkt. Waren die Minen ausgebeutet, überließ man die Absetzbecken sich selbst und kümmerte sich nicht weiter darum.

Das Wismut-Erbe

Mitten im malerischen sächsischen Erzgebirge, in der ehemaligen DRR, liegt das größte Uranabbaugebiet Europas: Die Abraumhalden und Gruben der Wismut. Nach dem Zweiten Weltkrieg suchte die Sowjetunion nach Uran, um beim Wettrüsten mithalten zu können. Sie fand es in Ostdeutschland. Zeitweilig arbeiteten 137000 Bergleute in den elf Wismut-Minen, viele von ihnen zwangsverpflichtet. Erst 1954 wurde die DDR an der Wismut AG beteiligt. Es war stets ein streng überwachtes, militärisches Projekt.

1967 erreichte die Uranförderung ihren Höhepunkt, man förderte 7100 Tonnen Uran. Die Halden – auf denen das Gestein lagert, das man nicht verwerten mochte – enthalten jedoch noch so viel Uran, dass sich die Wismut überlegt hat, den Abraum nochmals auszubeuten. Auf den wild bewachsenen strahlenden Schutthügeln spielten jahrzehntelang Kinder. Erst nachdem man Ende 1990 den Uranabbau eingestellt hatte, umzäunte man die Halden und versah sie mit einem Schild »Lebensgefahr«.

1991 stieg Moskau aus der Wismut aus. Die sowjetisch-deutsche Aktiengesellschaft wurde eine GmbH, deren Aufgabe es ist, die Anlage definitiv stillzulegen und sich mit den gigantischen Umweltschäden zu befassen. Große Probleme bereiten vor allem die »Absetzbecken«, in denen der radioaktive Schlamm aus der Uranaufbereitung lagert. Bis heute weiß noch niemand, wie man die fünfzig Millionen Tonnen Giftschlamm trockenlegen will. Noch immer sickern radioaktive Stoffe aus den Becken und bedrohen das Grundwasser. Für 13 Milliarden Mark soll die gesamte Uranabbaustätte saniert werden. Das Geld dürfte allerdings niemals ausreichen. Die Minen und Halden sind inzwischen begrünt. Doch die UmweltschützerInnen der Gegend sind sich einig: Da wird nicht etwa Atommüll entsorgt, da werden nur die äußerlich sichtbaren Schäden beseitigt – die Wismut bleibt ein offenes Atommülllager, das noch über Jahrtausende strahlen wird.

Bei mehr als 6500 Uranbergleuten hat man inzwischen Lungenkrebs als Berufskrankheit anerkannt, jährlich kommen 200 weitere Fälle hinzu. Auch die Normalbevölkerung ist, laut dem Freiburger Öko-Institut, aufgrund der radioaktiven Belastung durch die Radonemissionen der Wismut einem um bis zu zehn Prozent erhöhten Krebsrisiko ausgesetzt.

Quelle: Reimar Paul: Das Wismut-Erbe, Göttingen 1991; Die Zeit, 25.4.97; Arzt und Umwelt 1/96.

Inzwischen haben vor allem die USA und Kanada schärfere Sicherheitsvorschriften erlassen, doch weiß man nach wie vor kaum, wie man die alten Schlammbecken sanieren oder mindestens unter Kontrolle halten soll. Manche der Becken liegen in Erdbebengebieten und sind so unsicher, dass man sie räumen und den Müll an einem anderen Ort lagern müsste. Doch geht es dabei um gigantische Materialmengen. In den USA machen beispielsweise die Schlämme 95 Prozent des gesamten radioaktiven Abfallvolumens aus, das sich durch die zivile und die militärische Atomnutzung bis heute angesammelt hat.

Dass sich solche Altlasten kaum beseitigen lassen, hat man im ostdeutschen Erzgebirge erfahren, wo die Sowjetunion zusammen mit der DDR bis 1990 Uran abbaute. In der Uranerzaufbereitungsanlage lagern in Absetzbecken 100 000 Millionen Kubikmeter Schlämme.[8] Für die Sanierung der verseuchten Gegend hat die Bundesrepublik Deutschland mehrere Milliarden DM bereitgestellt, doch lässt sich damit nur wenig ausrichten (vgl. Das Wismut-Erbe S. 240).[9]

Urankonversion und -anreicherung

Der Yellowcake enthält bis zu über 99 Prozent Uran-238. Dieses Isotop kann allerdings in einem Leichtwasserreaktor keine Kettenreaktion aufrechterhalten. Dazu braucht es Uran-235, das aber nur in geringen Mengen (0,7 Prozent) im Urankonzentrat vorhanden ist. Ein Reaktor braucht Brennelemente, die mindestens drei bis vier Prozent Uran-235 enthalten. Also muss man das Urankonzentrat »anreichern«, das heißt den Anteil von U-235 erhöhen.*

*Uran für Atomwaffen muss bis zu über neunzig Prozent U-235 enthalten, man spricht dabei von hoch angereichertem Uran.

Die Anreicherung erfolgt in mehreren Schritten. In einer Konversionsanlage wandelt man den Yellowcake chemisch in Uran-Hexafluorid (UF_6) um. Das UF_6 hat den Vorteil, dass es schnell vom festen zum flüssigen und gasförmigen Aggregatszustand wechselt; schon bei 65 Grad verflüchtigt es sich.

In den Anreicherungsfabriken trennt man das Uran-Hexafluorid – da sich alle U-Isotope chemisch identisch verhalten – mittels physikalischer Methoden (z. B. mit einem Diffusionsverfahren oder einer Uranzentrifuge), um die richtige Mischung von U-235 und U-238 zu erhalten. Zurück bleiben große Mengen des angereicherten Urans (vor allem U-238), das endgelagert werden muss, weil man dafür kaum Verwendung hat.

Lange besaßen die USA faktisch das Monopol auf die Anreicherung. In den Achtzigerjahren sind in Europa mehrere Anreicherungsanlagen gebaut worden. Heute herrscht in diesem Metier ein Oligopol: Einige wenige Unternehmen dominieren den Markt – die US-amerikanische DOE Enrichment Corporation, die Eurodif, eine Tochter des staatlichen französischen Nuklearunternehmens Cogema, die staatliche russische Techsnabexport (Tenex) sowie das deutsch-französisch-holländische Unternehmen Urenco.[10]

Von den Anreicherungsanlagen verfrachtet man das Uran in die Brennelementefabriken, wo es in Uranoxid (UO_2) zurückverwandelt und zu Tabletten, den so genannten Pellets, gepresst wird. Die Tabletten füllt man in Brennstabhüllrohre und bündelt diese zu Brennelementen.

Die weltweit größten Brennelementehersteller sind Siemens mit 1470 Tonnen pro Jahr, gefolgt von General Electric (1200 t/J), Westinghouse (1150 t/J), dem russischen Unternehmen Novosibirsk (1000 t/J) und ABB (950 t/J).[11] In Europa stehen fünf Brennelementefabriken: Eine im belgischen Dessel (von der Fuel Fabrication Company FBFC), zwei in Deutschland in Hanau und Karlstein (beide

Siemens) sowie je eine im spanischen Juzbado (Enusa) und im schwedischen Vesterås (ABB).

Riskanter Uran-Tourismus

Das Uran durchläuft also vier verschiedene Fabriken, bis es eingesetzt werden kann. Zwischen den einzelnen Verarbeitungsschritten liegen lange, oft riskante Reisen: »Wegen der Eigenheiten des Uranmarktes wird UF_6 nicht auf dem kürzesten Weg von der Konversionsanlage zur Anreicherung und zur nächsten Konversion gebracht. Vielmehr wird es über weite Wege hin- und hertransportiert. Transporte nach Frankreich, USA und Sibirien/Russland sind häufig; dazwischen gibt es lange Lagerzeiten in Zwischenlagern [...]. Das UF_6 wird in allen möglichen Verkehrsmitteln transportiert, das heißt übliche Straßen- und Schienentransporte bis zu Transporten in Passagierflugzeugen der Lufthansa«, schreibt Tobias Pflüger in »Phantom Atom«. Die UF_6-Transporte seien die heikelsten am Anfang der Brennstoffspirale, hält Pflüger fest: »Uranhexafluorid reagiert nämlich mit Wasser. Schon bei hoher Luftfeuchtigkeit verwandelt es sich zur korrosiven Flusssäure und dem giftigen Uranylfluorid (UO_2F_6). Die Gefährlichkeit von UF_6 ist deshalb nicht nur wegen seiner Radioaktivität, sondern auch wegen seiner chemischen Eigenschaften gegeben.« [12]

Es haben sich auch immer wieder Unfälle bei Urantransporten ereignet. Ende September 1997 kippt in Colorado Springs (USA) ein Laster um und verliert seine ganze Ladung: 25 Tonnen Uranerz. Die Straße muss für sechs Stunden gesperrt werden. Die AnwohnerInnen werden nicht evakuiert, doch sagt man ihnen, es könne »gefährlich sein, die Staubpartikel einzuatmen«.[13]

Pflüger zählt ebenfalls eine Reihe schwerer Unfälle auf, die nur dank viel Glück glimpflich abliefen: Im August 1985 kollidiert beispielsweise an einem Bahnübergang im US-Bundesstaat North-Dakota ein Zug mit einem Lastwagen, der 53 Fässer Urankonzentrat geladen hat. Die Uranbehälter platzen, und zwanzig Tonnen Yellowcake verteilen sich über mehrere Quadratkilometer.[14] Ein Jahr zuvor ging im Ärmelkanal der Frachter Mont Louis mit 225 Tonnen Uranhexafluorid unter. Die Fässer platzten nur deshalb nicht, weil das Schiff in sehr flachem Gewässer sank.[15]

Die Schweiz und die US-Minen

Woher das Uran stammt, welches in Schweizer AKW abbrennt, lässt sich nur beschränkt eruieren.

- Das AKW Leibstadt hat beispielsweise 1996 in Russland, den USA, Südafrika, Namibia und Zentralafrika Uran eingekauft.[16] Das Uran aus den USA stammt von der Mine Kanab North, an der Leibstadt selbst beteiligt ist. Die Aufbereitung, Anreicherung respektive Brennelementefabrikation lässt die KKL AG bei Cogéma und ABB machen. Seit 1996 hat sie für diese Dienstleistungen allerdings auch einen Vertrag mit der russischen Tenex.[17]
- Die Nordostschweizerische Kraftwerke AG (NOK), die Beznau I/II betreibt, verweigert jegliche Auskunft mit der Begründung: »In Zukunft stehen die Stromproduzenten [...] in Konkurrenz mit in- und ausländischen Anbietern. [...] Daten rund um die Erzeugung und den Handel von Strom – dazu zählen auch Informationen über die Versorgungsstrategie bei Kernbrennstoff – sind mittlerweile von wettbewerbsrelevanter Bedeutung«, weshalb man keine Fragen beantworten könne.[18] Immerhin merkt das Energieunternehmen noch an: Die NOK kaufe nicht nur Uran, sie verkaufe auch: »Es ist deshalb irrelevant, in welchen Ländern die

NOK Uran bezieht, wenn ein Teil davon nicht in den eigenen Werken verbraucht, sondern weiterverkauft wird.«
- Die BKW Energie AG hat in den vergangenen Jahren das Uran für Mühleberg in den USA bezogen; das Material wurde dort konvertiert, angereichert und zu Brennelementen verarbeitet.[19]
- Gösgen gibt über seine Uranbezüge ebenfalls kaum Auskunft. Bekannt ist nur, dass das AKW in den früheren Jahren in Nordamerika, Europa und Afrika Brennmaterial besorgt hat und es vor allem in den USA konvertieren und anreichern ließ; noch heute hat sie dort »Nutzungsrechte für Konversions- und Anreicherungsdienstleistungen«. Neuerdings bezieht das Werk auch Uran aus russischen Beständen. [20]

Lange Zeit haben die AKW-Betreiber ihr Brennmaterial vor allem aus den USA bezogen – und dort auch ins Urangeschäft investiert.

In den Vereinigten Staaten fördert man seit 1946 Uran. Die wichtigsten Uranvorkommen befinden sich auf dem Colorado-Plateau in den Bundesstaaten Utah, Colorado, Arizona, New Mexico sowie in den Wyoming Basins und in den Gulf Coastal Plains in Texas im Süden.[21]

Anfang der Sechzigerjahre, als die USA zahlreiche oberirdische Atombombentests durchführen, erreicht die Förderung ihren Höhepunkt, man produziert jährlich über 13 000 Tonnen Urankonzentrat. Die Urangewinnung ist damals ein sicheres Geschäft, weil die US-Regierung die Abnahme des Urans, das in heimischen Minen gewonnen wird, garantiert. Das führt im ganzen Land zu einer exzessiven Uransuche: Die Tiefe der Explorationsbohrungen, die zwischen 1946 und 1982 vorgenommen werden, erreichen aneinander gereiht eine Länge von 138 000 Kilometern, das macht dreieinhalb Erdumrundungen.[22]

Gesucht wird vor allem auf den Territorien der indianischen Urbevölkerung, die sich kaum widersetzen kann. Der Rechtsanwalt James Garret, ein Lakota aus der Cheyenne River Reservation, schilderte im Frühjahr 1992 am Uran-Hearing in Salzburg, wie dies in South Dakota ablief: »Während der sogenannten Energiekrise in den siebziger Jahren kamen riesige multinationale Konzerne in die südlichen Black Hills und begannen nach Uran zu suchen. Wo immer es ihnen gefiel, bohrten sie Löcher, und da es ihnen zu teuer war, diese Löcher wieder richtig zu verschließen, gelangte Uran ins Grundwasser, bis zu den Brunnen auf der Pine Ridge Reservation. Ein Mitglied unserer Organisation [die Black Hills Alliance, Anm. d. Autorin] arbeitete 1979 als Krankenschwester im Krankenhaus von Pine Ridge, und ihr fiel auf, dass die Anzahl der Fehlgeburten dramatisch zunahm – was ihr dann auch die ortsansässigen Ärzte bestätigten. Sie ging daraufhin zum Klinikdirektor und der versprach, er würde sich um die Angelegenheit kümmern. In der folgenden Nacht wurden alle Ärzte des Krankenhauses versetzt – wohin, konnten wir nie in Erfahrung bringen. Wir begannen also mit eigenen Untersuchungen. Ein Biochemiker von der ›South Dakota School of Mines‹ führte für uns eine kurze Studie durch. Er stellte fest, dass innerhalb eines einzigen Monats 38 Prozent der Frauen von Pine Ridge eine Fehlgeburt hatten und bei den Lebendgeburten 50 bis 60 Prozent der Kinder mit Geburtsfehlern zur Welt kamen, die meisten mit Erkrankungen der Atemwege und einige mit Leber- oder Nierenerkrankungen. Als der ›Indianische Gesundheitsdienst‹ merkte, dass wir da einer Sache auf der Spur waren, stellte er eine Menge technischer und finanzieller Mittel zur Verfügung – nicht uns, sondern dem Klinikdirektor. Bis heute heißt es beim Indianischen Gesundheitsdienst, es gebe keine Probleme, gebe keinen Zusammenhang zwischen den Fehlgeburten und den verseuchten Wasservorräten.«[23]

Von offizieller Seite versucht man auch gar nicht zu verhehlen, dass die weiträumigen, trockenen Gebiete der indigenen Völker durch den Uranbergbau irreversibel zerstört werden, und spricht von »National Sacrifice Areas« – von Nationalen Opfergebieten.

Die Nationale Akademie der Wissenschaft hat den Begriff 1974 in einer Studie, in der sie die ökologischen Folgen der forcierten Energieprojekte im Südwesten der USA untersucht hat, erstmals benutzt. Die WissenschaftlerInnen schreiben: »Die Wiederherstellung, das heisst Rückführung des Landes nach dem Bodenschätzeabbau in den ursprünglichen ökologischen Zustand mit Wahrung ästhetischer Werte, von Gebieten, in denen weniger als 250 Milliliter Regen pro Jahr fallen, ist praktisch unmöglich. Eine Wiederherstellung solcher Gebiete ist der Gesellschaft nicht zumutbar; es würde Jahrzehnte oder gar Jahrhunderte dauern, bis sich solche Gebiete ökologisch stabilisiert hätten. [...] Solche Gebiete dem Tagbau zu opfern, hieße, die Schönheit der Landschaft und ihre agrarische Nutzbarkeit etwa als Weideland zu zerstören.« Nüchtern empfehlen die Wissenschaftler, »solche Gebiete entweder zu schonen oder zu Nationalen Opfergebieten zu erklären, deren Wiederherstellung gar nicht erst versucht werden sollte«.[24]

Als Mitte der Siebzigerjahre der Uranpreis wegen der Erdölkrise in die Höhe schnellt, wollen sich die Schweizer AKW-Betreiber absichern und steigen in den USA in die Uranförderung ein. Die KKG Gösgen-Däniken AG und die NOK gründen 1977 zusammen mit Energy Fuels Nuclear (EFN) das Hanksville-Blanding-Konsortium. Gemeinsam betreiben sie mehrere Uranminen auf dem Colorado-Plateau, außerdem eine Uranmühle in Blanding/Utah. Später steigt auch die KKL Leibstadt AG ins Geschäft mit Energy Fuels Nuclear ein.[25]

In den Achtzigerjahren stellen zwei Minen des Hanksville-Blanding-Konsortiums ihren Betrieb ein. Man braucht Ersatz und findet am Red-Butte-Berg, zwölf Kilometer außerhalb des Grand-Canyon-Nationalparks eine abbauwürdige Lagerstätte. Der Red Butte liegt auf dem Territorium der Havasupai – zu Deutsch »die Menschen vom blaugrünen Wasser« –, die seit Jahrhunderten in einem der malerischen Seitentäler des Grand Canyon leben. Sie wehren sich heftig ge-

Urandrehscheibe Schweiz

Oren L. Benton, einst einer der reichsten Männer von Denver/Colorado und einer der einflussreichsten Uranhändler der Welt, wollte seine Urangeschäfte mit den GUS-Ländern vor allem über die Schweiz abwickeln. Er gründete am 23. Februar 1988 in Olten die Nuexco Exchange AG und amtete selbst als Verwaltungsratspräsident. Benton hatte in der Schweiz einen Partner: Hans W. Vogt, ehemaliger technischer Direktor des AKW Gösgen, der von Anfang an Verwaltungsratsmitglied der Nuexco ist und für Benton in der Schweiz die Geschäfte führt. Der Urantycoon verspekuliert sich jedoch und geht 1995 Bankrott. In der Folge wird die Nuexco in Olten am 16. April 1996 aufgelöst.
Das Uranhandelsgeschäft läuft aber weiter: Parallel zur Nuexco Exchange hat Benton 1991 in Olten die Globe Nuclear Services and Supply GNSS Ltd. (GNSS) gegründet; Hans W. Vogt ist auch bei dieser Firma Verwaltungsrat. Gemäß Handelsregister betreibt die GNSS »Kauf und Verkauf von sowie Erbringung von Dienstleistungen im Zusammenhang mit U3O8, natürlichem Uranhexafluorid, angereichertem Uranhexafluorid, Trennarbeitseinheiten zur Urananreichung und anderen in der Sowjetunion erzeugten Produkten«.
Im Verwaltungsrat sitzen anfänglich neben Benton und Vogt noch Albert Shishkin, Direktor der Techsnabexport in Moskau, die in Russland das Handelsmonopol auf Uran besitzt, sowie der Solothurner FDP-Nationalrat Rudolf Steiner.
Benton, Shishkin und Steiner demissionieren 1994, kurz nachdem Benton mit den US-Zollbehörden wegen Umgehungsgeschäften Schwierigkeiten bekommen hatte. Die GNSS erhält jedoch einen einflussreichen neuen Verwaltungsratspräsidenten: Nikolai Egorov, stellvertretender Atomminister Russlands. Egorov hat dieses Amt immer noch inne, deshalb ist es nicht überraschend, dass heute das russische Atomenergie-Ministerium Minatom einen großen Teil seines Uranexportes über die GNSS abwickelt.

Quelle: u.a. WoZ, 30.6.95, Uranium Institut News Briefing, 3.2.98

gen die neue Mine: »Es sind nur noch 678 Havasupai-Frauen und Männer übrig geblieben«, sagt Carletta Tilousi, eine junge Havasupai, »wenn die Mine unser Wasser vergiftet, wird das das Ende meines Stammes sein.« Der Widerstand hat aber auch einen religiösen Hintergrund: Der Red Butte ist für die Havasupai ein heiliger Berg, der nach ihrer Mythologie den Unterleib der Erde bildet – die Stelle, an der das Volk der Havasupai jedes Jahr seinen Lebensgeist erneuert, weil es dort bei seiner Geburt mit dem Universum verbunden war. Heute können sie den Red Butte nicht mehr besuchen, weil er eingezäunt ist und bereits erste Infrastrukturbauten erstellt wurden.

Auf gerichtlichem Weg haben die Havasupai versucht, die erteilte Abbaugenehmigung rückgängig zu machen. Die Gerichte wiesen die Klagen ab oder gingen gar nicht darauf ein.

»Der Kampf in den letzten fünf Jahren, in denen wir versucht haben, die Zerstörung unseres heiligen Berges abzuwenden, war sehr schwierig. Bisher haben wir uns in einer unglücklichen Lage befunden. Die Regierung, bei der wir vorstellig geworden sind, hat uns kein Gehör geschenkt. Sie hat sich vielmehr auf die Seite der Minengesellschaft gestellt«, berichtet Rex Tilousi, der spirituelle Führer der Havasupai.[26]

Bislang hat der Uranabbau noch nicht begonnen. Einerseits dank des massiven Absackens des Uranpreises: Südafrika, Kanada und Australien liefern billigeres Uran, weshalb in den Neunzigerjahren die US-Produktion stark zurückgegangen ist.

Aber auch dank Oren Lee Benton, einem der größten Uranhändler der Welt. Benton beherrschte den Uranmarkt, galt in Denver (Colorado, USA) als einer der reichsten Männer, beschäftigte 1500 Angestellte und verspekulierte sich aufs Unglaublichste: Er hatte seine gesamten Uranreserven auf den Markt geworfen, in der Annahme, die Uranpreise würden weiter sinken, weil die Russen vermehrt Uran anboten.

Bentons Absicht war es, mit dem sehr billigen Uran aus Russland und der Mongolei zu geschäften; er hatte mit diesen Ländern auch schon entsprechende Verträge. Doch dann beschränkte die USA unerwartet die Einfuhr von russischem Uran, wodurch die Preise wieder anzogen. Benton bekam Schwierigkeiten; weil er ja das russische Material nicht mehr importieren konnte, musste er – um seine Verpflichtungen einzuhalten – zu einem höheren Preis Uran zurückkaufen. 1995 hatte er Schulden von rund 1,2 Milliarden Franken und wurde zahlungsunfähig.[27] Die Energy Nuclear Fuel (ENF) – die den Red Butte ausbeuten wollte – gehörte zu Bentons Imperium und ist mit ihm in den Bankrott geschlittert.

Die Schweizer AKW haben ihre Beziehungen mit der EFN aufgelöst, als sich Bentons Schwierigkeiten abzeichneten. Sie hatten aber noch verschiedene Guthaben (Minenbeteiligungen, Darlehen etc.) ausstehend: Bei Gösgen waren es, als das Konkursverfahren eröffnet wurde, 18 Millionen Franken, bei der NOK 12 Millionen, bei Leibstadt 40,7 Millionen.[28]

Der Konkursfall ist noch nicht abgeschlossen. Inzwischen hat jedoch die International Uranium Corporation (IUC) – die in Toronto registriert ist, ihren Hauptsitz aber in Denver hat – alle Vermögenswerte der EFN übernommen.[29] Die IUC will sukzessive ehemalige EFN-Minen wieder in Betrieb nehmen. Bereits hat sie die Sunday-Mine in Colorado wieder eröffnet, die 1990 stillgelegt wurde. Es ist also durchaus möglich, dass sich die IUC erneut dem Minenprojekt am Butte-Berg zuwendet, weil das dortige Erz sehr uranhaltig ist.

Und die Schweizer AKW-Betreiber hoffen, dass sie via IUC doch noch zu ihrem ausstehenden Geld kommen.

Ihre Geschäftsbeziehungen mit den USA haben sich allerdings schon seit geraumer Zeit abgekühlt. Die Amerikaner verknüpften ihre Lieferungen stets mit rigiden Kontrollbestimmungen, was den AKW-

Betreibern Probleme bescherte, wenn sie abgebrannte Brennelemente in die Wiederaufbereitung schicken wollten. Dies betraf sämtliche Brennelemente, die amerikanisches Uran enthielten oder sonstwie mit amerikanischer Technologie in Berührung gekommen waren – sei es bei der Konversion, der Anreicherung oder der Brennelementefabrikation.

In der Wiederaufbereitung trennt man das Plutonium aus den Brennelementen heraus, um es endzulagern oder erneut in einem Reaktor einzusetzen (vgl. Kapitel 12). Das abgetrennte Plutonium ist zwar nicht sehr hochwertig, doch lässt sich damit eine Atombombe bauen. Die USA wollen deshalb immer genau wissen, was mit »ihrem« Material passiert – um zu verhindern, dass Länder, die keine Atomwaffe besitzen, an Plutonium herankommen.

Jede Sendung in die Wiederaufbereitungsanlagen von La Hague (F) oder Sellafield (GB) mussten die Schweizer von den US-Behörden bewilligen lassen.

Im Sommer 1994 machten mehrere Kongressabgeordnete gegen die Schweizer Nuklearindustrie mobil und verlangten von Präsident Bill Clinton, er solle die Gesuche für die Atommüllspeditionen nach Frankreich oder Britannien überhaupt nicht mehr genehmigen.[30] Das führte dazu, dass die AKW mehrere Ladungen Brennelemente nicht planmäßig in die Wiederaufbereitung schicken konnten.

1996 lief auch noch das schweizerisch-amerikanische Abkommen über die friedliche Nutzung der Atomenergie aus, das bislang dieses Geschäft geregelt hat. Zwei Jahre lang waren die US-schweizerischen Uran-Geschäftsbeziehungen praktisch blockiert, im Juni 1998 ist nun aber ein Nachfolgeabkommen in Kraft getreten, das der Schweiz die Ein- und Ausfuhr von US-Kernmaterial erleichtert.[31]

Die strikte Kontrolle der USA hat jedoch die AKW-Betreiber schon ab Mitte der Achtzigerjahre bewogen, das Uran bevorzugt in andern Ländern einzukaufen.

Weltweite Uranproduktion

Weltweit wird in fast zwei Dutzend Ländern Uran abgebaut:

Land	Produktion 1996 (in Tonnen)	Geschätzte, abbaubare Uranvorkommen (in Tonnen)
Argentinien	29	3400
Australien	4974	633000
Belgien	28	nicht bekannt
Brasilien*	0	162000
Bulgarien*	0	7930
China*	500	64000
Deutschland**	40	nicht bekannt
Frankreich	930	16040
Gabun	565	10010
Indien*	200	52080
Kanada	11788	270000
Kasachstan	1320	439500
Namibia	2452	160590
Niger	3320	57400
Pakistan*	23	nicht bekannt
Portugal	15	7300
Rumänien*	100	nicht bekannt
Russland*	2000	215000
Südafrika	1440	204710
Spanien	255	9150
Tschechische Republik	600	11770
Ukraine*	500	42600
USA	2420	113000
Usbekistan	1500	225000
total	*35199*	*2704850*

* Schätzungen des Uran-Instituts, London

** Das Uran stammt von der Stilllegung der Wismut-Mine in der Ex-DDR

Quelle: Uranium Institute London, 1997

An Anbietern mangelt es nicht: Weltweit sind 1996 in rund zwei Dutzend Ländern 35 200 Tonnen Uran gewonnen worden. Kanada produzierte mit 11 788 Tonnen weltweit am meisten, gefolgt von Australien, Niger, Namibia, USA, Russland und Südafrika (vgl. Weltweite Uranproduktion, S. 252). [32] Aus all diesen Ländern – und zusätzlich noch aus Gabun – hat die Schweiz schon Uran importiert.[33]

Rendite gegen Gesundheit

Bis Ende der Achtzigerjahre war Afrika weltweit der größte Uranlieferant. Gemäß der Organisation für wirtschaftliche Zusammenarbeit und Entwicklung (OECD) in Paris und der IAEO in Wien wurden 1989 in den vier afrikanischen Ländern Niger, Gabun, Namibia und Südafrika zirka 12 000 Tonnen Urankonzentrat produziert – etwa ein Drittel der gesamten Produktion der westlichen Welt.[34]

Südafrika nimmt dabei eine Sonderstellung ein. Es ist das einzige afrikanische Land, das Atomtechnologie nutzt. Zusammen mit Israel hatte das südafrikanische Apartheidregime ein Atombombenprogramm entwickelt und verfügte über den gesamten Brennstoffkreislauf – vom Abbau über die Anreicherung bis hin zum eigenen AKW.

Die Urangewinnung läuft jedoch nur nebenher: »Über 95 Prozent des geförderten Urans sind ein Nebenprodukt des Goldbergbaus, da Gold und Uran in den Sandstein- und Konglomeratschichten des Witwatersrand-Fördergebiets in grauer Vorzeit in nennenswerten Mengen zusammen abgelagert wurden. Gold und Uran sind in Südafrika also untrennbar miteinander verknüpft. Wegen der billigen schwarzen Arbeitskraft und der Verbindung mit Golderz sind die Förderkosten für das Uranerz im Vergleich zu anderen Fördergebieten, vor allem in Australien und Amerika, relativ gering. Die Minengesellschaften brauchen nach der Aufbereitung des Golderzes nur einen zweiten Aufbereitungsprozess nachzuschalten, um das Uran aus dem Gestein zu gewinnen. Deswegen lohnt sich die Produktion, auch wenn der Urangehalt mit durchschnittlich 0,01 Prozent weltweit der geringste ist«, schreibt der Geologe und Uranexperte Thomas Siepelmeyer.[35]

Die Arbeitsbedingungen in den südafrikanischen Minen, die die tiefsten der Welt sind, gelten als äußerst extrem. In 1600 Metern Tiefe herrscht eine Gesteinstemperatur von 38 Grad Celsius, bei 3500 Metern beträgt sie über 50 Grad. Da die Goldadern oftmals nur einen Meter dick sind und nicht mehr taubes Gestein als unbedingt nötig abgebaut werden soll, sind die Schächte sehr niedrig, oftmals müssen die Männer liegend arbeiten. Die Todesrate unter den schwarzen Minenarbeitern ist seit Jahrzehnten konstant geblieben. Eine Untersuchung der Minenarbeitergewerkschaft National Union of Mineworkers (NUM) ergab, dass seit den Zwanzigerjahren durchschnittlich jährlich 600 Arbeiter in den Minen sterben und zwei Prozent schwer verletzt werden.[36]

In Namibia betreibt der britische Bergbaumulti Rio Tinto Zinc eine der größten Uranminen der Welt, die Rössing-Mine. Die Unabhängigkeitsbewegung SWAPO hat, bevor sie 1990 an die Macht kam und Namibia die Unabhängigkeit erlangte, stets die Ausbeutung der Bodenschätze und die in den Gruben herrschenden Arbeitsbedingungen kritisiert: »Nachdem die Gewerkschaft 1990 eine Resolution gegen die Gesundheits- und Sicherheitsbedingungen verabschiedet hatte, begann ein Unterstützungs-Komitee in England die Zustände bei Rössing zu untersuchen. Mit internen Dokumenten konnte belegt werden, dass in der Rössing-Mine die internationalen Sicherheitsstandards der Internationalen Strahlenschutz-Kommission ICRP verletzt und Grenzwerte manipuliert oder weit überschritten wurden«, berichtet Cleophas Mutjavikua, Generalsekretär der namibischen Minenarbeitergewerkschaft am Salzburger Uran-Hearing,

»die Kontrolle von Thorium-230 und Polonium-210 ist unzureichend; die Strahlendosen im Endproduktionsbereich waren 1981 und 1982 sehr hoch; Millionen Gallonen Flüssigabfälle sickerten aus den ungesicherten Abraumhalden; die in unmittelbarer Nähe lebenden Arbeiter wurden durch ausströmendes Radongas verstrahlt.«[37]

Der Rössing-Arbeiter Edward Connely, der an Krebs erkrankt ist, versucht seit Jahren von Rio Tinto Schadenersatz zu erhalten. Als er begonnen habe, bei Rössing zu arbeiten, habe niemand in der Mine Schutzmasken getragen, berichtete Connely: »Sie haben auch nie Masken angeboten. Man sagte uns, es sei ziemlich sicher, man solle sich lediglich vom Staub fernhalten, was unmöglich war.« Er habe selbst einen Crusher – eine mächtige Maschine, die große Erzbrocken zerkleinert – repariert, während daneben eine andere Maschine weiterlief und ihn mit radioaktivem Uran- und Erzstaub einhüllte.

Im Sommer 1997 ließ das oberste Gericht Britanniens, das House of Lords, die Schadenersatzklage Connelys endlich zu. Der eigentliche Prozess, an dem sich inzwischen weitere an Krebs erkrankte, ehemalige Rio-Tinto-Arbeiter beteiligen, soll innert ein, zwei Jahren stattfinden.[38]

Die Gewerkschaften in Namibia befinden sich allerdings in einer schwierigen Position. Einerseits möchten sie strengere Sicherheitsvorkehrungen für die Arbeiter erwirken – was die Produktionskosten erhöht. Andererseits ist Namibia auf die Arbeitsplätze und die Devisen, die durch den Uranexport hereinkommen, angewiesen.

Bereits ein Jahr nachdem Namibia unabhängig geworden war, erklärte Rio Tinto, die ökonomische Situation erfordere den Abbau eines Drittels der Arbeitskräfte. Die Gewerkschaften konnten nichts dagegen unternehmen: »750 Arbeiter blieben mit ihren Familien zurück ohne Perspektive und mit geringfügigen Entschädigungen. Diese Menschen leben in Arandisk, einem Ort, der nur für die schwarzen Minenarbeiter gebaut worden war, in einem Teil des

Landes, den niemals vorher jemand besiedeln wollte«, berichtet Cleophas Mutjavikua.[39] Zuvor hatte Rio Tinto in der Minenstadt zumindest für die medizinische Versorgung und soziale, kulturelle sowie sportliche Einrichtungen gesorgt. Mit der Unabhängigkeit habe sich dies geändert, sagt Mutjavikua, die Minengesellschaft entzog sich ihrer Verantwortung und übergab die Stadt der namibischen Regierung: »Das Geld wurde knapp, und ohne Arbeit können die Menschen die Mieten nicht mehr bezahlen. Viele Häuser stehen schon leer.«

Ähnlich sieht es in Niger aus. Das Land ist hoch verschuldet und absolut abhängig vom Uranabbau: Der Export von Uran bringt siebzig bis achtzig Prozent der gesamten Exporteinnahmen – ansonsten gibt es nur Viehwirtschaft, Erdnüsse, Baumwolle. Abgesehen von den Minenarbeitern, für die es weder eine medizinische Überwachung noch Betreuung gibt, sind vor allem die Nomadenvölker Tuareg und Peul von der Urangewinnung betroffen, da sie mit ihren Tieren die verseuchten Abbaugebiete durchqueren müssen.[40]

Die Uranpreise lassen sich nur weiterhin so tief halten, wenn die Minengesellschaften keine Rücksicht nehmen müssen auf die Gesundheit der Arbeiter und der Bevölkerung.

Das gilt insbesondere auch für das russische Uran. Die größte Uranmine Russlands – laut deren Direktor sogar die größte der Welt –, die heute noch in Betrieb ist, liegt in Krasnokamensk in Sibirien. Seit Anfang der Sechzigerjahre baut man dort Uran ab, das anfänglich vor allem für Rüstungszwecke verwendet wurde. Heute wird alles gewonnene Material ins Ausland verkauft und stellt eine der größten Einnahmequellen Sibiriens dar.[41]

In Krasnokamensk sind drei Untertageminen sowie eine Tagebaumine in Betrieb, die fünfhundert Meter tief ist und einen Durchmesser von einem Kilometer hat. Die Minen sind umgeben von Abraumhalden, Uranmühlen und Absetzbecken, die eine Fläche von zirka sieben Quadratkilometern bedecken. Dazwischen stehen die Häuser der 70000 KrasnokamenskerInnen. In einigen der Häuser beträgt der Radongehalt 28000 Becquerel pro Kubikmeter – in der Schweiz gilt für Neubauten ein Radongrenzwert von 400 Bq.[42] Die Häuser müssten saniert werden, doch fehlt dazu das Geld.

Seit Krasnokamensk nicht mehr unter strikter militärischer Kontrolle steht, kommen erste Ergebnisse über den Gesundheitszustand von ArbeiterInnen und Bevölkerung an die Öffentlichkeit: 1989 waren 79 Prozent der Männer, die in der Region starben, noch nicht 60 Jahre alt – Haupttodesursache: Krebs. Die Anzahl Kinder, die mit unterentwickelten Gliedmassen zur Welt kommen, ist um das Vierfache höher als bei Säuglingen in Irkutsk; bei 51 Prozent der Schwangerschaften weisen die Föten Entwicklungsstörungen auf; die Krankheitsrate unter den Krasnokamensker Kindern ist um zehn bis zwanzig Prozent höher als bei Kindern in anderen russischen Städten, die ebenfalls unter widrigen Umweltbedingungen aufwachsen.[43] Niemand trägt eine Schutzmaske oder Schutzkleidung. Die Arbeiter, die an Orten arbeiten, wo sie erhöhter Strahlung ausgesetzt sind, werden zwar jährlich einem Gesundheitstest unterzogen, das Ergebnis erfahren sie aber nie.

Ähnliche Geschichten ließen sich über die Uranminen in Kanada, Australien, Gabun oder Usbekistan anführen. Allen diesen Minen ist gemeinsam: Sie richten gewaltige, irreversible Umweltschäden an. Die Grubenarbeiter sind extremen Gesundheitsrisiken ausgesetzt, ein hoher Prozentsatz leidet unter Atemwegserkrankungen und Tumoren, insbesondere an Lungenkrebs. Dasselbe gilt für die Bevölkerung, die in der Nähe der Minen leben muss.

Man hat es schon als »Laune der Natur« bezeichnet, dass siebzig Prozent der Uranminen auf den Territorien indigener Völker liegen.

Aber es ist mindestens ebenso sehr eine Laune der Politik und Ökonomie, denn Schweden besitzt ebenfalls große Uranvorkommen, doch spricht niemand ernsthaft davon, sie auszubeuten.

Brennstoff-Ökonomie

Nach einer Schätzung der IAEO benötigen die Reaktoren, die heute am Netz sind, pro Jahr 61 400 Tonnen Uran.[44] Die Minen lieferten 1996 nur 35 200 Tonnen. Die aktuelle Produktion liegt – und das schon seit mehreren Jahren – hinter dem Verbrauch zurück. Der Betrieb der Reaktoren ist dadurch jedoch nicht gefährdet. Man hat seit 1938 über zwei Millionen Tonnen Uran gefördert und über Jahre riesige Lagerbestände aufgebaut. Die heute noch vorhandenen Vorräte sollten reichen, alle Kraftwerke während vier bis fünf Jahren zu versorgen.[45] Die großen Lagerbestände waren mit ein Grund, weshalb der Uranpreis Mitte der Neunzigerjahre zerfallen ist.

Das Uran ist allerdings seit jeher Preisschwankungen unterworfen: Mitte der Fünfzigerjahre zahlt man für ein Pound (ca. 450 Gramm) etwa zwölf Dollar. In den Sechzigern sinkt der Preis auf acht bis zehn Dollar.

Die US-Atomenergiebehörden versuchen damals, sich das Monopol auf den Uranabbau, die Anreicherung und den gesamten Uranhandel zu sichern. Um dieses Ziel zu erreichen, verhängen sie 1964 ein Uranimportverbot, das erst zwanzig Jahre später wieder aufgehoben wird. Die englische und französische Konkurrenz soll ausgeschaltet werden, was möglich ist, weil die USA – wie bereits erwähnt – lange das Monopol auf die Anreicherung besitzen.

Anfang der Siebzigerjahre bricht der Uranpreis weiter ein, da zuviel Material auf dem Markt ist. Man erhält noch 4.50 Dollar pro Pfund. Die USA versuchen nun ihr Uran zu einem besseren Preis loszuwerden, indem sie ihre Kunden zwingen, mindestens zwanzig

Prozent des anzureichernden Urans zum doppelten Marktpreis von der amerikanischen Atomenergiebehörde zu kaufen.

Die nichtamerikanischen Produzenten wehren sich gegen die US-Vorherrschaft, indem sie sich Anfang 1972 heimlich zum »Urankartell der Fünf«* zusammenschließen; mit dabei sind Australien, Frankreich, Kanada, Südafrika und der britische Bergbauriese Rio Tinto Zinc (RTZ).

Die RTZ beherrscht damals einen Großteil des Uranmarktes, einen größeren Marktanteil besitzen nur noch die USA.

Das Kartell legt Preise fest, die niemand unterbieten darf, und koordiniert das gesamte Angebot. Die »Ölkrise« in den Siebzigerjahren hilft noch zusätzlich, den Uranpreis wieder in die Höhe zu treiben. Schon 1975 zahlt man wieder über 20 Dollar pro Pfund; Ende des Jahrzehnts klettert der Preis auf fast 40 Dollar.[46]

Inzwischen hat sich jedoch die Marktposition der USA verschlechtert: »Das Urankartell der siebziger Jahre und der Importstopp in die USA von 1964 bis 1980 haben der US-amerikanischen Uranindustrie schwere Schläge versetzt«, stellt der Uranspezialist Thomas Siepelmeyer fest, »dazu kommen der Widerstand der indianischen Bevölkerung gegen den Abbau auf ihrem Gebiet und der wachsende Zweifel an der Atomtechnologie [...], vor allem nach der Katastrophe von Harrisburg 1979. Die amerikanischen Minen waren durch die Abschottung des Marktes mehr und mehr unproduktiv geworden, der technologische Standard war im Vergleich zu den überall auf der Welt neu eingerichteten Minen erheblich gesunken, so dass in den Jahren von 1980 bis 1990 viele Produktionsstätten geschlossen wurden. Die US-Produktion sank von 16 800 Tonnen Uran 1980 auf 3500 Tonnen 1991.«[47]

*Von der Existenz dieses Uran-Geheimbundes erfährt die Öffentlichkeit erst 1976, nachdem einige UmweltaktivistInnen in ein australisches RTZ-Büro eingebrochen sind und dabei wichtige Kartell-Unterlagen finden und publizieren.

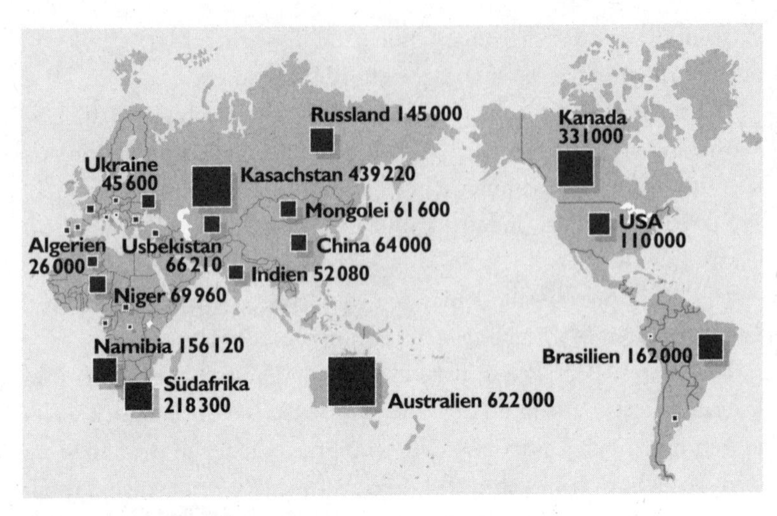

Geschätzte abbaubare Uranreserven

Quelle: EnergieExpress, Oktober 1998

Inzwischen hat sich die Uranindustrie neu organisiert und konzentriert. Heute kontrollieren zehn Unternehmen fast achtzig Prozent des gesamten Abbaus: Darunter die kanadische Cameco, das staatliche französische Nuklearunternehmen Cogéma, die Energy Resources of Australia (ERA), die deutsche Uranerzbergbau (die je zur Hälfte der Preussen AG und der RWE gehört), das staatliche russische Chemie- und Minenunternehmen Priargunkij und Rio Tinto Zinc.

Wie sich der Uranmarkt mittelfristig entwickelt, ist schwierig zu prognostizieren. Im Sommer 1994 sank der Uranpreis auf dem Spotmarkt auf 9 Dollar pro Pfund. Inzwischen hat er sich wieder erholt und kletterte im Sommer 1996 auf 16.50. »Dies führte dazu, dass mehrere neue Uran-Minen- und In-situ-Laugungsprojekte bekannt gegeben wurden, zudem nahmen Uranmühlen, die über ein Jahrzehnt stillstanden, in den USA wieder den Betrieb auf«, schreibt die Umweltorganisation Wise in ihrer Urananalyse fürs Jahr 1997.[48]

Dennoch wird der Uranbergbau wieder anziehen. Die Lagerbestände sind irgendwann aufgebraucht, und die IAEO warnt bereits, die Uranproduktion müsse in den kommenden Jahren um siebzig Prozent gesteigert werden, um in Zukunft den Brennstoffbedarf der Reaktoren zu befriedigen.

Die Uranfirmen haben darauf reagiert: Die kanadische Camecon will ihre Produktion bis 2005 um 50 Prozent steigern.[49] Die USA haben ihre Produktion zwischen 1994 und 1996 bereits um 1000 Tonnen respektive um über siebzig Prozent erhöht.[50] Die australischen Uranfirmen planen ebenfalls, ihre heutige Jahresproduktion von 4500 Tonnen auf 8000 Tonnen zu steigern, und haben dafür 26 neue Projekte in Angriff genommen.

Ihr ehrgeizigstes und weltweit zur Zeit umstrittenstes Projekt betrifft die Jabiluka-Mine, die im Kakadu-Nationalpark im Norden Australiens liegt. Jabiluka soll 90 400 Tonnen Uranoxid enthalten, die man unter Tage abbauen und exportieren will.

Das betreffende Land gehört den Mirra-Aborigines, die schon 1982 der Bergbaufirma Energy Resources Australia (ERA) – unter massivem Druck – eine Abbaulizenz verkauften. Damals waren die Grenzen des weltberühmten Kakadu-Nationalparks noch nicht festgelegt. Der Bergbaukonzern ERA betreibt in diesem Park bereits die Ranger-Mine, die man für zahlreiche Umweltschäden verantwortlich macht. Die Mine dürfte jedoch bald erschöpft sein, weshalb die ERA nun die Jabiluka-Mine in Betrieb nehmen möchte.

Die Mirra wehren sich heute mit allen Mitteln dagegen, weil sie weitere Umweltschäden fürchten. Zudem wohnt gemäß ihrer Mythologie in einem Gebirgszug, nur wenige Kilometer von Jabiluka entfernt, die Regenbogenschlange. Sie gilt als Schöpferin der Erde, als Mutter allen Lebens. Die jahrtausendealte Legende besagt, der Weltuntergang werde ausgelöst, wenn die Schlange gestört werde.

Die australische Regierung kümmert sich jedoch nicht um den Widerstand. Im Oktober 1997 bewilligte sie definitiv den Uranabbau in Jabiluka, obwohl sich auch der australische Senat sowie das EU-Parlament in Resolutionen gegen das Bergwerk ausgesprochen haben.

Das EU-Parlament hat sich dazu geäußert, weil zwei deutsche Firmen – der Energiekonzern RWE und die deutsche Urangesellschaft – an der ERA beteiligt sind. Heute exportiert die Ranger-Mine rund vierzig Prozent des Urans nach Deutschland, ein Großteil des Jabiluka-Urans dürfte ebenfalls nach Europa gelangen.

Aborigines und UmweltschützerInnen haben im Frühjahr 1998 beim Gelände der geplanten Mine ein Widerstandscamp eingerichtet, um die Bauarbeiten zu blockieren. Doch die ERA will nicht von ihrem Projekt ablassen: »Die Frage ist nicht, ob wir Jabiluka bauen, die Frage ist nur, wann wir anfangen«, bei einem Projekt, das auf 26 Jahre angelegt sei, »machen ein paar Wochen oder sogar ein paar Monate keinen Unterschied«, ließ die ERA verlauten. Die ERA rechnete auch vor, weshalb Australien nicht auf das Projekt verzichten könne, würde doch Jabiluka das Bruttoinlandprodukt des Landes um sechs Milliarden erhöhen.[51]

Doch wie lange reichen die weltweiten Uranvorkommen überhaupt noch? Die Atom-ProtagonistInnen behaupten zum Beispiel, mit dem CO_2-freien AKW-Strom ließe sich die drohende Klimakatastrophe abwenden; man müsse nur genügend Kernkraftwerke bauen. Die Argumentation geht nicht auf, weil AKW-Strom gar nicht CO_2-frei ist: Die Gewinnung, Verarbeitung wie der Transport des Urans verschlingen sehr viel Energie, wodurch stattliche Mengen CO_2 freigesetzt werden (vgl. Kapitel 16). Die Argumentation geht aber auch daneben, weil es an den Ressourcen fehlt.

Die OECD und die IAEO haben zum Beispiel 1975 prognostiziert, nach dem Jahr 2000 sei weltweit eine Kernkraft-Kapazität von 25 000 Gigawatt installiert[52] – das macht weltweit 25 000 Kraftwerke in der Größenordnung von Leibstadt. Heute kennt man aber – laut Geoffrey Stevens von der Nuclear Energy Agency (NEA), der Nuklearabteilung der OECD – lediglich Vorkommen von 3,85 Millionen Tonnen Natururan, die zu einem wirtschaftlich vernünftigen Preis abgebaut werden können.[53] Das Uran reicht also gerade einmal, um die bereits bestehenden AKW sechzig Jahre weiterzubetreiben. Um 25 000 Gigawatt Strom mit AKW zu produzieren, würde man hingegen über vier Millionen Tonnen Uran benötigen; der Weltvorrat reichte nicht einmal für ein Jahr.

Selbst wenn man von den aktuellen Prognosen Stevens' ausgeht, wonach im Jahr 2050 1150 Gigawatt AKW-Strom produziert würden, wären die heute bekannten Uranreserven binnen weniger Jahre erschöpft.

Aufgrund von »Modellrechnungen und anderen Indikatoren« sollen jedoch laut Stevens noch weitere elf Millionen Tonnen Uran verfügbar sein. Aber selbst mit dieser optimistischen Rechnung kommt er zum Ergebnis, dass die Uranvorräte in fünfzig Jahren aufgebraucht seien, wenn man 1150 Gigawatt produzieren möchte.[54] Die AKW können also auch rein technisch betrachtet nicht die Energie der Zukunft darstellen, weil der Brennstoff fehlt.

Um aus diesem Dilemma heraus zu kommen, setzte man in den Siebziger- und Achtzigerjahre auf die Schnellen Brüter, die mit Plutonium betrieben werden können. Plutonium hat man zwar inzwischen mehr als genug, doch ist die Brütertechnologie gescheitert, weil diese Reaktoren viel zu gefährlich sind und nie richtig funktioniert haben (vgl. Kapitel 12). Das Plutonium wird Uran nie als Brennstoff ersetzen können.

Wiederaufbereitungsanlage La Hague

12
Irrsinn der Plutoniumwirtschaft

Wiederaufbereitung

Anfang der Vierzigerjahre existierte auf der Welt weniger als ein Milligramm Plutonium.[1] Wissenschaftler des Manhattan-Projektes entwickelten ein Verfahren, um aus den abgebrannten Uranbrennstäben der ersten Kernreaktoren Plutonium herauszutrennen; daraus haben sie die Plutoniumbombe konstruiert, die dann Nagasaki zerstörte.

Nach dem Zweiten Weltkrieg beginnen die Großmächte Plutonium anzuhäufen, das gefährliche Bombenmaterial wird zum Sinnbild des Wettrüstens.

In den Siebzigerjahren erkennen die Protagonisten der zivilen Atomnutzung, dass ihnen das Uran ausgehen wird, wenn sie wirklich so viele AKW bauen, wie ihnen vorschwebt. Sie suchen deshalb nach einem anderen Kernbrennstoff und werden dank der Atomwaffenprogramme fündig: Die vermeintliche Lösung heißt Plutonium. Der Stoff entsteht ja auch in allen zivilen Reaktoren. Die Brennstäbe enthalten zu 96 Prozent das nicht spaltbare Uran-238, welches sich aber in spaltbares Plutonium verwandelt, wenn es im Reaktor mit Neutronen beschossen wird (vgl. Kapitel 11).

Die Atomspezialisten entwerfen auf dem Papier einen faszinierenden neuen Reaktortyp, den Schnellen Brüter. Dieser Reaktor ist in der Lage, mehr Plutonium zu erzeugen, als er für den eigenen Betrieb benötigt. Die Brüter sollten so viel Plutonium produzieren, dass man mit dem Material auch gewöhnliche, kommerzielle Leichtwasserreaktoren betreiben könnte: »Das Ganze wurde Brennstoffkreislauf genannt. Vom Uranbergwerk ging es in die Brennelement-

Was ist MOX?

MOX ist die Abkürzung für »Mischoxid«, und dies ist wiederum der wissenschaftliche Kurzbegriff für »Uran-Plutonium-Mischoxid«, da die MOX-Brennelemente ein Gemisch aus Uran- und Plutoniumoxid (UO_2 resp. PuO_2) enthalten. Man kann in Leichtwasserreaktoren jedoch keine reinen Plutoniumelemente verwenden, weil diese Reaktoren für den Einsatz von Uran konzipiert sind: Ihre Elemente enthalten normalerweise zu rund 96 Prozent das nicht spaltbare Uran-238 und nur 4 Prozent des spaltbaren Uran-235 (vgl. Kapitel 11).
Das Plutonium, das aus abgebrannten Brennelementen stammt, enthält jedoch vor allem Pu-239 und Pu-241, die beide spaltbar sind. Die MOX-Elemente sollen nun möglichst dieselben Eigenschaften wie reine Uranelemente aufweisen. Deshalb nimmt man anstelle des Uran-235 Plutonium (3 bis 6 Prozent) und mischt es mit nicht spaltbarem Uran-238, damit das Verhältnis stimmt.
In der Schweiz setzen Beznau I und II sowie Gösgen MOX-Elemente ein. MOX birgt allerdings zahlreiche Gefahren, unter anderem wird es schwieriger, einen Reaktor zu steuern, und bei einem großen Unfall würde die Umgebung wesentlich stärker verseucht.
Die Anti-Atom-Koalition CAN kritisiert, dass MOX die AKW noch gefährlicher macht: »Weil der Schmelzpunkt von MOX-Brennelementen im Vergleich zu Uran-Brennelementen um 200 bis 400 °C niedriger ist«, könne es sehr viel schneller zu einem schweren Störfall kommen. »Damit steigt die Wahrscheinlichkeit eines schweren Unfalls. Dessen Folgen sind beim Einsatz von MOX-Brennelementen im Vergleich zum Einsatz von Uran-Brennelementen bedeutend schlimmer, weil gefährliche radioaktive Stoffe in größerer Menge in die Umgebung gelangen können.«
Ferner werde das Problem der Langzeitlagerung durch den MOX-Pfad verschärft, weil dabei mehr langlebige Radionuklide produziert würden: »Zum Beispiel entsteht durch den MOX-Einsatz im Vergleich zum Einsatz von Uran-Brennelementen die 6,3fache Menge Neptunium-237 mit einer Halbwertszeit von 2,14 Millionen Jahren. Wegen seiner größeren Mobilität ist Neptunium-237 besonders gefährlich.«
Bei den MOX-Elementen ist aber auch die Zwischenlagerung erschwert: Da alle Brennelemente, nachdem man sie aus dem Reaktor entfernt hat, noch Wärme entwickeln, muss man sie zwischenlagern, bevor man sie endlagern kann. Bei den gewöhnlichen Uran-Elementen dauert dies dreißig bis vierzig Jahre. MOX-Elemente entwickeln jedoch sehr viel mehr Wärme und müssen bis zu über hundert Jahren zwischengelagert werden.

Quelle: CAN: Der Plutonium-Wahnsinn, Zürich, September 1997; Christian Küppers, Michael Sailer: MOX-Wirtschaft oder die zivile Plutoniumnutzung, Berlin, 1994

fertigung, dann in den normalen Reaktor. Das dort erzeugte Plutonium wurde in der Wiederaufarbeitung abgetrennt und als MOX-Brennelemente im Brüter eingesetzt, der das Plutonium vervielfacht, das wieder abgetrennt und in MOX-Brennelemente umgesetzt wird und wieder in die Reaktoren (Brüter und Leichtwasserreaktoren) kommt und wieder Plutonium erzeugt und und und...«, schreiben die beiden Nuklearexperten Christian Küppers und Michael Sailer in ihrer Studie »MOX-Wirtschaft oder die zivile Plutoniumnutzung«.[2]

Die Idee klingt genial – hätte es funktioniert, hätte man über ein energetisches Perpetuum mobile verfügt.

Irrwitziges »Recycling«

Ein Reaktor in der Größe des AKW Gösgen, der eine Leistung von 1000 Megawatt hat, produziert pro Jahr etwa 200 bis 250 Kilogramm Plutonium. Das gefährliche Radionuklid ist jedoch in den abgebrannten Brennstäben mit Uran und zahlreichen Spaltprodukten fein vermischt. Herausgelöst wird es mit einem komplizierten, chemischen Trennungsverfahren, und das geschieht in den so genannten Wiederaufbereitungsanlagen.* Die Schweizer AKW lassen einen Großteil ihrer Brennelemente in Britannien und Frankreich zerlegen: In der Anlage in Sellafield, die der staatlichen Nuklearfirma British Nuclear Fuel Ltd. (BNFL) gehört, und in La Hague, der Plutoniumfabrik der ebenfalls staatlichen Compagnie Générale des Matières Nucléaires (Cogéma) (vgl. Plutoniumgewinnung, S. 278).

Die Atomindustrie bezeichnet das ganze Prozedere als »ressourcenschonendes Recycling«.

*In Fachkreisen benutzt man den Begriff Wiederaufarbeitung und die Abkürzung WA; für Wiederaufarbeitungsanlage verwendet man das Kürzel WAA.

Tonnen von Plutonium

Jährlich entstehen in zivilen Reaktoren insgesamt 60 Tonnen Plutonium. Rund die Hälfte davon wird aus den Brennelementen herausgelöst und separiert.
Nach Berechnung der Umweltorganisation Wise hat man seit den Anfängen der zivilen Atomenergienutzung bis Mitte der Neunzigerjahre insgesamt 1000 Tonnen Plutonium produziert. 190 Tonnen Plutonium wurden separiert – davon lagern 141 Tonnen irgendwo, die restlichen 49 Tonnen hat man in Form von MOX-Brennelementen wieder in Reaktoren eingesetzt.
Wise errechnete, dass bis in zwanzig Jahren 600 Tonnen Plutonium separiert sein werden, wenn man die Wiederaufbereitung nicht stoppt. Dies ist die doppelte Menge des Plutoniums, das seit dem Zweiten Weltkrieg für militärische Zwecke hergestellt wurde.
Plutonium hat eine Halbwertszeit von 24 000 Jahren. Ein Milligramm davon kann – wenn es eingeatmet wird – Lungenkrebs verursachen.

Quelle: The MOX Myth, Wise News Communiqué 469/470, Amsterdam, April 1997

Das Konzept weist jedoch gravierende Mängel auf – um nur einige wichtige Punkte zu nennen:

- Die abgebrannten Brennelemente enthalten lediglich 0,8 bis 1 Prozent Plutonium. Alle anderen Materialien (U-238, Spaltprodukte etc.) werden nicht wieder verwendet, sondern müssen als radioaktiver Müll endgelagert werden.[3]
- Mit dem Trennungsverfahren erhöht sich das radioaktive Abfallvolumen exorbitant. Denn alles, was mit den Brennelementen in Berührung kommt – das Wasser, die diversen Chemikalien und Geräte –, ist danach kontaminiert. Das Abfallvolumen, das die Schweiz einmal aus den Wiederaufbereitungsanlagen wird zurücknehmen müssen, ist deshalb mindestens zehnmal größer, als wenn die abgebrannten Brennelemente direkt endgelagert würden.[4]
- Es ist allgemein bekannt, dass niemand weiß, wie man die großen Mengen Plutonium, die durch das Wettrüsten angehäuft wurden, wieder entsorgen soll. Vom zivil gewonnenen Plutonium ist hingegen selten die Rede, obgleich sich bis ins Jahr 2000 aufgrund der Wiederaufbereitung rund 200 bis 300 Tonnen ansammeln werden, weil nur sehr wenig davon überhaupt wieder in den Kernkraftwerken eingesetzt wird. In naher Zukunft dürfte weltweit der zivile Plutoniumbestand den militärischen deutlich übertreffen.[5]

Die Schweizer AKW-Betreiber haben mit BNFL und Cogéma Verträge über die Aufbereitung von 1077 Tonnen Brennstoff abgeschlossen, die 1999 (La Hague) respektive 2003 (Sellafield) abgearbeitet sein dürften – womit die Schweizer AKW über zehn Tonnen Plutonium verfügen werden. Lassen die Betreiber ihre Werke vierzig Jahre am Netz und halten an der Wiederaufbereitungsstrategie fest, wird die Schweiz in der ersten Hälfte des nächsten Jahrhunderts auf über 30 Tonnen Plutonium sitzen.[6] Plutonium, das sich sehr wohl für den Bau von Bomben eignet (vgl. Wiederaufbereitung und die Bombe, S. 272).

Wiederaufbereitung und die Bombe

Die Atomindustrie hat stets versichert, das Plutonium, das in den Wiederaufbereitungsanlagen gewonnen werde, eigne sich nicht für den Bau von Atomwaffen. Diesen Mythos haben inzwischen verschiedene Wissenschaftler widerlegt. Matthew Bunn, ein US-amerikanischer Waffenplutonium-Experte von der Harvard-Universität, konstatiert: Für einen Laien würde die Herstellung eines groben Atomsprengsatzes mit gewöhnlichem Reaktor-Plutonium »nicht mehr Spezialisierung bedürfen als der Bau einer Bombe mit waffengrädigem Plutonium«. Bunn hat mit zahlreichen russischen Waffendesignern gesprochen, die ihm erklärten, es sei »unter gewissen Umständen für einen Laien sogar leichter, mit Reaktor-Plutonium eine Bombe zu bauen«.
Frischer MOX-Brennstoff muss ebenfalls wie bereits abgetrenntes Plutonium behandelt werden, da es technisch nicht schwierig ist, das Plutonium aus dem MOX-Gemisch herauszulösen und für den Bau einer Bombe zu verwenden. Jedes Lager von MOX-Brennelementen – also auch jene bei den Reaktoren von Beznau und Gösgen – wird damit zu einem Lager von direkt waffenfähigem Material, stellt der Plutoniumspezialist Mycle Schneider, Direktor der Umweltorganisation Wise, fest: »Ein Albtraum für die Vertreter von Staat und Industrie, die für den physischen Schutz von Atomtransporten verantwortlich sind.«
Die Wiederaufbereitungsindustrie birgt große Risiken bezüglich Proliferation, weil der Zugriff auf Plutonium erleichtert wird. Die USA haben deshalb schon in den Siebzigerjahren auf die MOX-Wirtschaft verzichtet, um zu verhindern, dass das gefährliche Material in falsche Hände gerät.
Die zehn Tonnen Plutonium, die die Schweiz in Sellafield und La Hague separieren lässt, reichten aus, um 1000 Atombomben herzustellen. Ist das Plutonium hingegen in den abgebrannten Brennelementen gebunden und mit Spaltprodukten vermischt, lässt sich daraus keine Atombombe herstellen.

Quelle: u. a. Jinzaburo Takagi et al.: Comprehensive Social Impact Assessment of MOX Use in Light Water Reactor, Tokio, November 1997.

Fehlinvestitionen

Der Traum vom energetischen Perpetuum mobile geriet inzwischen zum Alptraum. Die Brütertechnologie hat versagt. Niemand glaubt mehr, dass irgendwo noch ein neuer Schneller Brüter gebaut wird. Anfang Februar 1998 haben auch die Franzosen ihr Vorzeigeobjekt Superphénix – den weltweit einzigen kommerziellen Schnellen Brüter – definitiv vom Netz genommen (vgl. Die Brüterpleite, S. 274).

Die Plutoniumwirtschaft lebt indes fort, weil man gigantische Fehlinvestitionen getätigt hat: In La Hague nahm man 1989/90 die beiden neuen Wiederaufbereitungsanlagen UP2-800 und UP3 in Betrieb; vorher konnte La Hague pro Jahr 400 Tonnen abgebrannte Brennelemente zerlegen, mit den neuen Anlagen ist die Kapazität auf 1600 Tonnen gestiegen. Die weltweit größte Wiederaufbereitungsfabrik »Thermal Oxyd Reprocessing Plant« (Thorp) in Sellafield – mit einer Kapazität von 800 Tonnen – ging sogar erst im März 1994 in Betrieb. Alle drei Anlagen hat man gebaut, weil man glaubte, das nächste Jahrhundert gehöre den Brütern. Da sich dies aber als Irrtum entpuppt, versuchen die AKW-Betreiber das Fiasko zu übertünchen und tun so, als ob sie mit dem Einsatz von plutoniumhaltigen Brennelementen das Atommüllproblem lösen könnten. Doch ökonomisch macht die Wiederaufbereitung keinen Sinn.

Ein Kilo Brennelement wiederaufbereiten zu lassen, verursacht Kosten in der Höhe von 3900 Franken, wie Thomas Flüeler, Christian Küppers und Michael Sailer in ihrer Studie »Die Wiederaufarbeitung von abgebrannten Brennelementen aus schweizerischen Atomkraftwerken« errechnet haben. Das AKW Gösgen bezahlt beispielsweise für die Wiederaufbereitung jährlich 85 Millionen Franken. Die direkte Endlagerung abgebrannter Elemente kostet hingegen lediglich zwischen 400 und 700 Franken pro Kilogramm. Es käme also wesentlich billiger, die Wiederaufbereitungsverträge sofort aufzukünden und aus der Plutoniumwirtschaft auszusteigen – selbst

Die Brüterpleite

Siebzig Kilometer westlich von Genf beginnt man 1975 in Creys-Malville mit dem Bau des Schnellen Brüters Superphénix. Das französische Atomenergiekommissariat prophezeit, bis zur Jahrtausendwende würden weltweit 540 Schnelle Brüter in Betrieb sein. Die Bevölkerung wehrt sich gegen die neue Technologie, weil schon damals bekannt ist, dass kein Reaktortyp so gefährlich ist wie der Brüter: Im Reaktorinnern befinden sich fünf Tonnen Plutoniumbrennelemente, umgeben von rund 5000 Tonnen Natrium. Das Natrium hat die Eigenschaft, mit Sauerstoff zu reagieren – kommt es mit Luft in Berührung, explodiert und brennt es.
Auf dem Baugelände finden immer wieder Großdemonstrationen statt. Am 31. Juli 1977 versammeln sich 80 000 Menschen, um gegen den Superphénix zu protestieren. Die Polizei reagiert mit Gewalt: Ein Demonstrant stirbt, Hunderte werden verletzt.
Nach zehnjähriger Bauzeit geht der Superphénix erstmals in Betrieb. Doch er funktioniert nie richtig, immer wieder kommt es zu Notabschaltungen, mehrmals treten Natriumlecks auf. Im Winter 1990 stürzt zudem das Dach des Maschinenraums unter der Last des Schnees ein.
1994 gibt die Regierung bekannt, man wolle den Superphénix nicht mehr als Kraftwerk, sondern als Forschungsreaktor zur Verbrennung von langlebigen radioaktiven Abfällen betreiben. Im Sommer 1996 fährt man ihn nochmals an, muss ihn aber schon wenige Tage später wieder abstellen. Endlich, am 2. Februar 1998, gibt die französische Regierung bekannt, dass der Brüter definitiv stillgelegt wird. In seinen 13 Betriebsjahren hat er während insgesamt eines halben Jahres normal Strom produziert. Das Abenteuer kostete jedoch etwa 60 Milliarden Francs (ca. 15 Milliarden Franken). Noch weiß man nicht, wie man die Anlage abbrechen, respektive die 5000 Tonnen Natrium sicher ausladen soll.
Der Superphénix war der einzige, jemals fertiggestellte Brutreaktor der anvisierten industriellen Größenordnung von 1200 Megawatt. Deutschland verramschte seinen Brüter in Kalkar schon 1995 – bevor der fast zehn Milliarden DM teure Bau je in Betrieb ging. Inzwischen hat ein Holländer darin einen Freizeitpark eingerichtet.

Quellen: u.a. PSR-News 1/98, Energie-Express März 1998

wenn die Schweizer AKW-Betreiber auf den vollen finanziellen Verpflichtungen aus den bereits eingegangenen Verträgen sitzen bleiben.[7]

Flüeler, Küppers und Sailer haben auch hochgerechnet, welche Summen die AKW-Betreiber mit der Wiederaufbereitung verschleudern: Geht man davon aus, dass die fünf Schweizer Reaktoren vierzig Jahre am Netz sind, produzieren sie zusammen 3000 Tonnen abgebrannten Brennstoff; für 1077 Tonnen gibt es, wie erwähnt, bereits Verträge, ein Kilo wiederaufbereitetes Material kostet 2200 Franken mehr, als wenn man es direkt endlagert – ergo verschwendet die Schweizer Atomindustrie 2,2 Milliarden Franken. 2,2 Milliarden, die die StromkundInnen berappen müssen.

Interessant ist die Wiederaufbereitung trotzdem, weil die AKW-Betreiber auf diesem Weg zumindest vorübergehend ihren nuklearen Abfall loswerden können. Anfänglich glaubten sie gar, mit der Wiederaufbereitung ließe sich das Atommüllproblem erledigen, weil sie hofften, die Briten beziehungsweise Franzosen würden einen Teil des Abfalls bei sich behalten. Um die Kunden zu halten, wollte nämlich sowohl Cogéma wie BNFL den schwach- und mittelaktiven Abfall, der in großen Mengen anfällt, gegen Bezahlung praktisch beliebig lang bei sich lagern.

1992 ist jedoch in Frankreich ein Gesetz in Kraft getreten, das die Lagerung von ausländischem Atommüll verbietet. Die britische Regierung verlangt seit 1993 ebenfalls, dass alle Abfalltypen ins Kundenland zurück müssen.[8]

Exportierte Verseuchung

Jedes Atomkraftwerk gibt im Normalbetrieb Radionuklide ab, doch die massivste Verseuchung, welche Schweizer AKW heute verursachen, exportieren sie – nach Sellafield und La Hague. »Die durch die abgebrannten Brennelemente der Schweiz in Sellafield hervorgerufenen Emissionen sind mehr als 1000mal höher als die Emissionen der AKW in der Schweiz«, schreiben Flüeler, Küppers und Sailer.[9] Das betrifft unter anderem radioaktive Edelgase wie Krypton (Halbwertszeit 10,7 Jahre), Jod-129 (HWZ 15,7 Millionen Jahre) und Tritium (HWZ 12,3 Jahre), die beim Trennungsprozess praktisch vollständig ins Freie abgegeben werden.

Ein Teil davon findet wieder den Weg in die Schweiz. Auf dem Jungfraujoch registriert das Bundesamt für Gesundheit (BAG) seit 1993 einen »beschleunigten Anstieg« der Krypton-Konzentration. Der Kommentar des BAG: »Für die Erklärung dieser Beobachtungen ist in Betracht zu ziehen, dass offenbar die Aufarbeitung von Brennelementen intensiviert wurde.«[10]

Die Spuren des nuklearen Recyclings lassen sich zudem bis in die Arktis verfolgen. Kanadische Wissenschaftler konnten anhand von Meerwasserproben nachweisen, dass die durch Sellafield verursachte Kontamination »doppelt bis dreimal so hoch ist wie die durch den Reaktorunfall in Tschernobyl bedingte Belastung der Gewässer«. Von Sellafield ziehe sich – so die Wissenschaftszeitschrift »New Scientist« – die radioaktive Fährte durch die Irische See an der norwegischen Küste und am Nordkap vorbei bis in die Barentsee.[11] Hier verzweige sich die Spur, ein Strang erstrecke sich um die Südspitze Grönlands herum bis in die Baffin Bay, der andere führe an Sibirien vorbei bis an die Nordwestküste Kanadas.

Windscale/Sellafield

Sellafield hieß früher Windscale und liegt in in einer ländlichen, schwach besiedelten Gegend an der Küste Cumbrias. Nach dem Zweiten Weltkrieg hatten die Briten keinen Zugang mehr zum US-amerikanischen Atomforschungsprogramm. Sie wollten jedoch nicht abseits stehen und bauten in Windscale in aller Eile eine eigene Plutoniumfabrik und zwei einfache AKW, in denen man Uran-238 mit Neutronen beschoss, um es in Plutonium umzuwandeln.

Der idyllische Fleck Windscale ging in die Geschichte ein, weil sich dort am 10. Oktober 1957 der erste große Atomunfall ereignet hat: Einer der Reaktoren gerät außer Kontrolle, ein Brennstab birst, ein Feuer bricht aus, letztlich stehen drei Tonnen Uran in Flammen. Die Operateure fluten den Reaktor – und haben Glück. Die befürchtete Explosion bleibt aus, das Feuer lässt sich unter Kontrolle bringen. Der Bevölkerung teilt man mit: »Nur eine geringe Menge an Radioaktivität gelangte nach draußen. Sie stellte zu keiner Zeit ein Gesundheitsrisiko dar, da sie praktisch sofort vom Wind aufs Meer hinausgetrieben wurde.«

Zwei Tage später veranlassen die Behörden aber dennoch, dass einige Millionen Liter Milch von Kühen aus einem Gebiet von tausend Quadratkilometern um die Anlage in Flüsse und Bäche geschüttet werden.

Die Öffentlichkeit erfährt allerdings erst in den Achtzigerjahren vom wahren Ausmaß des Unfalls. Die Bauern und DorfbewohnerInnen haben in den ersten Tagen nach dem Brand Strahlendosen abbekommen, die um das Zehnfache über der Dosis liegen, die ein Mensch im gesamten Leben erhalten dürfte; die Arbeiter waren Dosen ausgesetzt, die die Grenzwerte um ein 150-Faches überschritten.[12]

An der Plutoniumgewinnung hält man jedoch fest, auch wenn man später Windscale in Sellafield umbenennt, da der alte Name zu viele schlechte Erinnerungen birgt. In den Sechzigerjahren nehmen zwei neue Wiederaufbereitungsanlagen in Windscale/Sellafield den Betrieb auf. Die größere sollte 300 Tonnen Brennstoff pro Jahr aufbereiten. Im September 1973 – nachdem die Anlage ein Jahr lang stillstand – kommt es darin zu einer Explosion. Eine radioaktive Wolke dringt nach draußen, das Gebäude ist so hoch kontaminiert, dass es nie mehr benutzt werden kann.

Plutoniumgewinnung

Die abgebrannten Brennelemente kommen in den rund 120 Tonnen schweren Transportbehältern in der Wiederaufbereitungsanlage Sellafield an. Man holt die Brennelemente aus den Castoren, um sie in einem riesigen, blau schimmernden Kühlbecken zwischenzulagern. Alles läuft ferngesteuert und unter Wasser, um die Strahlung abzuschirmen.

Vom Kühlbecken gelangen die Brennelemente in die so genannte »Head End Plant«, die Hauptanlage, wo in einer Art Bunker mit dicken Betonmauern eine »Guillotine« die Brennelemente in kleine Stücke zerhäckselt. Die Schneidblätter müssen wöchentlich ein- oder mehrmals ausgewechselt werden, was höchst diffizil ist, da man alles von außerhalb des Bunkers steuern muss, weil das Innere der Kaverne tödlich verseucht ist.

Die zerhäckselten Brennelemente kommen danach in Salpetersäure, darin lösen sich lediglich die Brennstoffstückchen, nicht jedoch die Metallteile der Brennelemente auf. Das Gemisch siebt man ab, das Metall bleibt zurück und wird in Glas oder Beton eingegossen, damit man es als mittelaktiven Müll endlagern kann. Die Flüssigkeit mit dem Plutonium, dem Uran und den restlichen Spaltstoffen durchläuft noch mehrere chemische Prozesse, bis man das Plutonium respektive Uran einzeln ausscheiden kann; übrig bleibt eine chemische Brühe, die man als hochaktiven Müll entsorgen muss.

Das Verfahren klingt simpel und sauber, doch entweichen dabei beachtliche Mengen radioaktiver Gase in die Umwelt. Das chemische Trennungsverfahren produziert zudem immense Abwassermengen, die nur beschränkt gereinigt ins Meer geleitet werden.

Im Übrigen hat man es mit gefährlichen Materialen zu tun, welche äußerst sorgfältig behandelt werden müssen: Die abgetrennte Plutoniumflüssigkeit muss zum Beispiel in speziellen Tanks mit kleinen Röhrchen gelagert werden, damit es nie zu einer hohen Pu-Konzentration kommt – da Plutonium in größeren Mengen kritisch wird und von selbst eine Kettenreaktion auslöst.

Quelle: u. a. Crispin Aubrey: Thorp – The Whitehall Nightmare, Oxford, 1993

In jenen Jahren leitet man unglaubliche Mengen an hoch verseuchten radioaktiven Abwässern ins Meer. Die Sowjetunion wurde zum Beispiel immer wieder zu Recht heftig kritisiert, weil sie in den nördlichen Meeren rund um Nowaja Semlja flüssigen Atommüll verklappte und mehrere ausgemusterte Atom-U-Boote versenkte, ohne die Antriebsreaktoren zu entfernen. Das Gebiet gilt gemeinhin als eine der größten, unkontrollierten Atommülldeponien der Welt. In Zahlen ausgedrückt: Zwischen 1964 und 1990 hat die UdSSR dort insgesamt 6-mal 10^{16} Becquerel (Bq) abgelagert.

Dass Britannien noch weit mehr strahlenden Müll in die See entließ, ist jedoch den wenigsten bekannt: »Allein aus der Wiederaufbereitungsanlage in Sellafield wurden von Betriebsbeginn bis Ende 1984 2,43mal 10^{16} Bq Tritium, 1,3mal 10^{17} sonstige Betastrahler und 1,33mal 10^{15} Bq Alphastrahler in die Irische See gleitet – das ist mehr als das Doppelte der Atommüllablagerung durch die ehemalige UdSSR in den nördlichen Meeren.«[13] Insgesamt hat man eine halbe Tonne Plutonium vor der cumbrischen Küste in die Irische See gepumpt.[14]

Seit Thorp in Betrieb ist, nimmt die Verseuchung weiterhin konstant zu. »Immer noch werden jeden Tag zwei Millionen Gallonen [ca. neun Millionen Liter] kontaminiertes Wasser via eine zwei Kilometer lange Leitung in die Irische See abgeleitet«, schreibt die lokale Umweltorganisation »Cumbrians Opposed to a Radioactive Environment« (Core, CumbrierInnen gegen eine radioaktive Umwelt).

Die Nuklearwissenschaftler hätten gedacht – als sie begannen, den Müll ins Meer einzuleiten –, die Radionuklide, insbesondere Schwermetalle wie Plutonium würden auf den Meeresgrund sinken und dort in Sedimente eingebaut: »Sie dachten auch«, so Core, »die wasserlöslichen Radioisotope wie Cäsium würden sich verteilen und aus der Irischen See in den Atlantik gespült. Doch nichts davon geschah. Die

Sedimente bewegen sich Richtung Festland und bringen möglicherweise das Plutonium und andere Radioisotope zurück an die Küste. Zudem ›spült‹ sich die Irische See nicht so schnell wie erwartet.«[15]

Besorgte Eltern haben in den Achtzigerjahren Core gegründet, nachdem sie feststellten, dass rund um die Anlage überdurchschnittlich viele kindliche Leukämiefälle auftraten. Die Gruppe fand heraus, dass zum Beispiel die Kinderleukämierate in Seascale, einem Dorf zwei Kilometer von Sellafield entfernt, um ein 14-Faches über dem nationalen Durchschnitt liegt. Cumbria weist zudem eine wesentlich höhere Rate an Hautkrebsfällen und akuter lymphoblastischer Leukämie auf als zum Beispiel Wales oder England. Und pensionierte Sellafield-Arbeiter haben verglichen mit dem Landesdurchschnitt ein dreißig Prozent höheres Risiko, an Krebs zu erkranken.[16]

Eine Studie, die die Child Cancer Research Group der Universität Oxford zusammen mit zwei anderen medizinischen Instituten 1992 veröffentlichte, bestätigt die Angaben von Core. Die Studie kommt zum Schluss, dass die Leukämierate der Kinder und Jugendlichen in den Nachbardörfern Sellafields markant über dem regionalen und nationalen Durchschnitt liege.[17] Dennoch bestreitet die Regierung nach wie vor jeglichen Zusammenhang zwischen den Erkrankungen und der Plutoniumfabrik in Sellafield.

Die Verseuchungsmeldungen reißen indes nicht ab. Einige Beispiele:

- Oktober 98: Die Universität Bremen untersucht im Auftrag von Greenpeace eine Bodenprobe, die sieben Meilen von der Wiederaufbereitungsanlage eingesammelt worden ist. Das Ergebnis: Die Sellafielder Erde enthält pro Kilogramm 30 000 Becquerel Americium-241, ein sehr gefährliches, mobiles Radionuklid. Eine vergleichbare Probe aus der Umgebung des Unglücksreaktors von Tschernobyl enthält nur 1300 Bq Americium.[18]
- Juni 98: Das Seegras vor der schwedischen und dänischen Küste ist mit Technetium-99 verseucht. Greenpeace ließ Seegras-Proben

untersuchen und stellte dabei fest, das manche pro Kilogramm bis zu 465 Becquerel enthielten; seit Anfang der Neunzigerjahre ist die Technetium-Konzentration in den untersuchten Gebieten um das Fünfzehnfache angestiegen. Da das Radionuklid eine Halbwertszeit von 213 000 Jahren hat, bleibt es sozusagen für immer in der Umwelt und gelangt sukzessive in die Nahrungskette. Die skandinavischen Länder unterhalten jedoch keine Anlagen, deshalb müssen die Radionuklide aus Sellafield stammen.[19]

- März 98: Die »Königliche Gesellschaft zur Verhinderung von Grausamkeiten an Tieren« schießt in Seascale Tauben ab, um ihren Bestand zu reduzieren. Sie lässt einige der Tiere radiologisch untersuchen. Das Resultat: Einige der Vögel enthalten hohe Dosen an Cäsium-137, Americium-241 sowie Plutonium-239 und strahlen mit bis zu 1,4 Millisievert pro Stunde, sodass sie als radioaktiver Müll gelten.[20] Der trockene Kommentar von BNFL: Die Tauben seien verseucht, das sei nichts Neues – man habe bei früheren Tests schon ähnliche Ergebnisse erhalten. Das Londoner Landwirtschaftsministerium warnt die Bevölkerung, in der Umgebung von Sellafield Tauben zu berühren oder gar zu verzehren. [21]
- Juli 97: Eine Studie, finanziert vom britischen Gesundheitsministerium, kommt zum Ergebnis, dass Tausende von Kindern und Jugendlichen in Britannien, aber auch in Irland, Plutonium in ihren Zähnen haben, das aus Sellafield stammen muss.[22]
- Juni 97: Fischer der cumbrischen Küste verlangen, Sellafield solle sofort die Einleitung radioaktiver Abwässer ins Meer stoppen. Sie fürchteten um ihr Einkommen, nachdem das Strahlenschutzinstitut von Irland verlauten ließ, man sei besorgt über die hohen Strahlenwerte der Hummer aus der Irischen See. Manche der Tiere wiesen eine Dosis von 36 000 Becquerel Technetium-99 pro Kilogramm auf – der Schweizer Toleranzwert liegt bei 10 Bq.[23]
- Januar 97: ÄrztInnen von der Nordostküste Irlands, die direkt gegenüber Sellafield liegt, schlagen Alarm. Die MedizinerInnen

haben festgestellt, dass die Magenkrebsrate unter Frauen 75 Prozent über dem Landesdurchschnitt liegt und auch andere Krebsarten gehäuft auftreten; zudem registrierten sie ungewöhnlich viele Fehlgeburten, Totgeburten, Missbildungen und Schilddrüsenprobleme. Sie verlangen eine Untersuchung und sind überzeugt, dass die gehäuften medizinischen Probleme auf Sellafield zurückzuführen sind.[24]

Geht es nach den Plänen von BNFL, wird in Sellafield noch während Jahrzehnten Plutonium gewonnen: Die neue Anlage Thorp, die etwa 2,8 Milliarden Pfund (rund 6 Milliarden Franken) gekostet hat, soll noch bis etwa Mitte der Dreißigerjahre des kommenden Jahrhunderts Brennstoff zerlegen. BNFL gab bei der Betriebseröffnung 1994 bekannt, »dass die Anlage mit Aufträgen mit einem Volumen von 6 Milliarden Pfund bereits für die nächsten zehn Jahre ausgebucht« sei und dass »sie 10000 Arbeitsplätze bereitstellen« könne.[25] Zu den Kunden gehören Japan, Deutschland und die Schweiz.*

Heute scheint die Anlage allerdings technische Schwierigkeiten zu machen. In den ersten drei Betriebsjahren hat sie lediglich 680 Tonnen Brennmaterial aufgearbeitet, nach BNFL-Plänen hätten es 1780 Tonnen sein sollen.[27] Im Frühjahr 1998 musste das Werk erneut für mehrere Wochen abgestellt werden, weil Leitungen leckten. Die britische Anti-AKW-Organisation NFLA warnt vor einem ökonomischen Desaster; nach ihrer Berechnung wird Thorp – wenns schlecht läuft – jährlich ein Defizit von bis zu 100 Millionen Pfund einfahren.[28]

Das Hauptproblem dürfte bei den Grenzwerten liegen: Hält die Fabrik die vorgeschriebenen Grenzwerte ein, kann sie nicht auf Voll-

* Die Schweizer AKW-Betreiber haben sich an der Anlage finanziell beteiligt, zumindest von der NOK weiß man, dass sie mehr als 90 Millionen Pfund in Thorp investiert hat.[26]

last gehen. BNFL hat denn auch schon einen Antrag auf eine Erhöhung der Abgabelimite für das radioaktive Edelgas Tritium gestellt.

Ökonomische Probleme scheinen sich auch bei der neuen MOX-Brennelementefabrik anzubahnen, die im Herbst 1997 in Betrieb gehen sollte. Bislang verfügte Sellafield lediglich über eine kleine Demonstrations-MOX-Fabrik, die eine Jahreskapazität von 8 Tonnen hat und vornehmlich für die Schweiz produziert.[29] Die neue Anlage könnte nun jährlich 120 Tonnen MOX-Brennelemente fabrizieren, doch hat sie von den Behörden noch keine Betriebsbewilligung erhalten; unter anderem, weil die BNFL überhaupt keine konkrete finanziellen Angaben machen konnte – offenbar wollte noch kein ausländisches Unternehmen einen Vertrag abschließen.[30] In Großbritannien selbst wird kein MOX eingesetzt.

La Hague

Auf der welligen, grünen Halbinsel Cotentin im Ärmelkanal liegt die französische Wiederaufbereitungsanlage La Hague, betrieben von der staatlichen Nuklearfirma Cogéma. Man hat diesen Standort in den Sechzigerjahren ausgesucht, weil es eine abgeschiedene Gegend ist und Wind wie Meeresströmung die radioaktiven Überreste in Abluft und Abwasser schnell zerstreuen.

Die erste Anlage auf der normannischen Halbinsel nahm 1978 den Betrieb auf. Die ansässige Bevölkerung opponierte kaum dagegen.

Ungewöhnlich für die AKW-Industrie ist hingegen, dass der heftigste Widerstand von innen – von den Arbeitern und den Gewerkschaften – ausging. Immer wieder war es zu gravierenden Unfällen gekommen, bei denen La-Hague-Arbeiter höhere Dosen abbekamen.

1980 brennt beispielsweise ein Transformator; das Lüftungssystem eines Gebäudes, in dem nuklearer Brennstoff verarbeitet wird, fällt deshalb aus, die Notstromversorgung funktioniert ebenfalls nicht. Im selben Jahr fließt ein Tank mit radioaktiver Flüssigkeit aus und verseucht weiträumig die Umgebung. Kurze Zeit später kommt es in einem Verarbeitungstrakt zu einer Panne, und eine stark plutoniumhaltige Flüssigkeit tritt aus.

Der gravierendste Unfall ereignet sich am 6. Januar 1981: Früh morgens wird in drei Gebäuden erhöhte Radioaktivität gemessen, doch dauert es zehn Stunden, bis man herausfindet, dass in einem Silo – in dem Uran und Magnesium lagern – ein Brand ausgebrochen ist. Man pumpt Wasser hinein, dabei entsteht Dampf, wodurch noch mehr Radioaktivität in die Umgebung gelangt. Die Strahlungsdetektoren am Eingangstor hat man kurzerhand abgeschaltet, weil sie ständig Alarm schlagen. In der folgenden Nacht spritzt man lediglich das Gelände mit Wasser ab, um es zu »entseuchen«.

Die Belegschaft begehrt auf. Die Arbeiter behaupten, sie seien über den Ernst der Lage nicht aufgeklärt worden, und fordern eine gründliche medizinische Überwachung.

Außerdem verlangen sie, in Zukunft sofort informiert zu werden. Doch wenige Tage später finden sie heraus, dass sich schon am 11. Januar ein weiterer Unfall ereignet hatte, von dem sie nichts wussten: Aus der Extraktionsanlage waren drei Kubikmeter Wasser ausgelaufen, das neben Säure und Uran auch drei Kilogramm Plutonium enthielt. Die Notpumpe funktionierte nicht, man musste deshalb die hoch radioaktive Flüssigkeit mit saugfähiger Erde auffangen.

Auch in den folgenden Jahren kommt es immer wieder zu ähnlichen Unfällen, bei denen einzelne La-Hague-Arbeiter Strahlendosen von 500 Millisievert abbekommen – der Grenzwert liegt bei 20 Millisievert pro Jahr.[31]

Für Wirbel sorgt im Januar 1997 die Publikation einer Studie im »British Medical Journal« der Epidemiologen Jean-François Viel und Daniel Pobel.[32] Die beiden Wissenschaftler fanden »überzeugende

Hinweise« auf einen Zusammenhang von Leukämieerkrankungen und radioaktiv verseuchter Umwelt: Je häufiger sich Kinder am Strand von La Hague aufhielten, desto größer sei ihr Risiko, an Leukämie zu erkranken. Dasselbe gelte für Kinder, deren Mütter während der Schwangerschaft oft den Strand besuchten. Personen, die regelmäßig Fische und Schalentiere aus der Gegend konsumierten, seien ebenfalls gefährdeter.

Im Sommer 1997 schickt Greenpeace ein Forschungsschiff vor die Halbinsel Cotentin und nimmt Proben bei den Rohren, die die radioaktiven Abwässer ins Meer leiten. Die Proben strahlen siebzehnmillionenmal mehr als normales Meerwasser. Es finden sich darin beachtliche Mengen an radioaktivem Cobalt, Tritium, Strontium, aber auch Plutonium und Americium.

Wenige Wochen später versucht Greenpeace, Wasser- und Sedimentsproben von La Hague in die Schweiz einzuführen – also Material, das laut Cogéma problemlos ins Meer entsorgt werden darf. Doch der Basler Zoll beschlagnahmt die Proben und schickt sie dem Bundesamt für Gesundheit (BAG) zur Analyse. Die Antwort des BAG: Greenpeace dürfe das Material nicht einführen, weil unter anderem der Americiumgehalt den erlaubten Grenzwert um das Zwanzigfache überschreite; die Proben werden von den Behörden als radioaktiver Abfall entsorgt.[33]

Klage gegen die Schweiz

Die hohen Radioaktivitätsabgaben wären in Sellafield wie in La Hague vermeidbar. Der einst geplanten, aber nie realisierten deutschen Wiederaufbereitungsanlage Wackersdorf wurden zum Beispiel von Anbeginn wesentlich strengere Abgabelimiten auferlegt, weil die Abwässer nur in einen kleinen Fluss geleitet und nicht mit Meerwasser hätten »verdünnt« werden können (das Projekt ist 1989 aufgegeben worden).

Technisch wäre es also in Sellafield wie in La Hague möglich, wesentlich weniger Radioaktivität an die Umgebung abgibt, doch hätte man dafür beträchtliche Investitionen zu tätigen, da man weitere Filter oder Klärschritte einbauen müsste. Womit die Plutoniumwirtschaft noch teurer, noch unrentabler würde.

Die Schweizer Behörden argumentieren, die Wiederaufbereitung sei privatrechtlich geregelt, der Bund könne sich deshalb nicht dazu äußern. Im Übrigen würden die Wiederaufbereitungsanlagen die Grenzwerte und Abgabelimiten, die in den jeweiligen Ländern gelten, stets einhalten. Dabei ignorieren sie, dass die Anlagen in der Schweiz kaum betrieben werden dürften: Denn »nach schweizerischem Lebensmittelrecht wären praktisch alle Weichtiere oder Krebse in vielen Kilometern Umkreis um die Anlage Sellafield herum als Lebensmittel ›zu beanstanden‹«, weil sie radioaktiv verseucht sind, wie Flüeler, Küppers und Sailer feststellen: »In vielen Fällen wäre die Inverkehrbringung untersagt. Hieran zeigt sich, dass der Betrieb der Wiederaufbereitungsanlage in Sellafield nach schweizerischem Recht nicht zulässig wäre.«[34]

Im November 1997 reicht Greenpeace bei der Bundesanwaltschaft gegen die Schweizer AKW-Betreiber, die in Sellafield und La Hague wieder aufarbeiten lassen, eine Klage ein. Im Juni 1998 entscheiden sich acht FranzösInnen, die in der Nähe von La Hague leben, und zwei BritInnen aus der Umgebung von Sellafield dafür, ebenfalls auf dem Rechtsweg gegen die Schweiz vorzugehen. Auch sie reichen bei der Bundesanwaltschaft eine Strafklage gegen »unbekannte verantwortliche Mitglieder der vier schweizerischen Kernkraftwerkgesellschaften [BKW, NOK, Gösgen-Däniken, Leibstadt] und unbekannte Beamte des Bundesamtes für Energie und der Hauptabteilung für die Sicherheit der Kernanlagen (HSK)« ein.

Die KlägerInnen machen geltend, dass sie durch die radioaktive Verseuchung bereits nachweisbar gesundheitliche und finanzielle

Schäden erlitten haben. Ihre Anwälte führen mehrere konkrete Fälle an: Ein Kläger am Cap La Hague sei als ehemaliger langjähriger Angestellter der Wiederaufbereitungsanlage an Krebs erkrankt; ein französischer Landwirt habe Produktionseinbußen erlitten; der heute 26-jährige Sohn einer Klägerin aus Sellafield sei 1984 an Leukämie erkrankt et cetera.

Die Strafanzeige begründen die Anwälte damit, dass sich nach Schweizer Recht strafbar macht, »wer einen Menschen einer ionisierenden Strahlung aussetzt in der Absicht, dessen Gesundheit zu schädigen. Strafbar sind nicht nur Handlungen, die in direkter Gefährdungsabsicht begangen werden, sondern bereits die bewusste Inkaufnahme einer Gefährdung.« Laut hiesigem Atomgesetz machten sich Schweizer aber auch strafbar, wenn sie an einer derartigen Tat beteiligt seien, die im Ausland begangen, dort aber nicht geahndet werde – das heißt, wenn AKW-Betreiber Mülltransporte veranlassen und die Behörden dies nicht verhindern.[35] Es liegt nun an Bundesanwältin Carla del Ponte, eine entsprechende Untersuchung einzuleiten.

Zukunftsperspektiven

Immerhin scheint sich aufseiten der Behörden einiges geändert zu haben. Serge Prêtre, Direktor der Hauptabteilung für die Sicherheit der Kernanlagen, spricht sich inzwischen öffentlich gegen die Wiederaufbereitung aus. »Außer der Ressourcenschonung gibt es«, so Prêtre, »kaum sachliche Gründe, die für die Fortführung der heutigen Wiederaufbereitung sprechen.«[36]

Ökonomisch dürfte die Wiederaufbereitung wenig Perspektive haben, da die Mitgliedsländer der Ospar-Konferenz im Juli 1998 beschlossen haben, die Einleitung radioaktiver Stoffe in den Atlantik müsse bis zum Jahr 2020 »nahezu auf Null« reduziert werden.[37]

Ospar ist das Kürzel für die Oslo-Paris-Konvention, die zum Schutz des Nordostatlantiks erarbeitet wurde und seit Frühjahr 1998 in Kraft ist; alle dreizehn Atlantikanrainerstaaten sowie die Schweiz, Luxemburg und die EU-Kommission haben sie unterzeichnet.

Wenn La Hague und Sellafield fast keine strahlenden Abwässer mehr ins Meer einleiten dürfen, müssen sie voraussichtlich den Betrieb einstellen – da eine so radikale Emissionsreduktion nur mit exorbitanten Investitionen zu bewerkstelligen wäre.[38]

Zudem steigen immer mehr wichtige Kunden aus. Deutschlands rot-grüne Regierung hat kurz nach ihrem Wahlsieg im September 1998 bekannt gegeben, sie wolle den Ausstieg aus der Wiederaufbereitung angehen; an den Standorten der Atomkraftwerke sollten Zwischenlager errichtet werden, damit die Atommülltransporte überflüssig würden.[39]

Die belgische Regierung will ebenfalls mit der Wiederaufbereitung aufhören: Der belgische Energieminister hat im Dezember 1998 bekannt gegeben, die AKW-Betreiber würden die Verträge kündigen, die sie 1990 mit Cogéma abgeschlossen hätten – und zwar ohne Kostenfolge.[40] Diese Verträge hatten einen Wert von über einer Milliarde Schweizer Franken und betreffen 2000 Tonnen abgebrannter Brennelemente, die nach dem Jahr 2000 hätten aufgearbeitet werden sollen. »Nachdem die belgische Regierung bewiesen hat, dass der Ausstieg auch aus bestehenden Verträgen ohne Kostenfolge möglich ist, ist nach Auffassung der Umweltorganisationen auch der letzte (vorgeschobene) Grund weggefallen, an der Wiederaufarbeitung festzuhalten«, konstatiert Greenpeace in einem Pressecommuniqué.[41]

Doch die Schweizer Atomindustrie propagiert weiterhin die Wiederaufarbeitung.[42] Dies ist delikat, weil die AKW-Betreiber in nächster Zeit entscheiden müssen, ob sie die auslaufenden Verträge mit BNFL und Cogéma verlängern wollen. Vermutlich klammern sie sich wider besseren Wissens an die Plutoniumwirtschaft, weil die Abfälle aus La Hague und Sellafield verglast zurückkommen – in einer Form, in der die AKW-Betreiber sie ohne großen Aufwand der Zwischenlagerung zuführen können. Wie man hingegen ganze Brennelemente behandelt, um sie während Jahrtausenden möglichst sicher zu lagern, ist bis heute unklar. Verschiedene Länder arbeiten zwar an entsprechenden Projekten, doch liegt bislang keine befriedigende Lösung vor (vgl. Kapitel 14). Dies darf jedoch nicht rechtfertigen, an der schlechtesten aller Lösungen – der Wiederaufbereitung – festzuhalten, nur weil man sich nicht eingestehen will, dass das Atommüllproblem nach wie vor ungelöst ist.

Wiederaufbereitung und Entsorgung

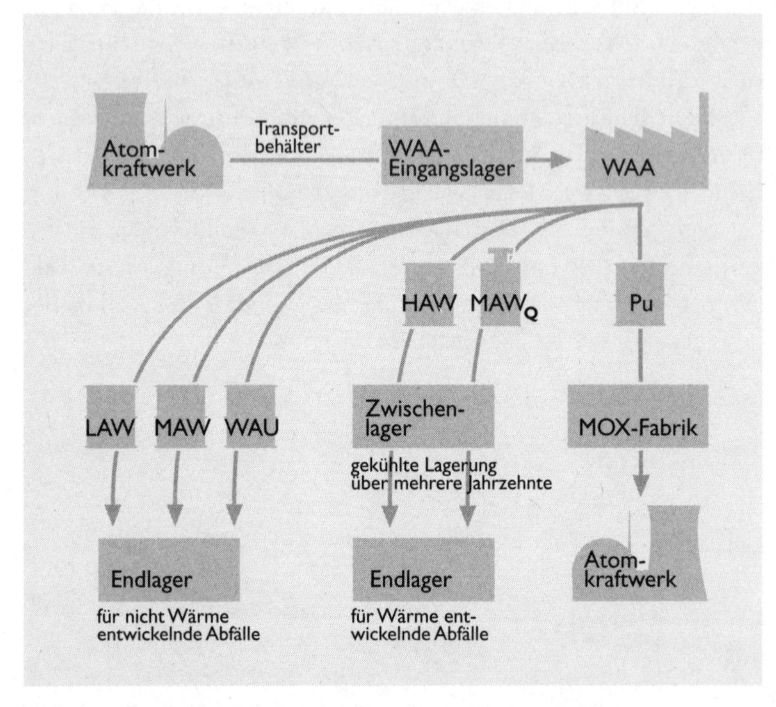

Entsorgung des abgebrannten Brennstoffes nach der Wiederaufbereitung.

WAA	Wiederaufbereitungsanlage
LAW/MAW	Schwach und mittel aktiver Abfall
WAU	Wiederaufbereitetes Uran
HAW	Hoch aktiver Abfall
Pu	Plutonium

Quelle: Christian Küppers, Michael Sailer: MOX-Wirtschaft oder die zivile Plutoniumnutzung, Berlin, 1994

Transport ausgebrannter Brennstäbe, 1997

13
Nukleartransporte

Neuntausend PolizistInnen treten am 8. Mai 1996 in Niedersachsen gegen dreitausend DemonstrantInnen an, die verhindern wollen, dass ein Tieflader radioaktiven Müll ins deutsche Zwischenlager Gorleben bringt. Die Medien berichten von »bürgerkriegsähnlichen Szenen« und »Straßenschlachten«, die Polizei setzt Wasserwerfer, Tränengas und Gummiknüppel ein, um dem Transporter den Weg freizumachen.[1]

Anfang März 1997 kommt es noch dramatischer: Diesmal sind dreißigtausend Bundesgrenzschützer und PolizeibeamtInnen im Einsatz, um den Castortransport nach Gorleben zu geleiten. Ihnen stehen fünfzehn- bis zwanzigtausend BürgerInnen gegenüber, welche mit Sitzblockaden versuchen, die radioaktive Fracht aufzuhalten. Erfolglos, die Polizei prügelt drauflos, dreihundert DemonstrantInnen werden verletzt, dreißig davon schwer.[2]

Im Frühjahr 1998 wiederholt sich das ganze Szenario, erneut stehen dreißigtausend PolizistInnen mehreren tausend AtomgegnerInnen gegenüber; diesmal aber nicht in Gorleben, sondern in Ahaus, dem zweiten deutschen Zwischenlager, das in Nordrhein-Westfalen liegt. Die wohl aufwändigsten Polizeieinsätze der deutschen Nachkriegsgeschichte dürften zwischen 100 und 150 Millionen Mark gekostet haben.[3]

Die Castoren* – etwa fünf Meter lange, hundert Tonnen schwere, zylinderförmige Kapseln – enthielten Atommüll aus der Wiederauf-

* Castor ist die Abkürzung von Cask for Storage and Transport of Radioactive Material, Behälter für die Lagerung und den Transport von radioaktivem Material.

bereitungsanlage La Hague. Eigentlich war der Protest verspätet, da es politisch sinnvoller gewesen wäre zu verhindern, dass der abgebrannte Brennstoff das Land überhaupt verlässt: denn ist er einmal in der Wiederaufbereitung, haben die Lieferländer den Abfall wohl oder übel irgendwann wieder zurückzunehmen. Wo man ihn dann unterbringt, ist eine andere Frage, doch untergebracht werden muss er.

Mehr Transporte – höheres Unfallrisiko

Vergleichbare Castortransporte aus La Hague oder Sellafield in die Schweiz finden voraussichtlich erstmals 1999 statt. Je nachdem wie schnell die AKW-Betreiber sich von der Wiederaufbereitung verabschieden, dürften es insgesamt bis zu 97 Castoren sein, die einmal aus Frankreich oder Britannien zurückkommen und im zentralen Zwischenlager (Zwilag) in Würenlingen im Kanton Aargau – dem Schweizer Pendant zu Gorleben – geparkt werden, bis man eine Lösung für die Langzeitlagerung gefunden hat (vgl. Kapitel 14).[4]

Greenpeace versucht seit einigen Jahren zu verhindern, dass abgebrannter Brennstoff aus der Schweiz ausgeführt wird, und blockiert regelmäßig die Transporte bei den Werken. Mit beschränktem Erfolg, da sich die breite Öffentlichkeit kaum dafür interessiert, obwohl jedes Jahr zwanzig bis dreißig solcher Transporte per Lastwagen oder Bahn quer durch die Schweiz und Europa fahren.[5]

Immer wieder kommt es bei solchen Transporten zu Unfällen: Im Bahnhof Perl-Apache an der französisch-deutschen Grenze entgleist beispielsweise im Februar 1997 aufgrund eines Rangierfehlers ein Zug, der 6,5 Tonnen verbrauchten Brennstoff aus einem deutschen AKW geladen hat. Glücklicherweise kippen die Waggons mit der radioaktiven Fracht nicht um, und keiner der Behälter leckt. Die Pressesprecherin des deutschen Bundesamtes für Strahlenschutz kommentiert lapidar: »Ich gehe davon aus, dass keine Radioaktivität nach außen tritt.«[6]

In jenen Tagen gibt das französische Institut für nukleare Sicherheit bekannt, zwischen 1978 und 1995 habe es allein in Frankreich 25 Unfälle oder Zwischenfälle bei Atomtransporten gegeben: Fünfzehnmal sei dies bei Transporten per Bahn vorgekommen, neunmal bei Lastwagen und einmal bei einem Seetransport – doch sei bei keinem dieser Fälle Radioaktivität freigesetzt worden.[7]

In der Schweiz stellt vor allem der Rangierbahnhof Muttenz bei Basel einen neuralgischen Punkt dar, über den ein Großteil der Nukleartransporte die Schweiz verlässt. In Muttenz zirkulieren täglich bis zu dreihundert Gefahrentransporte. Würde nun ein Atomcontainer in einen Unfall mit einem Vinylchlorid- oder Benzinzug verwickelt, würde wohl keiner der Behälter standhalten. Sie sollten zwar einem achthundert Grad heißen Brand während einer halben Stunde widerstehen – doch bei den großen Zugsbränden, die sich in den vergangenen Jahren in der Schweiz ereignet haben (zum Beispiel 1994 in Zürich-Affoltern), entwickelten sich wesentlich höhere Temperaturen, und die Feuerwehr brauchte jeweils Stunden, bis sie den Brand unter Kontrolle hatte.

Die BaslerInnen – sensibilisiert durch Kaiseraugst und die Chemiekatastrophe in Schweizerhalle – versuchten deshalb, den Atommüllverkehr auf ihren Schienen zu unterbinden. Im August 1992 lanciert die Vereinigung Ökostadt Basel in den beiden Basler Halbkantonen die Initiative »Stopp den Atommülltransporten«, um jegliche Atomtransporte über den Bahnknotenpunkt Muttenz-Basel zu untersagen. Die Unterschriften kommen rasch zusammen, doch wird die Initiative auf kantonaler Ebene für ungültig erklärt, weil die Bewilligung der Atomtransporte alleinige Sache des Bundes sei. Die InitiantInnen ziehen den Entscheid ans Bundesgericht weiter, das im April 1996 ebenfalls abschlägig entscheidet. Die obersten Richter stoßen sich an der »Zielsetzung« des Volksbegehrens; sie schreiben in

Plutonium- und MOX-Transportrouten

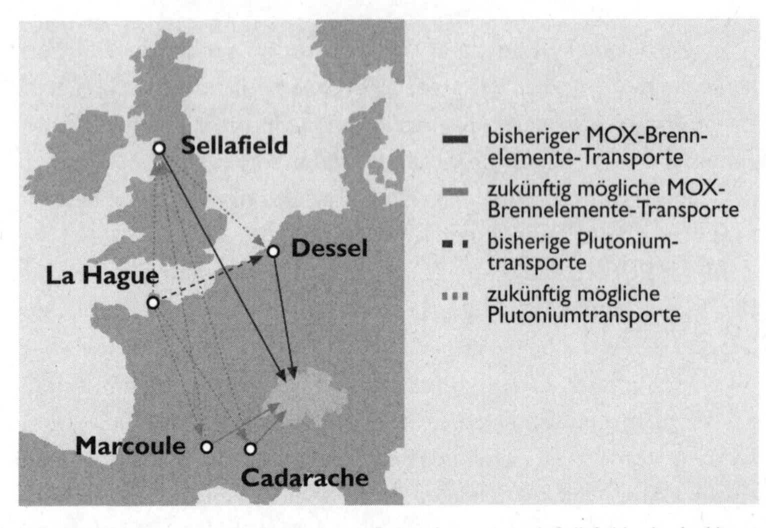

Von der Schweiz gehen die abgebrannten Brennelemente nach Sellafield oder La Hague zur Wiederaufbereitung. Das dort gewonnene Plutonium muss in eine MOX-Brennelementefabrik: Das Sellafielder Plutonium wird heute meistens in Sellafield selbst verarbeitet – das La Haguer geht in die belgische MOX-Fabrik in Dessel. Es wäre aber in Zukunft denkbar, dass das Plutonium in den französischen Nuklearfabriken in Marcoule oder Cadarache verarbeitet wird. Der hoch gefährliche Stoff legt also Hunderte von Kilometern zurück, bis er wieder in die Schweiz zurückkommt. Zumeist wickelt man die Transporte via Lastwagen oder per Schiene ab. Die MOX-Elemente aus Sellafield hat man allerdings schon des Öftern per Flugzeug via Zürich-Kloten eingeflogen.
Würden die Brennelemente direkt endgelagert, wären diese risikoreichen Transporte nicht nötig.

Quelle: Thomas Flüeler, Christian Küppers, Michael Sailer: Die Wiederaufarbeitung von abgebrannten Brennelementen aus schweizerischen Atomkraftwerken, Zürich, 1997

der Urteilsbegründung: Es »sollen die Transporte von radioaktivem Material ganz unterbunden werden, wodurch letztlich die Gewinnung von Atomenergie überhaupt in Frage gestellt wird«.[8]

Die Komplexität der Materie hat die Richter offensichtlich überfordert: Der Atommülltourismus, den die Wiederaufbereitung mit sich bringt, hat überhaupt nichts mit dem Betrieb von AKW zu tun – auch wenn die Brennelemente die Schweiz nicht verlassen dürften, müsste kein AKW abgestellt werden, denn man könnte den verbrauchten Brennstoff in den Kühlbecken bei den Anlagen lagern; wäre der Lagerplatz bei den Anlagen zu knapp, ließen sich notfalls noch neue Becken bauen.

Kommt hinzu, dass die Sicherheit der Transportbehälter die Richter überhaupt nicht interessiert hat. Sie glaubten einfach, was die AKW-Betreiber und Sicherheitsbehörden ihnen mitteilten: Der verwendete Behältertyp NTL 11 von der britischen BNFL sei absolut sicher, man habe ihn getestet. Die Tests bestanden aber lediglich aus Computersimulationen.

Als man den Behälter im Frühjahr 1998 – nachdem er bereits fünfzehn Jahre in Betrieb war – erstmals einem realen Crashtest unterzieht und ihn aus neun Metern Höhe fallen lässt, versagt der NTL 11: Mehrere Schrauben brechen, und der Deckelstoßdämpfer, der die Wucht des Aufpralls mildern sollte, reißt ab.[9] Die Testergebnisse sind so eindeutig, dass man den Behältertyp sofort aus dem Verkehr ziehen muss.

Plutoniumflüge

Genau so heikel wie die Fahrt zur Wiederaufbereitung ist die Rückreise. Und die läuft oft über Umwege: Das abgetrennte Plutonium aus La Hague muss zum Beispiel zuerst in die MOX-Fabrik in Dessel verfrachtet werden, bevor es in Form von Brennelementen in die Schweiz gelangt.

Die MOX-Brennelemente, die in Sellafield fabriziert werden, kommen hingegen des Öftern per Luftweg zurück: Zwischen 1994 und 1997 flogen sechs Flugzeuge mit insgesamt 24 Brennelementen vom britischen Flughafen Carlisle nach Zürich-Kloten.[10] Die Fracht war für Beznau bestimmt und enthielt etwa 600 Kilogramm reines Plutonium. Bis vor kurzem verpackte man die MOX-Elemente in Behälter, die lediglich einen Sturz aus neun Metern überstehen, respektive eine Aufprallgeschwindigkeit von 48 Stundenkilometern aushalten sollten. Die Internationale Atomenergiebehörde IAEO schreibt heute für Lufttransporte jedoch Behälter vor, die mindestens eine Aufprallgeschwindigkeit von 324 km/h überstehen.[11]

Der Bundesrat gibt Ende 1997 offen zu, dass bei einem Unglück mit einem MOX-beladenen Flugzeug »möglicherweise sogar mit einem Auseinanderbrechen des Behälters gerechnet werden« müsse, doch beruhigt er, dass eine Einzelperson in der Nähe des Absturzortes lediglich eine Dosis von 50 Millisievert erhalten würde: »Diese Dosis liegt um den Faktor 10 unterhalb der Schwelle für akute Strahlenschäden.«[12] Womit der Bundesrat wie Juri Iljin argumentiert. Iljin war in den Achtzigerjahren der oberste Strahlenschützer der Sowjetunion und behauptete nach dem Reaktorunfall in Tschernobyl, es sei absolut ungefährlich, in den kontaminierten Gebieten zu leben, da keine akuten Strahlenschäden auftreten würden.[13] Ilijn unterschlug – wie es in diesem Fall auch der Bundesrat tut – die gravierenden Spätschäden, die schon bei kleineren Strahlendosen auftreten; zu den Langzeitfolgen eines derartigen Unglücks gehören zum Beispiel Krebserkrankungen und Genmutationen, die erst nach Jahren oder Jahrzehnten sichtbar werden (vgl. Kapitel 8 und 10).

Die Schweizer Regierung verschweigt außerdem, dass schon ein Milligramm Plutonium ausreicht, um Lungenkrebs zu verursachen. Sie verspricht lediglich, fortan würden sicherere Behälter verwendet, aber von einem Verbot der Plutoniumflüge will sie nichts wissen – die Begründung: »Die Wahl des Transportmittels Flugzeug erfolgte nicht zuletzt aus Gründen der hohen Sicherheit bezüglich einer allfälligen Entwendung des plutoniumhaltigen Materials.«

Kontaminierte Behälter

Letztlich schafft die Atomwirtschaft, was den Wiederaufbereitungs-GegnerInnen nie gelungen ist: Am 5. Mai 1998 geben die französischen Staatsbahnen SNCF bekannt, sie würden keinen Atommüll mehr befördern, nachdem publik geworden war, dass verschiedene Transportbehälter aus der Schweiz und aus Deutschland kontaminiert waren.[14] Etwas später stellt sich heraus, dass dies nicht nur die La Haguer, sondern auch die Sellafielder Behälter betrifft. Manche haben Kontaminationen von 13400 bis 50000 Becquerel (Bq) pro Quadratzentimeter aufgewiesen[15] – der erlaubte Grenzwert liegt bei 4 Bq. In der Folge müssen die Behörden europaweit alle Atommülltransporte stoppen.

Jahrelang haben die Sicherheitsbehörden behauptet, es bestehe überhaupt kein Risiko, die Transporte seien absolut »sauber«. Eher unfreiwillig – weil sich die jeweiligen Verantwortlichen versprechen und widersprechen – kommt dann aber heraus, dass sowohl die Hauptabteilung für die Sicherheit der Kernkraftwerke (HSK) wie die AKW-Betreiber seit langem über die strahlenden Behälter informiert waren.[16]

Inzwischen ist bekannt, wie die Kontaminationen entstehen: Man holt die Brennelemente aus den Abklingbecken, die kontaminiertes Wasser enthalten, und lädt sie in die Behälter, wobei zwangsläufig verseuchtes Wasser an den Elementen hängen bleibt. Man dekontaminiert zwar die Behälter und wischt sie ab, bevor sie auf die Reise gehen, doch nützt dies nur beschränkt. Die Behälter sind mit Lüftungsschlitzen versehen, weil die Elemente – die immer noch hohe Temperaturen entwickeln – gekühlt werden müssen. Das konta-

Strahlende Behälter

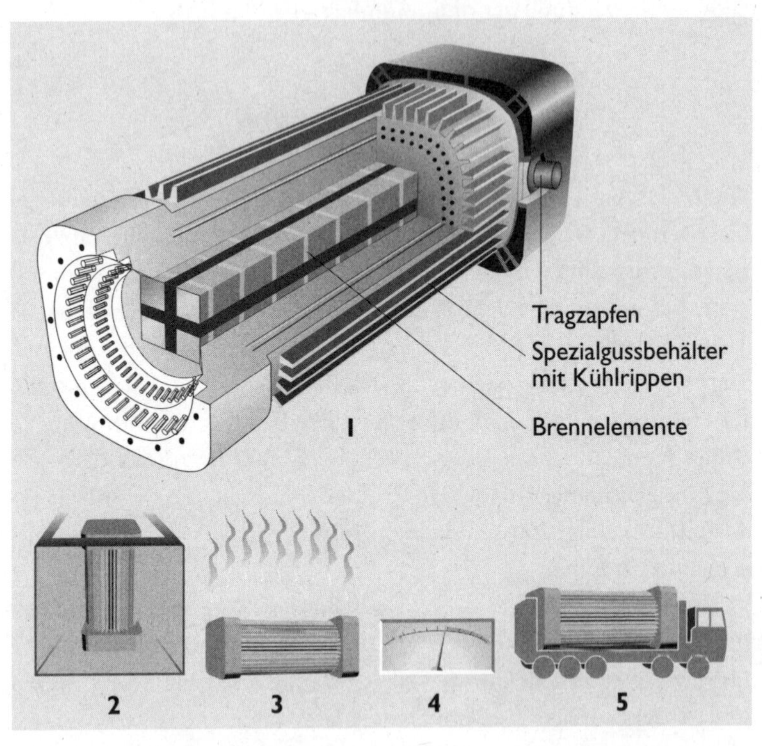

1 Es gibt verschiedene Behältertypen, von ihrer Grundkonstruktion sind jedoch alle ähnlich aufgebaut: Ein zylinderförmiger, dickwandiger Spezialgussbehälter, der mit Kühlrippen oder Lüftungsschlitzen versehen ist, um die Brennelemente – welche immer noch Wärme entwickeln – zu kühlen.
2 Der Behälter wird unter Wasser mit den abgebrannten Brennelementen beladen,
3 äußerlich dekontaminiert,
4 gemessen,
5 und per Lastwagen oder Güterzug auf die Reise geschickt. Durch die Erwärmung kann das verseuchte Restwasser im Atombehälter verdampfen und über die Lüftungsschlitze nach draußen gelangen. Die radioaktiven Partikel bleiben an der Außenwand haften, werden abgestreift oder durch den Fahrtwind in die Umgebung verfrachtet.

minierte Restwasser, das im Behälter drinblieb, verdunstet langsam und tritt durch die Schlitze aus; im Fachjargon spricht man von »ausschwitzen«. Der »Schweiß« enthält radioaktive Partikel, die außen am Behälter, an den Eisenbahnwagen oder Tiefladern hängen bleiben. Diese Partikel könnten von Menschen, die sich in der Nähe eines äußerlich kontaminierten Containers aufhalten, abgestreift oder vom Fahrtwind weggetragen werden.

Gesundheitsschäden

Die HSK versucht die Bevölkerung zu beruhigen und lässt verlauten: Für das Personal, das direkt mit dem Material in Kontakt gekommen sei, habe trotz der zum Teil 350-fach überhöhten Belastung keine Gefahr bestanden. Und ein Mitarbeiter des staatlichen Paul-Scherrer-Institutes beschwichtigt: Um den Dosisgrenzwert von einem Millisievert zu akkumulieren, müsste sich eine Person während eines Jahres siebzehn Stunden pro Tag in einem Meter Entfernung zur radioaktiven Quelle aufhalten.[17]

Ganz so harmlos ist die Geschichte nicht. An den Behältern hat man vorwiegend radioaktive Cobalt- und Cäsiumpartikel gefunden. Das sind Gammastrahler, die sich mit einfachen Methoden messen lassen.

Selbst bei einer geringen Cobalt- und Cäsiumverseuchung können gesundheitliche Schäden entstehen: Vermutlich handelt es sich bei den gefundenen Kontaminationen um »hot particles« – kleine, energiereiche Teilchen, die einen Durchmesser von wenigen tausendstel Millimetern haben.

Atmet ein Kleinkind, das beispielsweise am Bahndamm spielt, ein einziges derartiges hot particle ein, ist es bereits einer erheblichen Strahlenbelastung ausgesetzt, die ohne weiteres den Jahresgrenzwert von 1 Millisievert überschreiten kann, weil diese Radionuklide in der Lunge erheblichen Schaden anzurichten vermögen.[18]

Von den Atombombenabwürfen aus den Sechzigerjahren kennt man auch Alpha- und von Tschernobyl gemischte Alpha-Beta-hot-particles. Die Gamma-hot-particles sind jedoch – auch nach Meinung der offiziellen Strahlenschützer – wesentlich gefährlicher als die anderen beiden: Denn wenn sie im Körper abgelagert sind, dringt ihre Strahlung tief in den Körper ein – die Strahlung eines Alpha-hot-particle vermag hingegen nur in die erste Zellschicht einzudringen und schädigt keine weiter entfernten Zellen.[19]

Neben diesen Partikeln geben die beladenen Atombehälter auch Neutronenstrahlung ab, die die vierzig Zentimeter dicken Metallwände durchdringen: Hält man sich eine Stunde lang in einem Abstand von zwei Metern vom Behälter auf, erhält man nach offiziellen Berechnungen eine Dosis von 17 Mikrosievert (µSv). Hinzu kommen weitere 5,8 µSv, weil der Behälter auch Gammastrahlung abgibt. Das macht 22,8 µSv pro Stunde – so gesehen sind die Container sicher, da der Grenzwert bei 100 µSv liegt. Nun ist man sich aber über die Gefährlichkeit, über die so genannte biologische Wirksamkeit der Neutronenstrahlung überhaupt nicht einig. Wie stark diese Strahlenart den Körper schädigt, lässt sich nämlich nicht messen, sondern nur theoretisch hochrechnen.

Ähnlich wie bei der Alpha- oder Betastrahlung setzt die internationale Strahlenschutzkommission ICRP (vgl. Kapitel 10) auch bei der Neutronenstrahlung einen hypothetischen Faktor 10 ein, um auszudrücken, dass ihrer Meinung nach Neutronenstrahlung zehnmal gefährlicher ist als Gammastrahlung. Der unabhängige deutsche Strahlenschutzexperte Horst Kuni geht hingegen davon aus, dass die Neutronenstrahlung wesentlich schädigender wirkt, und verlangt einen Faktor 75.[20] Setzt man Kunis Wert ein, erhält eine Person, die sich in einem Abstand von zwei Metern zum Behälter befindet, eine 7,5-mal höhere Strahlendosis, sprich pro Stunde über 130 Mikrosievert – und damit ist der offizielle Grenzwert markant überschritten.

Die Strahlung eines Containers liegt also schon über den behördlichen Grenzwerten, wenn der Behälter äußerlich nicht kontaminiert ist. Die offiziellen Strahlenschützer haben stets versucht, Kunis Risiko-Einschätzung als unwissenschaftlich abzutun, denn wenn sie zutrifft, wird es ungemein schwierig, überhaupt noch Castortransporte durchzuführen. Man dürfte nicht einmal mehr Arbeitern zumuten, die Castoren vor der Abfahrt »sauber« zu wischen.

Spätfolgen?

Zur Zeit bangen Hunderte von Bahnangestellten sowie PolizistInnen, die mit den Atommülltransporten zu tun hatten, um ihre Gesundheit.

Die deutschen PolizistInnen haben immerhin Kunis Warnung vor der Neutronenstrahlung ernst genommen. Anfänglich versuchten sie, die Behälter wie mit einem »Mantel« zu decken, und standen sehr nahe bei den Tiefladern, um sie durch die DemonstrantInnen ins Zwischenlager zu geleiten. Seit sie wissen, dass die Neutronenstrahlung gefährlicher ist, als man ihnen gesagt hat, haben sie ihre Einsatzstrategie geändert: Sie schaffen einen breiten Korridor, um die Castorbehälter wie einen »Staatsbesuch« durchbrausen zu lassen, damit die PolizistInnen sich möglichst nicht in der Nähe des strahlenden Gefährtes aufzuhalten brauchen.[21]

In der Schweiz haben die SBB das Paul-Scherrer-Institut (PSI) damit beauftragt, Bahnarbeiter – die mit Atomtransporten in Kontakt waren – mittels Ganzkörpermessung zu untersuchen. Bei allen 120 untersuchten Angestellten war das Ergebnis negativ, man konnte keine Kontamination feststellen. Nur stellt sich die Frage: Was lässt sich mit einer Ganzkörpermessung überhaupt nachweisen? Auf jeden Fall besagt ein negatives Testergebnis nicht, dass die Betroffenen durch die Transporte niemals Radioaktivität abbekommen haben, wie die renommierte deutsche Strahlenschützerin Inge Schmitz-Feuerhake, die an der Universität Bremen lehrt, konstatiert: »In einem Ganzkörperzählgerät kann man nur Radionuklide nachweisen, die eine durchdringende Gammastrahlung aussenden. Das sind in diesem Fall die harmlosesten Anteile an den möglichen Spaltprodukten.«

An den verseuchten Behältern hat man nach offiziellen Angaben Cobalt-60 und Cäsium-137 gefunden. Beide Radionuklide geben Gammastrahlung ab, die sich demnach mit der PSI-Methode nachweisen lassen.

Horst Kuni gibt jedoch zu bedenken, dass man bis heute nicht weiß, welche Radionuklide außen an den Castoren kleben blieben. Denn wo Cobalt und Cäsium sind, könnten auch noch andere, weit gefährlichere Radionuklide – wie Alpha- oder Betastrahler (vgl. Kapitel 10) – sein, die man bislang nicht gefunden hat, weil es viel aufwendiger ist, sie zu messen, was aber nicht heißt, dass sie nicht da sind. Die wirklich gefährlichen Alphastrahler wie zum Beispiel Plutonium lassen sich jedoch mit einer Ganzkörpermessung nicht nachweisen.[22]

Inge Schmitz-Feuerhake führt noch einen weiteren Kritikpunkt an: »Bei Cäsium-137 geht man davon aus, dass nach drei Monaten bereits die Hälfte der Radioaktivität wieder ausgeschieden wurde. Das bedeutet, dass man über Kontakte in den vergangenen Jahren mit Transportbehältern durch eine solche Messung nichts aussagen kann.« Ein Rangierarbeiter hat beispielsweise vor fünf Jahren Cäsium geschluckt, doch heute werden sie ihm sagen, es sei alles bestens, da das Cäsium den Körper wieder verlassen hat. Trotzdem kann dieses »bisschen« Cäsium bei ihm einen Tumor auslösen – denn bekanntlich besagt ja einer der Strahlenschutzgrundsätze: Jede auch noch so geringe radioaktive Belastung vermag Krebs zu verursachen. Die PolizistInnen und Bahnangestellten müssten indes präzise wissen, wie viel sie abbekommen haben. Denn sollten sie in zehn, zwanzig Jahren an Krebs erkranken, brauchten sie – so makaber es klingt – exakte Daten, damit ihr Tumor als Berufskrankheit anerkannt wird.

Es gäbe, laut Inge Schmitz-Feuerhake, eine Methode, die es erlauben würde, retrospektiv präzise zu messen, welcher Dosis eine Person ausgesetzt war: Die zytogenetische Dosimetrie. Dabei werden Zellen auf ihre strahlenbedingten Schädigungen untersucht. Man müsste zuerst die Personen testen, die am meisten exponiert waren; zum Beispiel die Bahnarbeiter von Valognes – dem Umladebahnhof von La Hague –, welche permanent mit Atomtransporten aus Deutschland und der Schweiz zu tun hatten. Man hat diese Leute schon mittels Ganzkörpermessungen untersucht und nichts gefunden. Die zytogenetische Dosimetrie könnte Resultate bringen, ist aber bislang nicht angeordnet worden.[23]

Wirklich Sinn machen diese Tests auch nur, wenn man den Atommülltourismus endgültig einstellt – denn absolut saubere Nukleartransporte wird es nie geben.

Anfang 1999 wollen die SBB jedoch den Transport von abgebrannten Brennelementen wieder aufnehmen. Eine Strahlenschutzfachperson wird die Züge begleiten, und das beteiligte SBB-Personal will man zweimal jährlich untersuchen.[24]

Der Wellenberg

14
Die ungelöste Entsorgung
Atommüll

»Sehr unangenehm ist die Tatsache, dass beim Zerfall des Uran-235 Spaltprodukte entstehen, welche sehr stark radioaktiv sind [...]. Mit den Mengen, die bis jetzt in den großen Anlagen anfallen, könnten im Kriegsfall große Landstrecken unbewohnbar gemacht werden. Man sieht, dass die Vernichtung dieser Stoffe direkt ein Problem ist«, warnt der Physiker Paul Scherrer schon Ende 1945.[1] Scherrer will die Schweiz unbedingt ins nukleare Zeitalter führen, ist aber ehrlich genug, schon damals das Atommüllproblem zu thematisieren. Die breite Öffentlichkeit nimmt es jedoch nicht zur Kenntnis. Man möchte die neue Technologie nicht behindern und erklärt das Abfallproblem für »nicht dringlich«.

Als das Parlament in den Fünfzigerjahren das erste Atomgesetz erlässt, ist vom Nuklearmüll kaum die Rede. Der Bundesrat beauftragt lediglich die Kommission für die Überwachung der Radioaktivität (KUeR), nach Endlagerstätten für radioaktive Abfälle zu suchen; die Kommission hat diesen Auftrag aber nie ausgeführt.[2]

»Bis Anfang der sechziger Jahre hatten Forschung, Industrie und Spitäler ihre radioaktiven Abfälle der Kehrichtabfuhr übergeben oder über die Abwässer ›entsorgt‹«, schreibt Marcos Buser in seinem Buch »Mythos ›Gewähr‹«, einem Standardwerk über die Geschichte der Schweizer Atommüllentsorgung.[3]

Erst ab 1963 lässt der Bund die Abfälle systematisch einsammeln und provisorisch zentral lagern: anfänglich in einem leeren Munitionsdepot der Armee in Wilerwald bei Olten, später in einem Unterstand auf dem Flugplatz Frutigen.[4]

1967 plant man bei Lossy in Fribourg ein Zwischenlager, die Bevölkerung wehrt sich aber dagegen. Doch dann bietet sich eine einfachere Lösung an: die Versenkung des Abfalls ins Meer.

Unbekümmerte Meeresversenkungen

Zwischen 1969 und 1982 lässt die Schweiz 7677 Container mit strahlendem Unrat an drei verschiedenen Stellen im Nordostatlantik versenken.[5] Der nukleare Abfall weist eine Aktivität von insgesamt 4420000 Gigabecquerel auf – ein Gigabecquerel entspricht einer Milliarde Atomzerfällen pro Sekunde.

Andere Staaten haben schon früher mit diesem Entsorgungsverfahren begonnen. Die Deutschen oder Holländer luden beispielsweise Atommüll auf Passagierschiffe, die nach Übersee unterwegs waren. In der Nähe der Azoren warf man die Behälter über Bord.

Mitte der Sechzigerjahre mischt sich jedoch die Organisation für wirtschaftliche Zusammenarbeit und Entwicklung (OECD) ein. Sie will den wilden Meeresversenkungen ein Ende setzen und schafft eine offizielle Nukleardeponie. Das Gebiet, das sie auswählt, liegt 700 Kilometer nordwestlich der spanischen Küste, die See ist dort etwa 4000 Meter tief. Abgesegnet durch die London Dumping Convention (heute nur noch Londoner Konvention, LC, genannt) – welche die Abfallversenkungen im Meer international regelt –, darf fortan an jener Stelle legal strahlender Müll entsorgt werden. Die Schweiz tritt dem Londoner Abkommen 1969 bei.

Bald regt sich jedoch Widerstand gegen solch unbekümmerten Umgang mit dem Atomabfall. Deutschland, Frankreich, Italien und Schweden behagt diese Entsorgungsstrategie nicht, und sie verzichten ab 1974 freiwillig auf die Atommüllversenkungen.[6]

Belgien, Britannien, die Niederlande, die USA und die Schweiz fahren damit fort. Erst 1983 gelingt es auf Druck mehrerer Länder, ein internationales Versenkungs-Moratorium zu erwirken. Es dauert allerdings nochmals zehn Jahre, bis das Moratorium als verbindliches Verbot in der Londoner Konvention verankert werden kann.

Verglichen mit den andern Ländern hat nur noch Britannien mehr Atommüll in der See entsorgt als die Schweiz.

Immer wieder finden Fischer Atomfässer in ihren Netzen. Die Behälter sind rostig, aufgeplatzt und leer – der strahlende Inhalt ist längst ausgewaschen.[7] Man muss davon ausgehen, dass auch das Cäsium, Strontium, Kobalt und Tritium, das die Schweiz versenkt hat, frei im Ozean herumschwimmt.

Die Idee der Müllentsorgung im Meer taucht heute immer wieder auf. Führend dabei ist die Oceanic Disposal Management Inc. (O.D.M.), die ihren offiziellen Sitz auf Tortola (Virgin Islands) hat, aber von Lugano aus operiert. Ihr Projekt nennt sich »Free Fall Penetration« und versteht sich nicht als »Meeresversenkung«, sondern als »Eingrabung unter dem Meeresboden«. Der radioaktive Abfall soll in torpedoähnliche Behälter gefüllt werden, die man von Schiffen aus mit einer Geschwindigkeit von 180 bis 230 Kilometern pro Stunde 80 bis 120 Meter tief in den Meeresgrund rammt.

Die O.D.M. behauptet, ihr Projekt sei legal und stütze sich auf Untersuchungen der Nuklearagentur der OECD. Tatsächlich hat die OECD zusammen mit der IAEO entsprechende Forschungsprogramme betrieben, nur sind diese längst abgebrochen worden. Zudem untersagt die Londoner Konvention seit 1993 explizit die Entsorgung von Abfall im Meeresgrund. Man hat der O.D.M. auch schon Verbindungen mit der Mafia vorgeworfen, doch konnten ihr die Untersuchungsbehörden nie strafbare Handlungen nachweisen.

Die Firma steht in den Startlöchern. Auf Internet (www.tinet.ch/odm01/main.html) präsentiert sie Skizzen der benötigten Schiffe und Karten der möglichen Versenkungsorte; es handelt sich dabei vor allem um Standorte in politisch und ökonomisch instabilen Ländern wie zum Beispiel Nigeria, Kongo-Zaire, aber auch Nord-Korea oder die Ukraine.

So abwegig die Pläne der O.D.M. klingen, der Faktor Geld dürfte für sie arbeiten: Denn die Meeres-»Bestattung« von Atommüll ist – verglichen mit dem Bau eines Endlagers auf dem Festland – sehr billig.

Mengen und Aktivität

Üblicherweise unterscheidet man drei verschiedene Abfallkategorien:

- Hoch radioaktive Abfälle, im Fachjargon nur hoch aktive Abfälle, kurz HAA genannt. Abgebrannte Brennelemente gelten als HAA. Der hoch aktive Müll enthält vor allem Alphastrahler sowie langlebige Radionuklide; langlebig bedeutet, dass sie sehr lange Halbwertszeiten aufweisen wie zum Beispiel Plutonium-239 (24 000 Jahre) oder Neptunium-237 (2,14 Millionen Jahre).
- Mittelradioaktive Abfälle (MAA) sind etwa tausendmal weniger radioaktiv als HAA und entwickeln weniger Wärme. Dennoch muss auch dieser Abfall unter besonderen Sicherheitsvorkehrungen transportiert und gelagert werden. Verfestigte radioaktive Schlämme aus der Wiederaufbereitung oder die Metallteile der zerlegten Brennelemente gelten zum Beispiel als MAA.
- Schwach radioaktiver Abfall (SAA) enthält nur wenige Radionuklide. SAA sollte man ohne besondere Schutzvorkehrungen transportieren und lagern können. Dies betrifft zum Beispiel Schutzkleidung, die in AKW getragen wurde, oder medizinische Laborabfälle.[8]

In der Realität fällt die Unterscheidung allerdings nicht immer leicht. Mittelaktive Abfälle können zum Beispiel auch langlebige Radionuklide enthalten, dann spricht man von langlebigen, mittelaktiven Abfällen (LMA), die man ihrer Gefährlichkeit wegen wie HAA entsorgen muss.

Auch sind die schwach- und mittelaktiven, die zum Beispiel im Wellenberg (NW) vergraben werden sollen, nicht so harmlos, wie die Bezeichnung erwarten ließe: 37 von 52 Radionukliden, die die Nagra dort einlagern möchte, haben eine Halbwertszeit von über hundert Jahren – darunter befinden sich Radioisotope wie Uran-238 mit einer Halbwertszeit von 4,5 Milliarden Jahren.

In der Schweiz fallen pro Jahr über neunzig Tonnen abgebrannter Brennstoff an, das ergibt in vierzig Betriebsjahren zirka 375 m^3 hochaktiven[9] und knapp 20000 m^3 schwach- und mittelaktiven Abfall[10]. Hinzu kommen noch die Abfälle aus Medizin, Industrie und Forschung – die so genannten MIF-Abfälle – und eine gigantische Menge an radioaktivem Schutt, der beim Abbruch der Schweizer Atomanlagen entstehen wird. Insgesamt wird die Schweiz nach dem Jahr 2030 Lagerplatz für mindestens 100000 Kubikmeter schwach und mittel aktiven Abfall (SMA) benötigen sowie 7000 Kubikmeter für hoch aktiven und langlebig mittel aktiven Abfall (HAA/LMA) (vgl. Grafik S. 312).

Es geht dabei um gigantische Strahlenmengen, wie die Schweizerische Energie-Stiftung hochgerechnet hat: Insgesamt werden einmal $31{,}6 \times 10^{18}$ Becquerel zu entsorgen sein.[11] Dies bedeutet, dass in jeder Kilowattstunde, die unsere AKW produzieren, 3,2 Milliarden Becquerel Nuklearabfall stecken. Würde man den Jahresverbrauch eines durchschnittlichen Schweizer Haushaltes (ca. 4500 kWh) ausschließlich mit Atomstrom decken, fiele eine Radionuklidmenge an, die ausreichte, um eine Fläche von dreißig Quadratkilometern unbewohnbar zu machen.* Alle Schweizer AKW könnten demnach mit dem

*Als Basis für diese Berechnung wurde eine Belastung von 15 Curie pro Quadratkilometer angenommen; diese Kontamination galt in Tschernobyl als Grenzwert – war ein Gebiet mit 15 Curie oder mehr verseucht, musste evakuiert werden. 1 Curie = 3,7 x 1010 Bq.

Strahlungspotenzial der Schweiz

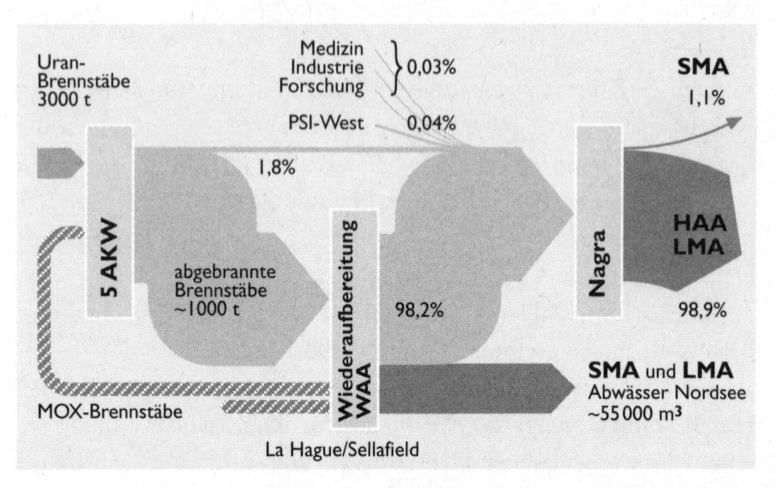

Die Grafik zeigt das gesamte Strahlungspotenzial, das nach dem Jahr 2030 – wenn alle fünf AKW abgebrochen sind – in der Schweiz entsorgt werden muss, inklusive der Abfälle aus Medizin, Industrie und Forschung. Es fallen insgesamt 31,6 x 1018 Becquerel an: 98,9 Prozent davon als hoch aktiver Abfall (HAA), 1,1 Prozent als schwach und mittel aktiver Abfall (SMA); der Anteil, der aus Medizin, Forschung oder Industrie stammt, ist mit 0,03 Prozent verschwindend klein.

Volumenmäßig zeigt sich indes ein anderes Bild: Für den SMA wird man ein Lager von rund 100 000 Kubikmetern benötigen, für den HAA jedoch nur eines von 7000 Kubikmetern.

Grafik: SES

Abfall, den eine Jahresproduktion (ca. 24 000 GWh) verursacht, eine Fläche von rund 700 Milliarden Quadratkilometern so stark verseuchen, dass niemand mehr darauf leben dürfte – die gesamte Erdoberfläche inklusive der Weltmeere beträgt 510 Milliarden Quadratkilometer.

Die Anfänge der Nagra

Seit den Siebzigerjahren ist die Nationale Genossenschaft für die Lagerung radioaktiver Abfälle (Nagra) für die Lösung des Atommüllproblems zuständig.

Entstanden ist die Nagra im Kontext von Lucens: Nachdem der Versuchsreaktor durchgeschmolzen war (vgl. Kapitel 1), hatte man sich überlegt, ob es nicht am sinnvollsten wäre, in der Felskaverne ein atomares Zwischenlager einzurichten, und um dieses Projekt zu realisieren, wurde im Dezember 1972 die Nagra gegründet. Zu den Gründungsmitgliedern gehörten neben dem Bund die Bernischen Kraftwerke, die Elektrowatt AG, die Kernkraftwerk Gösgen-Däniken AG, die Nordostschweizerische Kraftwerke AG und die Energie de l'Ouest; die Elektrowatt AG wurde inzwischen durch die Kernkraftwerk Leibstadt AG abgelöst, ansonsten ist die Zusammensetzung dieselbe geblieben.

Beznau I und II sind, als die Nagra gegründet wird, schon in Betrieb, Mühleberg steht kurz vor der Einweihung: Man hat also begonnen, in großem Stil Müll zu produzieren, bevor man sich mit der Frage auseinandersetzen mochte, was einmal damit geschehen wird.

Die Atomindustrie hat sich damals darauf beschränkt, unermüdlich zu behaupten, das Atommüllproblem sei technisch gelöst, es fehle quasi nur noch die politische Umsetzung.[12]

In diesem Sinn und Geist macht sich die Nagra daran, einen Standort zu suchen. Ihrer Meinung nach handelt es sich um ein harmloses

Problem – oder wie es der langjährige Nagra-Chef Rudolf Rometsch einmal ausdrückte: »Radioaktive Abfälle sind wie tote Schlangen, daran hat sich noch niemand vergiftet.«

Das Zwischenlager-Projekt in Lucens lässt man relativ schnell wieder fallen; die Nagra übernimmt danach die Aufgabe, irgendwo nach einem geeigneten Endlagerstandort zu suchen.[13] Im August 1973 präsentiert sie ihr erstes Erkundungsprogramm und spricht von 22 möglichen Lagerstandorten, die sie aber nicht im Detail bekannt gibt. Zwischen 1974 und 1976 erfährt die Öffentlichkeit nach und nach einige Namen: Airolo (TI), Lenk/Lauen (BE), Glaubenbüelen (OW), Le Montet (VD) und der Wabrig im Fricktal (AG).[14]

In Airolo unternimmt die Nagra erste Sondierarbeiten, unterlässt es aber, die betroffene Bevölkerung zu informieren. Als die Gemeindevertreter von Airolo dennoch herausfinden, worum es bei den Bohrungen geht, fühlen sie sich hintergangen und opponieren gegen die Nagra.

Die Genossenschaft lernt aber nichts aus dieser Erfahrung. Vermutlich aus Angst vor Opposition betreibt sie auch künftig systematisch Geheimnistuerei und bringt dadurch die Bevölkerung erst recht gegen sich auf. Da sie zudem vollumfänglich von der Atomwirtschaft finanziert wird, traut man ihr nicht zu, dass sie die Endlagerfrage unabhängig und seriös abklärt. Der Bund hat noch das Seinige dazu beigetragen, dass die Bevölkerung den Eindruck erhalten musste, bei der Nagra werde gemauschelt: Ursprünglich hatte nämlich das Amt für Energiewirtschaft den Genossenschaftssitz in der Nagra inne – obwohl dieses Amt eigentlich als unabhängige Aufsichtsbehörde die Nagra kontrollieren sollte (später übernahm das Bundesamt für Gesundheitswesen den Genossenschaftssitz).[15]

Als die Nagra am 23. Dezember 1975 die Sondiergesuche für das Val Canaria bei Airolo und den Wabrig sowie am 30. April 1976 jene für Le Montet, Stüblenen und Glaubenbüelen einreicht, »hat sie ihre

Glaubwürdigkeit bei den betroffenen Standortgemeinden bereits eingebüßt«, wie Marcos Buser in »Mythos ›Gewähr‹« feststellt.[16]

Zur selben Zeit ändern sich auch die äußeren Rahmenbedingungen. Einerseits wächst damals in der ganzen Schweiz der Widerstand gegen die Ausbaupläne der Atomwirtschaft. Das Baugelände in Kaiseraugst wird besetzt und die erste AKW-Initiative lanciert (vgl. Kapitel 7).

Andererseits macht die Wiederaufbereitungsindustrie Druck: Hatten die AKW-Betreiber ursprünglich gehofft, sie könnten den hoch aktiven Müll in Britannien oder Frankreich lassen – was aufgrund der ersten Verträge durchaus möglich gewesen wäre –, zwingen dann aber BNFL und Cogéma den Schweizern 1977 neue Verträge auf, die sie verpflichten, alle, auch die hoch aktiven, Abfälle zurückzunehmen.[17]

Das Pflichtenheft der Nagra muss deshalb erweitert werden, da sie sich nun auch um die Entsorgung des hoch aktiven Abfalls zu bemühen hat, was noch viel anspruchsvoller ist als die Suche nach einem Lagerstandort für den schwach und mittel aktiven Müll.[18]

Im Frühjahr 1978 stellt die Nagra ihr »Konzept für die nukleare Entsorgung in der Schweiz« vor und verspricht, nach Endlagerstandorten »für alle Arten von radioaktiven Abfällen« zu suchen.[19] Sie schlägt vor, die hoch aktiven Abfälle im kristallinen Grundgebirge der Nordschweiz – in Felskavernen oder in Bohrlöchern in einer Tiefe von 600 bis 2500 Meter – zu begraben.[20]

Bundesbeschluss und Gewähr

Im selben Jahr berät das Parlament den Bundesbeschluss zum Atomgesetz – der heute noch gilt (vgl. Kapitel 9) und erstmals einige Entsorgungsfragen grundsätzlich regelt:[21]

- Bezüglich neuer Atomkraftwerke hält der Bundesbeschluss fest: »Die Rahmenbewilligung wird nur erteilt, wenn die dauernde sichere Entsorgung und Endlagerung der aus der Anlage stammenden radioaktiven Abfälle gewährleistet [...] ist.«
- Er verpflichtet zudem die Erzeuger radioaktiver Abfälle, »auf eigene Kosten für deren sichere Beseitigung zu sorgen«.
- Ferner beinhaltet er ein Enteignungsrecht, mit dem BesitzerInnen eines Landstücks, auf dem eine Lagerstätte gebaut werden soll, gezwungen werden könnten, ihren Boden abzutreten.

Vor allem das Enteignungsrecht löst bei den AKW-GegnerInnen heftige Opposition aus; unter anderem deswegen ergreifen sie das Referendum gegen den Bundesbeschluss. Die Schweiz kennt eigentlich nur im Bereich von öffentlichen Projekten ein Enteignungsrecht, zum Beispiel beim Bau von Autobahnen, neuen Schienenstrecken oder bei Militäranlagen. Die Elektrizitätswirtschaft wollte jedoch die Atomstromproduktion stets privatrechtlich geregelt haben, der Staat sollte nicht dreinreden. Deshalb sei es, so argumentierten die AKW-GegnerInnen, wenig einsichtig, dass der Staat nun die »Entsorgungssorgen« dieses Industriezweiges mittels Enteignungen lösen sollte.

Der Jurist Heribert Rausch vertritt in seinem Standardwerk »Schweizerisches Atomenergierecht« hingegen die Meinung, dass es »Aufgabe der Rechtsordnung« sei, »im Allgemeininteresse die bestmögliche Lösung der Abfallproblematik zu erleichtern« und deshalb das Enteignungsrecht gerechtfertigt sei.[22] Es sei nämlich nicht anzunehmen, dass die AKW-Betreiber das benötigte Land »freihändig« erwerben könnten. Rausch kritisiert zwar, dass die AKW Müll produzieren durften, bevor geregelt war, wie man ihn entsorgt – denn selbst bei einem Einfamilienhaus muss die Abwasserentsorgung geregelt sein, bevor man eine Baubewilligung erhält. Aber man könne, so Rausch, die Realität nicht ignorieren: »Selbst wenn künftig keine neuen Atomkraftwerke erstellt und die bestehenden Atomkraftwerke sogar stillgelegt werden, bleibt die Aufgabe der Endlagerung bestehen. Gerade weil radioaktive Abfälle als gefährlich zu gelten haben, lässt sich das öffentliche Interesse an der optimalen Lösung dieser Aufgabe nicht verneinen.«[23]

Da im Frühjahr 1979 nicht nur über den Bundesbeschluss, sondern auch über die erste AKW-Initiative abgestimmt werden muss*, macht der Bundesrat den AKW-Betreibern im Herbst 1978 erstmals klare Vorgaben bezüglich der Atommüllfrage – nicht zuletzt, um der Anti-AKW-Bewegung einige Argumente zu nehmen.

In der Betriebsbewilligung für das AKW Gösgen schreiben die Bundesbehörden, es müsse »bis Ende 1985 ein Projekt« vorgelegt werden, »welches für die sichere Entsorgung und Endlagerung der aus dem Kernkraftwerk Gösgen-Däniken stammenden radioaktiven Abfälle Gewähr bietet. Sollte bis zum Ende der Frist für die Entsorgung keine Gewähr geboten sein, müsste die Anlage Gösgen allenfalls abgestellt oder sogar stillgelegt werden.«[24]

Peter Pfund, Vizedirektor des Amtes für Energiewirtschaft, gibt im Frühjahr 1979 an einem öffentlichen Hearing zu verstehen, dass diese »Gewähr«-Klausel nicht nur für die neuen AKW gelte: Wenn die Nagra bis 1985 den Machbarkeitsnachweis nicht liefern könne, sagt Pfund, »dürften wir nicht nur keine neuen Kernkraftwerke bewilligen, selbst wenn sie für den inländischen Bedarf erforderlich wären, sondern wir müssten auch die bestehenden Werke abstellen«.[25] Beznau I und II sowie Mühleberg müssten also ebenfalls vom Netz.

Als Leibstadt die Betriebsbewilligung erhält, findet sich darin auch eine »Gewähr«-Formulierung – diesmal allerdings ergänzt mit der abschwächenden Bemerkung: »Das Eidgenössische Verkehrs-

*Die Initiative wird im Februar abgelehnt, der Bundesbeschluss im Mai 1979 angenommen, er tritt am 1. Juli 1979 in Kraft.

Hoch aktives Endlager im Kristallin?

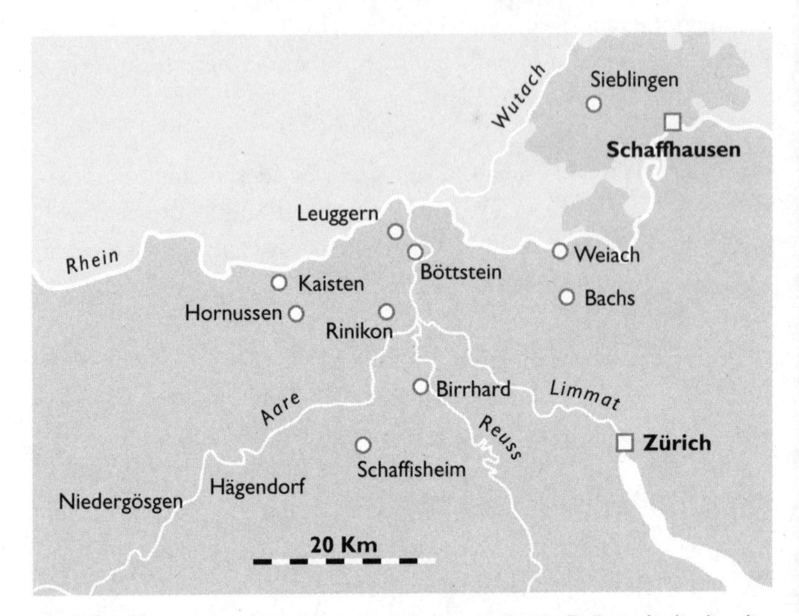

Die Nagra reicht im Juni 1980 die ersten Bohrgesuche für ein Endlager für hoch radioaktive Abfälle ein, das im kristallinen Grundgebirge in der Nordschweiz eingerichtet werden soll. Auf der Liste der HAA-Sondierstandorte stehen die Gemeinden Hägendorf, Niedergösgen, Böttstein, Hornussen, Kaisten, Leuggern, Schafisheim, Birrhard, Riniken, Bachs (später Steinmaur), Weiach, Siblingen.

In Leuggern und Böttstein möchte die Nagra die Untersuchungen Anfang der Neunzigerjahre weitertreiben, muss jedoch auf Druck der Geologen des Bundes davon ablassen, weil der Untergrund nicht für ein Endlager geeignet ist. Im Sommer 1996 gibt die Nagra bekannt, dass sie ihre Suche im Kristallin auf das Mettauertal verlagert, und führt rund um Mettau seismische Messungen durch. Ob dort auch einmal eine Sondierbohrung vorgenommen wird, ist noch ungewiss, unabhängige Geologen halten auch den dortigen Untergrund für untauglich.

Parallel dazu sucht die Nagra auch im Opalinuston im Zürcher Weinland nach einem Hochaktivlager-Standort (vgl. Seite 338).

Quelle: diverse Nagra-Unterlagen

und Energiewirtschaftsdepartement ist ermächtigt, diese Frist aus zwingenden Gründen zu verlängern.«[26]

Suche nach Hoch-aktiv-Lagerstandort

Mit der Betriebsbewilligung von Gösgen gerät die Nagra unter Druck. Bereits im Februar 1979 gibt sie bekannt, sie wolle bis 1985 ein »Projekt Gewähr« durchführen und mit Hilfe von »Modellprojekten« nachweisen, dass die »dauernde und sichere Entsorgung« sowohl für hoch wie mittel und schwach aktiven Abfall in der Schweiz »grundsätzlich« möglich sei.[27]

Die Nagra spricht ursprünglich von zwanzig bis vierzig Sondierbohrungen, die nötig seien. Im Juni 1980 reicht sie beim Bund ein Gesuch für zwölf Sondierbohrungen für ein Hochaktivlager ein (vgl. Karte S. 318).[28]

Die Liste provoziert heftigste Opposition. Es gehen 334 Einsprachen von Einzelpersonen und 27 Gemeinden ein, darunter die zwölf betroffenen Bohrstandorte.

Kritik wird auch vonseiten unabhängiger Geologen laut. Der Lausanner Geologieprofessor Marcel Burri kritisiert zum Beispiel, die Nagra habe mit den Bohrungen begonnen, bevor geophysikalische Abklärungen vorgenommen worden seien: »So wie wenn ein Arzt den Fuß eines Hüftkranken aufmacht, als ob dort die Schmerzursache zu suchen wäre. Hätte er ein Röntgenbild anfertigen lassen, könnte er sehen, dass man die Wirbelsäule operieren müsste.«[29]

Burri führt auch grundsätzliche Kritik an den Sondierbohrungen an: »Abgesehen von dieser seltsamen Arbeitsmethode (Unfähigkeit?) kann man sich fragen, was Bohrungen denn beweisen. Nehmen wir einmal an, der Granit oder der Gneis [Gestein des kristallinen Grundgebirges, Anm. d. Autorin] sei von senkrechten Rissen durchzogen, zum Beispiel alle hundert Meter einer. Hundert Meter guten

Standorte für ein Schwach-mittelaktiv-Lager

Im März 1982 gibt die Nagra zwanzig mögliche Standorte für ein Lager für schwach- und mittelradioaktiven Abfall bekannt:
Randen (Gemeinden Siblingen, Beglingen, Schleitheim SH), Chaistenberg-Strick (Kaisten, Leuggern AG), Limperg (Wittnau, Wegenstetten AG, Rothenfluh BL), Challhöchi (Kleinlützel SO, Burg, Röschenz BE), Le Coperie (La Heute, Orvin, Péry BE), Mouron (Provence VD), Mont Aubert (Concise, Corcelles VD), Bois de la Glaive (Ollon VD), Le Montet (Bex VD), Mayen de Chamoson (Chamoson VS), Val Canaria (Airolo), Piz Pian Grand (Mesocco/Rossa GR), Glaubenbüelen (Giswil OW), Niederbauen (Emmetten NW), Oberbauenstock (Bauen UR), Fallenflue (Muotatal, Illgau SZ), Schaffans (Matt GL, Flums, Mels SG), Büls (Walenstadt, Wartau SG), Castilun (Walenstadt, Wartau SG), Palfris (Wartau SG).
Im Dezember 1983 reicht die Nagra dann drei Bohrgesuche ein, und zwar für den Bois de Glaive, den Oberbauenstock und den Piz Pian Grand im Misox.
Der Wellenberg (Wolfenschiessen, NW) kommt später hinzu.

Quelle: u.a. WoZ 14.4.82

Felsen auf einen Meter gebrochenen Felsen. Zwölf Bohrungen sind vorgesehen: Es bestehen gute Chancen, dass alle zwölf Bohrungen durch guten Felsen führen. Was zeigen nun diese zwölf Bohrungen in bezug auf die Qualität des Felsens? Eigentlich nichts.«[30]

Im Mai 1981 gibt die Nagra plötzlich bekannt, es seien nur fünf bis sechs Sondierbohrungen nötig, um »Gewähr« zu erbringen.

Einige Monate später wird den AKW-GegnerInnen ein internes Nagra-Papier zugespielt, in dem die sechs Sondierorte benannt werden: Riniken, Böttstein, Leuggern, Hornussen, Schafisheim (alle Kanton Aargau) und Weiach (Kanton Zürich). Aus den Unterlagen geht hervor, weshalb das Nagra-Programm geschrumpft ist; in einem Verwaltungsratsprotokoll steht: »Sowohl Bundesrat Schlumpf als auch die Bundesarbeitsgruppe [ein beratendes Gremium, Anm. d. Autorin] ist sich im klaren darüber, dass bis 1985 nicht 12 Bohrungen gemacht werden können. [...] Für das Projekt ›Gewähr‹ werden nur erste Teilresultate [...] verwendet werden können. [...] Die Ausarbeitung ausführungsreifer Bauprojekte sowie der Bau solcher Lager insbesondere für die hochaktiven Abfälle, werden zusätzlich viel Zeit erfordern.«[31]

Die Nagra weiß: Der vorgegebene Fahrplan lässt sich nicht einhalten, sie darf dies aber nicht öffentlich eingestehen, weil sonst Ende 1985 die AKW abgestellt werden müssten.

Die »WochenZeitung« kommentiert damals: »Wer noch gezweifelt haben sollte: das wissenschaftlich-technisch Wünschbare ist dem technisch-finanziell Möglichen gewichen. Für Letzteres genügt es im Moment, einige Schweizer Gemeinden zu finden, die gutmütig genug sind, den Sprüchen der Nagra auf den Leim zu kriechen und bei sich bohren zu lassen, und schon ist die sichere Atommüllagerung ›gewährt‹. Wenigstens auf dem Papier.«[32]

Ollon, Bauen, Misox

Im März 1982 veröffentlicht die Nagra erneut eine Namensliste – diesmal geht es um zwanzig potenzielle Lagerstandorte für schwach und mittel aktiven Abfall (vgl. Karte S. 320). Im Dezember 1983 reicht sie jedoch nur drei Sondiergesuche ein, und zwar für den Oberbauenstock in der Gemeinde Bauen (UR), für den Bois de la Glaive bei Ollon (VD) und den Piz Pian Grand in Mesocco (Misox, GR).

Erneut stößt sie auf Opposition, insgesamt gehen fast dreitausend Einsprachen gegen die Projekte ein.

- In Ollon bildet sich die Oppositionsgruppe CADO (Comité anti-déchets à Ollon). Die Regierung befürwortet jedoch die Nagra-Pläne. Das Vorhaben kommt vors Volk und wird im September 1984 in einer kantonalen Volksabstimmung eindeutig abgelehnt.[33] Nirgendwo ist der Widerstand so erbittert wie in Ollon. Ende der Achtzigerjahre muss die Nagra sogar Polizeischutz anfordern, um geologische Untersuchungen durchführen zu können. Bundesrat Adolf Ogi droht den OllonerInnen: »Falls nötig, bin ich bereit, ein radioaktives Endlager einer Region aufzuzwingen. Dies ist meine Aufgabe.«[34]
- Im Misox formiert sich ebenfalls Widerstand, alle Gemeindepräsidenten des Misox und des Calancatales wehren sich gegen die Nagra-Pläne, aber die Bündner Regierung will mit der Nagra kooperieren. Erst als die Misoxer Abgeordneten 1983 demonstrativ der November-Session des Kantonsparlamentes fernbleiben und über achtzig Prozent der Talbevölkerung die Nationalratswahlen boykottieren, begreift die Regierung in Chur, dass die Endlagergeschichte den Kanton spalten könnte. Sie lenkt ein, stellt sich im Juni 1984 ebenfalls gegen die Nagra und erteilt ihr keine Sondiererlaubnis.[35]

- Ähnlich läuft es im Kanton Uri. Unmittelbar nachdem die Nagra ihre Pläne bekannt gegeben hat, formiert sich die Bürgerinitiative »Atommüll Hiä Niä«. Die betroffenen Gemeinden wie die Regierung verhalten sich jedoch still. Erst ein Gegengutachten, das die drei Oppositionsgruppierungen aus Ollon, Mesocco und Bauen bei unabhängigen Wissenschaftlern in Auftrag gegeben haben, schreckt die UrnerInnen auf. Die Gutachter kommen zum Schluss, »dass ein nicht kontrollierbares und nicht rückholbares Endlager zum heutigen Zeitpunkt nicht verantwortet werden kann«. Überraschenderweise macht sich die Urner Regierung den Standpunkt des Gutachtens zu eigen. Sie argumentiert, ein Sondiergesuch lasse sich vom Entscheid über den Bau eines Endlagers nicht völlig trennen; deshalb behandelt sie das Sondiergesuch, als ob es bereits ums Endlager gehen würde, und lehnt es ab.[36]

Es stellt sich die Frage, weshalb die Nagra ausgerechnet Ollon, den Bauen und das Misox ausgewählt hat. »Wahrscheinlich, weil frühere Arbeiten in der Nähe zeigten, dass das Gestein relativ trocken ist: die Salzmine von Bex, der Autotunnel von Seelisberg und der Wasserstollen unter dem Piz Pian Grand«, meint der Geologieprofessor Burri. Dies seien zwar interessante, aber völlig ungenügende Kriterien: »Sie zeigen nur, wie wenig wir von unserem Untergrund wissen. Weitere Kriterien sind vielleicht auch die Nähe zur nächsten Straße, die Sprachunterschiede, die relativ dünn besiedelten Regionen, deren Bewohner als relativ fügsam gelten ...«[37]

Gewähr verwässert

Das »Projekt Gewähr« lässt sich nicht fristgemäß erfüllen, das ist allen, die sich seriös mit der Endlagerfrage beschäftigen, bald klar. Auch der Bund weiß es und deutet Schritt für Schritt den Begriff »Gewähr« um.

Aus der anfänglich »umfassenden Gewähr«, die noch im Bundesbeschluss festgelegt ist, wird eine »Standort-Gewähr«: Es sollten für alle Abfallkategorien ausgearbeitete Projekte mit konkreten Standorten vorgelegt werden. Später mutiert »Standort-Gewähr« zu »Modell-Gewähr«: Die Nagra muss nur noch Lösungswege in Form eines Modellprojektes aufzeigen, ohne bereits konkrete Standorte für Endlagerstätten zu nennen, sagt der Bundesrat.[38]

Eduard Kiener, Direktor vom Bundesamt für Energiewirtschaft, signalisiert der Atomwirtschaft immer wieder, dass der Bund gewillt ist, ihr aus der Patsche zu helfen; bereits 1984 sagt er: Den AKW würde erst die Betriebsbewilligung entzogen, »wenn sicher gezeigt werden könnte, dass die Endlagerung der Abfälle unmöglich ist«.[39]

Im Februar 1985 präsentiert die Nagra die Ergebnisse des »Projekts Gewähr« und hält fest, ihre bisherigen Arbeiten würden belegen, »dass die Machbarkeit und Langzeitsicherheit der Endlagerung der radioaktiven Abfälle in der Schweiz gewährleistet werden kann«.[40] Sie legt allerdings nur theoretische Berechnungen vor: Für die hoch aktiven Abfälle benutzt sie einen sogenannten »Modell-Datensatz« und für den schwach aktiven Abfall den »Modellstandort Oberbauen«.

Da sie über den geologischen Untergrund offensichtlich nach wie vor wenig weiß, will sie die Langzeitsicherheit vor allem mit technischen Mitteln gewährleisten. Sie spricht von mehreren Sicherheitsbarrieren, die unabhängig vom Gestein garantieren sollten, dass keine Radioaktivität aus dem Lager in die Umwelt gelangt: Die Abfälle will man verglasen (1. Barriere), in Stahlbehälter verpacken (2. Barriere) und in unterirdischen Stollen, die man mit wasserundurchlässigem Ton oder Betonit auffüllt (3. Barriere), versorgen; das »möglichst wasserfreie« Wirtsgestein soll dann lediglich die 4. und letzte Barriere darstellen.[41]

Es ist offensichtlich, dass die Nagra die Entsorgung des Atommülls noch nicht gewährleisten kann. Der Bundesrat nimmt dies zur

Kenntnis und gibt ihr zwei weitere Jahre Zeit, um den Auftrag zu erfüllen.

1987 kommt die Agneb, die Arbeitsgruppe des Bundes für nukleare Entsorgung, allerdings erneut zum Schluss: »Die vom Projekt ›Gewähr 1985‹ erwarteten Erkenntnisse und Aussagen konnten in der zur Verfügung stehenden Zeit nicht erarbeitet werden.«[42] Konsequenterweise müssten jetzt die AKW vom Netz – doch am 3. Juni 1988 können die AKW-Betreiber definitiv aufatmen. Der Bundesrat entscheidet: Für die schwach und mittel aktiven Abfälle habe die Nagra den Entsorgungsnachweis erbracht. Für die hoch aktiven habe sie zumindest den »Sicherheitsnachweis erbracht«; nicht erbracht sei für diese Abfälle hingegen der »Standortnachweis« – »der Nachweis von genügend ausgedehnten Gesteinskörpern mit den erforderlichen Eigenschaften«.[43] Was nichts anderes bedeutet als: Theoretisch kann man den Atommüll irgendwo beerdigen, nur hat man den geeigneten Platz nicht gefunden.

Der Bund meint aber, es wäre unverhältnismäßig, »wegen dem noch nicht vorliegenden Standortnachweis für ein Endlager hoch aktiver Abfälle den bestehenden Kernkraftwerken die Betriebsbewilligung zu entziehen«, deshalb werde »die Betriebsbewilligung der bestehenden Kernkraftwerke de facto vom Entsorgungsnachweis« entkoppelt.[44]

Der Bundesrat erteilt der Nagra lediglich den Auftrag, künftig nicht nur im kristallinen Fels – der offensichtlich zu kompliziert strukturiert ist –, sondern auch in anderen Gesteinsarten nach einem geeigneten Standort zu suchen. Womit man etwa gleich weit ist wie 1978.

Mit dem kapriziösen Entscheid von 1988 hat sich der Bundesrat bis heute aus der Affäre gezogen. Oder wie es Marcos Buser ausdrückte: »Obschon ›Gewähr‹ ›noch nicht‹ erbracht ist, wird sie demnach faktisch so lange für erbracht gelten, als nicht erwiesen ist, dass sie nicht erbracht werden kann.«[45]

Wellenberg

1986 kommt Nidwalden als möglicher Standortkanton für ein Schwach-mittelaktiv-Lager ins Gerede. Es heißt, der Nidwaldner Regierungsrat Hugo Waser habe der Nagra seinen Kanton angedient, weil er hoffte, ein Endlager brächte Investitionen von 300 Millionen Franken in den Kanton. Wie es genau gelaufen ist, wird man nicht mehr herausfinden. Jedenfalls erklärt die Nidwaldner Regierung am 20. Januar 1986, sie habe der Nagra zugesichert, allfällige Sondierarbeiten auf Kantonsgebiet zu unterstützen.[46] Die Nagra steigt gerne darauf ein und nimmt erste geologische Untersuchungen vor. Anfänglich geht es noch nicht um den Wellenberg, sondern um den Niederbauen, der das Projekt am Oberbauen ablösen soll.

Schon früh regt sich in Nidwalden Widerstand: Im Frühjahr 1986 wird das »Komitee für eine Mitsprache des Nidwaldner Volkes bei Atomanlagen« (MNA) und im Dezember 1986 die »Arbeitsgruppe kritisches Wolfenschießen« (AkW) gegründet.

Anfänglich haben die NidwaldnerInnen – rechtlich gesehen – kaum eine Möglichkeit, bei den Nagra-Projekten mitzureden. Das MNA lanciert jedoch eine Initiative, die verlangt, dass Stellungnahmen der Regierung in Sachen Endlager künftig vom Souverän abgesegnet werden müssen.

Die Nidwaldner Landsgemeinde stimmt 1987 dieser MNA-Initiative zu. Im selben Jahr reicht die Nagra ein Sondiergesuch für den Wellenberg hinter Wolfenschießen ein; das Gesuch sieht auch ein Tiefenlager für langlebige Abfälle vor.

Die Nidwaldner Regierung äußert sich in ihrer Stellungnahme positiv zum Nagra-Gesuch. Die Landsgemeinde verwirft jedoch die regierungsrätliche Stellungnahme. Auch die Gemeinde Wolfenschießen spricht sich dagegen aus. Trotzdem erteilt der Bundesrat – wenn auch mit Einschränkungen versehen – der Nagra eine Sondierbewilligung.

Bezüglich des Tiefenlagers teilt er der Nagra mit, sie müsse dafür ein neues Gesuch einreichen.[47]

In der Folge lanciert das MNA ein Kombi-Paket aus einer Verfassungs- und einer Gesetzesinitiative. Mittels der Volksbegehren soll das Nidwaldner Volk das Recht erhalten, über das Endlager zu entscheiden.

Das MNA macht sich dabei eine Eigenheit des Schweizer Rechts zunutze, wonach Bodenbesitz sowohl nach unten wie nach oben begrenzt ist. Niemand kann »seinen Boden« bis in den Erdmittelpunkt beanspruchen: Der »Untergrund« gehört dem privaten Bodenbesitzer nur so weit, als er dafür sein Interesse geltend machen kann – alles, was darunter liegt, gehört der öffentlichen Hand, konkret dem Kanton. Da anzunehmen ist, dass ein Atommüll-Endlager unter den »privaten Untergrund« zu liegen kommt, kann also der Kanton darüber bestimmen: Weshalb auch der Kanton für Bewilligungen oder Konzessionen zuständig sein wird, die es für ein Endlager braucht. Damit nun aber die Nagra-freundliche Regierung dieses Geschäft nicht eigenmächtig abwickeln kann, will das MNA dem Volk durch eine Verfassungsänderung das Recht zuhalten, die entsprechenden Bewilligungen und Konzessionen zu erteilen.[48]

Die MNA-Juristen finden ferner heraus, dass das Bergregal den Kanton berechtigt, die mineralischen Vorkommen im Berg zu nutzen. Folglich muss dem Kanton auch das Recht zustehen, Anlagen zu untersagen, die dieses Nutzungsrecht beschneiden könnten – was bei einem Endlager zweifellos der Fall wäre.

Der Nidwaldner Regierung wie dem Landrat (Legislative) gefällt es jedoch nicht, wie sich das MNA einmischt, und sie erklären 1989 die MNA-Initiativen für ungültig. Ein Jahr später hebt aber das Nidwaldner Verfassungsgericht diesen Entscheid auf. An der Landsgemeinde vom 29. April 1990 werden die Volksbegehren dann deutlich angenommen. Die Nagra reicht dagegen Beschwerde ein.[49] Das

Lex Wellenberg

Anfang der Neunzigerjahre ist die Nagra durch den Widerstand, der an praktisch allen Sondierorten entsteht, ziemlich blockiert. In Ollon muss die Genossenschaft sogar dreihundert Grundbesitzer »befristet« enteignen lassen, damit sie ihre seismischen Messungen durchführen kann. Am Oberbauenstock, im Misox und in Nidwalden versucht die Opposition ebenfalls mit allen rechtlichen Mitteln, die Nagra am Bohren zu hindern.
Um Tempo zu machen und die beharrliche Opposition matt zu setzen, reicht der freisinnige Aargauer Nationalrat Ulrich Fischer, ehemaliger Direktor des geplanten AKW Kaiseraugst, im April 1991 eine Motion ein, in der er den Bundesrat auffordert, »den eidgenössischen Räten eine Teilrevision der Kernenergiegesetzgebung zu unterbreiten mit dem Ziel, das Bewilligungsverfahren zur Bereitstellung von Lagern für radioaktive Abfälle zu vereinfachen und zu beschleunigen«. Fischer rennt damit beim damaligen Energieminister Adolf Ogi offene Türen ein. Ogi hat schon eine entsprechende Teilrevision vorbereitet, denn auch er möchte die Beschwerdemöglichkeiten gegen die Nagra massiv einschränken und die Mitsprache der Kantone beschneiden, um schneller ein Endlager bauen zu können. Die Vorlage geht Anfang 1993 in die Vernehmlassung und trägt den inoffiziellen Titel »Lex Wellenberg« – denn allen ist klar, dass sich dieses Gesetz vor allem gegen die NidwaldnerInnen richtet, da sich die Nagra inzwischen für den Standort Wellenberg entschieden hat.
Man hätte das Gesetz schnell durchpauken können, um zu verhindern, dass die NidwaldnerInnen überhaupt über den Wellenberg abstimmen dürfen. Das ist der nationalrätlichen Umwelt- und Energiekommission UREK dann aber doch ein bisschen zu riskant. Sie legt das Gesetz auf Eis. Als sich die NidwaldnerInnen 1995 an der Urne klar gegen den Wellenberg aussprechen, verschwindet die »Lex Wellenberg« von der Traktandenliste – es heißt: man wolle die Beschleunigung des Verfahrens später bei der Totalrevision des Atomgesetzes regeln.

Quelle: u. a. Tages-Anzeiger, 5.4.91

Bundesgericht gibt jedoch im Herbst 1993 dem Nidwaldner Volk recht und heißt die Verfassungs- und Gesetzesänderungen gut[50] – womit das Nidwaldner Volk endlich offiziell beim Endlagerprojekt mitbestimmen kann.*

Anfang der Neunzigerjahre haben sich die Experten und Behörden des Bundes bereits darauf verständigt, dass bei der Standortwahl für ein Schwach-mittelaktiv-Lager »die geologischen Probleme nicht mehr so wichtig« seien, da man »nach heutigem Stand des Wissens eigentlich jederzeit und überall ein sicheres Endlager bauen« könne, wie es Eduard Kiener vom Bundesamt für Energiewirtschaft einmal formuliert hat.[51]

Folgerichtig verkündet die Nagra im Sommer 1991: Die Resultate der bisherigen Untersuchungen seien am Wellenberg günstiger als bisher angenommen.

Ein Jahr später gibt jedoch die Nagra bekannt, dass sie im Wellenberg nur kurzlebige schwach und mittel aktive Abfälle einlagern will und auf das Tiefenlager für langlebige verzichte. Mit dieser Konzeptänderung entzieht sie sich einer Auflage des Bundes. 1985 hat nämlich der Bundesrat von der Nagra verlangt, sie müsse – neben dem Oberbauenstocken, dem Bois de la Glaive und dem Piz Pian Grand – einen vierten Standort evaluieren. Dieser vierte Standort sollte, so lautete die Vorgabe des Bundes, in einem Gebiet mit »einfachen hydrologischen Verhältnissen« und in einer »tektonisch und seismisch ruhigen Zone« liegen, was deutlich auf einen Standort im Mittelland verweist.[52]

Der Wellenberg – den die Nagra als diesen »vierten Standort« ausgegeben hat – erfüllt keine der Bedingungen. Die Wasserströme im Berg sind komplex, zudem treten in der Gegend immer wieder Erd-

* Ähnliche Regelungen sind inzwischen in Uri und Schwyz in Kraft und sollen nun auch ins Zürcher Recht eingefügt werden (vgl. Seite 342).

Lager für schwach-, mittelradioaktive Abfälle

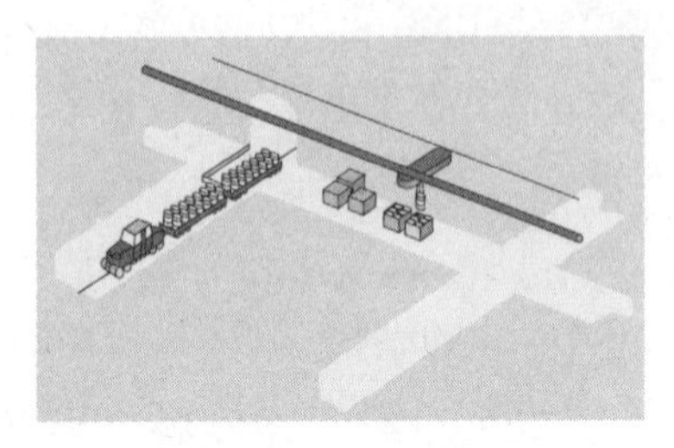

Das Schema zeigt, wie – nach den Vorstellungen der Nagra – ein Endlager im Wellenberg aussehen könnte. Der radioaktive Abfall würde per Bahn via Luzern–Stans angeliefert und in die verschiedenen Stollen verfrachtet (Bild oben). In der unterirdischen Empfangsanlage (Bild rechts) werden die angelieferten Abfällbehälter in die Endlager-Container umgeladen.

Quelle: Nagra informiert Nr. 23

beben auf. Das letzte große Beben erschütterte Obwalden 1964.[53] Zahlreiche ältere Gebäude wurden schwer beschädigt, die Schule von Sarnen musste vorübergehend geschlossen werden, und die Schweizer Bischöfe ließen für die Innerschweizer Erdbebenopfer sammeln.[54]

Allem zum Trotz verkündet die Nagra im Juni 1993, der Wellenberg sei ihr favorisierter Standort. Und der Bundesrat gibt bekannt, dass er das Atomgesetz so revidieren will, dass alle kantonalen Entscheidungsrechte entfallen (vgl. Lex Wellenberg, Seite 328).

Noch bevor die wissenschaftlichen Voruntersuchungen abgeschlossen sind, versucht die Genossenschaft die Bevölkerung finanziell zu binden.

Im Mai 1994 präsentiert sie ein beachtliches Geschenk: Die Bauerngemeinde Wolfenschießen soll eine einmalige Umtriebsentschädigung von drei Millionen und danach bis zur Baubewilligung jährlich 300 000 Franken erhalten. Ist das Lager einmal realisiert, bekäme die Gemeinde in vierzig Jahren rund 145 Millionen Franken, danach sollte eine mit 25 Millionen Franken dotierte Stiftung weiterzahlen.[55] Wolfenschießen weist damals einen Steuerertrag von 2,9 Millionen Franken aus. Wie soll die Gemeinde einen jährlichen Zustupf von über 3,5 Millionen ausschlagen?[56]

Die Gemeindeversammlung von Wolfenschießen spricht sich denn auch im Sommer 1994 für den »Kooperationsvertrag« mit der Nagra respektive der noch zu gründenden »Genossenschaft für nukleare Entsorgung Wellenberg«* (GNW) aus; allerdings hat über ein Drittel der WolfenschießerInnen dagegen gestimmt.

* Die GNW wird im Juni 1994 gegründet; Genossenschaftsmitglieder sind die BKW Energie AG, die Kernkraftwerk Gösgen-Däniken AG (KKG), die Kernkraftwerk Leibstadt AG (KKL), die Nordostschweizerische Kraftwerke AG (NOK), die SA l'Energie de l'Ouest-Suisse, die Centralschweizerische Kraftwerke und die Gemeinde Wolfenschießen; finanziert wird sie durch die BKW, KKG, KKL, NOK.

Kurz danach reicht die Nagra beim Bundesrat ein Rahmenbewilligungsgesuch für den Wellenberg ein.

Das Projekt, das die Nagra vorlegt, weist jedoch gravierende Mängel auf, wie die Gruppe Ökologie von Hannover in einem Gutachten, welches sie im Auftrag verschiedener Umweltschutzorganisationen erstellt hat, darlegt[57]:

- Die Nagra wisse wenig bis gar nichts über die Wasserströme im Berg, nicht einmal die Fließrichtung des Grundwassers sei bekannt, obwohl gerade dies für alle Aussagen über die mögliche Freisetzung von Radioaktivität zentral sei.
- Die Modellberechnungen seien mangelhaft oder fragwürdig. Das Schutzziel werde nicht eingehalten. Dieses Schutzziel, das von den Bundesbehörden festgelegt worden ist, besagt, dass die am meisten belasteten Personen, die sich in der Umgebung des Lagers aufhalten, pro Jahr nicht mehr als zusätzlich 0,1 Millisievert abbekommen dürfen.
- Die Nagra sei nicht in der Lage nachzuweisen, dass Menschen, die in zwei-, dreihundert Jahren in der Umgebung des Wellenbergs leben, nicht doch verseucht würden, wenn das Lager lecke. Obwohl es sich um schwach und mittel aktive Abfälle handle, werde nämlich in sechshundert Jahren immer noch die Hälfte der ursprünglich eingelagerten Radioaktivität im Lager enthalten sein.
  Mit der Langzeitsicherheit sei es wie mit einer Schwangerschaft, bringt es einer der Autoren auf den Punkt: »Ein bisschen oder zum Teil nachgewiesen gilt nicht. Und das Vertrösten auf weitere Abklärungen und später ist unseriös.«[58]

Für Aufregung sorgt auch die Frage, wie lange ein Endlager ein Endlager ist. »Nachdem das Endlager verschlossen ist, gilt es nicht mehr als Atomanlage«, lässt Auguste Zurkinden, Chef der Sektion radioaktive Abfälle der HSK, im Dezember 1994 an an einer Wellenberg-

Veranstaltung verlauten.[59] Später präzisiert die HSK: »Nach Abschluss der Versiegelungsarbeiten muss amtlich festgestellt werden, dass sämtliche Tätigkeiten im Zusammenhang mit dem Verschluss korrekt durchgeführt worden sind. Nach dieser Feststellung wird das Endlager aus der Nukleargesetzgebung entlassen. Dem Endlagerbetreiber verbleiben keine weitergehenden Verpflichtungen und Verantwortungen. Somit stellt das Endlager keine Kernanlage im gesetzlichen Sinn dar.«

Als der Bundesrat von ParlamentarierInnen gefragt wird, ob das nun wirklich zutreffe, muss er eingestehen: »Eine gesetzliche Regelung bezüglich des Verschlusses und einer allenfalls nachfolgenden Überwachung eines Endlagers fehlt.«[60] Demnach ist für ein verschlossenes Endlager tatsächlich niemand verantwortlich.

Der Bund tröstet, er wolle die unsichere Rechtslage bei der nächsten Revision des Kernhaftpflichtgesetzes klären.

Die Wellenberg-GegnerInnen haben sich indes schon lange gegen das Konzept des »verschlossenen Endlagers« gewehrt. Sie fordern eine »kontrollier- und rückholbare Langzeitlagerung«, damit man den Abfall jederzeit wieder hervorholen könnte, falls man zum Beispiel in einigen Jahrzehnten oder Jahrhunderten bessere Methoden der Abfallbeseitigung entdeckt, aber auch, falls Müllbehälter lecken sollten.

Im Sommer 1995 kommt es in Nidwalden zur Wellenberg-Abstimmung, die dank der Opposition an der Urne und nicht an der Landsgemeinde entschieden wird. Es geht dabei um das Nagra-Konzessionsgesuch, das nicht nur einen Sondierstollen, sondern auch schon die Bewilligung fürs definitive Endlager enthält.

Nach einem heftigen Abstimmungskampf lehnen die NidwaldnerInnen am 25. Juni mit 9460 Nein- gegen 8563 Ja-Stimmen das Konzessionsgesuch ab. Selbst für die Nagra-freundliche Regierung ist nun die Sache klar: Sie lässt die Nagra wissen, die Angelegenheit sei vom Tisch, man sehe keinen Handlungsbedarf mehr.

Die Nagra gibt jedoch nicht auf. Wenige Tage nach der Abstimmung schreibt sie in einer Pressemitteilung: »Das knappe Ergebnis deutet darauf hin, dass viele Stimmende weniger dem Projekt als dem Vorgehen eine Absage erteilt haben. Falls diese Interpretation des Abstimmungsresultates zutrifft, dürfte ein neues Gesuch um die Teilkonzession für den Sondierstollen angezeigt sein.«[61]

Davon ist sie bislang nicht abgerückt. Laut ihren neusten Plänen möchte die Genossenschaft Ende 1998 erneut ein Konzessionsgesuch für einen Sondierstollen einreichen und hofft, dass die NidwaldnerInnen etwa im Jahr 2000 nochmals darüber abstimmen müssen.[62]

Allerdings kann die Nagra nicht mehr mit offizieller Unterstützung der Nidwaldner Behörden rechnen. Seit Sommer 1998 sitzt der ehemalige MNA-Präsident und prononcierte Wellenberg-Gegner, Leo Odermatt, in der Nidwaldner Exekutive. Die Regierung hat inzwischen auch ihre geschäftlichen Verbindungen mit der Nagra beziehungsweise der GNW abgebrochen und will sich künftig neutral verhalten.

Noch ist ungewiss, wie die Auseinandersetzung ausgehen wird. Im September 1998 haben zwei Arbeitsgruppen des Bundes, die nach der Abstimmung eingesetzt wurden, ihre Schlussberichte präsentiert. Sie kommen zum Ergebnis: Das Endlager im Wellenberg sei technisch sicher und volkswirtschaftlich interessant, da es der Region während vierzig Jahren jährlich 23 Millionen Franken Umsatz und 130 krisensichere Arbeitsplätze bringe.[63]

Das MNA wie auch die Umweltorganisationen haben nicht in dieser Arbeitsgruppe mitgewirkt, weil sie nicht mithelfen wollten, ein falsches Projekt weiterzutreiben. Sie verlangten vielmehr eine grundsätzliche Diskussion über die Entsorgungsfrage. Daraus ist dann die Arbeitsgruppe »Energie-Dialog Entsorgung« entstanden, die Energieminister Moritz Leuenberger eingesetzt hat. Die Gruppe

– ihr gehörten Vertreter der Atomindustrie, der Umweltorganisationen sowie des Bundes an – hat im November 1998 ihren Schlussbericht vorgelegt, der deutlich zeigt, dass sich in den zentralen Punkten bezüglich Wellenberg kein Konsens finden lässt:[64]

Die AKW-Betreiber beharren auf dem »Endlager«-Konzept, die Umweltorganisationen fordern hingegen die »kontrollierte und rückholbare Langzeitlagerung«. Ein Endlager wird, nachdem es gefüllt ist, verschlossen und sich selbst überlassen. Ein kontrolliertes Langzeitlager sollte hingegen erlauben, den Abfall wieder hervorzuholen, falls neue Methoden gefunden werden, die es ermöglichen, ihn sicherer aufzubewahren; auch sollte es schneller festzustellen sein, wenn ein Lager leckt.

Die AKW-Betreiber wehren sich gegen dieses Konzept. Ihr Argument: Die Gesellschaft sei viel zu instabil und könne über so lange Zeiträume nicht gewährleisten, dass das Material wirklich sicher verwahrt werde. Die Natur mit ihrem stabilen Gestein biete viel größere Sicherheit.[65]

Sie haben aber auch schon signalisiert, dass sie bereit wären, das Lager am Wellenberg für längere Zeit offen zu halten, wenn die Umweltorganisationen dies unbedingt wollten. Die Wellenberg-GegnerInnen werfen jedoch der Nagra vor, sie habe gar nie seriös abgeklärt, ob sich der Wellenberg für die »kontrollierte und rückholbare Langzeitlagerung« überhaupt eigne. Ihrer Meinung nach würde nämlich ein Lager, das lange offen wäre, die Wasserströme im Berg verändern; wodurch radioaktive Stoffe mit dem Sickerwasser nach draussen gelangen könnten. Eine Einschätzung, die auch die Kommission für nukleare Entsorgung – ein Beratergremium des Bundesrates – teilt.[66]

Im Dezember 1998 ist allerdings noch bekannt geworden, dass im Rahmen des »Energie-Dialog Entsorgung« ein neuer, brisanter Vorschlag aufkam: Im Wellenberg könnte auch hoch radioaktiver Abfall entsorgt werden – »auf Grund der vorhandenen Unterdruckzone

Das schwedische Endlager Forsmark

Das schwedische Endlager Forsmark gilt als europäische Vorzeigeanlage. Das Lager liegt zweihundert Kilometer nördlich von Stockholm in der Ostsee, zirka sechzig Meter tief im Meeresboden; die See ist dort rund fünf Meter tief. Seit 1988 ist diese Lagerstätte für schwach und mittel radioaktive Abfälle in Betrieb. Sie besteht aus vier 160 Meter langen Sälen sowie einem Betonsilo, der 53 Meter hoch ist und einen Durchmesser von 27,5 Metern hat. Insgesamt können 90 000 Kubikmeter schwach und mittelaktiver Abfall in Forsmark untergebracht werden. Die »Svensk Kärnbränslehantering« (SKB), das schwedische Pendant zur Nagra, betreibt die Anlage. Der Abfall wird von den verschiedenen Atomanlagen mit dem Transportschiff »Sigyn« zum Hafen gebracht. Von dort transportiert ein Spezialfahrzeug die strahlende Fracht durch einen kilometerlangen Tunnel unter den Meeresgrund.

Um das Jahr 2020 soll das Lager verschlossen und seinem Schicksal überlassen werden. Die Pumpen, die heute die Räumlichkeiten trocken halten, stellt man danach ab: Die Stollen und der Silo werden in der darauf folgenden Zeit also mit Meerwasser geflutet, das durch Risse und undichte Stellen hereinströmt. Da die Atommüllbehälter durchrosten, dürften laut offiziellen Berechnungen innert zehn Jahren radioaktive Stoffe aus dem Lager in die Ostsee dringen. Die zuständigen Stellen behaupten jedoch, diese Stoffe würden im Meerwasser zu »ungefährlichen Dosen« verdünnt. Gegner des Lagers kritisieren, dass rund die Hälfte der eingelagerten Stoffe eine Halbwertszeit von über hundert Jahren hätten, darunter befänden sich auch sehr gefährliche Isotope wie Plutonium und Americium. Durch die Flutung des Lagers betreibe man ein »verzögertes Meeresdumping«, was gegen die Londoner Konvention verstoße, die seit 1993 jegliche Entsorgung von Atommüll im Meer verbiete.

Quelle: Mats Törnqvist: Angekündigte Verseuchung, in PSR-News 1/98

wäre der Wellenberg dafür ideal geeignet«, gab einer der Geologen zu Protokoll.[67] Bislang war es undenkbar, im Wellenberg hoch radioaktiven Abfall einzulagern. Doch der Nagra gefällt die Idee, auch wenn dies teurer wäre und man tiefer bohren müsste, wie Nagra-Chef Hans Issler meint.[68]

In diesem Zusammenhang ist auch von »Curie swap« die Rede: Die Schweiz würde von der Wiederaufbereitungsanlage Sellafield (vgl. Kapitel 12) statt 2000 Kubikmeter schwach und mittel aktiven Abfall nur 6 Kubikmeter zurücknehmen – dafür hochradioaktiven. Offenbar hat die Schweizer Atomindustrie – mit Wissen des Bundesamtes für Energie – diesen »Curie-Tausch« mit der staatlichen britischen Nuklearfirma BNFL ausgeheckt, welche die Wiederaufbereitungsanlage Sellafield betreibt. »Wir hätten weniger Abfall und dessen Entsorgung wäre weniger problematisch«, rechtfertigt Issler den angestrebten Handel. Dies trifft jedoch nicht zu, denn der Tausch würde fünfzehn Prozent mehr Fässer mit hochradioaktivem Müll bringen. Im Übrigen haben sowohl Frankreich wie Britannien vor einigen Jahren Gesetze erlassen, die verlangen, dass alle Abfalltypen ins Kundenland zurück müssen.[69] Legal ist deshalb der »Curie swap« gar nicht machbar.

Suche im Opalinuston

Im Frühjahr 1991 stellt die Nagra das Untersuchungsprogramm Opalinuston vor. Sie tut dies, weil der Bund sie verpflichtet hat, ihre Suche für ein Hochaktivlager über das kristalline Grundgebirge auszudehnen und auch in anderen Gesteinsarten zu sondieren. Der Opalinuston erstreckt sich von Solothurn bis Schaffhausen (vgl. Karte S. 338) und ist vor 180 Millionen Jahren aus feinen Schlammteilchen, die sich im so genannten Jurameer abgelagert haben, entstanden; er soll etwa hundert Meter dick sein und kaum Wasser

Hochaktivendlager im Opalinuston?

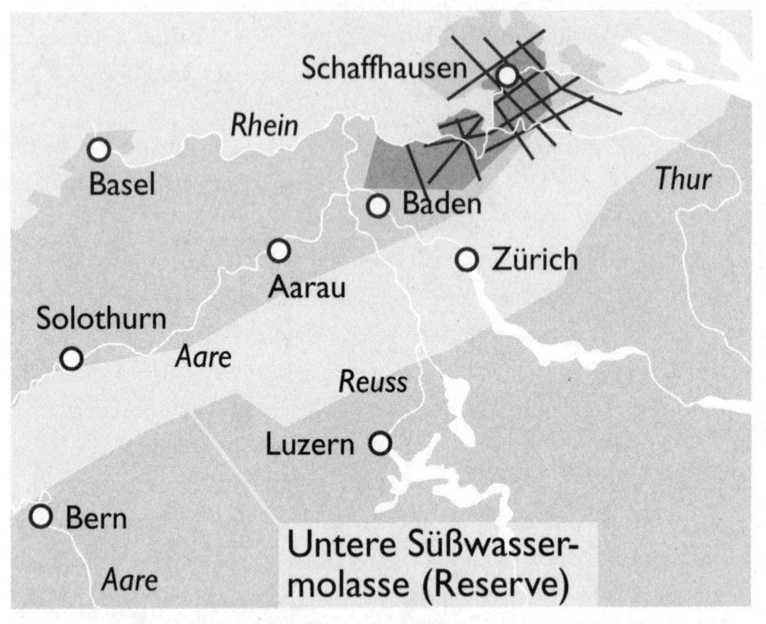

Weil die Nagra bis 1988 im kristallinen Grundgebirge keinen geeigneten Endlagerstandort für den hoch radioaktiven Abfall gefunden hat, verlangt der Bund, dass sie noch weitere Gesteinsarten untersucht. Konkret nimmt sie Opalinuston und als Ausweichmöglichkeit die Untere Süßwassermolasse unter die Lupe. Der Opalinuston ist eine tonhaltige Gesteinsschicht, mit einer Dicke von etwa hundert Metern; im Zürcher Weinland liegt er in einer Tiefe von 400 bis 1000 Metern. Er ist vor 180 Millionen Jahren durch die Ablagerung feiner Schlammteilchen im Jurameer entstanden.
Im Herbst 1998 hat die Nagra bei Benken (ZH) mit einer über 1000 Meter tiefen Sondierbohrung begonnen.

Bildnachweis: Nagra informiert Nr. 25

durchlassen, was ihn nach Meinung der Nagra als Wirtsgestein prädestiniert.

Die Nagra beteuert, als sie ihr Opalinuston-Programm vorstellt, sie werde bis ins Jahr 2000 den Standortnachweis für den hoch aktiven Abfall erbringen. Doch eigentlich glaubt das niemand mehr. »Jetzt geht es darum, dass ein neues falsches Ziel formuliert wird«, kommentiert beispielsweise der »Tages-Anzeiger«: »Denn das jetzt eingeleitete millionenteure Programm für die hochaktiven Abfälle wird, das sagen hinter vorgehaltener Hand die meisten Insider, kaum je zum Bau eines Endlagers für hochaktive Abfälle in der Schweiz führen.«[70]

Geologisch ist die Schweiz für ein Hochaktivlager viel zu komplex. Wenn man beispielsweise die Anforderungen betrachtet, die die US Atomic Energy Commission an ein derartiges Endlager stellt, hätte man gar nie mit der Suche beginnen müssen:[71]

- Das Gebiet sollte fernab von Besiedlungen liegen.
- Zwischen den Gesteinsschichten und den Wassersystemen an der Oberfläche (Flüsse, Bäche usw.) dürfte es keine Verbindungen geben.
- Das Gebiet sollte keine komplexen geologischen Strukturen (Falten, Spalten etc.) aufweisen.
- Es dürfte keine Erdbebengefahr herrschen.

Kein Ort in der Schweiz kann diese Bedingungen erfüllen und schon gar nicht die geologisch zerklüftete und unruhige Nordschweiz.

Eine so genannte internationale Lösung drängt sich deshalb für die Schweiz förmlich auf. Die Nagra weiß das. Immer wieder betont sie, sie wolle sich die Option »Beteiligung an einem multinationalen Lager« offen halten. Allerdings verfügt bis heute noch kein Land über ein Hochaktivlager.

Wegen »Gewähr« fährt die Nagra trotzdem mit der hoffnungslosen Sucherei fort. Bis 1995 hat sie in Leuggern und Böttstein ihr Kristal-

Forum Vera

Das Forum Vera wurde 1992 gegründet, um – so die offizielle Version -unabhängig und offen über die Atommüllfrage zu debattieren. Vera ist die Abkürzung von »Verantwortung für die Entsorgung radioaktiver Abfälle«. Auf der Mitgliederliste des Forums finden sich vor allem Prominente, die in breit angelegten Inseratekampagnen für die Anliegen von Vera werben. Trudi Gerster, einst berühmteste Märlitante der Schweiz, ehemalige Basler Großrätin und Kaiseraugst-Gegnerin, lässt zum Beispiel in einem der Inserate verlauten: »Etwas muss geschehen. Wir können die radioaktiven Abfälle nicht unseren Nachkommen überlassen!« Sie macht sich »für ein Endlager in der Schweiz« stark, was zu jenem Zeitpunkt nur als Votum für den Wellenberg verstanden werden kann. Später sagt Gerster, sie habe sich halt nicht so genau mit Vera auseinandergesetzt, ihren Namen stellte sie dem Verein jedoch nicht mehr zur Verfügung. Zwei Drittel des Vera-Budgets stammen nämlich direkt von der Nagra, die bekanntlich zu fast hundert Prozent der Atomwirtschaft gehört. Der Verein erhebt auch keine Mitgliederbeiträge, weshalb das Forum vollkommen von der Nagra und atomfreundlichen Spenden abhängig ist.

Die Vera-Inserate erscheinen zudem immer kurz bevor wichtige Nagra-Entscheide anstehen. Vor der Wellenberg-Abstimmung in Nidwalden hat beispielsweise die Bürgerratspräsidentin von Luzern, Anita von Arx, in einem solchen Inserat verlauten lassen: »Für die Einrichtung der Entsorgungslager müssen wir Hand bieten.« Und der Präsident der CVP des Kantons Nidwalden, Beat Tschümperlin, sekundierte in einem darauf folgenden Inserat: »Wir müssen unsere Verantwortung wahrnehmen!«

Mehrere Vera-Gründungsmitglieder, die anfänglich geglaubt hatten, das Forum wolle tatsächlich zwischen den Umweltorganisationen und der Nagra vermitteln, sind inzwischen wieder ausgestiegen, weil ihnen der Verein zu offensichtlich die Interessen der Nagra und der Atomwirtschaft vertritt.

Quelle: u.a. WoZ, 31.4.95

linprogramm vorangetrieben, obwohl längst bekannt war, dass sich die Gegend für ein Lager nicht eignet. Unter anderem, weil schon frühere Sondierungen gezeigt haben, dass in der Gegend größere Grundwasserströme durchfließen und bedeutende Mengen an tiefen Felsgrundwässern an die Oberfläche treten – wovon zum Beispiel die Thermalbäder von Zurzach profitieren.[72] Erst auf Intervention der Bundes-Geologen hat die Nagra von Leuggern/Böttstein abgelassen.[73] Der Standort war für sie so angenehm, weil die beiden Aargauer Gemeinden, die in der atomfreundlichsten Ecke der Schweiz, in unmittelbarer Nähe der AKW Leibstadt und Beznau, liegen, sich selbst als Lagerstandort anerboten haben. [74]

1996 präsentiert die Genossenschaft ein neues Untersuchungsgebiet im Kristallin, diesmal in der so genannten »Vorwaldscholle« im Mettauertal – das ebenfalls im Kanton Aargau liegt, einige Kilometer westlich von Leibstadt. Die MettauerInnen denken nicht daran, der Nagra Schwierigkeiten zu bereiten, sie seien sich schließlich gewohnt, in der Nähe von Atomanlagen zu leben, lassen sie die Medienleute wissen.[75] Die Experten des Bundes kritisieren aber den neuen Sondierort schon bei der Präsentation des Projektes, weil sie »die Chance, dort einen genügend großen, ungestörten Block zu finden [...] für äusserst gering« hielten.[76] Das hat die Nagra jedoch nicht davon abgebracht, trotzdem Messungen durchzuführen. Inzwischen sind die Untersuchungen im Mettauertal eingestellt worden.

Parallel dazu hat die Nagra ihr Opalinustonprogramm vorangetrieben. An mehreren Stellen führte sie im Zürcher Weinland seismische Messungen durch. Im Gegensatz zum Kanton Aargau formiert sich hier sofort Widerstand: Die Gruppen »Bedenken« und »Interessengemeinschaft Energie und Lebensraum« (Igel) sowie verschiedene Umweltorganisationen versuchen mit Einsprachen zu verhindern, dass die Nagra vor der Ortschaft Benken eine Sondierbohrung durchführt.

Sie kritisieren vor allem, dass die Nagra den Sicherheitsnachweis – den sie 1988 angeblich für das Kristallin erbracht hat – nun einfach auf den Opalinuston überträgt.[77] Was jedoch nur beschränkt stimmt, hat doch die Nagra inzwischen die Terminologie gewechselt und spricht nicht mehr vom »Standortnachweis«, sondern vom »Entsorgungsnachweis«, den sie im Opalinuston erbringen will. Ausformuliert bedeutet dies: Man ist etwa so weit wie 1972 – man hat keine Ahnung, ob und wie der hoch aktive Müll in der Schweiz entsorgt werden kann. Das »Projekt Gewähr« ist definitiv gescheitert, eigentlich müssten die AKW jetzt endgültig vom Netz. Doch an diese Debatte kann sich Ende der Neunzigerjahre kaum mehr jemand erinnern.

Im September 1998 beginnt die Nagra vor Benken mit der rund tausend Meter tiefen Sondierbohrung.[78]

Es ist allerdings höchst unwahrscheinlich, dass sie dort einmal ein Hochaktivlager bauen wird. Für den Fall, dass sie dies aber trotzdem versuchen sollte, haben Bedenken und Igel die Initiative »Für die Mitsprache bei Atomendlagern« eingereicht, die sich inhaltlich an den Nidwaldner Volksbegehren orientiert. Wird die Einzelinitiative von sechzig KantonsparlamentarierInnen unterstützt, darf danach das Volk darüber befinden.[79]

Die Perspektive

Immer wieder hat die Nagra teure Kampagnen lanciert, um die Öffentlichkeit glauben zu machen, ihre Arbeit habe nichts mit Politik, sondern nur mit »Verantwortung für künftige Generationen« zu tun. Dabei verwendet sie geschickt Begriffe, die eigentlich zum linksgrünen Diskurs gehören, und redet beispielsweise von Verursacherprinzip, Ethik, Moral und Solidarität. Doch obwohl die Nagra in den vergangenen Jahren sehr viel Geld für die Werbung ausgegeben hat – es ist die Rede von rund vierzig Millionen Franken[80] –, ist es ihr nie wirklich gelungen, ihr Image aufzubessern (vgl. Kasten S. 340).

Bislang war dies für die Nagra nie mit finanziellen Konsequenzen verknüpft. Sie kannte keine Geldsorgen: Egal wie unprofessionell die geologischen Sondierprogramme waren – es wurde immer alles bezahlt. Seit ihrer Gründung hat die Nagra über 700 Millionen Franken ausgegeben, ohne ein handfestes Ergebnis zu liefern.[81] Knapp zwanzig Millionen zahlte der Bund daran, den Rest haben die AKW-Betreiber übernommen und auf die StromkonsumentInnen abgewälzt.

Dies wird sich nun ändern. Die bevorstehende Deregulierung des Strommarktes zwingt die Energieunternehmen, marktwirtschaftlich zu denken. Sie verlieren ihre Monopolstellung, können den KundInnen den Strompreis nicht mehr diktieren, weil diese künftig zwischen den verschiedenen Anbietern wählen können. Die Schweizer Energieunternehmen müssen deshalb möglichst preisgünstigen Strom produzieren, damit sie konkurrenzfähig bleiben (vgl. Kapitel 16). In diesem Verdrängungswettbewerb verursacht nun die Nagra aus der Optik der AKW-Betreiber nur noch unnütz Kosten.

1997 haben deshalb die an der Genossenschaft beteiligten Unternehmen das Budget der Nagra massiv zusammengestrichen: Sie musste ihre Personalkosten um rund 30 Prozent abbauen respektive mit der Annahme von Fremdaufträgen decken.

Mit Blick auf die Strommarktliberalisierung würden die AKW-Betreiber zur Zeit die kostspielige Endlagersuche ohnehin am liebsten sistieren. Die Abfälle würden sie vorläufig bei den Anlagen oder im Zwischenlager in Würenlingen deponieren. Die politisch heiß umstrittene Frage nach einem geeigneten Lagerstandort wäre dann vorderhand vom Tisch – womit sich die AKW-Betreiber elegant und kostengünstig der Verantwortung entziehen könnten.[82]

Müllexport nach Russland?

Wenn die AKW-Betreiber von einer »internationalen Endlagerlösung« reden, meinen sie zuweilen den Export des Atommülls nach Russland – weil dort die Entsorgung viel billiger käme. Im September 1998 haben zwei Vertreter der »schweizerischen Elektrizitätswerke« mit dem russischen Atomministerium Minatom eine entsprechende »Absichtserklärung« unterzeichnet, wie Greenpeace enthüllte.
Konkret möchten die AKW-Betreiber zwischen 2000 und 2030 zweitausend Tonnen abgebrannte Brennelemente nach Russland transportieren, um den hoch aktiven Müll dort endzulagern oder wiederaufbereiten zu lassen. Diese zweitausend Tonnen entsprechen zwei Dritteln des gesamten abgebrannten Brennstoffes, der entstehen wird, wenn alle fünf Reaktoren vierzig Jahre am Netz sind; für die anderen tausend Tonnen bestehen Wiederaufbereitungsverträge mit Sellafield und La Hague. Die Schweizer Atomstromproduzenten möchten – laut der Absichtserklärung – aber auch »die Möglichkeit prüfen«, die Wiederaufbereitungsabfälle »ebenfalls auf russisches Territorium zu verfrachten«. Minatom bestätigte gegenüber der Presse, man sei bereit, Schweizer Atommüll aufzunehmen, da die Endlagerung für Russland »einen aussichtsreichen Markt« darstelle. In dem Papier steht allerdings nichts über Sicherheitsanforderungen – obwohl bekannt ist, dass die Atomanlagen, die allenfalls als Endlagerstätten in Frage kommen (Majak, Tscheljabinsk oder Krasnojarsk), sich in einem katastrophalen Zustand befinden, weil das Geld fehlt.
Aufschlussreich ist, wer hinter dem Handel steht: Von Schweizer Seite haben Herbert Bay, Vizedirektor der NOK (Beznau), und Franz Hoop von der Elektrizitätsgesellschaft Laufenburg (betreibt Leibstadt) verhandelt; auf russischer Seite war es unter anderem Nikolai Egorov, der stellvertretende Atomminister. Egorov verfügt bereits über beste Schweizer Kontakte, amtet er doch als Verwaltungsratspräsident der Uranhandelsfirma GNSS, die in Olten domiziliert ist.
Die russische Duma ist zudem bereits daran, das Umweltschutzgesetz, das bislang die Einfuhr ausländischen Atommülls verboten hat, zu überarbeiten. Ein neuer Gesetzesentwurf, der die »Einfuhr abgebrannten radioaktiven Brennstoffes, radioaktiver Abfälle und Materialien aus anderen Staaten zur Aufarbeitung, Aufbewahrung oder Entsorgung« ermöglichen soll, liegt bereits vor und soll von der Mehrheit der ParlamentarierInnen unterstützt werden.

Quelle: u.a. Greenpeace, Presseunterlagen vom 12.1.99; Tages-Anzeiger vom 9.2.99

Deshalb möchten die Umweltorganisationen die Energieunternehmen, welche AKW betreiben, rechtzeitig finanziell in die Pflicht nehmen – indem beispielsweise das Hochspannungsnetz, das heute in deren Besitz ist, an die öffentliche Hand übergeht. Im liberalisierten Strommarkt werden sich voraussichtlich mit dem Stromnetz beträchtliche Gewinne erzielen lassen, die dazu verwendet werden könnten, die unbeglichenen Entsorgungskosten abzugelten (vgl. Kapitel 9). Ob dies allerdings realisierbar ist, steht noch offen.

Im Übrigen verlangen die Umweltorganisationen, dass die Wiederaufbereitung sofort eingestellt und der Ausstieg aus der Atomenergie zügig angegangen wird, um die weitere Produktion von Abfällen zu vermeiden.

Das Zwischenlager

Im Kontext der ungelösten Entsorgungsfrage erhält das zentrale atomare Zwischenlager in Würenlingen (AG), kurz Zwilag, eine ganz andere Bedeutung. 1996 hat man mit dem Bau des Zwilag begonnen. Es ist das jüngste und im Moment auch letzte Atomprojekt, das in der Schweiz realisiert wird. In diesem Lager sollen alle Atomabfälle – hoch wie mittel und schwach aktive – aufbewahrt werden, bis man sie der End- respektive Langzeitlagerung zuführen kann; offiziell soll das Schwach-mittelaktiv-Lager frühestens 2007 in Betrieb gehen, mit dem Bau des Hochaktivlagers würde man sogar erst um 2045 beginnen.[83] Demnach dürfte das Zwilag, in dem voraussichtlich 1999 die ersten Abfälle aus der Wiederaufbereitung eingelagert werden, mindestens ein halbes Jahrhundert lang in Betrieb sein. Findet man jedoch keine End- respektive Langzeitlagerlösung, könnte das Zwischenlager zum ewigen Provisorium werden.

Das Zwilag ist vergleichbar mit dem deutschen Zwischenlager in Gorleben. Rund hundert Castor-Transporte werden einmal aus La

Hague und Sellafield nach Würenlingen rollen (vgl. Kapitel 12/13). Merkwürdigerweise hat aber der Bau des Zwischenlagers kaum eine politische Debatte ausgelöst, obwohl die Anlage ein beachtliches Risikopotenzial birgt und nur zwanzig Kilometer von Zürich entfernt liegt.

Ähnlich wie beim Wellenberg hat die Atomlobby die Standortgemeinde »beschenkt«. Schon bevor das Rahmenbewilligungsgesuch für die Anlage eingereicht worden war, boten die AKW-Betreiber Würenlingen 1988 eine Entschädigung von 15 Millionen Franken an, verteilt auf über 25 Jahre.[84] Die AKW-Betreiber ließen die WürenlingerInnen gleichzeitig wissen, dass sie eigentlich gar keine Wahl hätten: Sollten sie das Zwischenlager ablehnen, würden die Abfälle dezentral bei den betreffenden Verursachern gelagert – dann hätte Würenlingen zwar den Müll auch vor der Haustüre (Beznau, Leibstadt), würde aber finanziell nicht davon profitieren.*

Das Projekt ist dennoch umstritten. Bei einer Gemeindeversammlung im Sommer 1989 stimmen zwei Drittel der Anwesenden zu. Einige WürenlingerInnen ergreifen das Referendum. Am 26. November 1989 kommt es zur Urnenabstimmung: 707 sagen ja, 662 nein – also nur knapp 52 Prozent sind dafür.

1990 reicht die »Zwilag Zwischenlager Würenlingen AG« beim Bund ein Rahmenbewilligungsgesuch ein. Die Zwilag AG gehört den vier AKW-Betreibern – und zwar im prozentualen Verhältnis zu dem Müll, den sie produzieren: 10,7 Prozent der BKW FMB Beteiligungen AG (Mühleberg), 31,2 Prozent der Kernkraftwerk Gösgen-Däniken AG, 33,8 Prozent der Kernkraftwerk Leibstadt AG und 24,3 Prozent der Nordostschweizerischen Kraftwerke AG (Beznau).[85]

*Zudem hat die NOK auf dem Gelände des AKW Beznau schon etwas früher ein eigenes, kleineres Zwischenlager (das Zwibez) gebaut.

Die Umweltorganisationen erheben gegen das Projekt Einsprache und kritisieren, die Unterlagen seien ungenügend.[86] Besonders umstritten sind die Konditionierungs- und die Verbrennungsanlage. In der Konditionierungsanlage sollen Abfälle aus Medizin, Industrie und Forschung sowie Betriebsabfälle aus den AKW dekontaminiert, zerkleinert, verfestigt und verpackt werden; wird das Material nicht fachgerecht und nach dem neusten technischen Wissensstand behandelt, kann insbesondere das Personal hohe Strahlendosen abbekommen. Noch heikler ist die Verbrennungsanlage, in der radioaktive Abfälle bei Temperaturen von bis zu 20 000 Grad Celsius thermisch zersetzt respektive aufgeschmolzen werden. Diese Anlage wird über den Kamin regelmäßig beachtliche Mengen Radioaktivität in die Umgebung freisetzen – wie zum Beispiel Tritium, aber auch Americium-241, das als mindestens so gefährlich wie Plutonium gilt. Die Strahlung im Aaretal wird zunehmen und dadurch steigt zwangsläufig auch die Zahl der Krebserkrankungen (vgl. Kapitel 10).

Im Juni 1993 erteilt der Bundesrat der Zwilag AG eine Rahmenbewilligung. Im Oktober 1994 segnet das eidgenössische Parlament die Rahmenbewilligung ab und beschließt, dass der Bund sich mit dreißig Millionen Franken am 500-Millionen-Projekt beteiligen soll.[87]

Zuvor hat die Zwilag AG aber bereits ein Bau- und Betriebsbewilligungsgesuch eingereicht, das jedoch nach Meinung mehrerer Umweltorganisationen zahlreiche Mängel aufweist[88]:

- Die Lagerhalle kommt beispielsweise direkt unter die Anflugschlaufe des Flughafens Zürich-Kloten zu stehen. Dem Absturz eines Großflugzeuges oder eines F/A-18-Militärjets könnte das Gebäude kaum standhalten. Bei einem Kerosinbrand würden große Mengen radioaktiver Spaltprodukte freigesetzt.*

* 1970 ist nur siebenhundert Meter vom Zwischenlagerstandort entfernt eine Coronado der Swissair abgestürzt.

- Die Verbrennungsanlage ist viel zu groß geplant, mit Schweizer Müll kann sie nur zu 15 Prozent ausgelastet werden. Sie lasse sich aus technischen Gründen nicht kleiner bauen, argumentiert die Zwilag AG. Die Umweltorganisationen monieren hingegen: »Mit diesem tiefen Auslastungsgrad fällt die beantragte Verbrennungs- und Schmelzanlage offensichtlich in die Kategorie der verpönten ›Atomanlagen auf Vorrat‹.« Sie verlangen, es müsse festgelegt werden, dass in Würenlingen kein ausländischer Atommüll behandelt werde.
- Die Lagerhalle für schwach und mittel aktiven Abfall ist so konzipiert, dass sie spätestens im Jahr 2010 voll ist. Als die Rahmenbewilligung erteilt wurde, ging man davon aus, bis zu diesem Zeitpunkt über das Schwach-mittelaktiv-Lager am Wellenberg zu verfügen. Womit man einen Teil des Zwilagabfalls bereits hätte endlagern können. Dies dürfte nun aber länger dauern. Würde man sofort aus der Wiederaufbereitung aussteigen, wäre man die Platzprobleme ebenfalls los, weil man dann weniger schwach und mittel aktiven Abfall zwischenlagern müsste; durch die Wiederaufbereitung verdoppelt sich nämlich das Volumen dieser Abfallart (vgl. Kapitel 12).[89]

Selbst die Hauptabteilung für die Sicherheit der Kernanlagen (HSK) war mit dem Projekt, das die Zwilag AG eingereicht hat, nicht zufrieden. Doch statt das Projekt zurückzuweisen, hat die HSK versucht, die Mängel selbst auszubügeln, und wurde dadurch sozusagen zur Mitprojektantin – obgleich sie als unabhängige Begutachterin kontrollieren und überwachen sollte. Die HSK bestreitet nicht, dass sie Aufgaben der Zwilag übernahm, doch meint sie rechtfertigend: Die Zwilag AG habe Schwierigkeiten gehabt, die Projektierungsarbeiten an private Firmen zu vergeben, weil diese ihre nuklearen Ingenieurabteilungen so weit abgebaut hätten, dass die HSK oftmals fachlich und personell besser dotiert sei.

Die Eidgenössische Kommission für die Sicherheit von Kernanlagen (KSA), ein beratendes Gremium des Bundesrates, hält das Vorgehen der HSK für bedenklich. Sie schreibt in ihrer Stellungnahme: »Unter den gegebenen Umständen lag eine Rückweisung des [Zwilag-]Gesuchs nahe. Mit Rücksicht auf die damit verbundenen Verzögerungen des für die nukleare Sicherheit wichtigen Projekts verzichteten die Behörden jedoch darauf.« Die KSA spricht von einer »vertanen« Chance und fügt noch hinzu: »Die HSK war [...] teilweise bei der Erweiterung und Überarbeitung der Projektunterlagen stark involviert. Nach Auffassung der KSA muss ein derartiges Vorgehen eine Ausnahme bleiben; sie wird daher zukünftig empfehlen, ungenügende Gesuche zurückzuweisen.«

KSA-Mitglied Thomas Flüeler meint indes: »Ich kann nicht verstehen, weshalb das einzige Schweizer Atomprojekt, das ›todsicher‹ noch realisiert wird, mit vergleichsweise geringem Aufwand betrieben und so schlecht angegangen wird. Denn das zentrale Zwischenlager stellt die Scharnierstelle einer verantwortungsbewussten Abfallkontrolle dar – hier wird entschieden, welche Abfälle in welcher Form in die Langzeitlager kommen. Dies setzt jedoch eine kompetente, gut dotierte Institution voraus.« Auch er warnt: »Bei einem allfälligen Wellenberg-Debakel könnte zudem das Zwischenlager zu einem Dauerprovisorium werden.«[90]

Dennoch erhält die Zwilag AG im Herbst 1996 für die gesamte Anlage die Baubewilligung und gleichzeitig für den Lagerteil die Betriebsbewilligung. Für den Behandlungsteil (Konditionierungs- und die Verbrennungsanlage) liegt also noch keine Betriebsbewilligung vor, dieses Verfahren läuft noch.[91] Es ist insbesondere umstritten, ob der kaum erprobte Plasma-Verbrennungsofen, in dem radioaktive Abfälle verbrannt werden sollen, zuerst eine längere Versuchsphase durchlaufen muss. Ferner ist unklar, ob Abfälle, welche den radioaktiven Kohlenstoff-14 enthalten, überhaupt durch den Ofen geschickt werden dürfen; würde man darauf verzichten, könnte man den radioaktiven Gesamtausstoß um einen Drittel reduzieren. Vermutlich werden diese Anlagen bald den Betrieb aufnehmen, obwohl sich der Waldshuter Landrat – die Exekutive des Landkreises Waldshut – noch im Frühling 1998 vehement dagegen gewehrt hat. Der Landrat fürchtet vor allem die zusätzliche Strahlenbelastung, »weil auch sehr geringe Dosisbelastungen schädlich sein können, insbesondere unter Berücksichtigung der kumulierten Langzeitbelastung«, wie die Behörde dem Bundesamt für Energie schrieb.[92]

15

Die eingeschworene Atomgemeinde

Verflechtungen

An seinem Arbeitsplatz wimmle es nicht nur von »Kernkraftbefürwortern, sondern von veritablen Atomfreaks«, konstatierte im Umfeld des Atomtransport-Skandals (vgl. Kapitel 13) ein hoher Beamter des Departementes für Umwelt, Verkehr, Energie und Kommunikation (UVEK), der allerdings anonym bleiben wollte.[1] Diese Aussage verwundert nicht, denn schon seit langem treten insbesondere Kaderleute des Bundesamtes für Energie (BFE) als engagierte Fürsprecher der Atomenergie auf.

Die AKW-Opposition hat zudem immer wieder kritisiert, die Hauptabteilung für die Sicherheit der Kernanlagen (HSK) – die im Auftrag des BFE die Atomanlagen kontrollieren muss – betreibe »Komplizenschaft mit der Atomindustrie«. Ein Paradebeispiel dafür lieferte die HSK im erwähnten Transportskandal: Die HSK wusste, dass die Strahlung bei einigen der Transportbehälter die Grenzwerte überschritt, doch verkündete sie in der Öffentlichkeit, die Behälter seien absolut sauber und sicher.[2]

Je nach Standpunkt kann man die Beziehung der Kontrollbehörden mit den AKW-Betreibern als Filz oder Vernetzung betrachten – auf jeden Fall stehen sie sich ungewöhnlich nahe, was allerdings auch mit den historisch gewachsenen Strukturen der Schweizer Energieindustrie zu tun hat. Betrachtet man die Besitzverhältnisse in der Energiebranche, fällt auf, dass die einzelnen Unternehmen wirtschaftlich eng verflochten sind – alle haben über Beteiligungen an den verschiedensten Anlagen miteinander zu tun (vgl. Grafik auf der Innenseite des Umschlages).

Ursprünge des Filzes

Diese enge Verflechtung war ursprünglich sinnvoll: Anfang des Jahrhunderts bemühte sich die öffentliche Hand, eine flächendeckende Stromversorgung aufzubauen. Dies verlangte nach einem weit reichenden Leitungsnetz und vielen neuen Kraftwerken – sprich immensen Investitionen, die getätigt werden mussten. Deshalb schlossen sich Kantone oder Städte zusammen und schufen gemeinsame Unternehmen wie die l'Energie de l'Ouest (EOS) oder die Nordostschweizerische Kraftwerke AG (NOK).

Die NOK ist ein gutes Beispiel, um zu illustrieren, wie sich das Ganze entwickelt hat. Das Unternehmen wurde 1914 von den Kantonen Aargau, Glarus, Zürich, St. Gallen, Thurgau, Schaffhausen, Schwyz, Appenzell Ausserrhoden und Zug gegründet, um »von der ›Motor‹ in Baden sämtliche Aktien der Kraftwerke Beznau-Löntsch« zu erwerben.* Noch heute versorgt die NOK die gesamte Ostschweiz von Rheinfelden über Glarus bis nach Vaduz mit Strom und ist zu hundert Prozent im Besitz der öffentlichen Hand. Ihr gehören neun Kraftwerke (darunter Beznau I und II), zudem ist sie an über zwanzig weiteren beteiligt, zum Beispiel an den Wasserkraftwerken Grande Dixence, Maggia, Hinterrhein, aber auch an den AKW Gösgen und Leibstadt. Damit hat die NOK ihren Kraftwerkspark geschickt im ganzen Land verteilt – und via Beteiligungen ihre Stromproduktion möglichst risikofrei ausgebaut, da die großen, neueren Anlagen sehr teuer waren und sehr lange Amortisationszeiten haben.

Vom Staat hatten die Elektrizitätsunternehmen den Auftrag, die »Versorgungssicherheit« zu garantieren. Sie setzten sich das Ziel, den

* Beznau ist ein Flusskraftwerk im Kanton Aargau, das Bandenergie liefert, Löntsch eine Hochdruckanlage im Kanton Glarus, die den Bedarf an Spitzenenergie abdeckt.

Schweizer Elektrizitätsbedarf zu 95 Prozent selbst zu decken, was bedeutete, dass nur in einem von zwanzig Wintern von außen Strom zugekauft werden sollte. Damit ließ sich prospektiv Politik betreiben, da die Ermittlung der »Versorgungssicherheit« auf langfristigen Prognosen beruht. Die Elektrizitätswirtschaft rechnete immer mit einem massiv wachsenden Energieverbrauch (vgl. Kapitel 16) – mit der Konsequenz, dass stets neue Kraftwerke gebaut werden mussten, um angeblich »drohende Versorgungsengpässe« zu vermeiden. Die Privatwirtschaft unterstützte die überrissenen Wachstumsprognosen, weil sie unter anderem an den Kraftwerk-Neubauten mitverdienen konnte. Es war für alle Beteiligten ein sicheres Geschäft, weil die Elektrizitätsversorgung monopolistisch funktioniert hat und alle Kosten, inklusive der Fehlinvestitionen, auf die StromkundInnen abgewälzt werden konnten.

Unüberblickbare Kapitalverflechtungen

Diese Monopolsituation, gekoppelt mit der einmaligen Interessenverflechtung zwischen der öffentlichen Hand und der Privatwirtschaft, hat dazu geführt, dass man im Energiebereich eigentlich nie recht weiß, mit wem man es zu tun hat. Die Grenzen sind fließend – auch personell, da oft unklar ist, wer wessen Interessen vertritt.

Dies zeigte sich beispielsweise auch 1960, als der Bund die erste AKW-Kontrollinstanz – die Kommission für die Sicherheit der Atomanlagen (KSA) – ins Leben rief. Die Mehrheit der Kommissionsmitglieder stand der Atomwirtschaft nahe; sie stammten aus den nuklearen Forschungsabteilungen von Sulzer respektive BBC, waren bei Beznau angestellt oder hatten ihre berufliche Laufbahn bei der Reaktor AG (die später ins Eidgenössische Institut für Reaktorforschung überging, heute PSI) begonnen.[3]

Als der Versuchsreaktor in Lucens gebaut wurde, musste die KSA die Anlage überprüfen. Die Kontrolle lief sozusagen unter Freunden und Arbeitskollegen ab; was sicher mit ein Grund dafür war, dass die KSA dem Reaktor die definitive Betriebsbewilligung erteilte, obwohl sie gewusst hatte, dass die neuartigen Brennelemente schon in der Versuchsphase Konstruktionsfehler aufwiesen (vgl. Kapitel 1).

In den Siebzigerjahren, als die Atomindustrie boomte, verkörperte Michael Kohn die Verquickung von Staat-Atomindustrie-Privatwirtschaft. Kohn amtete als Generaldirektor der Alusuisse, als Verwaltungsratspräsident der Atel, als Verwaltungsrat der Centralschweizerischen Kraftwerke AG, als Delegierter des Verwaltungsrates bei Motor Columbus (damals eine Alusuisse-Tochter), gleichzeitig saß er in den Verwaltungsräten der geplanten respektive im Bau befindlichen Atomkraftwerke Kaiseraugst, Gösgen und Leibstadt. Er war aber auch Präsident der Gesamtenergie-Kommission, die im Auftrag des Bundesrates Vorschläge für die langfristige Gestaltung der schweizerischen Energiepolitik erarbeiten sollte. Ferner hatte er noch das Präsidium der EIR-Aufsichtskommission inne.[4] Kohn, der vehement für den Ausbau der Nuklearenergie eintrat, erhielt denn auch aufgrund seiner energiepolitischen Omnipräsenz den Spitznamen »Atompapst«.

Die schweizerische Elektrizitätsindustrie sei »gekennzeichnet durch einen unüberblickbaren Knäuel von Kapitalverflechtungen zwischen Staat und Privatwirtschaft«, kommentieren die Autoren des »Atom-Betrugs« die damalige Situation: »Ämterkumulation und Verwaltungsratsmandate sind an der Tagesordnung. Immer wieder erfährt man, dass in wichtigen staatlichen und halbstaatlichen Entscheidungspositionen Männer sitzen, die handfeste persönliche und wirtschaftliche Interessen verfolgen.«[5]

Es handelt sich dabei allerdings um einen parteiübergreifenden Klüngel: Aufseiten des Staates war es nämlich in den Anfängen SP-Bundesrat Willi Ritschard, der das Energieministerium unter sich hatte und nichts gegen die Interessenverflechtungen unternahm – vielmehr versuchte er immer wieder, der Atomindustrie den Boden zu ebnen. In einer Rede, die er 1977 an der Hochschule St. Gallen hielt, sagte er zum Beispiel: »Neben den Sparmaßnahmen und den anderen Energiequellen [...] bilden vorläufig die Atomkraftwerke die wichtigste Alternative zum Erdöl. Auf der Erde werden gegenwärtig etwa 200 Atomkraftwerke betrieben. Weitere 300 sind im Bau oder geplant. Ich habe schon solche Werke besichtigt und auch aus vielen Schriften und Gesprächen den Eindruck gewonnen, dass man die Technik der Kernspaltung beherrscht.«[6] In derselben Rede plädierte er auch dafür, dass Kaiseraugst und Graben eine Baubewilligung erhalten.

In jener Zeit ist es für Außenstehende praktisch unmöglich, Informationen über einzelne Anlagen zu erhalten. Als sich beispielsweise einige AKW-KritikerInnen beim Bund über die ersten Störfälle von Beznau und Mühleberg erkundigten, verwies der verantwortliche Beamte sie an die Kraftwerksleitungen, mit der Begründung: »Die wissen das besser als wir.« Die AKW wollten jedoch keine Auskunft geben und die Kontrollbehörde zierte sich ebenfalls, weil es nicht üblich sei, »Jahresberichte, Rapporte oder ähnliches zu veröffentlichen«. Der damalige Chef der KSA, Fritz Alder, ließ sogar verlauten: »Ich bin gegen eine Veröffentlichungspflicht aus Gründen der Rechtsgleichheit mit anderen Industrien. Dort muss schließlich auch nicht jeder Betriebsunterbruch veröffentlicht werden.«[7]

Die KSA machte ihre Arbeit so lax, dass sich 1979 – als es um die Baubewilligung von Leibstadt ging – sogar der Bundesrat genötig fühlte, die Kontrollbehörde zu rügen. Er kritisierte das »wenig konkrete« Gutachten der KSA. Aufgabe eines solchen Gutachtens sei, aufzuzeigen, ob ein Projekt den geltenden Sicherheitsvorschriften Rechnung trage: »Dieser Anforderung«, so der Bundesrat, »genügt der Bericht in der vorliegenden Form zu wenig.«[8] Diese Kritik hinderte den Bundesrat allerdings nicht, dem AKW Leibstadt trotzdem die Bewilligung zu erteilen.

Heikles Vertrauensverhältnis

Anfang der Siebzigerjahre gründete der Bund die Abteilung für die Sicherheit der Kernanlagen (ASK), eine technisch-wissenschaftliche Abteilung, die später in Hauptabteilung für die Sicherheit der Kernanlagen (HSK) umbenannt wird und die Kontrollfunktion der KSA übernimmt. Die KSA existiert immer noch, wirkt heute aber lediglich als Beratergremium des Bundes.

Auf Druck der Geschäftsprüfungskommission muss die KSA seit den Achtzigerjahren jeweils zwei AKW-kritische Mitglieder aufnehmen.[9] Heute sitzen von kritischer Seite Thomas Flüeler, ehemaliger Geschäftsführer der Schweizerischen Energie-Stiftung, sowie Andreas Zuberbühler, Chemieprofessor an der Universität Basel, in der KSA. Die restlichen KSA-Mitglieder rekrutieren sich aus der Nuklearforschung, der Industrie oder der Elektrizitätswirtschaft.

Der Elektroingenieur und AKW-Kritiker Jürg Joss, der jahrelang in der KSA mitgearbeitet hat und die Kommission 1992 verlassen hatte, meint zu dem Gremium: »In dieser Kommission wird gute Detailarbeit geleistet«, doch habe er gewisse grundsätzliche Diskussionen vermisst. Bei aller Fähigkeit zur Selbstkritik, die Joss sowohl den KSA- wie den HSK-Leuten attestiert, müsse man bedenken, dass diese Männer »ihr ganzes aktives Leben für die Atomenergie eingesetzt haben« und dementsprechend gewisse grundsätzliche Fragen verdrängen müssten.

Die »Komplizenschaft mit der Atomwirtschaft«, die man der HSK vorwirft, dürfte zu einem großen Teil mit diesen Verdrängungsmechanismen, aber auch mit der freundschaftlichen Nähe, die die Kontrolleure mit den AKW-Betreibern verbindet, zu tun haben. Schwere Fehlleistungen kann man der HSK – außer im Fall der Atommülltransporte – kaum nachweisen. Doch vertraut sie allzu oft den Betreibern und nimmt es mit der Unabhängigkeit nicht immer sehr genau:

- Als beispielsweise die AnwohnerInnen des Bahnhofs Muttenz gegen die Atommülltransporte klagen, muss die HSK einen Bericht über die Sicherheit der Behälter verfassen. Die HSK kommt dabei zum Schluss, die Behälter würden »selbst im Falle eines (äußerst unwahrscheinlichen) schweren Bahnunfalls nicht ernstlich beschädigt«.[10] Die besagten Behälter (NTL 11) waren jedoch nie unter realistischen Verhältnissen getestet worden – die HSK wusste das, glaubte aber den Angaben des Herstellers. Als man im Frühjahr 1998 endlich doch noch Crashtests durchführte, mussten die Behälter sofort aus dem Verkehr gezogen werden, weil sie den Aufprall nicht überstanden (vgl. Kapitel 13). Die Klage der AnwohnerInnen wurde jedoch – unter anderem wegen des HSK-Gutachtens – durch alle Instanzen abgelehnt.
- Als besorgte Eltern aus Süddeutschland fürchten, die Atomanlagen an der deutsch-schweizerischen Grenze könnten verantwortlich sein für ein gehäuftes Auftreten von kindlicher Leukämie, ordnet die HSK eine Mortalitätsstudie an – obwohl von Anfang an klar ist, dass diese Art von Studie überhaupt keine Resultate zeigen kann, weil nur Krebstodesfälle, aber keine Erkrankungen erfasst werden. Entsprechend fällt das Ergebnis der Studie aus: Die Atomanlagen haben keine nachweisbaren Gesundheitsschäden ausgelöst (vgl. Kapitel 10).
- Im AKW Mühleberg hat das Notstandssystem SUSAN technische Mängel und könnte – im Notfall, für den es eigentlich gebaut

ist – nicht funktionieren. Die HSK bestreitet dies nicht, verlangt aber von der BKW nicht, dass sie etwas dagegen unternimmt (vgl. Kapitel 4).

- Als Risse im Kernmantel von Mühleberg auftreten, die trotz den installierten Klammern kontinuierlich weiter wachsen, spricht sich die HSK trotzdem dafür aus, dass das AKW eine unbefristete Betriebsbewilligung erhält – obwohl sie zugeben muss, dass sie keine Ahnung hat, was eigentlich die Risse verursacht (vgl. Kapitel 4).
- Als in Würenlingen das atomare Zwischenlager gebaut werden soll, reicht die Projektantin Zwilag AG ein völlig unzureichendes Projekt ein. Anstatt das Projekt zurückzuweisen, bügelt die HSK die Mängel aus und wird damit zur Mitprojektantin. Die KSA rügt noch, ein solches Vorgehen dürfte eigentlich nicht vorkommen, und warnt, sie werde »daher zukünftig empfehlen, ungenügende Gesuche zurückzuweisen« (vgl. Kapitel 14). Bei Leibstadt läuft es jedoch vergleichbar: Die AKW-Betreiberin möchte die Leistung erhöhen, reicht ein unvollständiges Gesuch ein, worauf sich die HSK-Experten mit den Leibstadt-Leuten treffen, ihnen die fehlenden Berechnungen liefern und Fehler korrigieren. Die AKW-Betreiberin nimmt dies alles ins definitive Gesuch auf – womit die HSK letztlich ein Gesuch überprüft, an dem sie selbst mitgewirkt hat.[11]
- Ähnlich wie mit den Rissen in Mühleberg geht die HSK mit dem Problem der leckenden Brennstäbe in Leibstadt um. In ihrer Stellungnahme vom Frühjahr 1998 gibt sie zu, »die Grundmechanismen der erhöhten Korrosion« seien nicht bekannt; auch wisse man nicht, ob die angeordneten »Gegenmaßnahmen wirken«. Trotzdem plädiert die HSK dafür, dass Leibstadt seine Leistung erhöhen darf (vgl. Kapitel 6).

Im Fall von Leibstadt kommentiert der Jurist der Schweizerischen Energie-Stiftung, Leo Scherer: »Uns ist schleierhaft, wie die HSK aufgrund dieser selber formulierten Unklarheiten und Wissenslücken zum Schluss kommen konnte, Leibstadt könne nun trotzdem gefahrlos seine Leistung erhöhen.«

Dies ist charakteristisch: Man kann der HSK zwar in all diesen Fällen nicht vorwerfen, dass sie lüge, aber häufig weiß sie gewisse Dinge nicht, gibt das auch zu, entscheidet aber trotzdem im Interesse der AKW-Betreiber – weil man sich halt seit langem kennt und sich gegenseitig vertraut. Oder wie das Joss einmal treffend umschrieben hat: »Dieses Vertrauensverhältnis setzt bereits ein gewisses Akzeptieren, sich Identifizieren mit dem Partner bei den Betreibern voraus. Sich identifizieren aber heißt, versuchen, sich in die Lage des anderen zu versetzen und seine Probleme als die eigenen zu betrachten; dabei besteht zweifellos die Gefahr, dass die Objektivität verlorengeht.«[12] Das mag zwar zwischenmenschlich gesehen verdienstvoll sein – hier aber ist es gefährlich.

Erschreckende Gläubigkeit

Dieses Einandernahestehen lässt sich – und das dürfte ein Kernproblem sein – nur beschränkt vermeiden, da die meisten Kontrolleure aus demselben Umfeld stammen wie diejenigen, die sie kontrollieren: Aus der Atomindustrie, denn wo hätten sie sonst ihr Handwerk lernen sollen? Das trifft insbesondere auf die Schweiz zu, da der hiesige Arbeitsmarkt für derartige Spezialisten viel zu klein ist. Aus diesem Grund müssen die Umweltorganisationen – wenn sie eine technische Stellungnahme oder ein Gutachten benötigen – häufig auf ausländische Experten zurückgreifen. Christian Küppers und Michael Sailer, die beiden Nuklearspezialisten des Öko-Institutes Darmstadt, gehören deshalb zu den profundesten unabhängigen Kennern der Schweizer Atomanlagen, da sie schon mehrere Gutachten über sie verfasst haben; sie können in Deutschland als unabhängige Fachleute überleben, weil sie dort regelmäßig auch von offiziellen Stellen Aufträge erhalten.

Küppers und Sailer geben der HSK keine besonders guten Noten. Sie bemängeln vor allem die Verschlossenheit der Kontrollbehörde: In Deutschland, aber auch in den USA seien die Behörden stärker an einer Auseinandersetzung mit atomkritischen Fachleuten interessiert. Sie kritisieren ferner, die HSK-Leute seien nicht auf dem neusten Stand der Sicherheitsdebatte und pflegten eine »erschreckende Zahlengläubigkeit«. Es geht dabei vor allem um die probalistische Risikoanalysen, mit denen man abzuschätzen versucht, mit welcher Wahrscheinlichkeit einzelne Komponenten einer Anlage versagen könnten. Mit diesen hoch komplizierten Modellrechungen lässt sich theoretisch kalkulieren, wie groß die Wahrscheinlichkeit ist, dass der »größte anzunehmende Unfall«, die Kernschmelze, eintritt. Die »probabilistische Risikoanalyse« sei jedoch nutzlos, konstatiert Küppers, weil sie nichts darüber aussage, wann das Ereignis wirklich eintrete: »Wenn die HSK eine alte Anlage noch positiv beurteilen will, bleibt ihr nichts anderes übrig, als die Probabilistik zu Hilfe zu nehmen, sonst müssen sie zum Schluss kommen, dieses Werk ist nicht mehr betriebsfähig.«[13]

Im Fall von Beznau lässt sich dies auch belegen, hat die HSK doch freimütig zugegeben, dass die Anlage keine Betriebsbewilligung erhalten hätte, wenn sie in den Neunzigerjahren gebaut worden wäre, weil sie die aktuellen Sicherheitsanforderungen nicht erfüllt. Trotzdem empfahl die Kontrollbehörde, dem Werk eine unbefristete Betriebsbewilligung zu erteilen.[14]

Geleitet wurde die HSK in den letzten Jahren von Roland Naegelin. Er stieg nach dem Ingenieurstudium an der ETH Zürich bei der frisch geschaffenen Nuklearabteilung von Sulzer ein, die den Lucens-Reaktor entwickelt hat. 1969 wurde er zum Mitglied der KSA und 1980 zum Direktor der HSK, die er bis zur Pensionierung leitete. Danach wechselte er wieder zur KSA, die er seither präsidiert.

Naegelin gilt unter AKW-KritikerInnen als besonnener, gesprächsbereiter Mann, der seine Arbeit gewissenhaft tut.[15] Er ist aber auch jemand, bei dem die Verdrängungsmechanismen perfekt spielen. Einmal meinte er, befragt zu den Folgen eines Super-GAU: »In der mittleren Umgebung eines Kernkraftwerkes können Sie, wenn etwas passiert, immer ausweichen – bei einem Autounfall können Sie das nicht. Falls sich ein solcher Unfall ereignet, schickt man die Leute in den Keller, dort sind sie sicher. Sollte die Gegend längerfristig kontaminiert sein – was der allerschlimmste Fall wäre –, kann man die Leute immer noch evakuieren. Deswegen erleiden jedoch die Leute keinen unmittelbaren gesundheitlichen Schaden, wie dies zum Beispiel bei einem anderen technischen Unfall geschehen würde; ein Skilift oder eine Seilbahn ist deshalb viel gefährlicher.« Auf den Einwand, nach Tschernobyl könne man dies wohl kaum mehr so einfach sehen, meinte er rechtfertigend: »Dass in Tschernobyl sehr vieles schief lief, dass die Russen in dieser Beziehung eine sehr schlechte Disziplin haben, das wissen wir alle.«[16]

Von Naegelins Nachfolger, dem neuen HSK-Direktor Serge Prêtre, ist eine ähnliche Äußerung bekannt. Er schrieb 1990 – damals noch als oberster Strahlenschützer der HSK – in der Westschweizer Ingenieur-Fachzeitschrift »SIA Bulletin«: »Um zu einer ernsthaften radioaktiven Verseuchung der Erde zu gelangen, müsste die künstliche Radioaktivität mindestens mit der natürlichen konkurrenzieren können. Um dies zu erreichen, müsste man während mehreren Jahren mindestens ein Tschernobyl im Monat produzieren.«[17] Die Umweltorganisationen forderten damals erfolglos den Rücktritt Prêtres.

Vielleicht als Reaktion auf die heftigen Proteste, die sein Artikel verursacht hat, publizierte er – der sich selbst als »Hobby-Sozialpsychologen« versteht – eine Hochglanzbroschüre mit dem Titel »Atom, Symbolik und Gesellschaft – Geistige Ansteckung oder Risikobewusstsein?«.[18] Weil Prêtre offensichtlich nicht nachvollziehen kann, weshalb sich die Leute vor den Folgen eines Super-GAU fürchten, versucht er mit Zitaten von Tolstoi bis C.G. Jung zu erklären, dass die Bevölkerung nach Tschernobyl einer »psychischen Epidemie« erlegen sei: »Einer psychischen Epidemie liegt ein Idealismus oder eine kollektive Vorstellung oder eine kollektive psychische Instabilität zugrunde. In diesem Zusammenhang sind auch Religionskriege, Inquisition, Hexenjagden, Rassismus, Nationalsozialismus und alle übrigen nationalistischen Wahnvorstellungen zu nennen.«[19]

Dennoch kann man Prêtre nicht auf den bornierten Atomeuphoriker reduzieren. Er ließ zum Beispiel als erster Behördenvertreter die AKW-Betreiber wissen, dass die Wiederaufbereitung sinnlos und fragwürdig sei. Er ließ auch öffentlich verlauten, es wäre »keine Tragik«, wenn man mit der Suche nach einem Lager für hoch radioaktiven Abfall aufhören und die Bohrung in Benken stoppen würde.[20]

Schweizerische Vereinigung für Atomenergie

Mittlerweile hat sich die Kontrollbehörde gegen außen markant geöffnet. Jahresberichte werden publiziert und ein Großteil der HSK-Berichte sind im Internet direkt zugänglich. Dennoch steht sie via die Schweizerische Vereinigung für Atomenergie (SVA) der Elektrizitäts- und Atomwirtschaft immer noch sehr nahe.

»Die Führung der HSK hängt an den Fäden der SVA«, kritisierte beispielsweise die »Aktion Mühleberg stillegen!« (AMüS) im August 1998.[21] Die AMüS hat die Mitgliederliste der Schweizerischen Vereinigung für Atomenergie (SVA) genauer angeschaut und dabei festgestellt, dass auffallend viele Kaderleute der Kontrollbehörde der Vereinigung angehören, die 1958 als Lobbyorganisation für die »friedliche Nutzbarmachung der Atomenergie in der Schweiz und der Koordination aller Bestrebungen auf diesem Gebiet« gegründet worden ist.[22] Unter anderem sind KSA-Präsident Roland Naegelin und HSK-Direktor Serge Prêtre wie auch seine beiden Stellvertreter Wolfgang Jeschki und Ulrich Schmocker Mitglieder der SVA.[23]

Die SVA gibt eigene Publikationen heraus – das »SVA-Bulletin« und »Kernpunkt« – in denen sie regelmäßig Erfolgsnews aus dem Nuklearbereich zusammenfasst und engagiert für den Ausbau der Kernenergie wirbt. Gleichzeitig fungiert die SVA als Sammelbecken für alle Atomeuphoriker der Schweiz: Mitarbeiter der verschiedenen AKW gehören ihr an, ebenso Spezialisten der Nuklearabteilung des Paul-Scherrer-Instituts sowie Vertreter verschiedener Energieunternehmen und der Privatindustrie. Daneben verfügt die SVA über potente Kollektivmitglieder: Firmen und öffentliche Unternehmen wie die Städtischen Werke Uster oder die NOK, die Atel, die SBB, Siemens Schweiz oder Credit Suisse et cetera.

Am meisten überrascht, dass selbst das Bundesamt für Energie und das Bundesamt für Bildung und Wissenschaft dem Propagandaverein angehören. Offenbar fördert die Bundesregierung immer noch offiziell die Atomenergie und will »ihre Akzeptanz in der Schweiz verbessern« – wie es SVA-Präsident und alt Ständerat Hans Jörg Huber ausdrückte.[24]

Vor diesem Hintergrund überrascht nicht, dass das Bundesamt für Energie (BFE) seit Jahren einen stramm atomfreundlichen Kurs fährt. Und sich der langjährige BFE-Direktor – der SP-Mann Eduard Kiener, den noch Willi Ritschard in den Siebzigerjahren auf den Direktorenposten gehievt hat – bei jeder Gelegenheit für die Nuklearenergie stark macht. An der SVA-Generalversammlung von 1997 trat er beispielsweise als Hauptreferent auf und verkündete: »Die Welt ist auf die Kernenergie angewiesen.«[25]

Die SVA tritt auch immer wieder mit aggressiven Werbekampagnen in Erscheinung – die notabene indirekt vor allem durch öffentliche Gelder finanziert sind. Zusammen mit den Kraftwerksbetreibern

Der nukleare Aargau

Kein anderer Kanton gilt als so atomfreundlich wie der Aargau – es ist aber auch kaum ein anderer Kanton so an die Elektrizitätswirtschaft gebunden: Insgesamt dürften über 30 000 Arbeitsplätze von der Energieproduktion, -verteilung und -forschung abhängen – die Nordostschweizerische Kraftwerke AG oder die Motor-Columbus AG, der die Mehrheit der Atel gehört, haben ihre Hauptsitze in Baden; in Laufenburg sitzt die Elektrizitäts-Gesellschaft Laufenburg AG, und die Nagra hat sich in Wettingen niedergelassen. Zudem stehen auf Aargauer Boden mehr Atomanlagen als anderswo: Beznau I/II, Leibstadt, PSI, Zwilag; Gösgen steht direkt an der Kantonsgrenze.
Kritik an der atomaren Risikoballung ist indes nicht gefragt. Das Aargauer Steueramt hat zum Beispiel 1995 der Umweltorganisation Greenpeace die Gemeinnützigkeit aberkannt, womit Greenpeace-Spenden nicht mehr von den Steuern abgezogen werden können. Die Behörde tat dies, nachdem Greenpeace bei Beznau Aktionen durchgeführt hatte, um auf die nuklearen Gefahren aufmerksam zu machen.
Die Atomwirtschaft ist hingegen in den verschiedensten Behörden und Parlamenten präsent. Nagra-Chef Hans Issler ist beispielsweise Gemeindeammann in Unterendingen, einer Nachbargemeinde von Würenlingen. Der Werkleiter von Beznau, Walter Nef, wie der Informationsbeauftragte des AKW Leibstadt, Leo Erne, sitzen im Großen Rat. Der Atel-Verwaltungsrat Marcel Guignard sitzt ebenfalls im Kantonsparlament und ist zudem Stadtammann von Aarau.
Auf nationaler Ebene sind es FDP-Nationalrat und Atel-Verwaltungsrat Ulrich Fischer sowie CVP-Nationalrat und NOK-Verwaltungsrat Peter Bircher, die die Interessen der (Atom-)Stromlobby vertreten. Eher im Hintergrund agiert SVP-Ständerat Maximilian Reimann, der zusammen mit Fischer im atomfreundlichen Energieforum Nordwestschweiz aktiv ist und außerdem die Aktion für eine vernünftige Energiepolitik Schweiz (AVES) präsidiert, die immer mit Inseraten in Erscheinung tritt, wenn es darum geht, atomkritische Initiativen zu bekämpfen.

Quelle: u. a. Energie & Umwelt, Juni 1997

lanciert sie regelmäßig in ausgewählten Kantonen PR-Aktionen und lädt die Bevölkerung zu AKW-Besuchen ein. Diese Aktionen bezeichnet die SVA zwar als »Dialogangebote«, an einer wirklich kritischen Auseinandersetzung ist man dann aber doch nicht sonderlich interessiert: Als Michael Sailer und Christian Küppers einen TV-Spot der SVA, der zum Besuch in Gösgen einlud, ernst nahmen und um einen Besuchstermin baten, verlor die Gösgener Leitung das Interesse am Dialog. Sie verweigerte den beiden Fachleuten eine Führung mit der absurden Begründung, sie wollten keine »Mitarbeiter ausländischer Firmen in unserem Kraftwerk« ausbilden (vgl. Kapitel 5).

Das Ende des Filzes

Neben Kiener, Prêtre oder Naegelin gibt es noch eine Handvoll Männer, die jahrelang die Schweizer Atompolitik maßgeblich geprägt haben.

Vonseiten der Elektrizitätswirtschaft sind dies Leute wie Kurt Küffer, Peter Fischer oder Hans Fuchs. Küffer war der erste und langjährige Direktor des AKW Beznau, später wechselte er zur NOK und war dort bis zu seiner Pensionierung 1998 als Direktor tätig.[26] Peter Fischer ist Direktor der Elektrizitätsgesellschaft Laufenburg AG. Hans Fuchs sitzt in führender Position bei der Aare-Tessin Aktiengesellschaft für Elektrizität (Atel). Alle drei amten als Delegierte des SVA-Vorstandes. Die drei Energieunternehmen kontrollieren zusammen einen Großteil des Schweizer Elektrizitätsmarktes. Küffer, Fischer und Fuchs saßen zusammen in mehreren Verwaltungsräten (AKW Leibstadt, Nagra, Zwilag, Genossenschaft für nukleare Entsorgung Wellenberg [GNW]). Küffer war zudem Vizepräsident des Verwaltungsrates des AKW Gösgen, Fuchs gewöhnliches Verwaltungsratsmitglied. Küffer saß zudem mit Fischer in der AG des geplanten, aber nie realisierten Projektes AKW Graben.

Mit der Pensionierung hat Küffer jedoch die meisten seiner Mandate verloren, unter anderem auch das Präsidium des einflussreichen Stromlobby-Vereins »Verband Schweizerischer Elektrizitätswerke« (VSE).[27] Hans-Rudolf Gubser hat ihn innerhalb der NOK abgelöst; Gubser gilt unter den Umweltorganisationen als relativ offen, jedenfalls gehört er nicht der alten Atomgarde an.

Auf dem politischen Parkett agiert heute vor allem noch der Aargauer FDP-Nationalrat Ulrich Fischer als Verbündeter der Atomindustrie. Er war Direktor des geplanten AKW Kaiseraugst, sitzt heute noch im Verwaltungsrat der Atel und ist Präsident der nationalrätlichen Kommission für Umwelt, Raumplanung und Energie (UREK) – auch er gehört der SVA an. Ein offenes Lobbying hatte die Elektriztitätswirtschaft innerhalb des Parlamentes allerdings nie nötig. Fischer meinte einmal dazu: »Versicherungen müssen lobbyieren, wenn sie sich einen Vorteil herausholen wollen. Die Energiewirtschaft hat das nicht nötig: Alle wirtschaftsfreundlichen Kräfte im Parlament unterstützen ihre berechtigten Anliegen aus Prinzip.«[28] Womit er insofern recht hatte, als die Elektrizitätswerke im eidgenössischen Parlament gut vertreten sind: Allein im Ständerat haben 11 der 46 Abgeordneten mindestens einen Sitz im Verwaltungsrat eines Elektrizitätswerkes.[29]

Die Zeiten ändern sich jedoch rasant. Männer wie Fischer, Kiener oder Küffer verkörpern die alte Garde, die fast manisch auf das »Strommanko, das in zehn, zwanzig Jahren – nach dem Ablauf der Lebensdauer der AKW – auf die Schweiz zukommen wird«, fixiert ist (Zitat Küffer).[30] Dazu passt auch die Attacke, die Hans Fuchs im November 1998 gegen die deutsche Regierung ritt: Falls die Atomkraftwerke abgestellt würden, seien »Klimaschäden programmiert, und zwar mit Folgen, die den Holocaust als bloße Episode erscheinen lassen werden«, sagte Fuchs vor Publikum. »Horribile dictu ist es ausgerechnet in Deutschland eine rot-grüne Regierung, die durch den beabsichtigten Ausstieg aus der Kernenergie einen Startschuss zu diesem Völkermord des 21. Jahrhunderts gibt.«[31] Die Atel sah sich genötigt, sich sofort offiziell bei der deutschen Botschaft für die Äußerung von Fuchs zu entschuldigen.[32]

Dieser geschmacklose Ausfall mag veranschaulichen, wie arg sich die Atomgemeinde unter Druck fühlt. Lange Jahre funktionierte die Nuklearindustrie wie eine florierende Sekte. Wer dazugehörte, hatte einen gut bezahlten Lebensjob – und das in Regionen, die nicht über besonders viele hoch qualifizierte Arbeitsplätze verfügen. Sollte allerdings ein AKW-Angestellter kritische Fragen stellen, drohte er ausgegrenzt zu werden oder gar den Job zu verlieren.

Die eingeschworene Gemeinde scheint jedoch zu zerfallen. Die Männer, die sie geführt haben, stehen vor der Pensionierung oder sind kürzlich pensioniert worden. Ihre Epoche geht aber sowieso in Bälde zu Ende. Die bevorstehende Strommarktliberalisierung dürfte das alte Geflecht der Elektrizitätswirtschaft aufbrechen, weil fortan die einzelnen Unternehmen sich im freien Markt behaupten müssen. Es werden sich vermutlich neue Machtstrukturen bilden, doch wie diese aussehen werden, lässt sich erst erahnen.

Umgelegter Strommast bei Brokdorf, 1984

16
Der Atomausstieg drängt sich auf

Stromökonomie

Nicht »linke Ideologen«, sondern »rechtsliberale Wettbewerbseuphoriker« würden die Kernenergie bedrohen, klagte der Vorstandsvorsitzende der Hamburgischen Electrizitätswerke (HEW), Manfred Timm, schon 1997. Die HEW, die jahrelang voll auf Atomstrom gesetzt hat, nahm bis dahin die Ausstiegsdiskussion gelassen, weil sie lediglich »politisch geführt« wurde, wie Timm meint: »Mit der Liberalisierung des Strommarkts wird aber künftig allein die Wirtschaftlichkeit über die Existenz der Kernkraftwerke entscheiden. Unter den heutigen Rahmenbedingungen produzieren weitgehend abgeschriebene Kernkraftwerke den Strom noch am kostengünstigsten. Aber das kann sich schnell ändern.«[1] Nüchtern stellt Timm noch fest: »Unter den sich abzeichnenden wirtschaftlichen Rahmenbedingungen lohnt sich der Bau neuer Kernkraftwerke künftig nicht mehr.«

Schon vor geraumer Zeit hat man in den Vereinigten Staaten begonnen, Atomkraftwerke stillzulegen, weil sie nicht mehr rentieren. Es trifft dabei auch erst zwanzigjährige Anlagen, die eine hohe Auslastung aufweisen, deren Produktionskosten aber – verglichen mit jenen von modernen fossilen Kohlekraftwerken – zu hoch sind.[2] Insgesamt hat man in den USA bereits 28 Reaktoren stillgelegt, die es zusammen auf eine Leistung von fast 10 000 Megawatt brachten.[3] Darunter befinden sich zwar mehrere kleinere Militär- und Forschungsreaktoren, aber auch zehn Anlagen, die wesentlich größer sind als Mühleberg.

Diese Entwicklung gibt der Nuclear Energy Agency (NEA), der Nuklearagentur der OECD, zu denken: Durch die Deregulierung würde sich die Elektrizitätswirtschaft nur noch an kurzfristigen Zielen orientieren und deshalb vor allem in Gas- und Dampfkraftwerke und nicht mehr in AKW investieren, schreibt sie in einem Bericht, der Anfang 1998 erschienen ist.[4]

In der OECD war die Atomwirtschaft stets gut verankert; fast ein Viertel des Stromverbrauchs aller OECD-Länder wird mit Atomenergie gedeckt. Doch heute muss die NEA um ihren Einfluss ringen. »Innerhalb der nächsten fünf bis zehn Jahre wird sich entscheiden, ob die OECD-Länder, in denen die Kerntechnik ursprünglich entwickelt worden ist, ihre Kompetenz bewahren sowie ihre Fähigkeit erhalten können, kerntechnische Anlagen zu bauen, wenn dies notwendig ist«, schreibt sie im erwähnten Bericht: »Diese Entwicklungen könnten mit weitreichenden wirtschaftlichen und ökologischen Konsequenzen verbunden sein. Nach einigen Schätzungen entspricht die bis zum Jahr 2025 auf der Welt zu errichtende Kraftwerkskapazität ungefähr der gesamten heutigen weltweiten Stromerzeugungskapazität. Die Verfügbarkeit von Alternativen zur Deckung dieses enormen Bedarfs wird einen maßgeblichen Einfluss auf verschiedene wichtige Fragen haben – nicht zuletzt auf die langfristige Sicherheit der Energieversorgung und auf die Klimaveränderungen.«[5] Fast flehend ruft die NEA dazu auf, die »Kernenergie zum integralen Bestandteil OECD-weiter Diskussionen zu energie- und umweltpolitischen Grundsätzen zu machen«.

Historischer Wendepunkt

Vierzig Jahre lang stieg die nukleare Stromproduktionskapazität weltweit kontinuierlich an. 1998 trat dann aber der historische Wendepunkt ein: Erstmals wurde weniger AKW-Strom produziert als noch ein Jahr zuvor.[6] Heute sind auf der ganzen Welt rund 440 Atomkraftwerke in Betrieb, die etwa 17 Prozent des gesamten Stromkonsums decken.[7] Nach Recherchen der Umweltorganisation

Wise waren Ende 1998 36 AKW im Bau, wobei nur an 28 wirklich gearbeitet wird (für die restlichen, die vor allem auf dem Gebiet der ehemaligen Sowjetunion stehen, fehlt das Geld, um sie fertigzustellen). Die meisten Neubauten befinden sich in Asien: An je vier Reaktoren wird in China, Indien und Südkorea gebaut, an zwei in Taiwan und je an einem in Japan, Pakistan und Iran. In Europa hat Frankreich vier Atomreaktoren im Bau, die Ukraine zwei und die Slowakei einen. Zwischen 1999 und 2008 sollen durchschnittlich jährlich zwei neue AKW mit einer Kapazität von je 1000 Megawatt (das entspricht etwa dem AKW Leibstadt) in Betrieb gehen.*

Zur selben Zeit werden voraussichtlich eine Reihe von AKW, die man Ende der Sechzigerjahre gebaut hat, den Betrieb einstellen. »Es ist keine riskante Prophezeiung, vorauszusagen, dass eine beachtliche Anzahl an Reaktoren in den ersten zehn Jahren des neuen Milleniums außer Betrieb gehen werden. Wieviele es genau sind, ist nicht so relevant: Es werden mehr sein, als neue Reaktoren den kommerziellen Betrieb aufnehmen«, schreibt Wise.[8]

Wise warnt jedoch vor zwei Entwicklungen, die diesen »automatischen Ausstiegsprozess« verlangsamen könnten: Leistungserhöhungen und die Verlängerung der ursprünglich geplanten Betriebsdauer. Beides trifft auf die Schweiz zu: Der Bundesrat hat sowohl für Mühleberg wie Leibstadt eine Leistungserhöhung bewilligt (vgl. Kapitel 4 und 6) – und die AKW-Betreiber lassen verlauten, dass sie ihre Anlagen sechzig und nicht nur dreißig oder vierzig Jahre – für die sie konzipiert wurden – am Netz lassen möchten. Finanziell rechnet sich dies, weil die Produktionskosten von Jahr zu Jahr sinken, solange keine kostspieligen Nachrüstungen anstehen. Mussten die AKW-Betreiber ihr Werk in den letzten Jahren nachrüsten oder haben dies,

* 1999 wird voraussichtlich die Atomstrom-Kapazität weltweit noch einmal sprunghaft ansteigen, da aufgrund verschiedener Bauverzögerungen in diesem Jahr zwölf AKW ans Netz gehen sollen.

wie zum Beispiel bei Beznau, noch im Sinn, wird es sowieso interessant, die Anlage möglichst lange zu betreiben, um die Nachrüstungskosten zu amortisieren. Doch je länger ein Reaktor Strom produziert, desto gefährlicher wird er, weil die stetige Strahlenbelastung den Alterungsprozess beschleunigt und es zu gefährlichen Materialbrüchen kommen kann (vgl. Kapitel 3).

Investitionsruinen

»Sollen die Konsumenten für ›Leibstadt‹ bluten? – Drohende Strompreiszuschläge wegen teurer Kernkraftwerke«, titelte Anfang 1998 die »Neue Zürcher Zeitung« (NZZ). Eine überraschende Schlagzeile für das konservative Wirtschaftsblatt, das während Jahrzehnten der Atomlobby gehuldigt hat. Seit jedoch die Europäische Union den Elektrizitätsmarkt liberalisieren will, sieht alles ganz anders aus – und die NZZ kanzelt die AKW-Betreiber ab. Es geht dabei vor allem um die »Stranded Investments«, auch »Investitionsruinen« oder »nicht amortisierbare Investitionen« (NAI) genannt – konkret um Kraftwerksanlagen, die im freien Markt kaum bestehen können, weil sie zu teuren Strom produzieren.[9]

Laut einer »Bonitätsanalyse« der Credit Suisse First Boston geht es um gigantische Beträge, die in den Sand gesetzt wurden: Insgesamt sollen sich 5,3 Milliarden Franken nicht mehr amortisieren lassen – davon entfallen fast sechzig Prozent auf die Nuklearenergie, 2,6 Milliarden Franken betreffen allein das AKW Leibstadt und eine weitere halbe Milliarde die langfristigen Bezugsrechte für französischen AKW-Strom.[10]

Die Produktion einer Kilowattstunde Leibstadt-Strom kostet heute, nach Angaben des Werkes, zwischen 7 und 8 Rappen. Der Strom von Mühleberg soll fast gleich teuer sein, doch sind laut BKW die ursprünglichen Investitionen völlig amortisiert – nicht jedoch die

Nachrüstungsinvestitionen. Die Kilowattstunde Beznau-Strom kostet angeblich zwischen 6 bis 7 Rappen; die NOK behauptet, im Fall von Beznau gebe es keine »gestrandeten Kosten« – was sich nicht nachprüfen lässt, da die NOK ihre Geschäftsberichte nicht veröffentlicht. Mit Kosten von 5 Rappen pro Kilowattstunde produziert Gösgen von den Schweizer AKW den günstigsten Strom und sei – laut Crédit Suisse – keine »Investitionsruine«.[11] Allerdings dürften all diese Kostenrechnungen ziemlich optimistisch sein. Das Öko-Institut Darmstadt hat nämlich in einer Untersuchung festgestellt, »dass die Angaben der Betreiber zu den Kosten des Atomstroms um ca. 25 bis 80 Prozent zu niedrig angegeben werden«, weil sie oft die Kosten für sicherheitstechnische Verbesserungen oder Nachrüstungen, aber auch die Entsorgungskosten nicht wirklich einberechnen.[12]

Die »nicht-amortisierbaren Bezugsrechte« betreffen vor allem langfristige Verträge, welche die Energieunternehmen mit Frankreich abgeschlossen haben. Als Ende der Siebzigerjahre klar war, dass sich auf Schweizer Boden kaum mehr neue Atomkraftwerke bauen lassen, weil sich die Bevölkerung zu heftig dagegen wehrt, haben die Unternehmen begonnen, im großen Stil mit ausländischen Stromproduzenten Lieferverträge abzuschließen. Betriebswirtschaftlich betrachtet stellen diese Bezugsrechte – beziehungsweise Bezugspflichten – virtuelle Kraftwerke dar. Insgesamt gibt es drei Gesellschaften, die derartige virtuelle Kraftwerke »betreiben«: Die Kernenergiebeteiligungsgesellschaft AG (KBG), die AG für Kernenergiebeteiligungen (AKEB) und die Energiefinanzierungs AG (ENAG) – alle drei befinden sich zu einem großen Teil im Besitz der öffentlichen Hand.* Die

* Aktionäre der KBG: BKW FMB Energie AG, Nordostschweizerische Kraftwerke AG (NOK), SA l'Energie de l'Ouest-Suisse (EOS), zu je 33⅓ %. Aktionäre der AKEB: EGL 31 %, Stadt Zürich 20,5 %, CKW 15 %, SBB 13,5 %, AET (Kanton Tessin) 7 %, KW Brusio 7 %, KW Sernf-Niederenbach (Hauptaktionärin Stadt St. Gallen) 6 %. Aktionäre der ENAG: EGL 36,7 %, CKW 25 %, KW Brusio 15,75 %, SBB 20 %, KW Sernf-Niederenbach (Stadt St. Gallen) 2,55%.

Atomstrom und Klima

Seit die Atomindustrie als unrentabel gilt, klammern sich die AKW-Befürworter an ein Argument: Atomstrom sei CO_2–frei. In fast jeder Publikation behauptet die Schweizerische Vereinigung für Atomenergie (SVA), die Klimakatastrophe könne nur durch den Bau neuer AKW abgewendet werden. Die Kernenergie vermeide »in Deutschland jährlich die Emission von über 160 Millionen Tonnen CO_2. Man müsste beispielsweise den gesamten deutschen Strassenverkehr stilllegen, um diesen Ausstoss auf andere Weise zu vermeiden«, steht etwa im SVA-Bulletin von Mitte November 1998.
Der Glaube an die »klimarettenden Atomkraftwerke« ist allerdings eine Irrlehre. Sie basiert vor allem auf der Tatsache, dass Atomreaktoren – anders als zum Beispiel Öl- oder Gaskraftwerke – direkt kein CO_2 abgeben, was allerdings nicht viel aussagt, denn es kommt einiges an CO_2-Emissionen zusammen, bis man überhaupt mit der Erzeugung von Atomstrom beginnen kann: Uran muss abgebaut, angereichert, transportiert werden (vgl. Kapitel 11), was sehr energieintensiv ist, auch der Bau einer Atomanlage benötigt einiges an Energie, ebenso die Stilllegung und Entsorgung. »Der Energieeinsatz hierfür beruht zum Teil auf fossilen Energien, womit durch AKW indirekt CO_2 emittiert wird. Da der Treibhauseffekt global wirkt und CO_2-Emissionen unabhängig von ihrer Herkunft dazu beitragen, muss die gesamte Kette von der Primärenergiegewinnung bis zur Nutzung einbezogen werden«, stellen die Autoren der Studie »Vom Ende der Mär: Atomkraft und Klimaschutz« fest.[1] Laut den Fachleuten des Öko-Instituts Darmstadt, die die Studie verfasst haben, müssen einem Atomkraftwerk »28 Gramm des klimarelevanten Gases pro erzeugter Kilowattstunde zugerechnet werden«. Andere Studien kommen gar auf 30 bis 160 Gramm CO_2 pro Kilowattstunde.[2] Vergleicht man nun den Atomstrom mit alternativen Energiesystemen, wie beispielsweise der Wärme-Kraft-Kopplung, schneidet der Atomstrom wesentlich schlechter ab (vgl. nebenstehende Grafik).

Quelle: u. a. Öko-Institut Darmstadt: »Vom Ende der Mär: Atomkraft und Klimaschutz«, Darmstadt, April 1996

CO_2-Emissionen verschiedener Stromsysteme

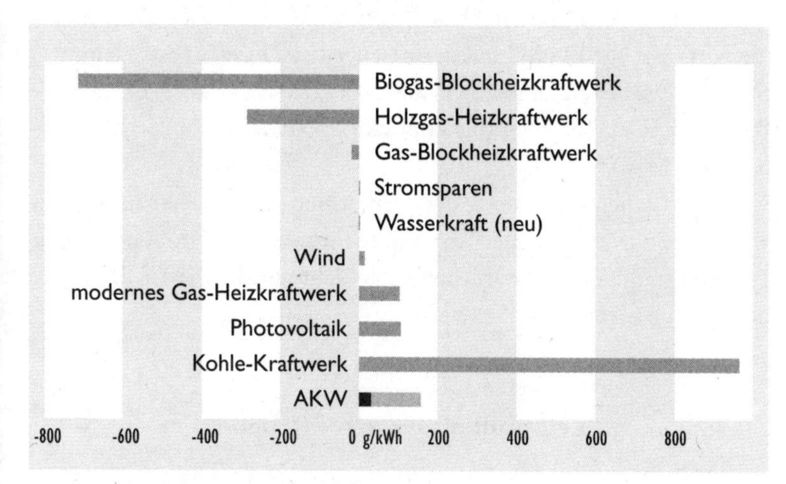

Vergleicht man die CO_2-Emissionen verschiedener Stromsysteme, schneidet der Atomstrom gar nicht mehr so gut ab, wenn man alle relevanten Aspekte (Urangewinnung, -transport, Bau der Anlage etc.) miteinbezieht. Am klimafreundlichsten sind die ersten drei Systeme (Biogas-, Holz- oder Gas-Blockheizkraftwerke), weil sie eine zusätzliche Heizung überflüssig machen und so weitere CO_2-Emissionen einsparen – deshalb auch die »negativen« CO_2-Emissionen, die eigentlich CO_2-Gutschriften sind.
Die Bandbreite bei den AKW kommt aufgrund der verschiedenen Berechnungsarten zustande: Manche Studien gehen davon aus, dass in einer Kilowattstunde AKW-Strom 160 Gramm CO_2 stecken, andere rechnen hingegen nur mit 28 Gramm (vgl. nebenstehenden Text).

Quelle: Grafik: Öko-Institut Darmstadt, 1996

KBG besitzt Bezugsrechte beim Kernkraftwerk Fessenheim, die AKEB hat welche bei den AKW Bugey und Cattenom. Zudem haben die KBG wie die ENAG mit der Electricité de France (EdF) langfristige Verträge abgeschlossen, um aus dem gesamten EdF-Nuklearpark Bandenergie zu beziehen (bis zum Jahr 2000 insgesamt 766 MW, danach 966 MW).[13]

Die virtuellen Kraftwerke der drei Firmen produzieren zusammen weit mehr Strom als zwei Atomkraftwerke in der Größenordnung von Leibstadt. Sie sind natürlich auch nicht wirklich virtuell, sie stehen einfach nicht in der Schweiz.

Leibstadt als Notstromgruppe

Die Ergebnisse der Credit-Suisse-Studie sind im übrigen überhaupt nicht neu. Neu ist lediglich, dass eine Bank die Daten vorgelegt hat – und man deshalb eher geneigt ist, sie zu akzeptieren. AKW-KritikerInnen haben schon Jahre zuvor vergleichbare Analysen präsentiert – nur wollte man damals nichts davon hören.[14]

Anfang der Achtzigerjahre, noch bevor Leibstadt ans Netz ging, rechneten sie schon vor, dass dieses AKW nie rentieren wird. Zu jener Zeit verzeichnete nämlich die Schweiz bereits einen Elektrizitätsüberschuss und exportierte jährlich mehrere Milliarden Kilowattstunden ins Ausland. Der Verband Schweizerischer Elektrizitätswerke (VSE) rechtfertigte damals die Überproduktion mit der Begründung: Der Export werde falsch verstanden – der ins Ausland verkaufte Strom stamme nämlich »aus der Reservekraftwerkskapazität, die notwendig ist für den Fall, dass ein wasserarmes Jahr mit kalten, trockenen Wintermonaten auftritt oder dass ein größeres Kraftwerk längere Zeit ausfällt. Ferner ist diese Reserve, langfristig betrachtet, der ›Puffer‹ zur Deckung des jährlich steigenden Strombedarfs.«[15]

Diese Argumentation ist ziemlich abwegig, wie Ruggero Schleicher im Report »Atomenergie – die große Pleite« darlegte: »Ausgerechnet Atomkraftwerke für die Reservehaltung zu bauen, ist wirtschaftlicher Unsinn. Stolz spricht die Elektrizitätswirtschaft von ihrer ›laufenden Reserve‹, die nicht wie in anderen Ländern stillsteht, sondern dank der besonderen Rolle der Schweiz im europäischen Stromverbund den überschüssigen Strom exportieren kann. Weil das mit kleinen Mengen und den flexiblen Wasserkraftwerken früher gut funktionierte, wollten die Strommanager das alte Rezept auch auf Atomkraftwerke anwenden. Doch die Kernkraft hat die besondere Rolle der Schweiz untergraben: Atomstrom haben auch die Nachbarn genug. So wird Leibstadt im Endeffekt zu einer Art gigantischen Notstromgruppe – etwas teuer, denn zwei Drittel der Kosten fallen auch dann an, wenn sie stillsteht.«[16]

Ruggero Schleicher hat Recht behalten. Die StromkonsumentInnen müssen heute das Atomkraftwerk Leibstadt täglich mit einer Million Franken »subventionieren«. Heini Glauser von der Schweizerischen Energie-Stiftung (SES) hat die Rechnung gemacht: Die Schweizer AKW produzieren zusammen täglich 50 Millionen Kilowattstunden. Die Produktion einer Kilowattstunde kostet im Mittel etwa 7 Rappen. Kauften die Energieunternehmen hingegen auf dem Spotmarkt* eine Kilowattstunde ein, bezahlen sie höchstens 3 bis 4 Rappen. Nur für Strom, der bedarfsgerecht produziert wird – also zum Beispiel Strom aus Stauseen, der gezielt in Spitzenzeiten ins Netz eingespiesen werden kann –, erhalten die Energieunternehmen einen höheren Preis. Atom- oder Flusskraftwerke liefern hingegen Tag und Nacht dieselbe Menge Elektrizität, die so genannte Bandenergie, die auf dem europäischen Markt zu den tiefen

*Der aktuelle Spotmarktpreis wird täglich im Schweizer Strompreis-Index (Swep) publiziert (http://www2.bkw-fmb.ch/swep/swep.htm); der Swep wird von der BKW, der Atel und der EGL publiziert.

Spotmarktpreisen verhökert werden muss, weil es zuviel davon gibt.

»Die Preisdifferenz zwischen den Produktionskosten und dem Preis auf dem europäischen Überschussmarkt summiert sich im Sommer 1998 auf gegen zwei Millionen Franken pro Tag«, schreibt Glauser, »auch in der übrigen Jahreszeit liegt dieses Defizit bei mehreren hunderttausend Franken pro Tag. Die Schweizer StromkundInnen bezahlen demnach jährlich 500 bis 700 Millionen Franken an die Stromüberschüsse.« Dies betrifft allein die inländische Überproduktion – die virtuellen Kraftwerke sind dabei noch nicht eingerechnet.

Da Leibstadt täglich 24 720 000 Kilowattstunden produziert, wobei jede einzelne Kilowattstunde 7 bis 8 Rappen kostet und die Differenz zum Marktpreis 4 Rappen* ausmacht, kostet dies die StromkonsumentInnen pro Tag 1 Million Franken – dabei ist allerdings die vollständige Deckung der Langzeitkosten, insbesondere der Entsorgungskosten, noch nicht inbegriffen.

Seit Leibstadt seine thermische Leistung erhöht hat, produziert die Anlage zwar mehr Strom, womit – so resümiert Heini Glauser – der Preis einer Kilowattstunde leicht sinken dürfte: »Die zusätzliche Strommenge führt jedoch zu gleichbleibenden Quersubventionen. Zudem wird der Stromüberschuss im Sommerhalbjahr zusätzlich erhöht.«[17]

Zu diesen verschleuderten Milliarden kommt noch die Überschussproduktion der virtuellen Kraftwerke hinzu. Diese Beteiligungen verschlingen ebenso unnütz Geld wie Leibstadt. Die Energieunternehmen haben rund sieben Millionen Franken in diese Bezugsrechte investiert und »produzieren« täglich 59 Millionen Kilowattstunden:

* Es gibt zwei Vergleichsgrößen: Der Spotmarktpreis, der so gennante Swep-Preis, der gegenwärtig bei zirka 3,5 Rappen pro Kilowattstunde liegt; längerfristig dürfte jedoch der Preis der modernen Gas- und Dampfturbinenanlagen relevant werden, die eine Kilowattstunde für 4 bis 4,5 Rappen produzieren können.

»Auch dieser Strom muss während des ganzen Jahres unter den Gestehungskosten auf den europäischen Markt geworfen werden«, stellt Glauser fest.[18]

Gefangene KundInnen

Die enormen Fehlinvestitionen haben die Energieunternehmen bis heute kaum belastet. Seit Jahrzehnten besitzen sie schließlich das Versorgungsmonopol: Die StromkundInnen müssen den Preis bezahlen, den die lokalen Elektrizitätswerke verlangen.

Innerhalb der Schweiz gibt es allerdings massive Preisunterschiede. Der »K-Tip« hat im Frühling 1997 diverse Stromtarife unter die Lupe genommen und dabei festgestellt, dass die Preise je nach Wohnort um über hundert Prozent variieren: Eine Standardfamilie, die in einer 4-Zimmer-Wohnung lebt, einen Elektroherd sowie einen 100-Liter-Boiler hat und im Jahr etwa 4500 Kilowattstunden verbraucht, bezahlt in Martigny für den bezogenen Strom 574 Franken, in Herisau jedoch 1241 Franken.[19]

Der Verband der Schweizerischen Elektrizitätswerke hat die Recherchen des »K-Tip« bestätigt und offen zugegeben, dass die Preisspanne von 11,8 Rappen bis zu 26,4 Rappen pro Kilowattstunde reicht. Bei den ganz teuren EW handle es sich um »exotische kleine Werke«, deren Namen man nicht nennen könne, meinte der VSE.[20]

Die unüberschaubare Preisstruktur hängt damit zusammen, dass rund fünfzig bis hundert Elektrizitätswerke die Feinverteilung besorgen und die Tarife festlegen.* Wie diese Tarife im Detail festgelegt werden, weiß indes niemand. Die großen Werke sagen nicht, zu welchem Preis sie den Strom an die kleinen weitergeben.

* Es gibt zudem noch über tausend kleinste EW, die zusammen aber lediglich 5 Prozent des Marktes bedienen.

Die Schweiz pflege einen »pervertierten Stromföderalismus«, schimpfte die NZZ und monierte: »Weil sich mehr als drei Viertel der Branche im Besitz der öffentlichen Hand befinden, darf man als Steuerzahler und ›gefangener‹ Konsument durchaus die Forderung stellen, über die Praktiken der ›volkseigenen‹ Elektrizitätswerke auf dem laufenden gehalten zu werden.« Auch wenn sich die neoliberale Zeitung für die Privatisierung stark macht, um der Wirtschaft möglichst tiefe Strompreise zu bescheren, hat sie zumindest mit ihrer Kritik an den undurchsichtigen Tarifen Recht. Denn seit Jahrzehnten wird – quasi unter Ausschluss der Öffentlichkeit – via Stromtarife Energiepolitik betrieben. Wer beispielsweise viel Strom bezieht, bezahlt für die einzelne Kilowattstunde weniger, als jemand, der wenig bezieht: Verschwenderisches Verhalten wird somit belohnt respektive Sparen bestraft.

Obgleich die Energieunternehmen zum größten Teil der öffentlichen Hand gehören, wirtschaften die meisten wie normale, private Betriebe: Sie wollen Gewinne machen – und Gewinne machen sie, wenn sie möglichst viel Strom zu abgesicherten Preisen verkaufen. Für sie ist ein Jahr, in dem sie viel Elektrizität abgesetzt haben, ein gutes Jahr.

Elektroheizungen

Am Beispiel der Elektroheizungen lässt sich aufzeigen, wie sich die Energiewirtschaft ihren eigenen Absatzmarkt geschaffen hat. Zu Beginn der Siebzigerjahre propagierten die EW den Einbau von Elektroheizungen. Man lobte sie als saubere, erdölunabhängige Heizsysteme.

Aber eigentlich verbarg sich dahinter etwas ganz anderes: Man wollte den Überschuss an AKW-Strom verkaufen, da es schon damals klar war, dass sich dieser Strom nachts kaum absetzen lässt. Die

Elektroheizungen beziehen jedoch nachts Strom und geben die gespeicherte Energie tagsüber ab. Damit die neuen Heizungen überhaupt mit den herkömmlichen Ölheizungen konkurrieren konnten, mussten die EW speziell niedrige Nachttarife einführen.

Langfristig hat sich dies für die Elektrizitätswirtschaft nun ausbezahlt, konnte sie sich doch auf diesem Weg eine treue Kundschaft sichern. Denn die meisten HausbesitzerInnen, die Elektroheizungen installiert haben, ließen das alte Heizsystem (Radiatoren, Heizkessel usw.) herausreißen und müssten nun viel Geld investieren, wenn sie wieder auf Öl oder Gas umsteigen wollten.

Energetisch betrachtet ist es indes absurd, wenn nicht gar grobfahrlässig, Strom – die edelste Energieform – zum Heizen einzusetzen. Bei der Produktion von Elektrizität gehen nämlich in den thermischen Kraftwerken rund zwei Drittel der Energie als Wärme verloren. Ergo ergibt es keinen Sinn, die kostbare Elektrizität am Ende wieder in simple Wärme umzuwandeln. Beim Heizen sollte man keine Energie unnütz verlieren, weshalb es effizienter ist, mit Öl oder Gas zu heizen. Am effizientesten wäre die Wärme-Kraft-Kopplung (WKK), die Wärme und Strom produziert (vgl. Die Wärme-Kraft-Kopplung). Moderne WKK-Anlagen vermögen neunzig Prozent der eingesetzten Energie zu nutzen – und nicht nur dreißig, wie dies bei der Elektroheizung der Fall ist.

Die Elektrizitätswerke haben sich jedoch immer um diese Problematik gedrückt. Die Eigendynamik, die sie mit ihrer Politik ausgelöst haben, kümmert sie nicht: Je mehr Leute Elektroheizungen installieren, desto stärker steigt der Strombedarf – desto mehr Kraftwerke müssen gebaut werden.

Seit den Siebzigerjahren sind in der Schweiz etwa 250 000 Elektroheizungen eingebaut worden, die – laut einer Studie des Umweltberatungsbüros Metron – rund elf Prozent der gesamten schweizerischen Elektrizität verschlingen.[21] Betrachtet man nur das Winterhalbjahr, entfallen sogar über zwanzig Prozent des gesamten

Effiziente Wärme-Kraft-Kopplung

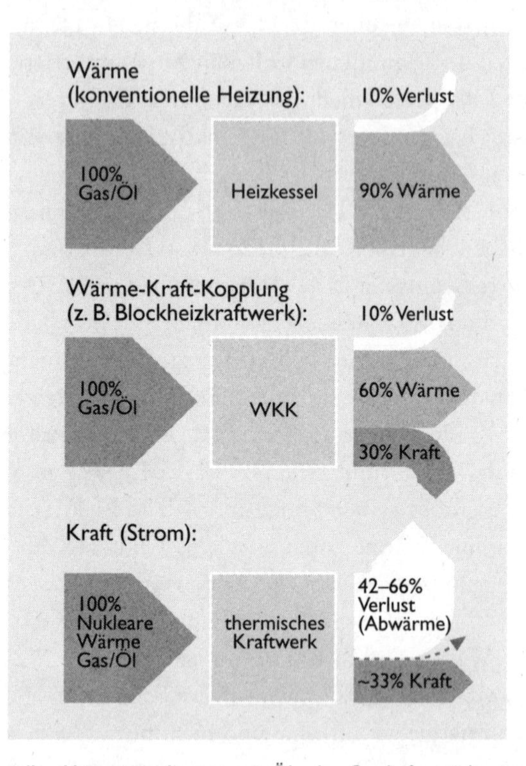

Bei konventionellen Heizungen, die man mit Öl oder Gas befeuert, lassen sich neunzig Prozent der eingesetzten Energie nutzen. Produziert man jedoch in einem thermischen Kraftwerk Strom, gehen an die zwei Drittel der Energie durch Abwärme verloren. Moderne Wärme-Kraft-Kopplungs-Anlagen liefern nun gleichzeitig Strom und Wärme – es sind also Heizungen, die auch Strom produzieren. Die Anlagen müssen dezentral (zum Beispiel als Blockheizkraftwerke) betrieben werden, damit die Wärme dort entsteht, wo man sie effektiv braucht, weil sich Wärme nur mit großen Verlusten transportieren lässt.

Quelle Grafik: SES

Stromverbrauchs auf die Elektroheizungen. Da in der Schweiz vierzig Prozent des Stroms aus den Atomkraftwerken stammen, ließe sich problemlos auf Beznau I/II sowie auf Mühleberg verzichten, wenn man alle Elektroheizungen durch andere Heizsysteme ersetzen würde.

Die geplanten Pumpspeicherwerke wie Grimsel-West (vgl. Veredelter Atomstrom, S. 80) beruhen übrigens auf derselben Logik wie die Elektroheizungen. Man pumpt nachts mit billigem Atomstrom Wasser in die Stauseen, um tagsüber, wenn die Nachfrage groß ist, teure Spitzenenergie zu produzieren. Dieser Strom ist aber nicht so edel und sauber, wie die Elektrizitätswirtschaft gerne glauben machen möchte: Vielmehr wird damit eine verfehlte Politik – die erst zur Atomstromschwemme geführt hat – kaschiert und weitergeführt.

Falsche Prognosen

Der Verband der Schweizerischen Elektrizitätswerke suggeriert seit Jahren, die Schweizer Wirtschaft würde kollabieren, wenn die Stromproduktion nicht stetig steige.

Lange strebte der VSE eine Versorgungssicherheit von 95 Prozent an: Der Elektrizitätsbedarf sollte zu 95 Prozent mit eigenem Strom gedeckt werden – was bedeutet, dass nur in einem von zwanzig Wintern von außen Strom zugekauft werden dürfte. Auf dieser Basis hat der VSE jeweils seine Prognosen erstellt, die er in den so genannten »Zehn-Werke-Berichten«* publizierte.

*Der Bericht trägt diesen Namen, weil die größten zehn Energieunternehmen sich daran beteiligt haben: Die sechs Überlandwerke Atel, BKW, CKW, EGL, EOS, NOK sowie die drei Stadtwerke von Basel, Bern, Zürich und die SBB. Der erste »Zehn-Werke-Bericht« wurde 1963 publiziert und beschäftigte sich mit der Eingliederung der ersten Atomkraftwerke in die schweizerische Elektrizitätsversorgung.

Damit ließ sich exzellent Politik betreiben. So zeichnete beispielsweise der »Siebte Zehn-Werke-Bericht« – der 1987 erschienen ist und benutzt wurde, um »Kaiseraugst« zu rechtfertigen – eine sehr düstere Zukunftsperspektive. Unter dem Titel »Versorgungssituation mittelfristig unbefriedigend« steht: »Bereits in den 80er Jahren kommt es temporär zu einer geringen Unterdeckung (1988/89). Ab 1993/94 öffnet sich eine beträchtliche Lücke [in der Stromversorgung, Anm. der Autorin]. Die Inbetriebnahme des Kernkraftwerks Kaiseraugst, die auf Oktober 1997 angesetzt ist, vermag diese Lücke nur vorübergehend und knapp zu schließen.«[22] Doch selbst mit Kaiseraugst rechnet der VSE für das Jahr 2004/5 mit »einem nicht gedeckten Strombedarf von 1000 Megawatt« – was dem Output eines Atomkraftwerks der Größe Leibstadts entsprechen würde.

Der Bericht endet mit der Bemerkung: »Aus der Sicht der Ressourcennutzung, der Umweltverträglichkeit und der Risikobeurteilung kann der Kernenergie auch heute noch nichts Vergleichbares entgegengestellt werden. Politische Hindernisse, wie der Widerruf der Rahmenbewilligung für das Kernkraftwerk Kaiseraugst, ein Kernenergiemoratorium oder gar der völlige Ausstieg aus der Kernenergie, hätten indes schwerwiegendste negative Folgen für die ausreichende Versorgung unseres Landes mit der Schlüsselenergie Elektrizität.«[23]

»Kaiseraugst« wurde nicht gebaut – das angedrohte Desaster ist trotzdem ausgeblieben. Der VSE revidiert seine Fehlprognosen jedoch nur zögerlich. Im Herbst 1995 hat er seine jüngste »Vorschau auf die Elektrizitätsversorgung der Schweiz bis zum Jahr 2030« publiziert. Darin rechnet er vor, dass der Strombedarf von 1995 bis zum Jahr 2010 im Winterhalbjahr um 18 bis 36 Prozent steigen werde. Bis 2030 soll es einen weiteren massiven Zuwachs geben: Der ungedeckte Strombedarf würde im Winter auf 18 bis 28 Milliarden Kilowattstunden steigen, das wären vier bis sechs Atomkraftwerke in der Größenordnung von Leibstadt.[24]

Die stets angekündigte, aber bislang nie eingetretene »Stromversorgungslücke« verschiebt der VSE also einfach weiter in die Zukunft. Man darf indes annehmen, dass der Verband mit dieser Hochrechnung ebenso falsch liegt wie in den früheren Jahren und den künftigen Stromkonsum einmal mehr tüchtig überschätzt. Denn seit 1990 stagniert der Elektrizitätsverbrauch tendenziell – dank milder Witterung und Rezession. Aber auch, weil verschiedene Maßnahmen des Bundesprogramms »Energie 2000« zu greifen beginnen, dessen Ziel es ja auch ist, den Stromkonsum ab 2000 zu stabilisieren.

Stromschwemme

Wegen der propagandistischen Prognosen der Elektrizitätswirtschaft produziert die Schweiz heute während etwa zehn Monaten im Jahr mehr Strom, als sie braucht. Die Schweizerische Energie-Stiftung hat errechnet, dass in den vergangenen zehn Jahren die Summe der monatlichen Überschüsse 72 000 Gigawattstunden betrug, im selben Zeitraum produzierten Beznau I/II und Mühleberg zusammen 75 000 Gigawattstunden. Diese drei alten AKW könnten also ruhig vom Netz gehen, die Schweiz würde nicht unter Strommangel leiden.

Doch geht es bei alldem nicht primär um die viel beschworene »Selbstversorgung«, sondern auch um den lukrativen Stromhandel.

Laut SES haben die Schweizer StromkonsumentInnen 1995 47 882 Gigawatt verbraucht. Im selben Jahr setzten die Energieunternehmen im Handel mit ausländischen Unternehmen 59 943 Gigawatt um.[25] Das Geschäft floriert: Jährlich bringt dieser Stromhandel im Durchschnitt einen Gewinn von über einer halben Milliarde Franken. Seit etwa zwanzig Jahren wächst das Business im Jahr um etwa acht Prozent. Und dank ihrer zentralen Lage hat sich die Schweiz zur Stromhandelsdrehscheibe Europas entwickelt (vgl. Europäische Stromflüsse, S. 388).

Europäische Stromflüsse

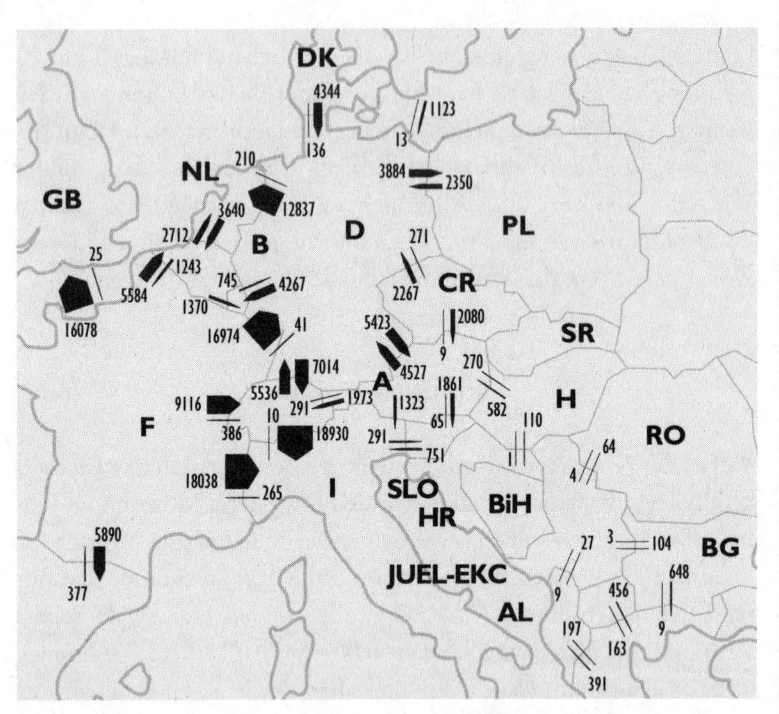

Außer Frankreich exportiert kein anderes Land so viel Elektrizität wie die Schweiz. Und über keine Grenze fließt so viel Strom wie über die schweizerisch-italienische. Das Stromhandelsgeschäft floriert und wächst jährlich um acht Prozent.

Der Stromhandel ist möglich, weil sich die Elektrizität über weite Distanzen transportieren lässt. Bei einem Ferntransport mit einer Hochspannung von 380 000 Volt – die neuen Höchstspannungsleitungen weisen 440 000 Volt auf – beträgt der Verlust nur 1 Prozent auf 100 Kilometer.

Quelle: Grafik: Jahresbericht 1995 der UCPTE (Europäische Union für die Koordinierung der Erzeugung des Transports elektrischer Energie); Bundesamt für Konjunkturfragen: Ravel-Ordner, 1995

Dieses Geschäft verlangt jedoch nach einem gut ausgebauten Höchstspannungsnetz. Insgesamt könnte die Schweiz schon heute 25 000 Megawatt ins Ausland transportieren, also 25-mal die Leistung des Atomkraftwerkes Leibstadt; außer Deutschland verfügt kein anderes europäisches Land über derartige Übertragungskapazitäten.[26]

Ist der europäische Strommarkt erst einmal liberalisiert, dürfte der Stromhandel noch zunehmen. Um bei diesem Geschäft weiterhin erfolgreich mitzumischen, ist die Schweizerische Elektrizitätswirtschaft daran, das 400-Kilovolt–Höchstspannungsnetz systematisch auszubauen (vgl. Grafik S. 390). Diese Stromautobahnen lösen jedoch immer wieder heftige Proteste aus, weil sie starke Emissionen – zum Beispiel Elektrosmog – verursachen. Die Leitungsbetreiber versuchen jeweils die aufgebrachten AnwohnerInnen mit dem Argument zu beruhigen, die Leitungen würden für die Versorgung des Landes benötigt. Dafür reichten jedoch auch die herkömmlichen 220 Kilovolt.[27]

Der rege Stromhandel hat außerdem zur Folge, dass der Schweizer Strom nicht so sauber ist, wie der VSE in seiner Werbekampagne behauptet. In fast allen Schweizer Zeitungen ließ er Inserate schalten, in denen stand: »Schweizer Strom belastet unsere Umwelt weder mit Abgasen noch Rauch.«[28]

In den vergangenen zehn Jahren stammten zwar 59 Prozent der Elektrizität aus Wasserkraftwerken, 39 Prozent aus AKW und 2 Prozent aus fossil-thermischen Anlagen. Auf den ersten Blick scheint es also tatsächlich zu stimmen, dass der Schweizer Strom – solange man die Atommüllfrage außer Acht lässt – relativ sauber ist, da er im Land selbst nur beschränkt Abgase verursacht. Die Rechnung geht jedoch nicht auf, weil die Schweiz sich durch den enormen Handel in den europäischen Strommix integriert.

Das Umweltbüro easi, das dazu ein Gutachten verfasst hat, kommt zum Schluss: »Die Wasserkraftwerke mit Speicherseen bilden einen eigentlichen ›Joker‹ im Stromhandel. Bei hohem euro-

Das Höchstspannungsnetz

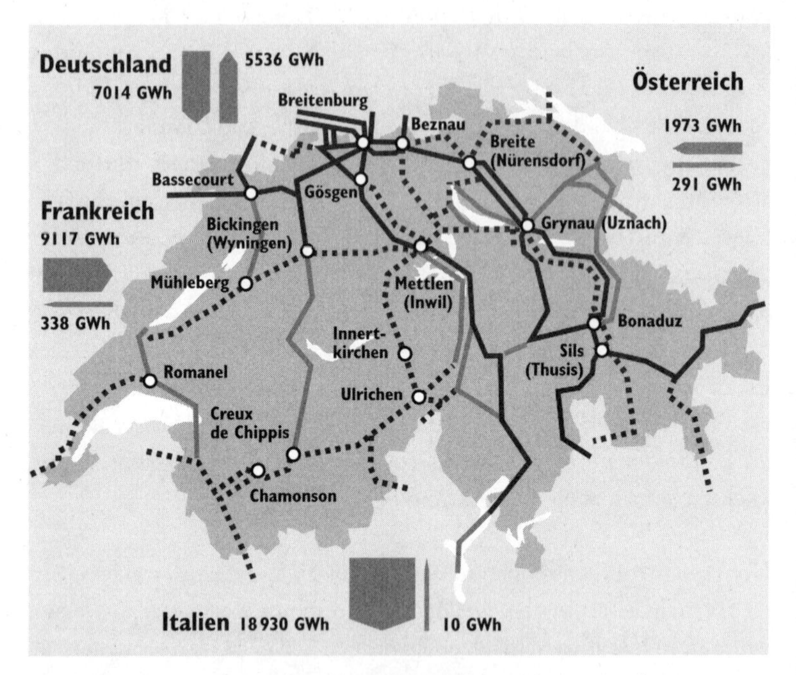

Die Schweiz gilt als Stromhandelsdrehscheibe Europas und baut, um ihrer Rolle gerecht zu werden, sukzessive ihr Leitungsnetz aus. Dies betrifft vor allem die Höchstspannungsleitungen – die für die Versorgung des Landes unnötig sind.
Gegen diese Stromautobahnen, die oft mitten durch bewohntes Gebiet führen und beachtliche Emissionen (u. a. Elektrosmog) verursachen, hat sich in den verschiedensten Regionen – unter anderem den Kantonen Uri, Aargau oder Zug sowie im Engadin – Widerstand formiert. Bislang konnte jedoch keine einzige neue Leitung verhindert werden. An einigen Orten, wie zum Beispiel im aargauischen Uerkheim, gelang es immerhin, die Leitungsbetreiber dazu zu bringen, die Linienführung abzuändern, damit die Leitung nicht in unmittelbarer Nähe von Wohnhäusern zu stehen kommt.

Quelle: Grafik: SES, 1996

päischem Elektrizitätsbedarf (vor allem Mittags- und Abendspitzen) wird die Leistung der Speicherkraftwerke hochgefahren und die schweizerischen Elektrizitätsgesellschaften exportieren große Mengen an Strom. Im Gegenzug wird während Schwachlastzeiten (vor allem nachts) intensiv Strom importiert.«[29] Die Schlussfolgerung: »Heute ist ein großer Teil des in der Schweiz verkauften Stromes importiert, während gleichzeitig ein großer Teil des Alpenstromes nach Italien exportiert wird. [...] Der gleiche Strom – Wasserkraft aus Speicherseen – kann seriöserweise nicht ins Ausland verkauft und gleichzeitig als Verkaufsargument für die inländischen KonsumentInnen benutzt werden.«

Die SchweizerInnen konsumieren also viel schmutzigen »europäischen Strommix« und nicht die »made in Switzerland«-Elektrizität. Eine durchschnittliche Kilowattstunde des europäischen Strommixes »enthält« ziemlich viel Dreck: 410 Gramm CO_2, zwei Gramm NO_x und drei Gramm SO_x, 1,6 Kilowattstunden ungenutzte Abwärme und 0,01 Gramm hoch radioaktive Abfälle (vgl. Grafik S. 392).[30] Mit einer Kilowattstunde kann man einmal duschen; duscht man täglich – und zwar mit dem europäischen Strommix –, hinterlässt man in einem Jahr 160 Kilo CO_2.

Schrittweise Liberalisierung

Im Sommer 1996 haben sich die Energieminister der Europäischen Union darauf geeinigt, den Elektrizitätsmarkt schrittweise zu öffnen. Seit Februar 1999 müssen fast alle EU-Mitgliedsländer dabei mitmachen.*

Die EU sieht vor, dass anfänglich nur Großkunden, die im Jahr mehr als 40 Gigawattstunden (GWh) beziehen, sich am freien Markt

* Mit Ausnahme von Belgien, Griechenland und Irland.

Stromproduktion belastet die Umwelt

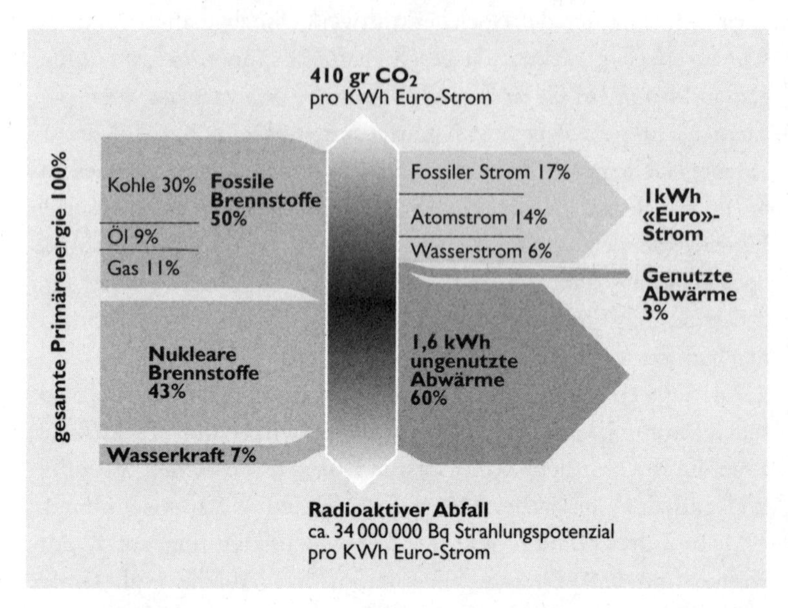

Der europäische Strommix: In Europa verursacht die Produktion von einer Kilowattstunde durchschnittlich 450 Gramm CO_2, 2 Gramm NO_x und 3 Gramm SO_x, 1,6 Kilowatt ungenutzte Abwärme und 0,01 Gramm hoch radioaktive Abfälle. Mit einer Kilowattstunde kann man zum Beispiel 750 Gramm Brot backen, elf Stunden fernsehen, zehn Kühe mit der Melkmaschine melken oder eine Dusche nehmen.

Quelle: Bundesamt für Konjunkturfragen: Ravel-Ordner, 1995; SES

beteiligen dürfen. Ab dem Jahr 2000 können auch diejenigen mit mehr als 20 GWh und ab 2003 die mit mehr als 9 GWh mitmachen – womit rund ein Drittel des Marktes geöffnet sein sollte. Ab 2006 wird man entscheiden, wie man aufgrund der bereits gemachten Erfahrungen mit der Liberalisierung fortfahren will.[31]

Konkret bedeutet dies, dass in den nächsten Jahren die großen Unternehmen ihren Strom dort einkaufen können, wo er am billigsten angeboten wird. Die kleinen Gewerbebetriebe oder die privaten Haushalte bleiben weiterhin an die lokalen Elektrizitätswerke gebunden.

Da die Schweiz nicht der EU angehört, aber bei der Strommarktliberalisierung mitmachen will, hat der Bundesrat im Februar 1998 den Entwurf eines »Elektrizitätsmarktgesetzes« (EMG) in die Vernehmlassung geschickt. Der Bundesrat spricht sich darin ebenfalls für eine »schrittweise Öffnung« aus und schlägt vor, dass GroßkundInnen, die einen Jahresverbrauch von mehr als 20 GWh ausweisen, berechtigt sein sollten, sich von Anfang an am Markt zu beteiligen. Das würde in der Schweiz rund 114 Unternehmen betreffen. Drei Jahre nach Inkrafttreten des Gesetzes sollen Großverbraucher mit 10 GWh und nach weiteren drei Jahren diejenigen mit 5 GWh zum Markt zugelassen werden.

Die Verteilwerke, also die lokalen Elektrizitätswerke, die die einzelnen Haushalte und Firmen beliefern, dürften ebenfalls auf dem freien Markt einkaufen: Anfänglich zehn Prozent ihres Jahresabsatzes, später zwanzig und nach sechs Jahren fünfzig Prozent.[32] Somit könnten nach sechs Jahren die Hälfte aller Schweizer StrombezügerInnen Zugang zum freien Markt haben. Nach insgesamt neun Jahren sollen dann sämtliche Schranken fallen und der Markt würde vollständig liberalisiert.

Die zentrale Frage lautet nun: Wer gewinnt, wer verliert, wenn die alten, gewachsenen Monopole zerschlagen werden? Am Anfang dürf-

Modellstadt Basel

Als erster Kanton hat Basel-Stadt im Energiegesetz eine »Lenkungsabgabe auf Stromverbrauch« festgeschrieben. Die neue Abgabe wird ab April 1999 erhoben. Auf eine Kilowattstunde Elektrizität müssen die BezügerInnen eine Abgabe von fünf Rappen bezahlen. Von den fünfzig Millionen Franken, die dabei zusammenkommen, sollen dreißig Millionen wieder an die Unternehmen und zehn Millionen an die Haushalte zurückfließen. Die Arbeitgeber der Stadt werden mit diesem Bonus ein halbes Prozent ihrer Sozialabgaben finanzieren können – wodurch die Arbeit verbilligt wird.
Das Revolutionäre an der baselstädtischen Lenkungsabgabe: Wer Strom spart, zahlt zwangsläufig weniger Lenkungsabgabe als derjenige, der Elektrizität verschwendet – doch erhalten alle denselben Betrag zurückerstattet. Sparen wird also belohnt.
Zu Recht gilt diese Abgabe deshalb als »erster echter Ökobonus« der Schweiz. Allerdings sind die Großbezüger in den nächsten Jahren, bis die Strommarktöffnung beginnt, noch von der Abgabe befreit. Danach müssen jedoch auch die neuen Stromanbieter die Lenkungsabgabe entrichten.
Diese fortschrittliche Politik hat Basel vor allem dem »Nordwestschweizer Aktionskomitee gegen Atomkraftwerke« zu verdanken. Das Komitee lancierte 1991 die Initiative »Energiekanton 2000«, die eine Lenkungsabgabe verlangte. Nachdem sich das Parlament die NWA-Forderung zu eigen gemacht hatte, zog das Komitee die Initiative zurück. Basel-Stadt hat es im übrigen auch den AKW-GegnerInnen zu verdanken, dass der Kanton nie in Atomstrom investierte und heute deshalb über genügend Strom aus relativ günstigen Wasserkraftwerken verfügt.

ten auf jeden Fall die Großbezüger profitieren. Das tun sie allerdings heute schon. Anfang der Neunzigerjahre begannen zum Beispiel die Basler Chemiemultis die Industriellen Werke Basels (IWB), die die Stadt mit Strom versorgen, unter Druck zu setzen. 1995 hatten sie dann die IWB so weit, dass sie ihnen schrittweise Tarifsenkungen von zuerst zehn und danach nochmals vier Prozent gewährten.[33]

Dank des langjährigen AKW-Widerstandes der baselstädtischen Bevölkerung hat die IWB praktisch keine schlechten Investitionen getätigt und kann deshalb der bevorstehenden Liberalisierung wesentlich gelassener begegnen als die Elektrizitätswerke anderer Großstädte (vgl. Modellstadt Basel, S. 394).

Das Elektrizitätswerk der Stadt Zürich (EWZ) sieht sich beispielsweise genötigt, seinen 22 größten Kunden den Strom billiger anzubieten. Zürich hat bislang eine fortschrittliche Energiepolitik gepflegt und darauf verzichtet, den Großkunden Rabatte zu gewähren. Die Tarife waren sogar leicht progressiv – wer viel Strom bezog, bezahlte tendenziell mehr. Das ändert sich nun aber, weil die Zürcher Großbezüger schon günstige Angebote auf dem Tisch haben: Andere Energieunternehmen versuchen sie der EWZ bereits abzuwerben, obwohl der Markt in der Schweiz frühestens 2001 geöffnet wird.[34]

Wenn das EWZ mit der Preisreduktion bis 2001 zuwartet, wird es vermutlich die 22 Großkunden, die jährlich zehn, zwanzig oder mehr Gigawattstunden beziehen, längst an die Konkurrenz verloren haben. Dies hätte zur Folge, dass das EWZ nach der Liberalisierung auf viel teurem Strom sitzen bleibt, denn das städtische Werk verteilt nicht nur Strom, es ist auch an verschiedenen Produktionsanlagen (u. a. am AKW Gösgen) beteiligt. Bislang hat das EWZ diesen Strom zu einem festen Preis – von rund 15 Rappen pro Kilowattstunde (Rp./kWh) – abgesetzt. Springen jedoch Kunden ab, muss das EWZ den überschüssigen Strom auf dem Spotmarkt für rund 3 Rp./kWh losschlagen. Insgesamt dürften dem EWZ dadurch Ertragsminderungen von jährlich 30 Millionen Franken erwachsen. Kann es aber die großen Kunden dank tieferen Strompreisen (ca. 12 Rp./kWh) mit mehrjährigen Verträgen an sich binden, bevor die Liberalisierung wirklich losgeht, macht es zwar immer noch ein schlechteres Geschäft, doch würde die Ertragsminderung nur 13 Millionen Franken betragen. Betriebswirtschaftlich betrachtet macht es also Sinn, die Großen zu beschenken, steht doch das EWZ um 17 Millionen besser da, als wenn es dies nicht täte.*

In der Stadt St. Gallen bietet das Elektrizitätswerk sogar Bezügern, die jährlich nur 1 GWh beziehen, günstigere Stromverträge an, aus Angst, sie sonst an die Konkurrenz zu verlieren.

Die Elektrizitätswerke sind also erpressbar geworden, bevor der große Rummel auf dem freien Markt wirklich begonnen hat. Die einzigen, die von dem Gerangel nicht profitieren, sind die Kleinen, die sich nicht von den Monopolisten lösen können: Sie werden für die »gestrandeten Investitionen« bezahlen müssen. Denn dass die EW heute ein Problem haben, ihren teuren Strom loszuwerden, hängt – zumindest im Fall von Zürich und St. Gallen – auch damit zusammen, dass sie in den vergangenen Jahren in Atomstrom investiert haben. Das EWZ ist zum Beispiel über die AKEB an den virtuellen Atomkraftwerken in Frankreich beteiligt. Auch die Stadt St. Gallen besitzt, via AKEB und ENAG, Bezugsrechte für französischen Atomstrom. Diese langfristigen Verträge sollten zumindest gelöst werden, bevor man den Großbezügern Tarifgeschenke macht. Ansonsten müssen sich die EW den Vorwurf gefallen lassen, sie würden die Großen subventionieren und ihre nuklearen Fehlinvestitionen auf die Kleinen abwälzen.

* Ob das EWZ die Strompreisreduktion überhaupt gewähren darf, wird das Zürcher Stimmvolk Mitte 1999 an der Urne entscheiden, weil die Alternative Liste und das Linke Bündnis gegen den Gemeinderatsbeschluss erfolgreich das Referendum ergriffen haben.

Allerdings ist dies ein Grundübel der »schrittweisen Liberalisierung«. Denn dass der Strommarkt nicht für alle gleichzeitig freigegeben wird, hat gerade mit den schlechten Investitionen zu tun – da alte Fixkosten nicht mehr abgewälzt werden können, wenn die Preise zusammenbrechen.

Das Elektrizitätsmarktgesetz sieht zwar staatliche Entschädigungszahlungen für die Investitionsruinen vor, nach Meinung von Energieminister Moritz Leuenberger werden aber nur die nicht amortisierbaren Wasserkraftwerke*, jedoch keine Atomanlagen davon profitieren.[35] Die Elektrizitätswerke sollen während zehn Jahren für die gestrandeten Investitionen einen Strompreiszuschlag erheben dürfen. Mit dem Erlös ließe sich ein privatrechtlicher Fonds speisen, aus dem die Entschädigungszahlungen entnommen würden. Da sich aber die Großabnehmer schon mit Billigstrom aus dem Ausland eindecken können, kommen sie um den NAI-Zuschlag herum. Es werden also zwangsläufig die KleinbezügerInnen sein, die mit ihren Beiträgen den Fonds zu äufnen haben.

Der Verband Schweizerischer Elektrizitätswerke hat sich anfänglich heftig dagegen gewehrt, dass die nuklearen Fehlinvestitionen aus diesem Fonds nichts erhalten sollen. Inzwischen verlangen sie jedoch, dass die Marktöffnung möglichst langsam vonstatten gehen soll, damit sie mehr Zeit haben, ihre Anlagen – via KleinbezügerInnen – zu amortisieren.

Grundsätzlich sollte jedoch bei den NAI – die schließlich zu drei Vierteln im Besitz der öffentlichen Hand sind – endlich einmal Trans-

* Neben dem AKW Leibstadt gibt es mehrere Wasserkraftwerke, die ebenfalls Probleme haben dürften, ihre Investitionen zu amortisieren, weil sie zu teuren Strom produzieren. Dies betrifft vor allem die Kraftwerke Ilanz im Bündnerland sowie Grande Dixence im Wallis. Die nuklearen Investitionsruinen haben zusammen einen Output von 40 000 Gigawattstunden, bei den nicht amortisierbaren Wasserkraftwerken sind es jedoch nur knapp 2000 Gigawattstunden.

parenz geschaffen werden. Denn es geht nicht nur um die 2,6 Milliarden Franken von Leibstadt, es geht auch um die noch nicht finanzierte Entsorgung des Atommülls – rechnet man diese hinzu, kommt man auf langfristig ungedeckte Kosten in der Größenordnung von 20 bis 30 Milliarden Franken.

Es gibt noch einen ungemütlichen Aspekt der Liberalisierung: Da sich die AKW-Betreiber ökonomisch unter Druck fühlen, werden sie mit allen Mitteln versuchen zu sparen. Und was dies bedeutet, hat der eben pensionierte VSE-Präsident und NOK-Direktor Kurt Küffer an der Generalversammlung der Schweizerischen Vereinigung für Atomenergie im Herbst 1998 deutlich gemacht: »Um konkurrenzfähig zu sein, sind Erzeugungskosten für Kernkraftwerke von unter 5 Rappen/kWh gefordert.«[36] Wobei man bei den laufenden Betriebskosten von 3 Rappen pro kWh ausgehen könne – ein Wert, den auch Leibstadt erreichen sollte, wie Küffer meint. Es gebe schließlich noch immer Möglichkeiten, die Betriebskosten zu senken. Dabei hat Küffer explizit sicherheitstechnische Investitionen erwähnt: Künftig müsse die Devise nicht mehr heißen, »so sicher wie technisch möglich«, sondern »so sicher wie genügend«.

Das heißt nichts anderes, als dass die AKW-Betreiber bereit sind, den Überlebenskampf auf Kosten der Sicherheit auszutragen.

Wem gehört das Netz?

Eine weitere wichtige Frage in der Liberalisierungsdebatte betrifft das Leitungsnetz. Es bildet ein natürliches Monopol, da niemand ein weiteres Netz neben das bestehende bauen wird. Deshalb ist es gar nicht möglich, hier einen Markt einzuführen.

Die Besitzer der Leitungen dürfen Durchleitungsgebühren erheben. Insbesondere die Engpässe im Netz, die durch die Art der Topografie und die starke Besiedelung entstehen, werden deshalb zu Schlüsselpositionen. Wer diese Engpässe, diese Knoten kontrolliert, kann den Preis diktieren wie früher bei den Straßenzöllen.

Da die Schweiz, wie bereits erwähnt, als Stromhandelsdrehscheibe Europas dient, hat ihr Netz eine besondere Bedeutung. Das Gerangel darum hat auch schon entsprechend früh begonnen.

Mehr zufällig, weil Edmond Alphandéry, Präsident der Electricité de France, geplaudert hat, erfuhr man in der Schweiz Ende 1996 von einem wichtigen Deal: Die Schweizerische Bankgesellschaft (heute UBS) hatte einen Teil ihrer Beteiligungen am hiesigen Stromnetz ins Ausland verkauft. Die Bankgesellschaft kontrollierte Motor-Columbus (MC); Motor-Columbus besitzt die Atel (Aare-Tessin AG für Elektrizität); Atel wiederum kontrolliert mehr als die Hälfte des Schweizer 400-Kilovolt-Netzes. Nun überließ die Bankgesellschaft je zwanzig Prozent des MC-Kapitals der Electricité de France (EdF) und der deutschen RWE Energie AG; die EdF ist das größte Stromunternehmen Europas, die RWE das größte Deutschlands.

Im Februar 1997 hat zudem die Hypotheken- und Wechsel-Bank in München via ihre Schweizer Tochter – die Hypo-Bank in Bäch (SZ) – offenbar von Kleinaktionären einen Anteil von 15 Prozent an der Motor-Columbus erworben. Heute sind noch 35 Prozent der MC-Aktien in UBS-Hand.[37]

Damit befinden sich 55 Prozent der MC-Aktien – inklusive die Aktienmehrheit der Atel – in ausländischem Besitz. Vorläufig existiert zwar noch ein Vertrag zwischen UBS, EdF und RWE, der garantiert, dass der MC-Verwaltungsrat von Schweizern dominiert wird. Dennoch können die ausländischen Aktionäre das Geschäft der MC respektive der Atel bereits maßgeblich beeinflussen. Die UBS spielt zudem mit dem Gedanken, die restlichen MC-Aktien ebenfalls zu verkaufen, womit der vertragliche Heimatschutz ganz wegfallen würde.[38]

Ähnliches bahnte sich ebenfalls Ende 1996 bei der Credit Suisse Group (CSG) und ihrer Tochter Elektrowatt an. Die Credit Suisse wollte wie die UBS ihre bankfremden Branchen abstoßen. Deshalb teilte sie den Konzern – der damals noch 30 500 Angestellte beschäftigt hat und einen Umsatz von 7,2 Milliarden Franken auswies – in die Energiebeteiligungsgesellschaft Watt AG und die »neue Elektrowatt« auf, welche später an die Siemens überging.[39]

Der Watt AG gehört die Elektrizitätsgesellschaft Laufenburg (EGL), nach der Atel die Nummer zwei im Schweizer Stromhandel, und die Centralschweizerische Kraftwerke AG. Im Dezember 1996 orakelte man noch, die Watt AG und Motor Columbus könnten sich zu einer »Energieholding Schweiz« zusammenschließen – womit die Atel und die EGL zusammen den Schweizer Stromhandel monopolisiert hätten: Denn die Atel dominiert den Stromaustausch mit Frankreich und besitzt die wichtigsten Leitungen Richtung Italien, während die EGL vor allem im Austausch Schweiz–Deutschland stark ist.[40]

Es kam anders. Die Minderheit der Watt-Aktien (49 Prozent) ging an drei deutsche Energieversorger: Die Bayernwerke, die Badenwerke und die Energieversorgung Schwaben. Die Mehrheit ist noch in Schweizer Besitz: Die Nordostschweizerische Kraftwerke AG hält 31 Prozent, die restlichen 20 Prozent blieben in der Hand der Credit Suisse.[41] Diese Schweizer Mehrheit ist bis 2002 vertraglich gesichert. Danach kann die CSG ihre Aktien verkaufen. Es ist durchaus möglich, dass die Watt AG dann von ausländischen Firmen kontrolliert wird.[42]

An diesen Deals waren im Übrigen dieselben Leute beteiligt, die noch vor wenigen Jahren die »Versorgungssicherheit« beschworen hatten.

Die großen Netzkapazitäten gehören zu einem der wichtigsten Trümpfe, die die Schweiz im liberalisierten Markt überhaupt besitzt – neben den Wasserkraftwerken, die es erlauben, die Stromproduktion präzise dem Bedarf anzupassen. Die beiden Trümpfe hängen jedoch voneinander ab. »Das Netz und die Drehscheibe in Laufenburg bilden die Voraussetzung, um die Speicher- und Regulierfähigkeit der Wasserkraft optimal zu verwerten und zu vermarkten«, konstatiert der Energiespezialist und neue Zürcher SP-Stadtrat Elmar Ledergerber.[43] Das heißt: Besitzen ausländische Unternehmen den einen Trumpf – nämlich die Übertragungsnetze –, könnten sie zunehmend Einfluss nehmen auf die Wasserkraftwerke in den Alpen, womit es schwierig wird, politisch mitzubestimmen.

Um dies zu verhindern, schlägt nun der Bundesrat im EMG-Entwurf vor, dass eine schweizerische Netzgesellschaft eingerichtet wird, die vollkommen unabhängig von den Stromproduzenten agiert. Der Bundesrat möchte den sieben Unternehmen, die die Übertragungsnetze besitzen, nach Inkrafttreten des EMG drei Jahre Zeit gewähren, diese Gesellschaft selbst zu gründen. Der Preisüberwacher hätte danach das Recht, die Übertragungstarife – die Kosten für Benutzung der Leitung – zu überprüfen.

Der Verband Schweizerischer Elektrizitätswerke wie auch der Vorort wehren sich gegen die Bildung einer unabhängigen Netzgesellschaft. Sie hätten es lieber gesehen, wenn die Überlandwerke eine Gesellschaft gegründet hätten, die wie eine Art Reisebüro die Stromdurchleitung vermittelt, aber die Leitungen nicht besitzt.

Die Energieunternehmen selbst konnten sich bislang noch nicht entscheiden, aus eigener Initiative eine einzige Netzgesellschaft zu gründen.[44] Erste Schritte wurden jedoch mit der Gründung der Swissgrid AG und der Schweizerischen Netzgesellschafts AG (SNG) bereits unternommen. In der Swissgrid soll das Hochspannungsnetz der »Gruppe Ost« (NOK, EWZ, EGL, CKW) zusammengelegt werden; die Netzgesellschafts AG würde hingegen die Leitungen der »Gruppe West« (Atel, BKW, EOS) umfassen. Die Ausmarchungen sind aber noch voll in Gang.

Die Chancen stehen nicht schlecht, dass das Stromnetz zumindest in Schweizer Hand bleibt. Noch sinnvoller wäre es, wenn das Netz ganz an die öffentliche Hand übergehen würde; der Staat könnte dann zum Beispiel mit den Gewinnen, die das Netz abwirft, die Atommüllentsorgung finanzieren (vgl. Kapitel 14).

Zudem lässt sich im liberalisierten Markt über das Netz noch ein gewisser politischer Einfluss ausüben. Die Neuordnung der Elektrizitätswirtschaft wird zwar die alten Strombarone entmachten, gleichzeitig aber auch höchst bedenkliche Entwicklungen mit sich bringen: Die Gefahr ist groß, dass wir von Billigstrom aus ausländischen Kohle- oder Atomkraftwerken überschwemmt werden. Dass der Strom noch billiger werden soll, widerspricht ebenfalls allen ökologischen Bemühungen.

Die PolitikerInnen hätten via Netz immerhin die Möglichkeit, etwas Gegensteuer zu geben. So könnte man zusätzlich zur Durchleitungsgebühr auf jede transportierte Kilowattstunde eine fixe Gebühr erheben, mit dem sich dann Stromsparmaßnahmen oder erneuerbare Energien fördern ließen. Oder man könnte bei der Durchleitung unökologisch produzierten Strom höher belasten als umweltfreundlich produzierten; dann müsste allerdings eine Stromdeklarationspflicht eingeführt werden, wie dies die Initiative »MoratoriumPlus« verlangt (vgl. S. 196 f.).[45]

Zukunftsträchtige Stromversorgung

Die gigantischen Fehlinvestitionen in Nuklearanlagen haben jahrelang eine neue Energiepolitik verhindert. Derweil der bewusste und rasche Atomausstieg enorme wirtschaftliche Impulse verleihen würde: Muss man die fünf Schweizer Reaktoren durch neue Atomkraftwerke ersetzen, wird dies gemäß den Berechnungen des NOK-Direktors Hans Rudolf Gubser etwa fünfzig Milliarden kosten.

Fünfzig Milliarden, die in eine sinnvollere Stromversorgung investiert werden könnten. Gubser hat in einer Studie, die er für den VSE verfasste, dargelegt, dass es durchaus möglich ist, bis zum Jahr 2030 den Atomstrom zu ersetzen, wenn man das Land gezielt dezentral mit Blockheizkraftwerken (vgl. Effiziente Wärme-Kraft-Kopplung, S. 384) versorgen würde.[46]

Im Übrigen existiert ein immenses Sparpotenzial, das bislang einfach nicht ausgereizt wurde. In verschiedenen Studien wurde schon nachgewiesen, dass sich bis zu dreißig Prozent des gesamten Elektrizitätsverbrauchs einsparen ließen – womit man auf vier der insgesamt fünf Reaktoren verzichten könnte.[47]

Außerdem würden durch die Mehrinvestitionen (neue Geräte, Isolationen etc.), die der Ausstieg mit sich brächte, bis ins Jahr 2010 12 000 neue Arbeitsplätze entstehen, wie die Antiatom-Koalition CAN in ihrer Studie »Der Ausstieg innert 10 Jahren: Gewinn für Umwelt und Arbeitsplätze« errechnet hat.[48]

Eine wirklich zukunftsgerichtete Energieversorgung verlangt aber nach einer grundsätzlichen ökonomischen Kehrtwende – Stichwort: ökologische Steuerreform. Es gibt nämlich keinen vernünftigen Grund, weshalb nicht Energie statt Arbeit besteuert wird.* Billige Energie killt Arbeitsplätze, teure macht hingegen die menschliche Arbeitskraft wieder erschwinglich. Hohe Energiepreise würden dem Sparen auch endlich einen ökonomischen Reiz verleihen.

Die große Energie-Verschwendungssucht hat übrigens erst 1950 eingesetzt (vgl. Entwicklung des Energieverbrauchs, S. 404), zuvor basierte die Wirtschaft auf Kohle, vor allem aber auch auf erneuerbaren Energieträgern (Wasserkraft, Windenergie, Biomasse).[49] In den vergangenen fünfzig Jahren ist es indes gelungen, die Welt an den

* Die Initiative »Für eine gesicherte AHV – Energie statt Arbeit besteuern« der Grünen Partei Schweiz strebt eine derartige Steuerreform an.

Das 1950er Syndrom

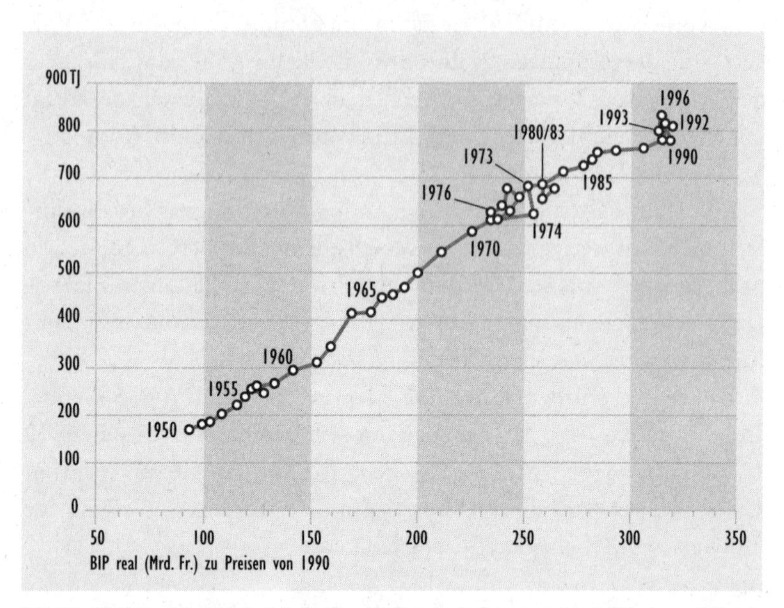

Seit den Fünfzigerjahren hat sich die Konsumgesellschaft rasant entwickelt – was sich unter anderem im sprunghaft ansteigenden Energiekonsum, aber auch am wachsenden Landschaftsverbrauch und an der zunehmenden Umweltbelastung ablesen lässt. Die Produktions- und Lebensweisen haben sich seither markant verändert, man bezeichnet diese Zäsur und Entwicklung als das »1950er Syndrom«. Zuvor verbrauchte die Schweizer Wirtschaft fast ausschließlich Energie, die aus Wind, Wasser oder Biomasse erzeugt wurde.

Quelle: Grafik: Bundesamt für Energie, 1998

Rand des Klimakollapses zu manövrieren, obwohl sich die Dritte Welt an der Energieverschleuderung noch nicht beteiligt.

Erdöl oder Benzin sind aber immer noch unanständig billig. Um einen Vergleich zu geben: 1950 kostete der Liter Benzin in der Schweiz 62 Rappen und war zwanzig Prozent teurer als ein Kilo Schwarzbrot. Heute kostet ein Kilo Brot fast dreimal soviel wie ein Liter Benzin. »Hätte sich das Benzin seit 1950 im selben Ausmaß verteuert wie das Brot, müsste ein Liter Superbenzin heute (1993) über fünf Franken kosten«, schreibt Christian Pfister in seinem Beitrag »Das ›1950er Syndrom‹«.[50] Und solange die fossilen Energieträger so billig sind, bleiben auch die Strompreise niedrig.

Das bedeutet aber, dass wir auf Kosten künftiger Generationen leben, weil niemand für die so verursachten Umweltschäden aufkommt.

Anmerkungen

Kapitel 1

1 André Masson, in nux Nr. 73-74, 1991
2 vgl. dito
3 vgl. May, 1989
4 ZAK, S. 69
5 dito, S. 70
6 Botschaft des Bundesrates zur Stillegung von Lucens (1991)
7 ZAK, S. 70
8 Hug, 1987, S. 71
9 Der Delegierte für Arbeitsbeschaffung untersteht dem EMD; dito, S. 72
10 dito, S. 75
11 Jaenecke, S. 78
12 Caufield, S. 89
13 Tages-Anzeiger, 21.11.95 (Schweizerische Technische Zeitschrift, 1945, Nr. 48, S. 612–613
14 Tages-Anzeiger, 12.5.95
15 Stüssi-Lauterburg, 1996
16 Hug, 1987, S. 76
17 dito, S. 81
18 dito, S. 82
19 dito, S. 84
20 zit. nach Hug, 1987, S. 77
21 dito, S. 60
22 dito, S. 93
23 Wochen-Zeitung für das Emmental und das Entlebuch, 10.4.97
24 Hug, 1987, S. 59
25 dito, S. 61
26 dito, S. 66
27 dito, S. 68
28 dito, S. 130
29 dito, S. 155
30 dito, S. 132
31 EIR-Bericht Nr. 148 (Januar 1969), zitiert nach ZAK, S. 58
32 Auskunft von PSI-Mitarbeiter Martin Jermann im pers. Gespräch mit der Autorin (9.1.98)
33 dito
34 NZZ, 12.7.58
35 vgl. Hug, 1998, S. 225 ff.
36 Hug, 1987, S. 158
37 Schweizer Journal, 28. Jahrgang (1962) Nr. 1
38 Stüssi-Lauterburg, 1996
39 SonntagsZeitung, 9.4.95
40 Tages-Anzeiger, 4.4.97
41 Hug, 1998, S. 241
42 Stüssi, 1996
43 zit. nach Tages-Anzeiger, 7.1.98

Kapitel 2

1 vgl. PSR-Schweiz, 1988; Paul, 1983; PSI, Reaktorschule (Internet)
2 dito

Kapitel 3

1 NOK, 1989, S. 174
2 zitiert nach Hug, 1987, S. 220
3 zitiert nach Caufield, 1994, S. 201
4 zitiert nach Hug, 1987, S. 221
5 ZAK, 1978, S. 72
6 dito, S. 71
7 zitiert nach Unterlagen der »Aktion Beznau stillegen!«
8 Leo Scherer in Anti-Atom Nr. 15/91
9 dito
10 Sicherheitsstudie US-Firma Pickard, Lowe & Garrick. Quelle: Internat. Studie der Gefahren von Kernreaktoren, Greenpeace 1986
11 vgl. Seiler, in CAN, 1993
12 WoZ, 20.5.1994, Nr. 20/94
13 dito; vgl. auch Öko-Institut, Juni 1994
14 WoZ, 9.12.94, Nr. 49/94
15 dito
16 vgl. Aargauer Zeitung, 4.4.98 und Badener Tagblatt, 6.3.96
17 vgl. Meyer, Rieck, Tweer, 1996
18 Tages-Anzeiger, 25.8.94

Kapitel 4

1 vgl. Mühleberg unter der Lupe, 1990
2 Atomgesetz, 1959, Artikel 5, Absatz 1
3 Aktion Mühleberg stillegen!, 1992, S. 4ff.
4 vgl. Bundesamt für Gesundheitswesen, 1994, S. 12 und HSK-Jahresbericht 1998
5 Öko-Institut Darmstadt, 1990, S. IX–10
6 WoZ Nr. 31/89
7 Mühleberg unter der Lupe, 1990
8 vgl. Öko-Institut Darmstadt, 1990
9 dito, S. 21
10 dito, S. 24
11 dito, S. 26
12 dito, S. 15
13 vgl. auch Can, 1993, S. 28
14 Greenpeace-Pressemitteilung, 20.8.96
15 NZZ, 22.6.94
16 SoZ, 2.6.96
17 SoZ, 2.6.96
18 Frankfurter Rundschau, 4.3.95
19 vgl. »Greenpeace« Nr. 4/96
20 NZZ, 16.12.96
21 NZZ, 26.9.97
22 vgl. NRC-Sicherheitsbericht, 1997
23 Nucleonics Week, 18.12.97
24 vgl. Berner Zeitung, 30.5.96 sowie Auflage 14 des Bundesrat-Entscheides vom 14.12.92
25 vgl. BKW Energie AG: Bericht zur künftigen BKW-Strombeschaffung – Alternativen zum Kernkraftwerk Mühleberg, 1996
26 Tagwacht, 16.1.96
27 vgl. Stellungnahme zu »Alternativen zum Kernkraftwerk Mühleberg. Bericht zur künftigen BKW-Strombeschaffung« von SES, Greenpeace, Aktion Mühleberg stillegen!, Mai 1996
28 NZZ, 30.5.96
29 vgl. Der Bund, 9.8.95
30 SES, Elektroheizungen als größtes Ersatzpotential, Presseunterlagen, 22.11.94
31 EVED–Pressemitteilung, 6.10.97
32 direkte Auskunft des KKM-Werkleiters Straub an die Autorin, Februar 1998
33 NZZ, 26.9.97

34 SVA-Bulletin Nr. 17-18/1997
35 vgl. Tages-Anzeiger, 20.2.98
36 mündliche Auskunft eines TÜV-Verantwortlichen an der Pressekonferenz in Bern, 19.2.98
37 vgl. Medienmitteilung von »Aktion Mühleberg stillegen!«, 2.2.98
38 Pressemitteilung des Eidgenössischen Departements für Umwelt, Verkehr, Energie und Kommunikation, 22.10.98
39 vgl. Pressemitteilung des Vereins Bern ohne Atom (BoA), 22.10.98

Kapitel 5

1 ÜBA SO/AG, S. 5
2 dito
3 Schweizer Illustrierte, 4.5.70
4 zit. nach Zimmermann, 1972, S. 59
5 zit. nach dito, S. 8
6 zit. nach dito, S. 10
7 vgl. Gösge-Ziitig, 1977
8 BAG, 1994, S. A.3f.
9 SAG, 1978, S. 1
10 vgl. Tages-Anzeiger, 29.9.98
11 vgl. u.a. Tages-Anzeiger, 10.11.98
12 vgl. u.a. Rossnagel, 1983
13 Jungk, 1977, S. 7
14 vgl. Verwaltungspraxis der Bundesbehörden, 1979, Heft 43/II Nr. 45, S. 209
15 dito, S. 210
16 Tages-Anzeiger, 22.8.79
17 Basler Zeitung, 19.1.80
18 Bündner Zeitung, 26.1.80
19 Tages-Anzeiger, 8.2.80
20 Konzept Nr. 3, März 1980
21 Solothurner Zeitung, 15.5.81
22 Tages-Anzeiger, 16.5.80
23 NZZ, 15.6.94
24 Can, 1993, S. 17
25 HSK, 1997, S. 106
26 vgl. HSK-Jahresberichte von 1988, 1989, 1991
27 vgl. HSK-Jahresberichte von 1993 und 1994
28 Brennessel Nr. 18, Juni 1997
29 vgl. dito
30 Medienunterlagen von »Strom ohne Atom«, 3.9.90

Kapitel 6

1 ZAK, S. 8
2 dito, S. 9
3 zitiert nach ZAK, S. 11
4 dito, S. 12
5 dito, S. 14
6 dito, S. 17
7 dito, S. 19 f.
8 dito, S. 24
9 NZZ, 13.7.98
10 Unterlagen der KKL-Pressekonferenz, 25.4.84
11 Unterlagen Pressekonferenz von AGEA/NWA/BAU Waldshut, Mai 1984
12 vgl. Hench/Kang: A Study of Leibstadt Response to the ATWS Event, Levy Systems, August 1982
13 Entscheid des Bundesrats zur Beschwerde gegen die Betriebsbewilligung des KKL, 11.4.84
14 DSK, S. 4–22
15 Öko-Institut Darmstadt, 1992, S. 19
16 »Informationen zum Projekt

Leistungserhöhung«, KKL-Presseunterlagen, 24.6.96
17 HSK, S. 6–11
18 Öko-Institut Darmstadt, 1996, S. 19
19 HSK-Presserohstoff, 10.7.97
20 Greenpeace-Pressemeldung, 10.12.97
21 Auskunft des KKL-Pressesprechers, Stand 2.2.98
22 HSK, 1998, S. 3
23 Bewilligungsverfahren zur Änderung der Betriebsbewilligung für das Atomkraftwerk Leibstadt (Leistungserhöhung); Stellungnahme von lic. iur. Leo Scherer im Auftrag verschiedener Privatpersonen und Umweltorganisationen, Wetting, 7.7.98
24 Pressemitteilung des Departementes für Umwelt, Verkehr, Energie und Kommunikation, 22.10.98

Kapitel 7

1 vgl. Epple, 1995
2 vgl. Gut, 1975
3 zit. nach dito, S. 2
4 dito, S. 3 f.
5 dito, S. 5
6 dito, S. 6
7 zit. nach dito, S. 8
8 dito, S. 10
9 dito, S. 11
10 dito
11 vgl. Füglister, 1984, S. 35
12 vgl. GAGAK, 1985, S. 43
13 Froideveaux, 1976, S. 62
14 dito
15 vgl. Füglister, 1984, S. 53
16 vgl. Froideveaux, 1976, S. 63
17 vgl. dito, S. 62
18 dito
19 dito, S. 76
20 vgl. Expertengespräche Atomkraftwerke, 1975
21 WoZ, 22.3.91
22 dito
23 vgl. Unterstützungskomitee, 1975, S. 4
24 vgl. GAGAK, 1985, S. 43
25 vgl. Schweizerische Energie-Stiftung, 1981, S. 13 ff.
26 Tages-Anzeiger, 29.10.81
27 vgl. WoZ, 30.10.81
28 VSE, 1987, S. 19
29 Tages-Anzeiger, 3.3.88; WoZ, 4.3.88
30 vgl. NZZ, 5.11.94
31 dito
32 SonntagsBlick, 25.6.95

Kapitel 8

1 HSK, 1991, S. 9
2 vgl. May, 1989, S. 396 ff.
3 vgl. Boos, 1996, S. 46 ff.
4 vgl. May, S. 284 ff.
5 zitiert aus: »Alarmierungsablauf bei einem Störfall im KKW Gösgen-Däniken, Gefahrensektoren 1–6, Verkehrskonzept Zone 1«, September 1979
6 Regierungsrat des Kanton Aargaus, 1990
7 dito
8 HSK, 1991, S. 21
9 dito, S. 22
10 zitiert aus Pressemitteilung des Eidg. Dep. des Innern, 8.7.92

11 May, 1989, S. 287 ff.
12 Öko-Institut Darmstadt, 1996, S. 19
13 Meier, Nef, 1990, S. 12
14 dito, S. 16
15 gemäß Bundesamt für Statistik waren am 30. Juni 1996 2,245 Millionen Männer in der Schweiz erwerbstätig; Statistisches Jahrbuch der Schweiz, Zürich 1997

Kapitel 9

1 Pestalozzi, 1990, S. 47
2 Oftringer, 1978, S. 37
3 dito, S. 32 und 38; Pestalozzi, S. 47
4 vgl. Rausch, 1980, S. 3
5 zit. nach dito, S. 7
6 dito, S. 10
7 vgl. Fernex, 1998, S. 28
8 dito, S. 11
9 zit. nach Rausch, 1980, S. 11
10 dito, S. 61
11 vgl. WoZ, 29.8.97
12 dito, S. 56
13 dito
14 dito, S. 58
15 zit. nach Abstimmungsbüchlein des Bundes für die Vorlagen vom 20.5.79
16 »Ziele des Bundesrates im Jahr 1998«; Quelle: www.admin.ch/ch/d/cf/rg/prog1998/2_2_4.html
17 Rausch, S. 147
18 NZZ, 5.11.94
19 SonntagsBlick, 25.6.95
20 SES-Report, 1979, S. 81
21 NZZ, 21.9.98
22 Stand März 1998, nach pers. Auskunft des BEW
23 vgl. Basler Zeitung, 18.7.91
24 vgl. Rachel's Environment & Health Weekly, 20.2.91
25 In der Antwort auf eine Motion Minderheit Kommission für Umwelt, Raumplanung und Energie NR (96.2021), 7.5.97
26 vgl. Tages-Anzeiger, 12.5.97 und 12.9.97
27 vgl. STG Coopers & Lybrand, August 1997
28 Tages-Anzeiger, 12.9.97
29 vgl. Basler Zeitung, 13.9.97
30 vgl. K-tip, 29.1.97
31 dito, S. 227
32 NZZ, 21.11.97
33 WoZ, 1.4.96
34 dito
35 Vox-Publikation Nr. 23, Dezember 1984
36 Anti-Atom Nr. 13, Dezember 1990
37 NZZ und Tages-Anzeiger, 26.9.90
38 vgl. Pressemitteilung des Eidgenössischen Departements für Umwelt, Verkehr, Energie und Kommunikation, 22.10.98
39 vgl. Pressemitteilung des Vereins Bern ohne Atom (BoA), 22.10.98

Kapitel 10

1 vgl. Tages-Anzeiger, 23.6.95
2 zit. nach dito
3 dito
4 Caufield, 1994, S. 18 ff.
5 Curie, S. 466
6 zit. nach Caufield, 1994, S. 49
7 dito, S. 50
8 dito, S. 51
9 dito
10 Boos, 1996, S. 19

11 Koepp, 1996, S. 113 f.
12 zit. nach Caufield, S. 52
13 dito, S. 20
14 vgl. Kofler, 1998, S. 38
15 vgl. Walter, 1998, S. 21
16 Boos, 1996, S. 148 ff.
17 zitiert aus Unterlagen zum Kongress »100 Jahre Röntgen« der Gesellschaft für Strahlenschutz, vom 28.4. bis 1.5.95 in Berlin
18 zit. nach Caufield, S. 58
19 dito, S. 71
20 vgl. Strahlenschutzverordnung, S. 44
21 Strahlentelex, 2.4.98
22 Caufield, S. 354 f.
23 vgl. Lengfelder in Bild der Wissenschaft, S. 113, November 1995; Caufield, 1993, S. 223
24 Küppers, 1998, S. 17
25 Walter, 1998, S. 11
26 BAG, 1987, S. 6
27 dito, S. 8
28 Küppers, 1998, S. 18 f.
29 Morgan, 1993, S. 5 ff.
30 vgl. Fernex, 1998, S. 26
31 dito, S. 27
32 WoZ, 24.11.95
33 Fernex, 1998, S. 32
34 vgl. Sternglass, 1979
35 Caufield, 1994, S. 209
36 vgl. Gofman, 1995
37 Pressemitteilung der Gesellschaft für Strahlenschutz e.V., Berlin, 28.4.95
38 vgl. Viel, Pobel, 1997
39 Schmitz-Feuerhake, 1998, S. 22; Schmitz-Feuerhake 1997
40 dito, S. 25
41 Walter, 1998, S. 20
42 zit. aus: Einwendungsschrift vom 9. März 1981 gegen das Gesuch für die Inbetriebnahme und den Betrieb des KKL
43 vgl. Betriebnahme- und Betriebsbewilligung KKL des Eidg. Verkehrs- und Energiewirtschaftsdepartement, 15.2.84 (nicht publiziert)
44 WoZ, 9.5.97

Kapitel 11

1 Bossew, Wenisch, 1993, S. 46 ff.
2 vgl. NZZ, 26.1.94
3 vgl. Georg Löser, 1990, S. 150 und PSR, 1988
4 Uranium-Institute, 1997
5 vgl. Löser, 1990, S. 162 ff.
6 Diehl, http://antenna.nl/wise/uranium/uwai.html#UMIN
7 dito
8 Paul, 1991, S. 76
9 Zeit, 25.4.97
10 vgl. Paleit, 1996
11 Wise Uranium Project, 30.11.97; http://www.antenna.nl./wise-database/uranium/efac.html
12 Pflüger, 1993, S. 123 ff.
13 Wise News Communiqué, 19.12.97
14 dito, S. 128
15 Pflüger, 1993, S. 128
16 schriftliche Auskunft der KKL AG, 11.5.98
17 vgl. KKL AG-Geschäftsberichte 1996 und 1997
18 schriftliche Auskunft der NOK, 13.5.98
19 schriftliche Auskunft der BKW, 12.5.98
20 vgl. KKG AG-Geschäftsbericht 1997
21 Schuhmann, 1990, S. 33

22 vgl. dito
23 Biegert, 1993, S. 80 ff.
24 zit. nach Ludwig, 1993, S. 147
25 vgl. WoZ, 7.9.90
26 LNN, 11.5.95
27 taz, 19.9.95
28 WoZ, 30.6.98
29 vgl. NOK, 1997, S. 25
30 Tages-Anzeiger, 23.7.94 und 2.2.96
31 vgl. Kernpunkte Nr. 7, 27.7.98
32 Uranium Institute, 1997
33 Tages-Anzeiger, 23.7.94
34 vgl. Siepelmeyer, 1993, S. 54
35 dito, S. 60
36 dito, S. 62
37 Biegert, 1993, S. 124
38 vgl. The Namibian, 25.7.97, Financial Times, 25.7.97
39 Biegert, 1993, S. 54
40 vgl. Siepelmeyer, 1993, S. 57
41 vgl. Litvinov, 1995
42 vgl. Robinson, 1996
43 vgl. Litvinov, 1995
44 IAEA, 1995
45 Wise News Communiqué 454/454.4494, 21.6.96
46 vgl. Siepelmeyer, 1993, 186 ff.
47 dito, S. 190
48 Wise News Communiqué 483/1.1803, 17.12.97
49 Wise News Communiqué, 454/454.4494, 21.6.96
50 vgl. Project underGround, 1996
51 vgl. u. a. Tages-Anzeiger, 29.9.97; taz, 26.3.98
52 Project underGround, 1996
53 Stevens, 1997
54 dito

Kapitel 12

1 Caufield, 1994, S. 209
2 Küppers, Sailer, 1994, S. 9 f.
3 Küppers, Sailer, 1994, S. 12
4 Flüeler, Küppers, Sailer, 1997, S. 36
5 Küppers, Sailer, 1994, S. 6
6 vgl. Flüeler, Küppers, Sailer, 1997, S. 16
7 dito, S. 68 ff.
8 vgl. Küppers, Sailer, 1994, S. 28
9 Flüeler, Küppers, Sailer, 1997, S. 22 ff.
10 vgl. WoZ, 12.9.97
11 vgl. NZZ, 28.5.97 und New Scientist, 10.5.97
12 May, 1989, 150 ff.
13 Küppers, Sailer, 1994, S. 27
14 WoZ, 29.8.97
15 Core-Factsheet, undatiert
16 Guardian, 12.1.94
17 Guardian, 8.1.92
18 Greenpeace-Pressemeldung, 9.10.98
19 Greenpeace-Pressemeldung, 16.6.98
20 Core-Briefing, 4/98, 17.3.98
21 taz, 6.4.98; Reuters 11.3.98
22 Pressemeldung Greenpeace Amsterdam, 1.8.97
23 Irish Times, 6.6.97; Core Press Release, 5.6.97
24 Irish Times, 13.1.97
25 NZZ, 5.3.94
26 Dies geht aus einem Brief vom 23.6.93 der NOK an das Britische Department of the Environment hervor.
27 WoZ, 29.8.97
28 Irish Times, 4.5.98
29 vgl. Küppers, Sailer, 1994, S. 33
30 telefonische Auskunft von Martin Forwood, Core, 26.5.97

31 vgl. May, 1989, S. 348 ff.
32 vgl. Viel, Pobel, 1997
33 WoZ, 7.11.97
34 Flüeler, Küppers, Sailer, 1997, S. 25
35 WoZ, 25.6.98
36 Tages-Anzeiger, 24.11.98
37 Wise News Communiqué 498, 25.9.98
38 NZZ, 24.7.98
39 vgl. u.a. NZZ, 16.10.93
40 vgl. WoZ, 10.12.98
41 Greenpeace-Pressemitteilung, 7.12.98
42 WoZ, 25.6.98

Kapitel 13

1 vgl. NZZ, 9.5.96
2 vgl. verschiedene Pressemitteilungen der Bürgerinitiative Umweltschutz (BI) Lüchow-Dannenberg, März 1997 (http://www.oneworldweb.de/castor/nix3/nix3live.html)
3 vgl. Tages-Anzeiger, 20.3.98
4 Flüeler, Küppers, Sailer, 1997, S. 55
5 vgl. Greenpeace, 1994
6 BaZ, 5.2.97
7 NZZ, 6.2.97
8 NZZ, 4.4.96
9 vgl. taz, 18.3.98, 19.3.98, 1.4.98
10 vgl. Antwort des Bundesrates auf Motion von Nationalrat Ostermann: »Lufttransport von Plutonium« (97.3344), 26.11.97
11 SoZ, 6.10.96
12 siehe FN 9
13 vgl. Boos, 1996, 137 ff.
14 NZZ, 8.5.98
15 Zeit, 28.5.98, St. Galler Tagblatt, 5.6.98
16 NZZ, 19.5.98; SoZ, 28.6.98
17 NZZ, 4.6.98
18 vgl. noch unveröffentlichtes Gutachten von Küppers, 19. Juni 1998
19 vgl. Soziale Medizin, August 1998
20 vgl. Kuni, 1997
21 WoZ, 7.8.98
22 dito
23 SoZ, 21.6.98
24 vgl. NZZ, 4.11.98

Kapitel 14

1 zit. nach Hug, 1987, S. 75
2 zit nach Buser, 1988, S. 38
3 dito, S. 47
4 dito
5 vgl. Lutz, 1993
6 vgl. Tages-Anzeiger, 29.1.91
7 vgl. dito
8 vgl. u.a. Nagra, 1983
9 gemäß Daten der Nagra, vgl. nagra report 1/97
10 vgl. Flüeler, Sailer, Küppers, 1997, S. 36
11 vgl. Unterlagen der SES-Pressekonferenz, 31.8.95
12 Buser 1988, S. 52
13 dito, S. 49
14 dito, S. 52
15 dito, S. 50
16 dito, S. 53
17 dito, S. 52
18 vgl. Buser, 1984, S. 28
19 dito, S. 14
20 dito, S. 28
21 vgl. Bundesbeschluss zum Atomgesetz vom 6.10.78, Art. 3 und 10

22 Rausch, 1980, S. 211
23 dito
24 zit. nach Rausch, 1980, S. 187
25 SES, 1979, S. 80
26 Rausch, 1980, S. 187
27 vgl. Buser, 1981, S. 123
28 vgl. Buser, 1984, S. 16
29 Burri, 1985, S. 46
30 dito, S. 46
31 zit. nach WoZ, 1.10.81
32 dito
33 Burri, S. 97 ff.
34 WoZ, 27.1.89
35 Burri, 1985, S. 108 ff.
36 dito, S. 114
37 dito, S. 70
38 vgl. Tages-Anzeiger, 21.12.87, Buser, 1988, S. 75 ff.
39 WoZ, 27.4.84
40 Unterlagen der Nagra-Pressekonferenz, 15.2.85
41 vgl. Infel-Broschüre (undatiert)
42 Weltwoche, 24.12.87
43 Antwort des Bundesrates vom 30.8.95 auf Petition Plattner
44 Antwort des Bundesrates vom 23.11.88 auf Interpellation Mauch
45 Buser, 1988, S. 121
46 vgl. Pressemitteilung des Nidwaldner Regierungsrates vom 21.1.86
47 vgl. Entscheid des Bundesrates vom 6.9.88
48 vgl. WoZ, 10.9.93
49 vgl. WoZ, 16.6.95
50 vgl. Bundesgerichtsurteil: BGE 119 Ia 390 ff.
51 vgl. NZZ, 4.10.90; WoZ, 31.5.91
52 vgl. Entscheid des Bundesrates vom 30.9.85, S. 43, Ziff. 2.3
53 vgl. u. a. NZZ und Der Bund, 17.3.64
54 vgl. Der Bund, 18.3.64
55 Tages-Anzeiger, 11.6.94
56 SonntagsZeitung, 15.5.94
57 Gruppe Ökologie, 1994
58 vgl. Tages-Anzeiger, 15.11.94
59 Tages-Anzeiger, 15.12.94
60 Antwort des Bundesrates vom 26.4.95 auf Dringliche Interpellation Bär
61 WoZ, 30.6.95
62 WoZ, 25.6.98
63 Tages-Anzeiger, 18.9.98
64 vgl. NZZ, 24.11.98
65 vgl. Tages-Anzeiger, 24.11.98
66 dito
67 Facts, 3.12.98
68 dito
69 vgl. Küppers, Sailer, 1994, S. 28
70 Tages-Anzeiger, 10.4.91
71 vgl. Burri, 1985
72 vgl. Medienmitteilung »Die Nagra beißt auf Granit und baut auf Sand – Sondiergesuche abweisen!« von Greenpeace, SES, PSR vom 31.1.95
73 Tages-Anzeiger, 14.10.95
74 Basler Zeitung, 13.12.91
75 Tages-Anzeiger, 27.6.96
76 Tages-Anzeiger, 27.6.96
77 vgl. WoZ, 24.2.95
78 NZZ, 9.9.98
79 vgl. Presseunterlagen von Bedenken/Igel, 26.8.98
80 SonntagsZeitung, 31.8.97
81 vgl. Antwort des Bundesrates vom 12.2.97 auf Motion Weber; Nagra-Communiqué vom 10.6.98
82 vgl. WoZ, 25.6.98
83 vgl. Küffer, 7.1.97
84 Basler Zeitung, 15.4.88
85 vgl. Zwilag, 11/96
86 vgl. SonntagsZeitung, 2.12.90

87 vgl. Tages-Anzeiger, 7.10.94
88 WoZ, 21.6.96
89 vgl. auch Flüeler, Küppers, Sailer, 1997, S. 36
90 WoZ, 14.6.98
91 Stand Januar 1999
92 vgl. WoZ, 7.5.98

Kapitel 15

1 SonntagsZeitung, 14.6.98
2 vgl. NZZ, 19.5.98
3 vgl. ZAK, 1978, S. 96 f.
4 ZAK, S. 100 f.
5 dito
6 vgl. Meyer, 1984, S. 90
7 vgl. ZAK, S. 75
8 vgl. WoZ, 31.1.92
9 dito
10 vgl. NZZ, 20.5.92
11 vgl. SonntagsZeitung, 6.9.98
12 WoZ, 31.1.98
13 dito
14 vgl. Tages-Anzeiger, 17.5.94, 25.8.94
15 WoZ, 31.1.92
16 nux, März 1995
17 zit. nach WoZ, 31.1.92
18 Prêtre, undatiert
19 dito
20 SonntagsZeitung, 6.9.98
21 Mühleberg stillegen!, August 1998
22 zit. nach SVA-Homepage (htttp://www.atomenergie.ch/)
23 vgl. SVA-Mitgliederverzeichnis, Stand Juni 1998
24 zit. nach schriftlichem Referat von der SVA-Generalversammlung vom 27.8.97 in Bern
25 SVA-Pressemitteilung, 27.8.98
26 vgl. Aargauer Zeitung, 23.4.98
27 SVA-Bulletin, September 1998
28 zit. nach Tages-Anzeiger, 7.7.95
29 vgl. Bilanz, September 1996
30 vgl. NZZ, 20.5.95
31 zitiert nach Referat von Dr. Hans Fuchs, gehalten an der Tagung »Nachhaltigkeit und Energie« des Energieforums Schweiz, 25./26. November 1988 in Zürich
32 vgl. Aargauer-Zeitung, 1.12.98

Kapitel 16

1 taz, 5.7.97
2 Tages-Anzeiger, 24.12.96
3 persönliche Angaben von NIRS, Januar 1999
4 OECD, 1998
5 dito; vgl. auch OECD-Pressemitteilung, Paris, 29.1.98
6 vgl. Wise News Communiqué 499/500, 16.10.98
7 Kernpunkte, 27.5.98
8 Wise News Communiqué 499/500
9 NZZ, 7.1.98
10 Credit Suisse, 1997
11 vgl. dito, S. 12 und NZZ, 7.1.98
12 Öko-Institut, April 1996, S. 5
13 vgl. Credit Suisse, 1997, S. 18 f.
14 vgl. u. a. Schleicher, 1984
15 VSE, 1983
16 Schleicher, 1984, S. 94
17 zit. nach Unterlagen zur SES-Pressekonferenz vom 27.8.98 in Bern
18 dito
19 K-Tip, 12.3.98
20 zit. nach NZZ, 29.3.98

21 vgl. Metron, 1997
22 VSE, 1987, S. 19
23 VSE, 1987, S. 21
24 VSE, 1995, S. 14 ff.
25 vgl. Glauser, 1998
26 vgl. WoZ, 20.9.96
27 WoZ, 20.9.96
28 Die Inserate liefen im Winter 97/98 in fast allen Schweizer Zeitungen, z. B. im »St. Galler Tagblatt«, 29.3.98
29 Glauser, 1998
30 vgl. Bundesamt für Konjunkturfragen 1995, Folie 5
31 vgl. EU-Richtlinie vom 19.12.96
32 vgl. BFE, 1998
33 vgl. SonntagsZeitung, 25.6.95
34 vgl. WoZ, 7.1.99
35 Pressemitteilung des UVEK, 22.10.98
36 SVA-Bulletin, Nr. 16/98
37 WoZ, 6.12.96
38 vgl. Tages-Anzeiger, 14.2.98
39 NZZ, 23.5.97
40 vgl. Tages-Anzeiger, 1.12.96
41 NZZ, 23.5.97
42 vgl. Tages-Anzeiger, 14.2.98
43 zit. nach dito
44 vgl. u.a. NZZ, 3.12.98, 23.12.98
45 vgl. WoZ, 25.7.97
46 vgl. Gubser, 1997
47 dito, sowie Presseunterlagen Sofas zur Tagung »Ausstieg aus der Atomenergie!? – Einstieg ins Solarzeitalter?« vom 4.12.98; vgl. auch Lang, Lingenhel 1996
48 vgl. CAN, 1995
49 vgl. Pfister, 1995, S. 54 ff.
50 dito, S. 84

Literaturverzeichnis

Aktion Mühleberg stillegen!: Atomrechtliche Bewilligungsverfahren zum AKW Mühleberg – Eine Dokumentation, Bern, Dezember 1992

Beck, Ulrich: Risikogesellschaft – Auf dem Weg in eine andere Moderne, Frankfurt am Main 1986

Biegert, Claus; Stolhofer, Elke (Hrsg.): Der Tod, der aus der Erde kommt. Zeugnisse nuklearer Zerstörung – Ureinwohner der Erde beim World Uranium Hearing, Salzburg 1993

Boos, Susan: Beherrschtes Entsetzen – Das Leben in der Ukraine zehn Jahre nach Tschernobyl, Zürich 1996

Bossew, Peter; Wenisch, Antonia: Der wahre Preis der Kernenergie, in: Der Tod, der aus der Erde kommt (Hrsg. Biegert, Claus; Stolhofer, Elke), Salzburg 1993

Bundesamt für Energie (BfE): Entwurf Elektrizitätsmarktgesetz – Erläuternder Bericht, Bern, 18.2.98

Bundesamt für Gesundheitswesen (BAG), Abteilung Strahlenschutz: 1993 Umweltradioaktivität und Strahlendosen in der Schweiz, Fribourg, November 1994

Bundesamt für Justiz (Dienst für Datenschutz), Hrsg.: Register der Sammlung von Personendaten, Bern 1991

Bundesamt für Konjunkturfragen (Hrsg.): Power-Box, Energie-Workshop in 10 Lektionen (Ravel-Ordner), Zürich 1995

Buser, Marcos; Wildi, Walter: Das »Gewähr«-Fiasko – Materialien zum gescheiterten Projekt »Gewähr« der Nagra, Zürich 1984

Buser, Marcos: Mythos »Gewähr« – Geschichte der Endlagerung radioaktiver Abfälle in der Schweiz, Zürich 1988

CAN (Anti-Atom-Koalition), Hrsg.:

- Alterung von Atomkraftwerken, Publikation zum öffentlichen Hearing vom 14. Dezember 1993 an der ETH Zürich (CAN, Sihlquai 67, 8005 Zürich)
- In die Zukunft ohne Atomenergie – Der Ausstieg innert 10 Jahren: Gewinn für Umwelt und Arbeitsplätze, Zürich, Dezember 1995
- Der Plutonium-Wahnsinn, Zürich, September 1997

Catrina, Werner: BBC – Glanz, Krise, Fusion. 1891–1991. Von Brown Boveri zu ABB, Zürich 1991

Caufield, Catherine: Das strahlende Zeitalter, München 1994

Chronik Wellenberg 1934 bis Juni 1996 – Die Schweizerische Energiepolitik mit besonderer Berücksichtigung der Ereignisse in Nidwalden aus der Sicht der Arbeitsgruppe kritisches Wolfenschiessen (AkW), Juni 1996

Crédit Suisse First Boston: Bonitätsanalyse Schweizerische Elektrizitätswerke, Zürich, Dezember 1997

CRIEPI (Central Research Institute of the Electric Industry): Comparison of CO_2 Emission Factors between Process Analysis and I/O-Analysis, Working Document prepared for IAEA, Tokio 1995

Curie, Eve: Madame Curie – Ihr Leben und Wirken, Berlin 1997

Diehl, Peter: Uranium Mining and Milling Wastes, wise, http://antenna.nl/wise/uranium/uwai.html#UMIN

Epple, Ruedi: »Was hat der Widerstand gegen das AKW Kaiseraugst gebracht?«, in »Basler Zeitung«, 31.3.95

eTeam, Metron: Energieverbrauch der Elektroheizungen, Zürich/Brugg, Mai 1997

EU-Richtlinie: 96/92/EG des Europäischen Parlaments und des Rates, vom 19.12.96 betreffend gemeinsame Vorschriften für den Elektrizitätsbinnenmarkt (publiziert im Amtsblatt der Europäischen Gemeinschaften, 30.1.97)

Expertengespräche zur Frage der Atomkraftwerke in der Region Basel – Ein Bericht der Verhandlungsdelegation, Liestal 1975

Fernex, Michel: »Wer schützt uns vor der IAEO?«, PSR-News Nr.1/98

Flüeler, Thomas; Küppers, Christian; Sailer, Michael: Die Wiederaufarbeitung von abgebrannten Brennelementen aus schweizerischen Atomkraftwerken – »Recycling« von atomarem Material aus der Schweiz im Ausland. Analyse der Konsequenzen für Umwelt und Energiepolitik (CAN-Studie), Zürich, August 1997

Froideveaux, André: Die Bewegung von Kaiseraugst – eine Bilanz, in: »Die kapitalistische Umweltzerstörung«, hrsg. von der Revolutionären Marxistischen Liga Schweiz, Basel 1976

Füglister, Stefan (Hrsg.): Darum werden wir Kaiseraugst verhindern – Texte und Dokumente zum Widerstand gegen das geplante AKW, Zürich 1984

Gewaltfreie Aktion gegen das Atomkraftwerk Kaiseraugst (GAGAK): Atomlobby Schweiz – Wirtschaftliche und personelle Verflechtungen im Schweizer Atomgeschäft, Basel, Oktober 1985

Glauser, Heini: Kurz-Gutachten zum Rechtsstreit EV – VSE in Sachen Werbekampagne »Nicht-Raucher«, Windisch, Januar 1998

Gofman, John: Preventing Breast Cancer: The Story of a major, proven, preventable cause of this disease, San Francisco 1995

Gogin, Jewgeni J.; Worobjow, Andrej. I.: Tschernobyl – die Folgen eines Supergaus, Berlin 1993

Graeub, Ralph: Der Petkau-Effekt – katastrophale Folgen niedriger Radioaktivität, Bern 1985

Greenpeace:
- 80 Jahre NOK – Höchste Zeit für Innovation und Kreativität, Zürich 1994
- Unnötig und gefährlich: Atomtransporte, Zürich, Mai 1994

Gruppe Ökologie: Stellungnahme zum Nachweis der grundsätzlichen Eignung des Standortes Wellenberg (Gemeinde Wolfenschiessen, NW) für die Errichtung eines Endlagers für schwach- und mittelradioaktive Abfälle – Nachweis der Langzeitsicherheit, Hannover, Oktober 1994

Gubser, Hans R.: Grobanalyse der Grenzen und Möglichkeiten einer dezentralen Stromversorgung in der Schweiz – Ein Auftrag des Verbandes Schweizerischer Elektrizitätswerke VSE im Rahmen des Projektes »Dezentral« undatiert

Gut, Bernardo: Kaiseraugst Chronologie (hrsg. von der Gewaltfreien Aktion Kaiseraugst), Arlesheim, Mai 1975

Hauptabteilung für die Sicherheit der Kernanlagen (HSK):
- Notfallschutzplanung für die Umgebung von Kernkraftwerken – Konzept des Bundes für die Akutphase eines Kernkraftwerkunfalls in der Schweiz, Würenlingen 1991
- Jahresbericht 1996 über die nukleare Sicherheit und den Strahlenschutz in den schweizerischen Kernanlagen, Würenlingen, Mai 1997
- Stellungnahme zur erhöhten lokalen Korrosion an SVEA96-Brennelementen im Kernkraftwerk Leibstadt (KKL), Würenlingen, Mai 1998

Hug, Peter:
- Geschichte der Atomtechnologie–Entwicklung in der Schweiz, Lizentiatsarbeit in Neuerer Allgemeiner Geschichte, Bern, April 1987
- Atomtechnologie in der Schweiz zwischen militärischen Interessen und privatwirtschaftlicher Skepsis; in: Wissenschaft und Technikforschung in der Schweiz (Hrsg. Bettina Heintz und Bernhard Nievergelt), Zürich 1998

Jaenecke, Heinrich: Mein Gott, was haben wir getan! Von Hiroshima nach Tschernobyl – der Weg in das atomare Verhängnis, Hamburg 1987

IAEO: Annual Report 1995, Wien (http://www.iaea.or.at/worldatom/inforesource/annual/anrep95)

Informationsstelle für Elektrizitätsanwendung (Infel): Radioaktive Abfälle unter Kontrolle, Zürich, undatiert

IEA (International Energy Agency): Energy and the Environment, Transport Systems Responses in the OECD – Greenhouse Gas Emissions and Road Transport Technology, Paris 1994

Jungk, Robert: Der Atomstaat – Vom Fortschritt in die Unmenschlichkeit, München 1977

Koepp, Reinhold; Koepp-Schewyrina, Tatjana: Tschernobyl – Katastrophe und Langzeitfolgen, Zürich 1996

Küffer, Kurt: Brücke zwischen Produktion und Endlagerung, Referat vom 7.1.97, http://www.nok.ch/kw/271.htm

Kuni, Horst: Biologische Wirksamkeit der Neutronen im Strahlenschutz unterschätzt, 14. Januar 1997 (http://staff-www.uni-marburg.de/~kunih/all-doc/index.htm#neutrons)

Küppers, Christian:

- Jede Dosis kann Krebs auslösen, in PSR-News Nr. 1/98
- Kurzstellungnahme zu Fragen in Zusammenhang mit den äußeren Kontaminationen an Brennelement-Transportbehältern, Darmstadt, Juni 1998

Küppers, Christian; Sailer, Michael: MOX-Wirtschaft oder die zivile Plutoniumnutzung – Risiken und gesundheitliche Auswirkungen der Produktion und Anwendung von MOX (IPPNW-Studienreihe Band 7), Berlin 1994

Lang, Thomas; Lingenhel, Stephan: Die Zitrone ist noch nicht ausgepresst! – Eine Studie zur effizienten Elektrizitätsnutzung in der Schweiz, Basel, Oktober 1996

Litvinov, Dima: Priangunskiy Mountain Chemical Combine Complex in Russia, Januar 1995 (greenpeace international; http//www.greenpeace.org/home/gopher/campaigns/nukepowr/1995/dimarapp.txt

Löser, Georg: Ökologische und gesundheitliche Gefahren von Uranbergbau und Uranerzaufbereitung; in: Das Uran und die Hüter der Erde (Schuhmann, Holger Hrsg.), Stuttgart 1990

Ludwig, Klemens; Voigt, Susanna (Hrsg.): Phantom Atom – Abgründe der Atomtechnologie und Wege aus der Gefahr, Giessen 1993

Lutz, Hans: Storage and Disposal of Low Level Radioactive Waste in Switzerland, Referat gehalten an der 15th Annual US DoE Low-Level Radioactive Waste Management Conference in Phoenix, Arizona, 1. bis 3. Dezember 1993 (http://www.inel.gov/resources/research/.llrw/1993Conference/Technical_Track/paper27.html)

May, John: Das Greenpeace-Handbuch des Atomzeitalters, Daten – Fakten – Katastrophen, München 1989

Meier, Hans-Peter; Nef, Rolf: Grosskatastrophe im Kleinstaat – Zur Früherkennung sozialer, politischer und kultureller Auswirkungen eines AKW-Unfalls in der Schweiz, Zürich 1990

Meyer, Frank A.: Willi Ritschard – Bilder und Reden aus seiner Bundesratszeit, Zürich 1984

Meyer, Norbert; Rieck, Detlef; Dr. Tweer, Ilse: Alterung in Atomkraftwerken, Greenpeace-Studie, Hamburg 1996

Morgan, Karl Z.: Veränderungen wünschenswert – Über die Art und Weise, wie internationale Strahlenschutzempfehlungen verfasst werden, in: Otto-Hug-Strahlen-Institut Bericht Nr. 6, München 1993

Mühleberg unter der Lupe: Die Hauptresultate der Studie zum Kernkraftwerk Mühleberg des Öko-Instituts Darmstadt (BRD) und des Instituts Cultur Prospectiv Zürich, Bern 1990

Nagra: Konzept der nuklearen Entsorgung in der Schweiz, Baden 1983

NOK (Nordostschweizerische Kraftwerke AG):
- Kreativität. Zum 75jährigen Jubiläum der Nordostschweizerischen Kraftwerke AG, Baden 1989
- Bericht und Jahresrechnung zum 83. Geschäftsjahr 1996/97, Baden 1997

Nuclear Regulatory Commission: Nine Mile Point Safety Evaluation, 1997 (www.nrc.gov)

Oceanic Disposal Management Inc. (O.D.M.): Perforiervorrichtungen für die Beseitigung radioaktiver Abfälle, 25.8.97 (http://www.tinet.ch/odm01/ref:deu.html)

OECD: Kernenergie in der OECD: Wege zu einem integrierten Ansatz, Paris 1998 (http://www.oecd.org/sge/documents/kernenergie.htm)

Oftringer, Karl: Punktationen für eine Konfrontation der Technik mit dem Recht; in: Ausgewählte Schriften, Zürich 1978

Öko-Institut Darmstadt:
- Ausgewählte Sicherheitsprobleme und Auswirkungen von schweren Unfällen des Kernkraftwerks Mühleberg/Schweiz, Darmstadt, März 1990
- Stellungnahme zur beantragten Leistungserhöhung für das Kernkraftwerk Leibstadt, Darmstadt, Dezember 1992
- Stellungnahme zu dem im Bewilligungsverfahren für das KKW Beznau II öffentlich aufgelegten Gutachten der HSK, Darmstadt, Juni 1994
- Stellungnahme zu ausgewählten Aspekten der beantragten Leistungserhöhung für das Kernkraftwerk Leibstadt, Darmstadt, Juni 1996
- Vom Ende der Mär: Atomkraft und Klimaschutz, Darmstadt/Freiburg, April 1996

OSART: Operational Safety of Nuclear Installations Switzerland – Osart Mission – Leibstadt Nuclear Power Plant, 21 November to 8 December 1994, IAEA, March 1995

Paleit, Jürgen: The world enrichment industry since 1987, and the outlook to 2005, Abstract of the Uranium Institute Symposium 1996, London 1996 (http://www.uilondon.org)

Paul, Reimar:
- Basiswissen Kernkraftwerke, Frankfurt am Main 1983
- Das Wismut-Erbe, Göttingen 1991

Paul Scherrer Institut (PSI), Reaktorschule: Überblick über Reaktortypen, die zur Stromerzeugung eingesetzt werden (www.hsk.psi.ch/kkw_typen.html)

Pestalozzi, Martin: Der demokratische Rechtsstaat in der Risikogesellschaft, in »Zeit-Schrift«, Nr. 1, Februar 1990

Pfister, Christian (Hrsg.): Das 1950er Syndrom – Der Weg in die Konsumgesellschaft, Bern 1995

Pflüger, Tobias: Atomtransporte – gefährliche Fracht auf öffentlichen Straßen, in: Phantom Atom – Abgründe der Atomtechnologie und Wege aus der Gefahr (Hrsg. Ludwig, Klemens; Voigt, Susanna), Giessen 1993

Prêtre, Serge: Atom, Symbolik und Gesellschaft – Geistige Ansteckung oder Risikobewusstsein? (Forum Medizin und Energie, Baden-Dättwil, undatiert)

Project underGround: Drillbits & Tailings; Vital Statistics: Uranium on the Upsurge, 22.10.96 (http://www.moles.org/ProjectUnderground/index1.html)

PSR-Schweiz, Arbeitsgruppe »Kinder und atomare Bedrohung«: Atom – Lehrerdokumentation (Atom-Ordner), Basel 1988

Rausch, Heribert: Schweizerisches Atomenergierecht, Zürich 1980

Regierungsrat des Kantons Aargau: Information für die Bevölkerung in den Zonen 1 + 2 der KKW über Schutzmassnahmen bei Gefährdung durch Radioaktivität, Aarau 1990

Robins, Paul: Impacts of Uranium Mining in Krasnokamensk, 8.11.96 (Southwest Research and Information Center, Albuquerque; http://antenna.nl./wise/uranium/umkkr.html)

Rossnagel, Alexander: Bedroht die Kernenergie unsere Freiheit, München 1983

SAG (Schweizerisches Aktionskomitee gegen das Atomkraftwerk Gösgen): Gösgener Besetzungsversuch, Gösgener Prozess, Zofingen, Herbst 1978

Schleicher, Ruggero: Atomenergie – die große Pleite. Die wirtschaftlichen Aspekte der Atomenergie und ihrer Alternativen (Report der Schweizerischen Energie-Stiftung), Zürich 1984

Schmitz-Feuerhake, Inge: »Krümmel und die Leukämie«, in PSR-News 1/98

Schmitz-Feuerhake, Hayo Dieckmann, Bettina Dannheim, Anna Heimers, Heike Schröder: Leukämie und Radioaktivitätsleckagen beim Kernkraftwerk Krümmel, Bremen 1997

Schneider, Mycle: »Bankrotterklärung der Plutoniumwirtschaft«, in PSR-News 1/98

Schuhmann, Holger (u.a.): Das Uran und die Hüter der Erde, Stuttgart 1990

Schweizerische Vereinigung für Atomenergie (SVA): Der menschliche Faktor im KKW-Betrieb, Vertiefungskurs, Bern 1996

SES-Report (Hrsg. Schweizerische Energie-Stiftung): Atomgesetz-Revision durchleuchtet – Ein Hearing, Zürich 1979

Schweizerische Energie-Stiftung (Hrsg.): Ist Kaiseraugst wirklich nötig? Von den Schwierigkeiten der Elektrizitätswirtschaft, einen glaubhaften Bedarfsnachweis zu konstruieren, Zürich 1981

Siepelmeyer, Thomas: Billiger Rohstofflieferant: Afrikas Beitrag zum weltweiten Atomprogramm; in Phantom Atom (Ludwig, Klemens; Voigt, Susanna, Hrsg.), Giessen 1993

Sternglass, Ernest: Radioaktive »Niedrig«-Strahlung – Strahlenschäden bei Kindern und Ungeborenen, Berlin 1979

Stevens, Goeffrey: The Pros and Cons of Nuclear Energy; in: The OECD Observer, June 1997

STG Coopers & Lybrand: Sicherstellung der Kosten der Entsorgung radioaktiver Abfälle, Bern, August 1997

Strahlenschutzgesetz (StSG) 814.50, in Kraft seit 22. März 1991
Strahlenschutzverordnung (StSV) 814.501, in Kraft seit 22. Juni 1994
Stüssi-Lauterburg, Jürg: Historischer Abriss zur Frage einer Schweizer Nuklearbewaffnung, Bern 1996 (www.tages-anzeiger.ch/taspezial/atom.htm)
Takagi, Jinzaburo et al.: Comprehensive Social Impact Assessment of MOX Use in Light Water Reactors, Tokio, November 1997
Überparteiliche Bewegung gegen Atomkraftwerke Solothurn/Aargau (ÜBA SO/AG) (Hrsg.): Chronologie Kernkraftwerk Gösgen-Däniken (zusammengestellt von Lore Lässer), Schönenwerd 1977
Unterstützungskomitee Kaiseraugst (Hrsg.): Kaiseraugst im Zentrum der Kernenergiediskussion, Zürich 1975
Uranium Institute: Uranium production and resources, London 1997 (Quelle: http://www.uilondon.org/ures.html)
Viel, Jean-François; Pobel, Daniel: Case control study of leukaemia among young people near La Hague nuclear reprocessing plant: The environmental hypothesis revisited, in »British Medical Journal«, 314, 1997
VSE (Verband Schweizerischer Elektrizitätswerke):
- Geschäftsbericht 1982, Zürich 1983
- Vorschau auf die Elektrizitätsversorgung der Schweiz bis 2005, Siebenter Zehn-Werke-Bericht (Kurzbericht), Zürich, September 1987
- Vorschau 1995 auf die Elektrizitätsversorgung der Schweiz bis zum Jahr 2030, Zürich, September 1995

Walter, Martin: »Statistische Mogeleien«, in PSR-News 1/98
Zimmermann, Werner: Bis der Krug bricht. Atomkraft – Segen oder Fluch?, Ostermundigen 1972
Zürcher Atomkraftwerkgegner (ZAK): Atombetrug – Hintergründe und Informationen zu Leibstadt und anderen schweizerischen Atomkraftwerken, Zürich 1978

Zeitschriften, Zeitungen, Periodika:

Anti-Atom, Herausgeberin: Gesamschweizerische Konferenz zur Stilllegung der AKW, Baden
Arzt und Umwelt – ökologisches Ärzteblatt, Bremen
Basler Zeitung, Basel
Berner Zeitung, Bern
Bild der Wissenschaft, Stuttgart
Blabla – Zeitung für Sprachlose, Biel
Brennnessel, Zeitung für den Kanton Solothurn, Olten
British Medical Journal, London
Bündner Zeitung, Chur
Energie-Express (Hrsg. Gewaltfreie Aktion Kaiseraugst), Liestal
Energie&Umwelt (Hrsg. Schweizerische Energie-Stiftung), Zürich
Financial Times, London
Frankfurter Rundschau, Frankfurt a/M
Greenpeace, Zürich
Gösge Ziitig, Zeitung der Atomkraftwerk-Gegner, Juli 1977
Irish Times, Dublin
Kernpunkte (Publikation der SVA), Bern
Konzept, Zürich
K-Tip, Zürich
Luzerner Neuste Nachrichten, Luzern
Mühleberg stillegen!, Bern
nagra report, Wettingen
Neue Zürcher Zeitung, Zürich
nux, Flüh (BL)
PSR-News, Zürich
Rachel's Environment & Health Weekly, Annapolis, USA (http://www.monitor.net/rachel/)
Solothurner Zeitung, Solothurn
SonntagsZeitung, Zürich
Soziale Medizin, Basel
Spektrum der Wissenschaft, Heidelberg
Strahlentelex, Berlin

SVA-Bulletin (offizielles Organ der Schweizerischen Vereinigung für Atomenergie), Bern
Tages-Anzeiger, Zürich
Tagwacht, Bern
taz, tageszeitung, Berlin
Verwaltungspraxis der Bundesbehörden, Bern
Wise News Communiqué, Paris
WoZ, Die WochenZeitung, Zürich
Die Zeit, Hamburg
zwar, Greenpeace-Magazin, Zürich

Glossar

Ausgewählte Begriffe der Atomtechnologie

Alpha-Strahlen: Manche radioaktive Substanzen (z. B. Plutonium) geben beim Zerfall Alpha-Strahlen ab. Diese bestehen aus jeweils zwei Protonen und Neutronen. Sie haben nur eine geringe Reichweite respektive Durchschlagskraft und können in Körpergewebe lediglich etwa 0,05 Millimeter tief eindringen – entwickeln jedoch inkorporiert ein enormes Zerstörungspotenzial und gelten als die gefährlichste Strahlenart.

Beta-Strahlen: Sie bestehen nur aus Elektronen, die bis zu einem Zentimeter ins Gewebe eindringen. Ein einziges Beta-Teilchen, das sich annähernd mit Lichtgeschwindigkeit bewegt, hat z. B. genügend Energie, um im Gewebe Tausende von chemischen Bindungen zu sprengen und unzählige biochemische Reaktionen hervorzurufen.

Druckwasserreaktor: Siehe Reaktortypen

Gamma-Strahlen: Dies sind energiereiche Röntgenstrahlen, die bis zu einem Meter ins Gewebe eindringen.

Halbwertszeit, biologische: Die Zeitspanne, die der Körper braucht, um die Hälfte einer aufgenommenen Substanz auszuscheiden.

Halbwertszeit, physikalische: Die Zeitdauer, die vergeht, bis eine radioaktive Substanz um die Hälfte ihrer ursprünglichen Masse zerfallen ist, wobei ständig radioaktive Strahlen abgegeben werden. Einige der wichtigsten Halbwertszeiten:

Cäsium-137: 30,2 Jahre	Strontium-90: 28,8 Jahre
Iod-131: 8 Tage	Iod-129: 15,7 Millionen Jahre
Plutonium-239: 24 131 Jahre	Tritium: 12,3 Jahre
Kohlenstoff-14: 5730 Jahre	Americium-241: 432 Jahre

Inkorporation: Aufnahme von Stoffen in den Körper, meistens über die Atemwege oder die Nahrung. Inkorporierte radioaktive Substanzen lagern sich meist an bestimmten Organen ab und schädigen sie direkt, d. h. ohne Abschirmung durch die Haut.

Isotop: Die Anzahl Neutronen kann sich in einem Atomkern ändern, ohne dass sich die chemischen Eigenschaften des Atoms (Elementes) ändern – im Gegensatz zu den Elektronen und Protonen, von denen es in einem Atom immer gleich viele gibt. Deshalb kann es von einem Element unterschiedliche Isotope geben, je nachdem wie viele Neutronen der Atomkern enthält (z. B. Iod-131 und Iod-129).

Kernfusion (Verschmelzung): Bei der Fusion werden leichte Atomkerne (z. B. Deuterium, Tritium) zu einem schwereren Kern (z. B. Helium) verschmolzen. Die Kernfusion ist die Energiequelle der Sonne. Dazu benötigt es jedoch Millionen Grad Celsius, weshalb die Kernverschmelzung bislang nur in Wasserstoffbomben gelang.

Kernspaltung (Fission): Bei der Energieerzeugung durch Kernspaltung werden – im Fall von Leichtwasserreaktoren, wie wir sie in der Schweiz haben – Uran-235-Kerne mit Neutronen »beschossen«. Die Uranatome teilen sich in Spaltprodukte, wobei zusätzlich drei Neutronen freigesetzt werden, die ihrerseits wieder Uranatome spalten. Zudem wird Energie freigesetzt, die man in Wärme respektive Elektrizität umsetzt.

Leichtwasserreaktor: Siehe Reaktortypen

Neutronenstrahlen: Sie bestehen aus Neutronen und können mehrere Zentimeter weit ins Gewebe eindringen.

Radioisotop: Atome, die spontan zerfallen und dabei Strahlung abgeben.

Radionuklid: Siehe Radioisotop

Reaktortypen: Die meisten Leistungsreaktoren in Europa sind so genannte Leichtwasserreaktoren, weil sie mit gewöhnlichem Wasser betrieben werden (der Versuchsreaktor in Lucens lief hingegen mit schwerem Wasser). Es gibt in der Schweiz zwei Leichtwasser-Typen: Druckwasserreaktoren (Beznau I/II und Gösgen) sowie Siedewasserreaktoren (Mühleberg und Leibstadt). Beim Druckwasserreaktor steht der Reaktorbehälter unter Druck, es entsteht darin kein Dampf; dieser Typ hat auch zwei getrennte Wasserkreisläufe. Im Siedewasserreaktor verdampft das Wasser im Reaktorbehälter; er verfügt nur über einen Wasserkreislauf. Deshalb gelangt beim Siedewassertyp auch im Normalbetrieb eine größere Menge Radioaktivität in die Umwelt, weil er eine Barriere weniger hat als der Druckwasserreaktor. Ferner gibt es die Schnellen Brüter, auch Brutreaktoren genannt. Sie sollten mehr spaltbares Material erzeugen, als sie für die Energieverwendung benötigen. Sie werden mit Natrium gekühlt; Natrium entzündet sich selbst, wenn es mit Luft in Berührung kommt.

Schneller Brüter: Siehe Reaktortypen

Siedewasserreaktor: Siehe Reaktortypen

Einheiten zur Strahlenmessung

Becquerel (Bq): Maßeinheit für Radioaktivität, 1 Bq entspricht 1 radioaktiven Zerfall pro Sekunde (siehe auch Curie).

Curie (Ci): Veraltete Maßeinheit für Radioaktivität. Ein Curie steht für 37 Milliarden (3,7x1010) Atomzerfälle in der Sekunde. Das ist die Menge Radioaktivität, die in einem Gramm Radium-226 vorhanden ist.

Gray (Gy): Maßeinheit für die Menge an Strahlung, die eine Person erhalten hat. Gray hat die alte, aber absolut gleichwertige Maßeinheit rad (siehe rad) abgelöst; ein Gray entspricht 100 rad.

rad: Veraltete Maßeinheit (siehe Gray). «Rad» steht für «radiation absorbed dose» (absorbierte Strahlenmenge).

rem: Veraltete Maßeinheit für die biologische Wirksamkeit von Strahlung. Diese Einheit trägt der Tatsache Rechnung, dass die verschiedenen Formen ionisierender Strahlung einen unterschiedlichen biologischen Einfluss haben: Zum Beispiel geht man davon aus, dass eine gegebene Menge Alpha-Strahlung ungefähr die zehnfache Wirkung wie die gleiche Menge Gamma-Strahlung hat. So ist ein rad Alpha-Strahlung in zehn rem zu übersetzen, während ein rad Gamma-Strahlung nur einem rem entspricht.

Sievert (Sv): Die Maßeinheit Sievert hat offiziell rem (siehe rem) abgelöst. 1 Sievert entspricht 100 rem. Die beiden Maßeinheiten sind jedoch absolut gleichwertig.

1 Becquerel = 1 Atomzerfall pro Sekunde
1 Curie = 37 Milliarden Becquerel
1 Sv = 1000 mSv = 100 rem
1 rem = 0,01 Sv
1 mSv = 0,1 rem
1 Gy = 100 rad

Grenzwerte

In der Schweiz legt die Strahlenschutzverordnung (StSV) vom 22.6.94 die Strahlengrenzwerte fest.

Für beruflich Strahlenexponierte gilt:
im Normalfall: 20mSv/Jahr
mit Sonderbewilligung: 50mSv/Jahr, wenn die betreffende Person in den letzten fünf Jahren (inkl. dem laufenden Jahr) nicht mehr als 100 mSv absorbiert hat.

Für die nicht strahlenexponierte Normalbevölkerung gilt:
1mSv/Jahr

Bildnachweis

Kapitel 1: Atomtest; Keystone

Kapitel 2: Reaktormodell im Besucher-Pavillon Leibstadt; Silvia Luckner

Kapitel 3: AKW Beznau I/II; Silvia Luckner

Kapitel 4: AKW Mühleberg; Lisa Schäublin

Kapitel 5: AKW Gösgen; ex-press

Kapitel 6: AKW Leibstadt; WoZ-Archiv

Kapitel 7: Baugelände Kaiseraugst, 1994; Stefan Füglister

Kapitel 8: Evakuiertes Dorf in der Nähe von Tschernobyl; Gareth W. Jones

Kapitel 9: Anti-AKW-Demonstration, Bern, 1987; WoZ-Archiv

Kapitel 10: Sammlung von missgebildeten Tieren aus Naroditschi, westlich von Tschernobyl; Gareth W. Jones

Kapitel 11: Uranbergwerk; Keystone

Kapitel 12: Wiederaufbereitungsanlage La Hague; Keystone

Kapitel 13: Transport ausgebrannter Brennstäbe, 1997; ex-press

Kapitel 14: Der Wellenberg; WoZ-Archiv

Kapitel 15: Daniel Höhn

Kapitel 16: Umgelegter Strommast bei Brokdorf, 1984; Dirk Wildt

Index

WoZ im Rotpunktverlag

Susan Boos
BEHERRSCHTES ENTSETZEN
Das Leben in der Ukraine
zehn Jahre nach Tschernobyl
256 Seiten, broschiert
ISBN 3-85869-162-3

»Vergesst Tschernobyl«, sagt Gutsverwalter Juri Iwanowitsch, »vergesst es. Für uns gehört das zu einem anderen Leben – als der Lohn noch pünktlich eintraf und mehr als 13 Dollar im Monat wert war.« Eine verzweifelte Hoffnung. Denn Tschernobyl ist nicht Vergangenheit. Tschernobyl steckt im Boden, in der Nahrung, in den Menschen und damit in der Zukunft – die Folgen des bisher größten Atomunfalls sind im Westen noch lange nicht erkannt und in der Ukraine noch lange nicht bewältigt.

Schweizer Elektrizitätswirtschaft

Banken

UBS	UBS AG (früher Schweizerische Bankgesellschaft)
CS	Crédit Suisse First Boston

Elektrizitätsgesellschaften, -werke

Atel	Aare-Tessin AG für Elektrizität
BKW	BKW FMB Energie AG
CKW	Centralschweizerische Kraftwerke
EBL	Elektra Baselland
EBM	Elektra Birseck, Münchenstein
EGL	Elektrizitätsgesellschaft Laufenburg AG
EKT	Elektrizitätswerk des Kantons Thurgau
EKZ	Elektrizitätswerk des Kantons Zürich
EOS	S.A. l'Energie de L'Ouest-Suisse
KWL	Kraftwerke Laufenburg AG
KWB	Kraftwerk Brusio AG
EWZ	Elektrizitätswerk der Stadt Zürich
FMN	Forces Motrices Neuchâteloises S.A.
FMV	Forces Motrice Valaisannes S.A.
AEW	Aargauische Elektrizitätswerke
Sernf-Niederenbach	Kraftwerke Sernf-Niederenbach AG
NOK	Nordostschweizerische Kraftwerke AG

Beteiligungsgesellschaften

KBG	Kernenergiebgeteiligungsgesellschaft AG
AKEB	AG für Kernenergiebeteiligungen
ENAG	Energiefinanzierungs AG

Ausländische Unternehmen

KWR	Kraftübertragungswerke Rheinfelden, D
RWE	Rheinische-Westfälische Elektrizitätswerke AG, D
EVS	Elektrizitätsversorgung Stuttgart, D
EDF	Electricité de France, F
Hypobank	Bayrische Hypo- und Vereinsbank AG, D